Chinese Review of Anthropology, Volume 21

中国人类学评论（第21辑）

王铭铭 主编

世界图书出版公司
北京 · 广州 · 上海 · 西安

目　录

主题论文——黄河上游的民俗、宗教与族群

跨学科讲坛

人物访谈

译　文

问题讨论

研究札记

田野札记

读书会——“基督教人类学”

文化人类学席明纳

述 评

书 评

主题论文——黄河上游的民俗、宗教与族群

[按语]

青藏高原的人类学研究，始于20世纪初叶，那时西方的传教士和探险家已经涉足这片神奇的土地，给我们留下了弥足珍贵的人类学文献。甘青地区又是进入青藏高原的门户，这里民族众多且历史悠久，各民族文化异彩纷呈，因此更加吸引了国内外众多民族学家、人类学家、历史学家和语言学家的目光。国外学者比利时神父许让、俄国地理学家波塔宁和语言学家杰尼舍夫、日本学者柴田武和佐口透等，国内李安宅、李有义、顾颉刚、费孝通等老一辈民族学家、历史学家也都在这儿留下了不朽的名著。近年来王明珂、王铭铭和张中复等人类学家也在这里做了田野调查。可以想见，在不久的将来，青藏高原将会成为人类学研究的富矿区。

《中国人类学评论》约我组织五篇相关文章，来局部反映这个地区的文化动态，我欣然应约，把青海民族大学民族学与社会学学院教师的五篇论文编在一起。这些论文都是基于黄河上游几个民族村落的田野调查写作而成的。其中，唐仲山教授"同仁县年都乎村村落山神信仰与村落民俗的民族志分析"一文是作者在对年都乎村长期田野调查的基础上写成的。年都乎村是青海有名的制作堆绣的村落，而村落的山神信仰又与当地藏族相区别，具有古代屯堡社会融合汉藏文化特色的仪式与象征意味。张海云教授的"黄河上游汉人社会的文化传承与变迁——贵德'家族团拜'的文化透视"则选择了汉藏文化的边界，以历史上汉文化向藏区传播的前沿地带为田野点，对汉文化西渐而形成的文化孤岛进行分析。才贝博士的"一个藏族牧村的日常表达——一项来自青海省贵德县都秀村的人类学考察"一文，通过对都秀村牧民日常生活的观察及对研究对象的经验呈现，展示了不同于汉人社会的乡土性层次与文化之别。对于居住在藏区牧村的人来说，牲畜和仪式是他们生活的重心，与埃文思一普理查德(E. E. Evans-Pritchard)所描述的努尔人生活具有相近的表达方式。我自己的两篇论文都是有关甘青地区少数民族村落的历史人类学研究。其中"宗教冲突、贸易冲突抑或族群冲突？——19世纪末黄河上游一个藏族村落驱逐洋教士的过程分析"是对发生在19世纪末藏区传教士被驱逐事件的分析。我借助档案资料指出，传教士的被逐既是宗教冲突，更是经济冲突。而另一篇"地方社会与国家权力——从文书看撒

拉族与1781年的教争”一文则是以家藏委派等文书所记录的乾隆四十六年，即1781年为背景，以撒拉族社会内部出现教争进而发展成为反清起义事件为内容，对撒拉族社会内部教派斗争与国家权力介入并实行残酷镇压的情况进行反思。两篇论文一个以不同宗教的冲突为背景，一个以同一宗教内部的冲突为背景，都试图呈现黄河上游地区复杂的社会现实。

五篇论文均与黄河上游地区的村落与宗教有关，旨在引起广大人类学者对青藏高原民族村落研究的兴趣。

马成俊

2011年3月2日

同仁县年都乎村村落山神信仰与村落民俗的民族志

唐仲山

一、概　况

（一）隆务河流域的地理及历史沿革概述

青海省黄南藏族自治州同仁县隆务河流域，平均海拔在2500米以下，日均温≥0℃，期间，日照1760.7小时，积温2450℃，年降水量370～430毫米，年均气温5.2℃～7.0℃，无霜期150～172天，宜种植中晚熟小麦等作物。隆务河两岸呈带状分布着年都乎村、郭麻日村、尕撒日村、吴屯上、下庄和加仓麻村等自然村落，村落相对较为集中，且因历史原因，以屯堡居住。该地区正是历史上所谓“保安四屯”的季屯（今年都乎村）、李屯（今郭麻日、尕撒日两村）、吴屯（今吴屯上、下庄）和脱屯（今保安下庄），被周边藏族称为“加册子玉”（意为“汉四寨子”）。关于“保安四屯”的历史，据清代乾隆年间龚景瀚的《循化志》记载：“明初立河州卫，分兵屯田。永乐四年（公元1406年）都指挥使刘钊，奏调中左千户一所，贵德居住守备，仍隶河州卫，保安其所属也。贵德共十屯，而保安有其四。”[①]又载：“屯兵之初，皆自内地拔往，非番人也。故今有曰吴屯者，其先盖江南人，余也有河州人。历年既久，衣服语言，渐染夷风。其人自认为土人，而官亦目之番人矣。”[②]屯堡式的居住使得这里的文化生态较为稳定，同时由于历史上的军事、经济及文化交流频繁，使得文化交错相融、语言及习俗相互交叠，呈现出多元文化共济共荣的局面。因而，本研究依据这些自然村的历史沿革及居住特点，将包括年都乎村在内所有受屯堡式居住格局影响的群体称为“屯堡人”。

屯堡人村落基本沿袭了历史上形成的自然村落格局，由于历史上的军事战争、民族迁徙及行政建制等的影响，居住及日常活动空间便形成屯堡特征，如年都乎城、郭麻日城、吴屯上下城、尕撒日城、加仓麻城等大小城堡，密布隆务河两岸。屯堡基本特征为因势土筑，城门洞开，城内庭院相连，曲径狭长，高墙小院，土木平房及小二楼。城内进出货物需人力驮背，大小车辆难以自如，现如今许多

---

① 龚景翰：《循化志》，162页，西宁：青海人民出版社，1981。

② 同上，163页。

城内居民逐渐迁居城外，购置手扶拖拉机等农用器械，方便耕作也利于从事副业，增加收入。1949年前后尚保留完整的一些城堡，由于社会稳定、经济发展和人口发展等，现已被部分拆毁，因而难窥全貌。

（二）屯堡文化特征

屯堡人居住在通常被称为"热贡"的隆务河流域，历史上有蒙古族、吐谷浑（抑或鲜卑）、藏族、汉族等民族来往迁徙，民族的多元造成了这一地域文化的多元。由于封建王朝和少数民族政权军事争纷及民族或地域间耕地、牧场的纠葛，以及驻牧、屯兵等政策影响，其屯堡文化特征格外凸显。杂居—纷争—共存，又使得屯堡文化既呈现出壁垒保守的封闭性特征，同时在文化构成上又呈现出交叠吸纳的开放性特征。矛盾又兼容，形成特有的二元结构。如在语言上，同仁土族所操语言是蒙古语、藏语、汉语相杂，甚至还保存有大量的古语（古藏语、古汉语）词汇；在服饰上，同仁土族区别于青海互助、大通及民和土族；在生产习俗及农祭活动上还保留中原农耕文化特征，同时掺杂大量游牧的文化内涵；在信仰上既有苯教、萨满教、藏传佛教的内容，同时也不乏道教信仰遗迹；在来源上，有藏族（西藏、四川）说、蒙古族说、世居藏族说、青海互助说、民和三川说、吐谷浑说等说法，也有认为他们来自中原汉地的说法，这在很大程度上显示出民族构成的多元性；在民间技艺上，同仁屯堡人历来又擅长绘画、雕塑、堆绣等技艺，以藏传佛教内容为主要题材，且以精湛的技艺闻名于藏区内外，因而是推动"热贡艺术"创造和发展的主体力量之一。

（三）年都乎村的地理及人文概貌

年都乎村位于同仁县北部，距县驻地隆务镇1.5公里。据传年都乎村是1210年成吉思汗军队南征时，部分军士留此居住而形成的。又据清《循化志》记载："明初立河州卫分兵屯田，贵德十屯，而保安有其四"，是说由屯田军士居住而成的村庄，属季、吴、脱、李四屯中之季屯，后来逐渐习染藏族风俗。年都乎村原坐落在隆务河边，驻地有几眼泉水，群众视为"龙宫"，称"年保"地，汉语音译为"年都乎"，意为"霹雳闪电"或"凶险地"，说法不一。据藏族学者洛桑年智的《年都乎寺简志》载，忽必烈时期蒙古大将托龙（也称托叁龙）及其部属奉命于藏历第五个饶迴土猴年（1269年）镇守黄河南岸，当地藏族称其为"霍尔年波红裤将军"，把驻军所在地称为"年波噶尔都乎"，意为"凶厉营帐"，"年都乎"这一地名便是由此逐渐演化而来的。在藏语中，"年"被译为"厉或凶狠之意"，"都"被解释为"上面”之意。年都乎古寨位于今年都乎乡年都乎村，古寨三面筑墙，南面因临年都乎河悬崖而未筑寨墙。土城呈长方形，南北长300余米，东西长约100米，城墙均系土筑，残墙高约10米，开东北二门，北门为古寨正门。古寨除三面合围的厚实土墙外，不设瓮城、角楼等其他设施，自建寨之日起，寨内便是屯民居家生活之处，寨内布局十分精巧、紧凑，深深巷道四通八达，排水渠道纵横交错，鳞次栉比的寨内庭院隔墙相连，使古寨显得拥挤却又整齐。今日的年都乎古寨内居民仍有“尚供”、“尚雄”的说法，亦即“上街”、“下街”之分。四寨子之人习惯把古寨内叫做“卡尔囊”（城内之意），把古寨外叫做“西拉”（城外之意），即有城内村、城外村之分。由于人口的增加，城内有限的空间无法容纳激增的人口，于是很多寨民移居城外，形成城内、城外之别。村内有一座藏传佛教寺院，称“年都乎寺”，为安多地区格鲁派第三大寺院隆务寺之附属寺院，还拥有一座宁玛派寺庙，常举行法事。

该村地属凉温半干旱气候区，冬季寒冷干燥，春季冷暖多变、干旱风大；夏秋两季温暖凉爽，降水少而集中。年平均温度5.2℃，最热月温度15.9℃，最冷月温度-8℃。年降水量492毫米，年日照时数1660.7小时，积温2268.3度，无霜期130～152天。

年都乎村村民以土族为主，自称“霍尔”。村内日常以土语交谈，但他们又熟操藏语，也能以汉语和外界交流。会说蒙古语的能听懂当地大部分的土语，基本交流无太大障碍。隆务河中游一带的年都乎、郭麻日、尕沙日人都自称其祖先是霍尔。年都乎人说他们是成吉思汗御下多尔达拉汗四军团中霍尔年波红裤将军勇猛者的后裔。史籍中也确有多尔杰拉汗其人。公元1239年秋，阔端派部将多尔达拉汗率军进入乌思藏。洪武三年（公元1370年）五月，邓愈自临洮趋“吐蕃等处宣慰使司都元帅府”所在地河州，豫王阿纳忒纳失里和镇西武靖王卜纳剌及宣慰使何索南普据城抵抗，后豫王西逃，镇西武靖王举部归降。明万历后，黄南地区为土默特蒙古洪萨巴图尔控制。明代后期，蒙古族大量移居青海，进入莽拉、捏工（热贡）二川。今河南县蒙古族就是原驻牧于今新疆乌鲁木齐一带的厄鲁特蒙古和硕特部一支。这部分人从崇祯十年（公元1637年）以后进入青海，逐步南移，约在公元1665年以前，在现驻地定居下来。蒙古族的大量移入，使隆务河流域的民族格局发生了改变，至今这一地区的地名、语言和服饰都有很多受蒙古族影响的痕迹。如地名中的霍尔瓦加、霍尔措玉、黄乃亥等。同时，与蒙古族一道进入隆务河流域的还可能有来自中亚、西亚一带的“西域亲军”和“探马赤军”，年都乎共有8个措哇（家族或宗族），其中之一叫做“马家木合”（回回军队）。据年都乎的老人讲，夏日仓一世时，年都乎人还信仰伊斯兰教，夏日仓三世时始改宗佛教；据说年都乎村内有一座房子，曾经是清真寺，后年都乎人改宗佛教，这座房子便被废弃了。在外来民族与当地主体民族的交往、融合过程中，各民族文化相互影响、彼此吸收，形成一种多民族文化水乳交融、难分彼此的文化面貌。

年都乎村现有 323 户，1763 人，分 8 个生产队。1～6 队聚居于年都乎城内，7～8 队在城外。每两队设一山神庙：1～2 队供奉念青山神、3～4 队供奉大日加山神、5～6 队供奉二郎山神、7～8 队供奉玛卿山神。此外，全村共有的山神庙位于村北一小山顶，内供四尊神像，各神均为山神，殿名为“二郎神殿”。

年都乎村民主要以农耕为主，但相当一部分家庭因习得绘制唐卡及制作堆绣的工艺，所以在家或外出靠技艺获得比较丰足的经济收入。年都乎村艺人的唐卡和堆绣艺术在藏传佛教绘画艺术中享有盛名。作为热贡艺术的重要组成部分，年都乎的唐卡更是体现了一种淡雅清秀、疏密有致同时不乏精湛细腻的艺术风格。而该村堆绣艺术又在同类艺术中独占鳌头，故有“堆绣艺术之乡”的美名。加之近年来村子在隆务镇集资建有较大规模的楼市，出租商铺或经营商贸，民众生活整体较为富裕。

二、村落信仰

（一）佛教与寺院

佛教在热贡藏区是具有意识形态特征的主体信仰。隆务河谷随处寺塔林立，彰显着佛教文化恢宏的气势。在目前已经开放的 38 座佛教寺院中，建于唐代的有 1 座，建于元代的有 2 座，建于明代的有 8 座，建于清代的有 22 座，而在宁玛派信徒村落中的小规模密修殿则不计其数。目前已公布的国家级文物保护单位 1 处、省级文物保护单位 2 处。民族宗教部门统计的在寺出家僧人 2300 多人，实际接近 3000 人。社区宗主寺隆务寺是安多藏区规模仅次于塔尔寺和拉卜楞寺的藏传佛教大寺，建于元代，寺院有三大学院，48 位传承活佛系统。年都乎寺是由丹活佛在土把总关、却达杰之子华青道杰所建宁玛派寺院的基础上扩建的格鲁派寺院，时值第三世夏日仓时期。

热贡地区制度化宗教有苯教和佛教，[①]而佛教又分为宁玛派和格鲁派两个教派；本教家庭主尊的一般都是东巴辛热、年迈仁宝且、辛热玛桑等。宁玛派的家庭一般都主供宁玛派祖师莲花生大师和卓玛、千手观音三尊组佛。格鲁派群体家庭一般供奉释迦牟尼、文殊菩萨等。藏传佛教每年活动次数较多，大约有正月

---

① 苯教有自己的寺院、典籍、出家僧人和类似佛教的法会组织，因而是制度化宗教。

十五、四月八、六月六、七月十五等，大多在寺院举办。僧人届时诵经、表演“羌姆”和其他法事活动。参加活动的村民届时烧香、磕长头、听诵经和观看“羌姆”表演。年都乎村内有一座历史悠久的年都乎寺，属藏传佛教格鲁派寺院，为隆务寺属寺，被认定为国家级文物保护单位。年都乎寺是年都乎村宗教节日的主要活动场地，现有僧人 50 余人。另有藏传佛教宁玛派寺院一座，主要供奉莲花生，现有僧众 30 余人。

(二)村落神庙

历史上年都乎村由八个“措哇”(部落或家族)组成，分别是索霍加、增格桑、马家莫、王家仓、尖吉莫、银吉莫、航哑仓和宗喀仓。现有的年都乎村行政建制是在八个“措哇”构成的四个“代哇”(自然村，分别是拉卡、刀德茫、恰依、代德芒)基础上，又被分为八个行政社。传统的民间社会构成影响了现有的行政区划，因此，传统的社会结构体系决定了年都乎村民间文化得以生存和延续的空间构成。每个自然村有自己的神庙，供奉不同的守护神，而整个村落又有总庙，供奉所有的山神。

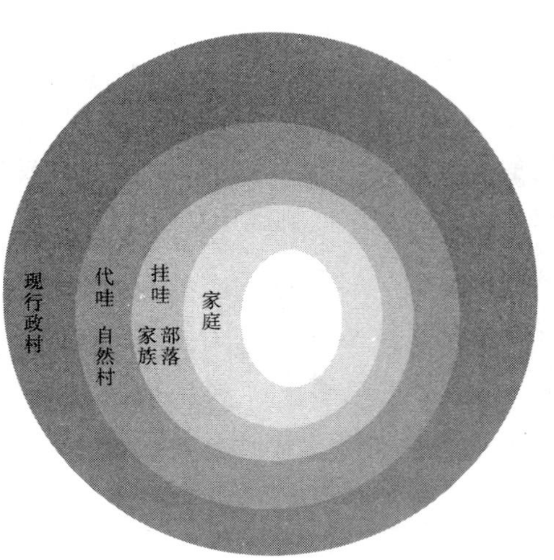

图 1　村落内部结构显示出的波状差序结构

附表:年都乎村自然村、行政社与供奉神庙分配

土语	代德芒	刀德茫	恰依	拉卡
藏语	尚雄	尚贡	希拉	拉卡
汉语	下庄	上庄	城外	台沿上
现行政社	1、2社	3、4社	5、6社	7、8社
供奉神庙	夏琼神	夏琼神庙(另供奉大日加神、念青神)	二郎神庙(总庙,供奉村内所有山神)	玛卿神庙(另供奉战直里神)

(三)村落守护神

年都乎村信奉的地方神灵主要有阿尼夏琼山神、阿尼玛卿山神、阿尼达日加山神、战直里山神、格萨尔神和果茂二郎神,后两者实际上是以战神的姿态出现的。各个神的供奉有其时空上的分配。如阿尼夏琼山神、格萨尔、阿尼达日加山神主殿在刀德茫,阿尼玛卿山神和战直里山神的主殿在拉卡,念青山神的主殿在代德芒,二郎神殿在村子西北方的一个小山头上为恰依供奉。二郎神殿内供奉有阿尼夏琼山神、果茂二郎神、阿尼玛卿山神、战直里山神神像,因而也就成为年都乎村地方神的总殿。在村民的信仰中,各神也有其排序,按大小可排列为阿尼夏琼山神、果茂二郎神、阿尼玛卿山神、战直里山神、念青山神。

年都乎村信奉的诸神灵中唯果茂二郎神是一尊外来神,其地位仅次于热贡地区尊为"万神之王"的夏琼山神。据说果茂二郎神即为汉地的二郎神。有关果茂二郎的相关口传较为丰富。现举二则故事如下:

故事一:二郎神有三兄弟,分别是果茂二郎、尕泽东木洪和尕撒日区科尤拉。以前三兄弟给一位皇帝守护仓库,有一天仓库被盗,财物遗失,皇帝将他们发配到热贡地区。三兄弟来到隆务地区,商量着各占一个山头,这样他们就可以相互看得见了。所以他们分别在年都乎、尕泽东和尕撒日各自占了山头。他们的庙也就都在高处。①

故事二:二郎神原是内地的神,是被年都乎的人骗来的。当时,年都乎的人到汉地后,对二郎神说他们这里怎么怎么好,最后二郎神就跟着年都乎的人来到这里。途径麻巴地方的果茂山时,二郎神不走了,说是要回老家,

---

① 讲述人:金巴,男,土族,62岁,年都乎村5社社员;记录人:唐仲山;翻译:普华,土族;时间:2007年1月2日下午;地点:年都乎村。

带他来的人就给他唱了一首歌:“家里回去哎哟,阿里有里哦?撒日玛梅朵依拉屯,沙里玛梅朵俄拉腾,罗阿梅朵塞拉腾……”二郎神听了,就继续到了年都乎。因为二郎神想家,村民就把他的庙修建在了一个小山顶,方向朝东。这样在他想家的时候就可以看到自己的家乡。现在六月会时主持邦的法师还要专门给他念诵“大路大枪大马大神大……”的赞颂词,说的就是二郎神来的时候很威风。二郎神到这个地方时,恰依庄子的人说是他们的神。他们是霍尔,不能过八月十五。因为二郎神是汉族的神,所以自从二郎神来了之后,恰依的人每逢八月十五就要给二郎神过节,要在二郎神庙里蒸“盘”。提前一天要在家里做两个“盘”,一个像月亮,一个像太阳,到八月十五这一天拿上鲜花、苹果和盘,送到庙里。男人们在庙里要煨桑,做烩菜,献供品。①

之所以对二郎神故事进行较为细致的描述,是因为二郎神的确在年都乎村的民间信仰和意识中占有重要的地位。作为一个外来神,二郎神对当地人的护佑在当地人看来也是较为显著的。信众对二郎神位置的选定,以及专为其过八月十五中秋节,更体现出对他民族、他文化体系因素在接受的同时,对与本位文化相对甚至冲突的文化因素的包容。在以往生产力水平低下的状况下,多一尊保护神就多一份平安和丰收,从而获得更多的自信。曾经也有村民提出本村民众是霍尔即蒙古人的后裔,由于历史原因不应该过中秋节,但作为一个惯习,二郎神的中秋节习俗并没有被打破。然而,在2005年的“六月会”期间,新选出的二郎神代言拉哇(法师),在做法时借二郎神的口谕命令村民从此不再过八月十五中秋节。至此,围绕二郎神而举行的独特而具有特殊意义的一项历时已久的传统民俗终结了。

这项民俗仪式的终结原因是多方面的。第一,这份“神谕”的下达有着较为广泛而深刻的社会背景。近几年来隆务河流域历史上的“四寨子”内部产生的族群认同,在更大程度上得到彰显,这在有关史志上所记述的“盖江南人也”的吾屯村表现得尤为突出。这种文化涵化和族群认同的新趋势,已经得到相关学科学者的关注。所不同的是年都乎村在保持其“霍尔”的认同,而吾屯则趋向于藏民族的归属。第二,随着经济和文化交流的深入,外文化对地方文化形成了强有力的冲击,接近城镇的村落文化首先发生剧变,为了保持自身文化的特性,村落文化做出了力所能及的抉择。第三,受“文化搭台,经济唱戏”的惯性影响,旅游业

① 讲述人:勒毛,女,土族,84岁,年都乎村4社村民;记录人:唐仲山;翻译:普华;时间:2005年6月(勒毛老人于当年下半年去世)。

带给年都乎村经济的直接刺激，使得村落文化力求彰显特色，保持奇异。这三个方面分别代表了民众对身份归属、文化个性及经济利益的诉求。如此看来，尽管作为一个外来神，二郎神信仰在年都乎村民的宗教与日常生活中，对社会关系的影响也是显著的。

年都乎村岁末仪式的举行也与各神灵有着密切的关系。无论是诵经、“邦”还是“於菟”仪式都无一例外地和神灵发生对应关系。在仪式中神灵是核心，仪式是过程，而民众的祈愿便是终极。二郎神就中秋节的“神谕”、“邦”在代德芒(1、2社)的缺失、“於菟”中人员由最早的8人缩减为7人等实例就体现出仪式所表达出的更多历史记忆，同时又反映出对传统的变通。

在隆务河流域，无论是藏族，还是土族和汉族，都有各自崇拜的神灵。这些神灵有的是河流、湖泊和山峰的统治者，而更多的是作为山峰的人格化身，是某一山峰周围地方的主宰。山崇拜和水崇拜是古代藏族最重要的自然崇拜形态，因而神山、圣湖遍布藏族各个地区。同样，山神崇拜在热贡地区原始信仰中也占有相当重要的地位，只是已与藏传佛教有非常密切的联系而已。除了各个山神之外，热贡地区的地方神灵中还有一个显赫的二郎神。二郎神崇拜显然源自汉族道教信仰。热贡地区是一个藏汉文化交汇地带，生活在这里的藏、土、汉等民族，在长期的杂居生活中，相互影响，彼此互动，从而形成了别具一格的热贡宗教文化。

据说，热贡地区及其周围被二十多座山神护卫着，其中最著名的是阿尼玛卿和阿米夏琼，隆务寺、吴屯寺和年都乎寺等寺院中都绘有阿尼玛卿和阿米夏琼的壁画。在隆务寺大经堂大门檐廊迎门右侧的东壁上有一幅壁画，上面绘有热贡地区信仰的神山全图，整幅壁画的主神是阿尼玛卿山神，周围是作为伴神的其他山神像，主神与伴神共有二十四位。其中有些山神超出了热贡的地域范围，是整个安多藏区乃至藏族全民族所信仰的山神，如阿尼玛卿、阿尼念青等。在热贡地区信仰最普遍的是阿米夏琼、阿米德合隆和阿米夏吾等山神。每一位山神在当地民间都流传着与之相关的神话传说和优美的神灵赞颂词，这些传说和赞颂词对每一位山神的来历、形象、容貌、性格、所乘坐骑、服装、法器及司职、法力等都有详细的描述。

热贡地区藏族、土族所祭奉的山神大大小小有许多，每个村庄供祭的神灵对象也并不一致。从山神崇拜活动和宗教神话看，热贡地区的山神崇拜与其他藏族地区一样，是一个内容非常庞杂的宗教文化现象。在供祭神灵的仪式活动中既有原始自然崇拜的遗俗，也有苯教和藏传佛教的思想内容，在不少村庄的祭神活动中，还兼有自然崇拜、苯教和藏传佛教的内容，因而呈现出各宗教文化相互渗透、相互影响、相互融合的特点。

三、村落仪式中的组织与时空制度——以“於菟”为例

年都乎村岁末“於菟”系列活动，环环相扣，寓意贯穿，缺一不可。其过程可简示如下：

农历十一月 / 民俗活动	初五	初六	初七	初八	初九	初十	十一	十二	十三	十四	十五	十六	十七	十八	十九	二十	二十一 二十二
本本子念经																	
二郎神 五、六队邦																	
僧人、百姓念经																	
玛卿神 七、八队邦																	
大日加神 三、四队邦																	
二郎庙邦																	
选於菟人员																	
於菟活动																	
庆祝喝茶																	

（一）民间组织与阶序

“於菟”系列活动有其较为完善的民间组织和制度。诵经仪式中，出家居寺的藏传佛教格鲁派僧众成为第一层次，闲时居家忙时事教的宁玛派教职人员成为第二层次，务家的民众诵经群体成为第三层次。“邦”仪式中，作为主持仪式的“拉哇”居于核心位置，助手“店觉窝”处次位，六位表演人员处第三层次，参与的观众则处于第四层次。在“於菟”仪式中，“拉哇”处第一层次，“店觉窝”处第二层次，“於菟”表演人员为第三层次，参与民众则为第四层次。除这样的组织构成

外，村内有类似“长老会”的组织，被称为“堪果哇”。“堪果哇”由民众推举产生，主要由村中的老人组成。“堪果哇”是个无报酬的、义务的、却又具有相当权威的民间组织。“堪果哇”可以调停村内的某些纠纷、实施护青苗、组织和监督重大节日仪程、维持村落社会的民间秩序等。因此，在“於菟”系列活动中，“堪果哇”是个重要的影响因素。如在 2007 年 1 月 2 日，同仁县文化局到村内要求迎合政府旅游宣传需要，将传统上的 7 名“於菟”人员增加为 14 名，村内行政人员迫于压力认同这一举措。2006 年农历 11 月 18 日晚，距离选“於菟”仪式表演人员还有一天时，七位老人商定不能增加人数，举出种种反对理由，并于次日在念青山神庙中举行的全村老人会餐聚会上将意见陈述出来，获得了大多数人的支持。最终使得政府有关部门放弃增加人数的决定。这次事件显示出“堪果哇”及村内长老对传统秩序的作用和影响。

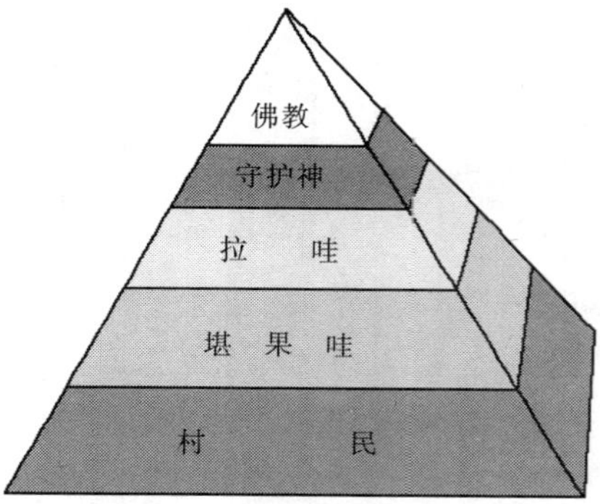

图 2　仪式中金字塔状阶序结构

(二)时空分配

诵平安经时，格鲁派僧众在年都乎寺、宁玛派僧众在宁玛派寺院、女性民众在年都乎旧寺、男性民众在堪欠活佛院内分别诵经，不同群体有不同的诵经时空分配，同时其诵经内容也有所区别。举行“邦”仪式时，恰依邦、拉卡邦、刀德茫邦和乌拉邦分别在不同时间和场所中进行，又分别属于果茂二郎、阿尼玛卿、阿尼达日加和果茂二郎各神，前两个“邦”在不同自然村的村民家中举行，后两个“邦”则在相应的不同神庙中举行。

现将年都乎村自然村、行政社与供奉神庙、邦会及时间分配列表如下：

土语	代德芒	刀德茫	恰依	拉卡
藏语	尚雄	尚贡	希拉	拉卡

<table>
<tr><td colspan="2">汉语</td><td>下庄</td><td>上庄</td><td>城外</td><td>台沿上</td></tr>
<tr><td colspan="2">现行政社</td><td>1、2 社</td><td>3、4 社</td><td>5、6 社</td><td>7、8 社</td></tr>
<tr><td colspan="2">供奉神庙</td><td>夏琼神</td><td>念青神</td><td>二郎神</td><td>玛卿神战直里神</td></tr>
<tr><td rowspan="3">邦会仪式</td><td>神属</td><td>无邦会 仅与刀德茫、代德芒轮流主持“乌拉”(山上)邦，为村内总庙的邦会</td><td>大日加神邦会</td><td>二郎神邦会</td><td>玛卿神邦会</td></tr>
<tr><td>地点</td><td>二郎神殿</td><td>夏琼神庙
(供有大日加神)</td><td>村民家</td><td>村民家</td></tr>
<tr><td>时间</td><td>十一月十九日</td><td>十一月十四日</td><td>十一月初八</td><td>十一月十二日</td></tr>
</table>

(三)管理制度

在年都乎村，法师(拉哇)、助手(店觉窝仓)、庙管、“邦”仪式中的六位人员、“於菟”人员、宁玛派教徒、格鲁派僧侣、村民以及诵经活动中负责筹划、考勤和监督的“堪果哇”，他们各司其职，各负其责，因而体现出仪式的组织性和全民性。从制度来看，仪式具有较固定的时间和仪程，同时也拥有一定的奖惩(减免公共义务劳动、处以罚金、罚酒、罚茶、磕头、讥诮等)手段、拉哇仓和店觉窝仓的世袭制度等，从物质或精神上维持活动秩序。又如以前加仓么村参加“於菟”的人员，在翌年的劳动生产及民间娱神活动中所拥有的特定权利和义务，组织及制度特征较为鲜明。

(四)“於菟”系列仪式中的食物表征

1.“邦馍馍”

“邦”在村民的口头表达中通常为“邦节”，具有“节日”意味。作为节日民俗，它的调节功能尤为彰显。在家庭中“邦馍馍”就成为节日意义的象征。年都乎村的“邦馍馍”是一种特殊的节日食品，只有在“邦”节时才能做。为了使其香甜酥脆，家庭主妇往往力尽所能地在原料上下工夫，以博得享用者的赞誉为荣。在传统习俗中它也成为孩子们互相攀比的节日食品。根据调查，当年有丧事的家庭并不做“邦馍馍”，也不过“邦”。这就如同该村年内有丧事的家庭不过年节一样，成为一种社会规范。而该家庭的亲友(主要是姑舅亲谊)在邦节时特意要送给有丧家庭的小孩一些“邦馍馍”,以示关心和慰藉,这也就传达了“邦”的节日属性和节日象征意义。

2.“邦花”

“邦”既是节日,又是仪式。作为节日,它是人的,也是神的。每一个“邦”仪式的举行,往往又表述为某某“代哇”(自然村)的和某某神。两种表述从不矛盾,相互并存。无论“邦”仪式的举行地点在村民家还是在相应的神庙,它与某神的“代哇”属性密切相关。每一个“邦”仪式总是要准备大量的“邦花”。“邦花”的具体制作和形制前文已详尽记述,在此不表。如果说“邦馍馍”是家庭给小孩的节日礼物,从物质上满足了孩子们节日的享受,那么“邦花”就是村落守护神给予孩子们精神上的节日护身符。

“邦花”是每个“邦”仪式时提前由拉哇及其助手手工制作,并事先供奉在神像面前,使其具备神性的物品。将“邦花”分发给前来的小孩,或捎带给该“代哇”各家庭的小孩时,“邦花”就从神的供品成为小孩的护身符了。小孩又因获取某神的“邦花”而得到护佑,从而产生对保护神的归属感和安全感。“邦花”作为神赐给孩子的节日礼物,象征了宗教意味的庇护。

“邦花”根据大小分为两种:举行“邦”赐时给小孩的叫“克特日”;举行“於菟”时由“大於菟”手持的叫“库鲁”。“库鲁”由“大於菟”秉持着要在年都乎城内巷间巡城而过,最终被抛在河流中。“库鲁”实际上是放大了的“克特日”,这不仅仅体现在其形制上。正如上文所述,赐给小孩的“邦花”意味着神对生命个体的护佑,而巡城的大“邦花”——“库鲁”则意味着神对特定空间集体属民的护佑。这样的一种秩序可以描述为:“克特日”——“库鲁”应用的次序象征了神对个体——集体、家庭——村落(社会)的关照意义,从而,使得保护神与信众个体和集体、家庭和社会的关系,在岁末系列仪式活动中体现出时空架构。

3.“看子”

“看子”是一种中空环形烧饼,它在不同的场合有不同寓意且处理方式各异。邦会上的“看子”是给神灵的供品之一,邦会结束后,“看子”则作为酬劳给予法师和助手;而在“於菟”活动中“看子”则是病疫不祥的载体,尤不净,被投入河中或作为酬劳给予“於菟”扮演人员;在“六月鲁若”期间则又是奉给神吃的特殊食品,称“加什的”,多用于煨桑。作为神圣的供品献给神灵和作为污贱的载体弃之于河流使“看子”有着互为极端的象征寓意,而这种象征意义由掌握有这一民俗物的社会群体共同规约和认同,成为特定仪式中的象征符号。这就决定了“看子”在不同的民俗场域中具有的不同象征所指,是不能通融的,形制上的相同并不意味着象征意义上的互通。

(五)仪式表征

1."邦"会仪式

邦会的举行在程式化中显得庄严而又意趣横生,场面相对活泼轻松,显现出人神共庆、娱人娱神的气氛。因为邦会在当地人的理解中有"集会"、"幽会"等含义,所以在系列活动中也唯有邦会被当地人称为"情人节"或"邦节",或被当地青年人侃称为"狂欢节",这也就说明其节日属性。

村民对邦会明确地给予了神属,并对四个邦会在不同时空上进行了有序排列,这种秩序也就构成了邦会仪式的时空结构。

"邦会是山神去幽会自己情人的日子,每个邦会要请相应的神像下庙到村内举行仪式的现场。神像下庙必须是在晚上,尤其是二郎神像,下庙时不走现成的大道,而要从庙后找偏僻小路绕下。意在避免让人看见。其他山神在村内有庙,则在晚上悄然请走。"①这种解释将邦会的"情人节"意味解释得更富情理。

通过对邦节神属性质的确定,并为之供奉祭品、或歌或舞、赞颂祷祝、游戏卜卦等,达到娱神娱人的效果,神的情人节也成为人的情人节。在传统惯制上,除了总庙的邦会以外,其他邦会时人们可以通过对唱情歌获得情人接而去幽会,也可以悄然与旧情人私处,无论婚否,是夜金屋不禁。如此,神的幽会只是象征的存在,而人的愉悦成为意义的终极。

在邦会仪式中,有一种道具是幡杆,上悬筛子,下承簸箕,中间饰以象征麦穗的纸幡,寓意风调雨顺、五谷丰登。实际上筛子和簸箕暗含了天圆地方,天乾地坤,通过中间的麦穗实现丰收的意味,此为典型的农耕文化象征。

因而,邦会仪式实际上以象征的方式,表达了作为古代屯民后裔的村民,对人口繁衍、物质丰足的一种心理诉求。

2."於菟"仪式

"於菟"仪式是一系列活动中实际举行时间较短、直接参与人数最少但动作强度和难度最大、风格最为独特的一个仪式单元。"於菟"仪式的过程象征了岁末时对整个生活空间的"洁净化"过程。这种"洁净"有物质层面和精神层面的双重意味。物质层面的"洁净"更多表现在"於菟"核心仪式举行之前,村民对家宅庭院及城内巷道的扫除,保证了居住空间的洁净。而"於菟"下庙后从不同的路

---

① 笔者于2007年1月2日采访年都乎村村民金巴老人。

径穿越古城巷道和民居，最终将“不洁净”带到河边，象征了对村落空间在仪式上的净化。因而，“於菟”仪式实际就是一种洁净仪式。

“於菟”仪式中的几个民俗素也具有象征意义。“於菟”从总庙出发，总庙象征着村民精神世界山神信仰的核心（文化认同）；“於菟”只在古城中穿行，古城象征着村落物质空间的核心（历史认同）；给扮演“於菟”人员进行涂灰、文身、饮酒禁语的举措象征了从“人”到“於菟”的角色置换过程；“於菟”绕行“拉哇仓”象征了“拉哇仓”的神圣地位；村民以一面团擦拭身体或病灶部位，象征着病灾被沾染除去；被擦拭过的面团烧制成饼被“於菟”带走和俯卧着被“於菟”跨越，象征着病灾从此远离个人和家庭；“於菟”将棍棒和烧饼抛入水中，将象征着不祥从此远离村民和村庄；在河边洗去文身并归途跨火，象征着从“於菟”到“人”的角色回归。

作为祛疫除邪的“於菟”仪式实际就是一种古老巫风遗俗。河湟地区民间普遍流行以下习俗，例如给疑似撞邪的病患用某物“擦蘸”，并将擦蘸用的物品抛到十字路口；岁末时在家中给家人和各个房间“打醋弹”或“燻柏香”，并将“打醋弹”或“燻柏香”后的残余物抛到远离住宅的十字路口；藏区普遍存在的吃年夜饭“古朵”时，用面团象征性地擦拭身体，将擦拭过的面团和剩饭汤汁一起盛于瓦罐中抛到远离住宅处等，这些习俗与“於菟”仪式是同质同构的，只是因为空间和规模的不同而在形式上有所区别，但在结构和寓意象征的实质上并无分歧。“於菟”仪式在空间上是一个家庭岁末洁净仪式的村落化放大，在对象上是个人“擦蘸”仪式的群体化放大。

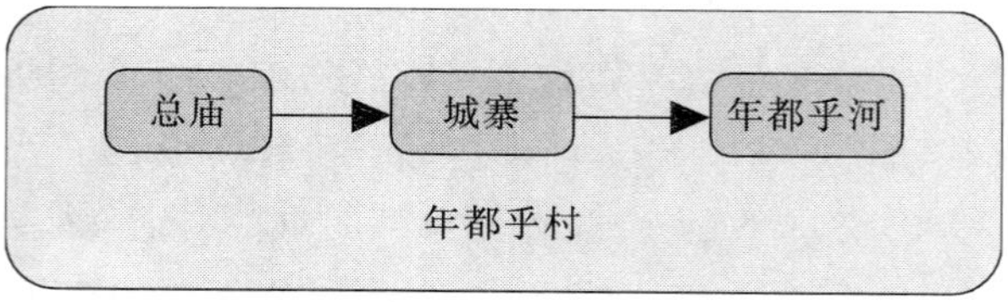

图 3 “於菟”仪式过程空间上的线状顺序

3. 共餐聚会

诵经、邦会、”於菟“等仪式活动结束后，全村僧俗百姓都要在年都乎寺的广场上集会，而寺院厨房的大锅内早已准备了足够的甜米供众人享用。混有大枣、葡萄、糖和酥油的甜米，在青海很多地区都是作为节日美食被享用的。村民从自家出来时，各自揣着自己的饭碗，扶老携幼赶赴餐会。如果家里有行动不便的人，也可以在餐会上为之领取一份甜米。只要是村民，无论男女老幼都有资格享有。即便是外来的观光客，只要光临现场，一般都会得到邀请，因为，这是村内一年一度的神圣会餐。

会餐前有专门的人员负责上台汇报岁末各项仪式活动的情况，尤其要说明诵经任务的完成情况、违规及处罚情况、获取的罚金、物品数量及开支等事宜，并作总结提出对次年的希望。而后领村民诵一段佛经，接而由一些年轻人提着盛满甜米的铁桶，依次列队坐在场院的村民盛饭。会餐完毕，人尽散而去。

会餐仪式结构简单，而参与人数和范围是最大化的，没有性别、年龄和身份角色的限制，每个人都是佛的信徒、神的子民及村落社会的组成个体。神圣的聚餐表明岁末系列仪式的意义是针对全体村民的，也是针对村落空间的，从而象征着村落社会的整体性，直接影响身份和归属的认同及凝聚力。

结　论

作为一项区域民俗事项，“於菟”系列民俗仪式与其发生的时空及人文是密不可分的，区域性是其重要特征之一。特殊的地理生态环境决定了人们的生产生活方式，特定的边缘（地理边缘、文化边缘和族际边缘）属性决定了区域内文化的多元属性，从而对区域民俗的产生和延续产生了广泛而深入的影响。

民众对周边环境的适应及对族群和文化的认同，使民俗事项得以受到物质和精神两个层面的深厚支撑。尤其是基于对生存环境的特殊认识视角而形成的民间信仰，必然为其所秉承的民俗仪式赋予灵性，从而使仪式在庄严神圣中充满神秘和灵动之气，更使民俗仪式饱含深厚的文化底蕴，使其获得灵魂和生命。

一个整体的时空架构中发生的多个民俗事项的有序化配置，必然存在某种逻辑性，这种逻辑将各民俗事项贯穿在一起，成为一组系列民俗。年都乎村岁末民俗仪式是多个民俗事项在同一时空上的有序排序，因而将“於菟”等岁末民俗仪式视作系列民俗仪式，更有助于对仪式发生区特有的文化空间的整体性进行深入研究。

完善的社会体系（包括建制构成、组织构成、时空分配、管理制度等）为“於菟”系列民俗仪式的时空架构提供了必要的社会基础，也为民俗仪式的历史延续和当下存在提供了有机保障。民俗传承人在民俗的历史延续、空间播布以及仪式变革等方面有着极为重要的作用。“拉哇仓”和“店觉窝仓”的家族式传承，将相关民俗仪式与之紧密相连，形成一种互依互存式关系。传承的断链导致关于仪式知识的记忆缺失，使仪式形同虚设。反之，仪式的丢失或残缺，亦将削弱传承的延续性和传承人在民众中的地位和影响。

仪式体系（构成、阶序）是各仪式单元成为系列民俗仪式的内在构架，显示了特定仪式中各要素的主次，在精神和制度层面维持仪式时空配置上的秩序，从而使仪式“准确”地表达民俗意志。神灵信仰和仪式构成了文化的基本特质，也构成了社会形貌的象征展示方式。精神世界的神灵存在是现实世界中仪式举行的观念依据，“拉哇”和参与群体通过仪式与神灵达到互动。祈求护佑的功利性意愿使得作为村落守护神的外来神并没有受到客观上的排斥，即便是既有的历史文化冲突也在主观上被包容或消解。

民俗仪式通过其所涉及的民俗物及仪式过程本身，体现其象征意义，其中民俗物及仪式过程（包括仪式发生的时空）就成为一组象征符号。象征将抽象的理念以具象的物或行为进行表达，作为精神和观念的表达手段，其意义建立在宗教信仰基础之上。“於菟”系列民俗仪式中各个单元特有的民俗物都具有特定的象征寓意，因而成为特定的象征指符。每种显性外在的民俗物无论是享用性的还是标志性的，一旦与象征建立关系，都有纳祥、禳解等抽象、多元的情感或观念依附其中。民俗物作为仪式中的精神介质是不可或缺的。

各仪式单元中的象征符号共同构成系列仪式中的象征符号系统，从而展现出特定的文化模式。这种文化模式反映出文化持有人的世界观、价值观和人生观，也反映出区域或群体内部某种秩序的维持机制。仪式过程体现出意识中存在的（隐性或显性）金字塔状阶序、波状差序或线状顺序结构，从而对时间与空间、物质与精神、个体与社会等关系进行文化阐释。

正因为仪式具有其特有的象征寓意，因而当仪式被理解为某种社会需求的外在手段时，就会将社会群体或个人的心理诉求借助仪式直接或间接地表达出来。村落民俗对个体社会化具有较强的形塑意义，在强化“个体—家庭—措哇—代哇—村落”的社会整合与文化认同、对阐释现实世界与精神世界关系及其协调等方面，都彰显出其存在和延续的理由。

（唐仲山，青海民族大学民族学与社会学学院教授）

黄河上游汉人社会的文化传承与变迁
——贵德"家族团拜"的文化透视

张海云

"团拜"之举由来已久，据郗志群、王新迎研究，"团拜"一词，始见于宋代《朱子语类·杂议》，由宋代的团拜礼而得名，且曾代指同年会，至明代逐渐成为京官新春庆贺的团体聚会。清代团拜发展至鼎盛，参与官员众多，内容更具娱乐性且为地方官员所效仿，成为官员交接的一种重要手段。辛亥革命爆发后，传统的团拜没有随着清王朝的覆灭而结束，相反，举行的范围已不限于政府官员，凡夫俗子、三教九流皆于新春之时行团拜活动，团拜活动的内容也悄然发生了变化。"履端伊始，万象更新，集合各团团员于一堂，从容言笑，互道既往一年之经过，而预祝未来一年之胜利"，宴饮必不可少，行礼则以鞠躬为主，观剧也被新兴娱乐方式取而代之。民国时期的团拜处于由传统向现代过渡的阶段。中华人民共和国成立以后，团拜之名犹存，但已摒弃了旧时的繁复和糟粕，众人欢聚一堂，清茶一杯，糖果一碟，交流思想、联络感情，距宋明清以来的团拜礼俗已渐行渐远。[①] 毛泽东为了杜绝下属向领导送礼拜年成风，在年前把官员们召集在礼堂中，人手一碗清茶，举行"团拜会"，如此一来，就算大家都拜过年了。团拜会成为工作者欢聚一堂、互相祝贺的一种会议形式，有益于融洽群体内部关系。根据王新迎的研究，清代京官的团拜活动类型有三：同年团拜、同乡团拜和同僚团拜，[②]从民国时期的文化踪迹中似也难看到家族团拜的记载。但近年来黄河上游贵德汉人社会的春节习俗中兴起了一道惹人瞩目的文化风景，当地人称之为"家族团拜"。本文试图通过"家族团拜"这一古老而又新兴的文化图景阐释黄河上游汉人社会的文化传承与变迁，进而透视多元文化汇聚的民族社会中，汉儒文化的传承与变迁及在变迁中形成的新的诠释。

一、盆地贵德：黄河上游的汉文化孤岛

1. 权力博弈中的贵德县政演变

"贵德"地名首次出现是在南宋宝祐元年、蒙古蒙哥汗三年(公元 1253 年)，

---

① 郗志群、王新迎："行礼、联谊与庆贺：'团拜'礼俗初探"，载《历史教学》，2009(2)。

② 王新迎："清代京官团拜活动研究"，载《首都师范大学学报》，2009(6)。

蒙古人灭金后在河州(今甘肃临夏)设置吐蕃宣慰使都元帅府,置贵德州宣慰司。“贵德”一词目前不仅是一个地理名词,还是一个文化名词。尽管这一名称的出现是在元代,但是这一地方承载的深厚历史文化底蕴却可追溯至新石器时代的马家窑和卡约文化时期。根据《西宁府新志》、《甘肃新通志》和《贵德县志简本不分卷》等志书记载,不同朝代贵德所辖面积也大小各异,“贵德”一词在行政建制上曾有贵德所、贵德厅、贵德县三级。① 贵德在秦汉以前属“羌戎地”,汉神爵二年(公元前 60 年)西汉王朝在贵德设置河关县,属金城(今兰州)郡,自此,贵德纳入汉朝版图。东晋太元十一年(公元 386 年),吕光自称三河王,建立后梁,攻克河关县地,置浇河郡、南凉、吐谷浑,南朝刘宋王室仍以浇河命之。北周建德五年(公元 576 年),收复黄河以南部分地区后,在原浇河郡故地设廓州,治浇河城。隋开皇三年(公元 583 年)仍在黄河上游南部置廓州,治浇河。大业三年(公元 607 年)改廓州为浇河郡。唐武德二年(公元 619 年)改浇河郡为廓州,移治今化隆群科。唐上元元年(公元 760 年)“安史之乱”后,唐王朝无暇顾及边陲,贵德地区成为吐蕃政权辖地。宋大观三年(公元 1109 年)五月,溪哥王子藏征朴哥以城降宋,宋以其地仍建积石军,归陕西秦凤路管辖。绍兴元年(公元 1131 年)正月,积石军地等归属金,后金将积石军改为积石州,治溪哥城,今贵德、尖扎、循化地区属积石州。宋绍兴六年(公元 1136 年),西夏攻占今贵德,改积石州为祈安城。至南宋宝祐元年、蒙古蒙哥汗三年(公元 1253 年)蒙古人灭金后置贵德州宣慰司,贵德地名首次出现。至元八年(公元 1271 年),正式设贵德州,属陕西行省河州路。明洪武三年(公元 1370 年)五月,征西将军邓愈率兵占领贵德,改贵德州为归德州。清承明制,仍沿用“归德”一词,设归德守御千户所。直至乾隆二十六年(公元 1761 年),改归德所为贵德所;乾隆五十七年(公元 1792 年),贵德所改为厅,设抚番同知,管理今贵德、贵南、尖扎等地藏族部落 81 族。民国二年(公元 1913 年),贵德厅改为贵德县,贵德县名沿用至今,但贵德辖地时有不同。民国二十四年(公元 1935 年),由贵德县析置同德县,取“边民同服中央德化”之意。1952 年 6 月 2 日正式从贵德析置尖扎县。1953 年 3 月由贵德二区的上下日安、鲁藏,三区的岗察、切扎、吾隆、都秀、拉德划出,以鲁藏工委所辖地区设置贵南县。1958 年共和县中郭密区(今罗汉堂乡)划归贵德县管辖,划化隆县雄先乡者麻吾村归贵德县辖地。

2. 贵德生境及文化孔道

贵德地处黄河上游,境内东有神保山,南有扎木日良山,西有巴吉、歪拉、野

---

① 王昱:《青海方志资料类编》,11 页,西宁:青海人民出版社,1987。

牛山，北有拉脊山，从地势构造来看，处于黄土高原与青藏高原的过渡地带。地质构造属祁昆、秦新生代断陷盆地，早在第三纪时，即开始形成贵德宽谷，到新第三纪，由于喜马拉雅造山运动，使贵德盆地继续沉降。在更新世早期，龙羊峡、松巴峡段的隆升，使贵德成为独立的盆地，全境地势南北高，中间低，黄河自西向东横贯县境中部，两岸形成多级和谷地阶地。江拉、尕让、贺尔加、尼那、昨那、曲乃亥河由北而南汇入黄河，南部的东河、西河、暖泉河由南而北辐集于黄河，全境地势南北高、中间低，形成四山环抱的河谷盆地。盆地构造致使贵德与外界的交流处于艰难状态，黄河横贯全县境内，加之县境四周高山环绕，出入贵德的古道大致有五条，即河关至金城道、临羌归义城道、丝绸之路河南辅道东段、贵德至河州驿道和贵德西宁道，临羌归义道和丝绸之路河南道东段路线之第二条实际上是重合的路线。

这五条孔道成为贵德与外界经济、政治、军事、文化交流的绿色通道。河关至金城道是西汉神爵二年（公元前 60 年）在今贵德设河关县后为加强郡县联系而开辟的驿道，为当时的官道。这条道从河关越扎麻山经罗亭（今尖扎县），渡黄河至和罗谷口（今化隆县群科镇），向北接和罗谷口安夷道（今化隆昂思多沟至平安县），或向东经邯亭（今化隆甘都）到洛都（今乐都）至金城郡（今兰州）。当时河关处于边境，因传递军事情报的需要，在去罗亭的线上设置了一些烽火台，至今在黄河边去尖扎地区驿道上，从下乜那、麻巴、查达、扎马艮山一带仍有古烽火台遗址。南北朝及隋代，废河关县后设浇河郡、廓州（唐时州治移往今化隆），仍沿用汉代驿道。这条驿道的开辟进一步加强了当时的边疆地区贵德和内地的联系，成为贵德通向外界或外界文化传入贵德的第一条官方驿道。东汉建初二年（公元前 77 年）烧当羌迷吾起兵反汉，汉护羌校尉从安夷进驻临羌（今湟源南古城，后移至今湟中县通海地区），开辟从临羌经荔谷（今湟中县康城一带）越阿尼及立山（今拉脊山江拉垭豁一带）至归义城（今尕让乡尕让村）之道。这条道实际上也是一条军事路线，沿途派两万兵把守，以防备烧当羌渡河北上。这两条驿道上都建有驿递设施，保持军书往还和物资运输的通畅。晋、南北朝时期吐谷浑开辟了从龙涸（今松潘，当时吐谷浑大戍之一），经洪河（今甘肃临潭），西至甘南合作，抵夏河，经甘家滩，入金黄南州瓜什则至保安，再经兰采、兰角抵浇河（吐谷浑下辖时称贵德为浇河），西南经过芒（今贵南沙沟）到吐谷浑早期总部沙洲、莫贺川，再西涉赤水处过黄河（今共和曲沟），经曼头城（今恰不恰）、吐谷浑城（今都兰），通过柴达木盆地至白兰（当时为吐谷浑的后方战略基地）的驿道。此道又称丝绸之路河南辅道（东段），这条道可南通蜀汉，自龙涸沿江南下至益州（今四川成都），再顺江而下至南朝的建康（今南京）。吐谷浑阿柴执政时，遣使从沿此道至南朝的刘宋王朝，被封为浇河公。这条道还可从浇河抵达河西走廊的凉州地区，从浇河去凉州的路线有二：一是经浇河东北渡黄河，接和罗谷安夷道，再转乐都武威道到凉州；二是经浇河北渡黄河，接归义城临羌道，转西平张掖道至凉州；或是经浇河西北渡黄河，绕道青海湖北，出祁连山，到达河西走廊的凉州地区。随着唐、吐蕃、宋、金、西夏等政权势力的此消彼长，贵德地区也依此成为上述几个政权的统辖地，驿道上也上演着权力博弈战。直至元代，在贵德设州，隶河州路，开辟了贵德至河州驿道，从州治地（今河阴镇）途经兰角、三岔塘、保安至循化土门关到河州。贵德至河州驿道全长约315公里，这条道不仅是驿路，也是茶马贸易的商道及元明时期贵德通向内地的官道。贵德至河州道从元代一直延续到清乾隆七年（公元1742年）才废，前后500余年。清乾隆三年（公元1738年）贵德改隶西宁府后，沿用历代走西平的小道，但因黄河和拉脊山的阻挡，赴西宁的路线几经变动，费时最短的一条路线是乾隆初改道的尕让至千户，翻拉脊山，经氺峡到上新庄入西宁，此道三日可达西宁，但山高狭窄路险，夏天多洪水，冬天多冰雪，人畜难行。此前后，还有两条绕道拉脊山的路线，从河阴镇抵达西宁需四五日。[①]

虽然盆地贵德在秦汉时为羌戎地，但于公元前60年已有通往外界的驿道，此后先后开辟过四条驿道，这些驿道既是政治和军事通道也是商贸和文化通道，只因贵德境内黄河横贯东西，东、西、南、北四面皆有大山环峙，是天然的界限，自古交通极为不便，虽说向东南西北四个方向外出的有五条路线，[②]实际上因崇山阻隔，只有向北经阿什贡峡到尕让的这一条路线（临羌归义道、贵德西平道）是唯一通向外界的快捷通道。因此，从地理特征而言，贵德盆地呈孤岛状态，现今的贵德地图像倒置的单瓢歪葫芦，葫芦嘴长在了底部，而临羌归义道或贵德西平道恰似葫芦嘴。从现今的青海省级公路建成段而言，西久公路是唯一一条从西宁进入贵德向西南通向贵南的省级公路，这条公路的畅通是20世纪90年代的事情，而向西南通向贵南的路段在80年代仍无法畅行，雨雪、山体落石和泥石流等种种原因致使这段路经常处于封闭状态，单人单骑反而比车行要快。由此可见由贵德的地理文化特点使然的贵德历史文化特点。

3. 黄河上游的汉儒文化孤岛

黄河在上游青海境内流经1455公里的地界上形成一个S形大河湾，是天下黄河第一湾，即“九曲”，历史上称“河曲”。黄河自发源地青海省玉树藏族自治州曲麻莱县依次流经果洛藏族自治州的玛多、玛沁、达日、甘德、久治县，再流到川

① 《贵德县志》，238页，西安：陕西人民出版社，1995。

② 每条路线在不同时期所经之地略有区别，但总体上大同小异，改道程度不大。

甘边境，绕四川若尔盖县，经阿尼玛卿山北侧，流经甘肃省甘南藏族自治州的玛曲县后，来了一个180度的大调头，从阿尼玛卿山和西倾山夹缝里又向西北流去，复流经黄南藏族自治州的河南蒙古族自治县，流至海南藏族自治州的同德县、兴海县、贵南县、共和县和贵德县。自此，黄河东流，经海东地区的尖扎、化隆、循化，出积石峡(此为古称的小积石)，经民和县官亭复流入甘肃省永靖、兰州等地区。黄河在这个S形大河湾中流经青海境内16县(甘肃、四川除外)，16县中，黄河流经的贵德在文化上与其他县很不一样。曲麻莱、玛多、玛沁、达日、甘德、久治、同德、兴海、贵南、共和、尖扎等县藏文化比重远远大于汉文化或伊斯兰文化，化隆、循化两县的伊斯兰文化和藏文化色彩也比较浓厚，河南县是藏蒙文化的天地，民和县以伊斯兰文化和土族文化彰显县特点，只有贵德县的汉文化比重大于伊斯兰文化或藏文化等其他文化。

贵德是一块多元文化汇聚的土壤，在贵德既可感受到完整而典型的中原汉文化，也能体会到藏文化、伊斯兰文化和基督教文化。因汉族在全县人口中所占比重最大，加之汉族大部分集中分布在全县经济、政治、文化中心的三河(河西、河阴、河东)地区，无论在生计方式、宗教信仰和人生礼仪上，还是在节庆习俗上都保持着突出的汉文化特点。[①] 汉文化在贵德的传入可追溯至明洪武十三年(公元1380年)，明朝实行移民实边政策，汉族陆续迁入归德定居，之前也有过汉族在贵德的经营，但是汉、唐王朝驻军、屯垦、修城后大部分返回，留下的少量汉人被融合。归德城修筑竣工后，从河州拨民48户开垦守城。永乐九年(公元1411年)，调河州卫中左千户所于归德居住，下开十屯。十屯即今贵德县的王、周、刘三屯，今尖扎县的康、杨、李三屯，同仁县的脱、季、李、吴四屯，统称归德十屯(亦称贵德十屯)。这些屯寨的军丁，多由内地迁来，隶属军籍，在世袭百户的带领下设屯筑寨，屯田戍边，父死子继，世代相承。明宣德以后，军屯制度逐步废弛，军户的后裔逐渐落籍屯地。据西宁府新志记载，明初拨来的48户已发展到9835人丁，百户王猷、周鉴、刘庆三人携眷来归德守御的人丁发展为462人。清乾隆以后，从山西、陕西、甘肃等地相继迁入大批汉族商人和工匠。清同治十三年(公元1874年)后又有大批汉族集体迁入，民国十八年(公元1929年)河州马仲英之乱时又有一批汉人进入贵德定居。中原汉文化的核心是儒家文化法统，明代初期汉族大量迁入，中原文化随之传入贵德地区，家庭、宗族设立的教学处所——私塾逐渐形成，《论语》和《孟子》是基础教材，宣扬孔孟儒家思想。据记载，三河地区的王屯、周屯、刘屯、太平、张家沟、城内等地都曾设有私塾。清康熙六十年(公元1721年)，设甘肃西宁府归德所学校；乾隆十二年(公元1747年)西宁兵备

① 张海云："贵德汉族节庆民俗变迁研究"，载《西北第二民院学报》，2007(3)。

道俭事杨应琚、知府刘弘绪、所千总彭韫创义学三所(在周、王、刘屯),同治五年(公元 1866 年),同知承顺又设义学两处,光绪二年(公元 1876 年)同治甘时化复设义学六处,后又设两处,在三河地区三屯等地,同年游击杨宗德在城内西街营设义学一处,光绪二十七年(公元 1901 年),增设义学两处,民国初年设义学 3 处。乾隆十二年(公元 1747 年),杨应琚在贵德城内创设的河阴书院,为青海地区九大书院之一,以后河阴书院几经迁移扩建,同治六年(公元 1867 年),因回族起事被焚毁,光绪二年,同知甘时化协同地方绅士捐资重修河阴书院,书院的教学内容以儒学为主,学文习字,为求文字昌盛,设有文庙,现今玉皇阁大殿塑有孔子像,文人学子多有敬拜。从贵德私塾、义学、书院的设置可看出贵德学苑传统及儒家文化在贵德的积淀。虽然义学和书院曾遭焚毁,但文化之根不曾中断,从明代积淀下来的具有汉文化传统的标识性记忆体现在贵德古城、贵德的明清建筑群落、尊孔崇儒的处事行为和儒释道为一体的信仰体系及遵道重学的家学传统和岁时节庆习俗中。家族团拜这一新的岁时文化景观犹能传递出贵德悠久的汉文化传统。

二、"家族团拜":礼俗传统的传承与创新

1.家族团拜的起因

开篇已交代"团拜"这一文化传统的悠久历史及原貌。贵德汉人在传承中创新,在选择中变迁,借用"团拜"一词解决文化困境。家族团拜兴起于 21 世纪初,起因是为了简化春节(当地人称"过年")期间拜年时的繁琐程序。自 20 世纪 80 年代以来,春节拜年时亲友们提着礼物走家串户,当地人称"转亲戚",有时一天要转七八家亲戚,那时的代步工具大多为自行车,90 年代以来才有了摩托车,更有甚者,正月十五完后还有没转完的亲戚,这样的转亲戚法非常劳烦,但是如果不转亲戚又会被人议论没有家教、不懂礼节(数)。在一个宗族社会中,过年不转亲戚则意味着放弃自己的亲属群体,也放弃了自己遵循的孝悌伦序价值体系。过年转亲戚在汉人社会中也是一种"礼物的流动",在这场礼物的流动中流动的不仅是礼物还有家族血统、宗族情谊、家学涵养甚至人伦差序(汉族讲究拜年时要长幼有序)。但是繁文缛节使得过年像过难,因此,一些年轻人倡议"家族团拜",省去带礼物走亲访友的繁琐。起初有些老人不愿意,认为过年不转亲戚会违背祖先遗留下来的乡俗,后经过年青倡议者们的一再解释,慢慢明白了"家族团拜"的实际内涵,也就同意了。至 2011 年春节,三河地区绝大部分汉人家族都

盛行过年“家族团拜”，家族团拜因而成为一种新的文化仪式。

2. 家族团拜的仪式过程

家族团拜有明确的“家族”界定，由此圈定参加团拜的人员。“家族”指的是以父系为轴的一族亲系，包括父亲、母亲、叔、伯、叔伯的配偶及其子女和子女的配偶及子女、姑妈、姑父及其子女和子女的配偶及子女等。家族团拜的主办人由家族中的青壮年男性轮流担任，每两人一组，每组主办三届。两位主办人在农历腊月开始选定团拜的日期和地点。在一个大家族中，族人从事的职业各有不同，工作和居住地也不一定在贵德，因此团拜日期一般不是星期六就是星期日，大致在腊月二十三前后；腊月二十三在汉族社会是年关的开始，这一天也有相关的文化习俗，如祭灶、大扫除等，意味着已进入过年的氛围中。团拜地点一般选在能容纳五六十人的大饭店或者“农家乐”(随着旅游业的发展，贵德兴起了集住宿、休闲、餐饮于一体的农家庭院)中。

团拜这一天，主办人及家族协办人提前到达场地，准备一系列的团拜内容，并安排座位次序，男系亲家族成员大概十点开始陆续赶到团拜地点。有些长辈家离团拜点较远，会由主办人派族人负责接送。十一点正式入席，一桌一般安排八至十人，男女长辈坐成一桌，平辈(按主办人的辈分划分，也叫子女辈，后文同)男女分坐成三四桌，孙子辈们自行坐成一两桌。入席后，主办人致辞，一般而言，两名主办人中的一人兼任主持人。每年致辞内容大致相同，致辞中首先介绍主办人姓名(两名主办人)，然后在说辞中强调，邀请诸位长辈和远方的族人们欢聚一堂旨在表达对长辈们的孝心，并祝愿长辈健康长寿、安享晚年，祝愿平辈们家庭和睦、事业有成，祝愿晚辈们茁壮成长、学业进步，最后祝愿国泰民康、日子越过越好。之后请大家吃“喝茶菜”。“喝茶菜”是汉族正式宴席开始前的一道简单饭菜，喝茶菜可以是一盘家常菜也可以是一道土火锅，用当地话来说，这道饭菜仅仅垫个底而已。喝茶菜后，重抹桌子重摆席，四盘干鲜果一应俱上，随后摆上六盘凉菜，热菜的规则依照传统的宴席模式。正式宴席开始后，主办人安排子女辈、孙子辈排成两三行长队分别给长辈们叩首。长辈包括父、母、叔、婶、伯、嬷、姑、姑父，子女辈包括儿子、儿媳、女儿、女婿，孙子辈包括孙子女、外孙子女。以前汉人社会拜年行跪拜礼，后来逐渐改革采用鞠躬礼，团拜时子女辈给长辈行鞠躬礼，但主办人的口令中仍称为一叩首、再叩首、三叩首。子女辈行完鞠躬礼后由晚辈们向爷爷辈行跪拜礼，主办人的口令中称为一磕头、二磕头、三磕头，行完礼之后落席。这时团拜的气氛已被调动起来，长辈们面现神采，子女辈和孙子辈们也是喜气洋洋。上完第一道热菜后，主办人请长辈代表讲话，长辈代表的讲话内容为总结过去一年家族成员取得的诸多成就，殷切展望长辈、子女辈、孙子辈在新的一年里各有所获，希望家族成员和睦团结，在新的一年里取得更大的成就。讲话完后，主持人安排子女辈代表和孙子辈代表分别给长辈及同辈们敬酒送祝福。因为以往的年份里子女辈和孙子辈轮流敬酒，场面显得较为混乱，而且敬酒时间也长，影响后面的活动，在今年团拜时便选派代表敬酒。敬完酒后，主办人宣读团拜经费及经费来源。笔者调查的这一家族团拜经费由家族中的子女辈出资。按团拜规定，子女辈以核心家庭为单位，有公职人员的核心家庭出资200元，没有公职人员的核心家庭出资100元，贫困家庭出资50元。在实际资费中，也存在没有公职人员但家庭收入好的核心家庭出资200元或300元的情况。经费宣读完后，子女辈向每位长辈奉上一份礼物，礼物或是一副枕套或一床单或一只磁化杯，每年礼物都不一样。在奉上礼物的同时，主办人再一次说明团拜的宗旨，并婉言表达团拜的核心精神：团拜并不是省去对长辈们的孝心，大年初一仍要到长辈家拜年，同辈人家相互间不再拜年也不转亲戚，到长辈家拜年不再带礼物，但是仍要遵循长幼伦序，拜年看望长辈是祖祖辈辈遗留下来的规矩，不要忘记祖辈的传统。长辈们附和着说就这么办，你们的心情我们老人们能理解，然后主办人继续调动团拜气氛，督促大家吃好喝好玩好。

吃喝不是家族团拜的精彩时刻，家族团拜的主旨在于让长辈愉悦，让长辈开心，所以主办人在上完热菜"甜米"（八宝饭）之后邀请长辈们展示才艺。老人们也主动到前台表演，贵德汉人从小耳濡目染家学传统，所以老人们个个都有看家本领，传统乐器的吹拉弹唱不在话下；一个大家族可以组成两三个民间乐队，有的老人拉二胡，有的弹三弦，有的唱青海小调，有的敲盏碟，女性长辈们拿着扇子载歌载舞，曲调有《十二月花果》、《十盏灯》、《花儿与少年》等。上述曲调循环演奏，子女辈们也加入到舞蹈行列替换累了的长辈们，子女辈和孙子辈中也有人会拉二胡、弹三弦，唱青海民间小调。第一轮表演结束后子女辈和孙子辈给长辈们表演节目，有二胡合奏《赛马》，有手风琴独奏，有独唱《十二月花果》，有独唱军旅歌曲，也有独唱通俗歌曲，也有表演藏舞和撒拉舞的。长辈们休息片刻后第二轮上场，每位老人献唱一首，歌目有《妈妈的吻》、《没有共产党就没有新中国》、《我的祖国》、《十盏灯》、《尕老汉》、《四季歌》以及京剧《沙家浜》等。团拜这一天的中心人物是长辈们，长辈表演完后，子女辈们再次助兴表演，直至傍晚时仍是意犹未尽。团拜的尾声是上主食，主食为面类。吃完主食后主办人宣布家族团拜结束，并通告下一届主办人姓名，之后送亲友们回家。

3. 家族认同

首倡家族团拜的是有公职的家族成员，他们或是在本县工作，或是在县外工作；在本县工作的家族成员平日相互联系较为频繁，也能经常见面商议家族内事，但是在县外工作的家族成员一年里除与直系亲属经常联系之外，与旁系亲属交往次数较少。但是无论是身处异乡的族人还是故乡的族人，内心深处无法抹去的记忆是对自身族属的认同，对于异乡族人来说回到家族圈内就会体味到不一样的生存感。家族团拜是现今已成家立业的家族成员规模最大的聚会之一。虽然春节期间族人大多还乡，但是也多与自己的直系亲属团聚，很难与家族其他成员团聚。规模最大的家族聚会还有婚丧嫁娶时的聚会，但婚丧嫁娶时的聚会在乡土社会不完全是家族聚会，乡里邻舍也参加。只有家族团拜是一场纯粹的以父系亲为轴线的典型的汉人家族聚会，在这场聚会中家族成员按照父系血亲计算，母系血亲被排除在家族成员之外。家族团拜的过程除了充满晚辈对长辈们的拜年意味之外，另外一种看不见的情结是一年不见的堂兄弟姊妹和表兄弟姊妹之间的嘘寒问暖。小时候这些兄弟姊妹们一块上学、一块玩耍、一块劳动……有很多共同的回忆，成家立业后或因空间距离或因其他原因而疏远起来，但记忆中儿童时代不乏这样的家族团聚。那时电视很少普及，大年三十晚上父亲带领孩子们到爷爷奶奶家团聚，母亲和年纪大一点的女孩子留守家中，姑姑和姑父及他们的子女则在自己的家族中守岁。通过对二十多年前的除夕守岁和现在的家族团拜的对比，还是会发现传统文化的变迁。

二十多年前的除夕守岁传统中参与者以男性为主，一般十岁以下的小女孩也可参加。家族团拜则扩大了参加者的范围，母亲、嬷、婶、姑、姑父及其子女、子女的配偶、子女的子女等都在参加之列。快速发展的城市化进程及日益变更的日常生活使人们产生一种普遍的感觉，那就是现在过年没有以前热闹、家族人情淡薄。实际上“家族团拜”活动以以往没有出现过的形式缩短了“热闹”的时间，却扩大了“热闹”的人群，用每年一次聚会的方式强加了家族观念，拉近了人情距离。近年来有些远方族人无法回家乡团拜，遇这一情况时，远方的家族成员会托家人搭上礼钱，数额与普通家族成员相同。还有些族人的妻子因某种原因不能参加团拜，其他家族成员会问明缘由并嘱托下一年一定要参加，这样说过几次后也能起一定的作用，第二年也就参加了。主办人在陈词时也强调家族团拜的定则：这是一年一次的家族大事，趁着父母辈们健在，希望家族中的老老少少都参与团拜，也希望大家遵守团拜规则，把每年一度的团拜举办得圆圆满满。透视三十年来的春节习俗的变化，一些旧传统渐渐淡出了人们的视线，一些新的定制也在产生，文化变迁的动力在于文化创新，贵德汉族的“家族团拜”是文化创新的结果。

贵德汉族家族团拜已成为一个新的岁时习俗，有时会遇到两个家族在同一天团拜的情况，而丈夫和妻子分别属于这两个家族。一般在选定团拜日子时两个家族的成员间会相互通声，以避免重上日期，万一碰上这种情况，夫妻可以先到妻方家然后再到父方家，或相反，或妻到妻方家，夫到夫方家，孩子随愿。因团拜也讲求团圆，故选择日期一定避免重日。母方、妻方家团拜时，配偶们以姑父、姑爷的身份出现，团拜的仪式过程大同小异。

三、汉儒文化情结：仪式展演中的文化表达

根据笔者调查，贵德汉族家族团拜不止一两家，汉族分布的三河地区普遍举办团拜活动，笔者调查时同一天遇到两家家族团拜。贵德汉人家族团拜的仪式展演传达出以下社会共识：

1. 孝悌伦序

考察团拜的发展历史可以发现，它既是儒家文化的产物，同时也是官僚文化的衍生物。从宋代的鹿鸣宴、同年会到明代的京官岁首的庆贺活动，至清代的同年团拜、同乡团拜、同僚团拜，再至现今新春佳节各级党政机关纷纷举行的团拜会，团拜的内容和形式不断发生变化。贵德汉人的家族团拜仪式与历史上的团拜比较，孝悌伦序的古风犹存。据清人考证，团拜礼的形式起源于古代乡饮酒："《周礼》环拜以钟鼓为节，注宾客环列而拜，殆团拜所自防《仪礼》乡饮酒之礼。"乡饮酒之礼在于明尊卑、论齿序，故团拜礼也具有此教化作用，乃是遵循古风的表现。[①] 儒家思想的核心内容是仁、义、礼、智、信、忠、孝、悌、节、恕、勇、让。其中，"仁"是中国古代一种含义极广的道德范畴，本指人与人之间相互亲爱。孔子把"仁"作为最高的道德原则、道德标准和道德境界，他第一个把整体的道德规范集于一体，形成了以"仁"为核心的伦理思想结构，包括孝、弟（悌）、忠、恕、礼、知、勇、恭、宽、信、敏、惠等内容。其中，孝悌是仁的基础，是仁学思想体系的基本支柱之一。宋代至清代的团拜活动，无论内容和形式如何变化，其孝悌伦序的古风延续至今。宋代鹿鸣宴和同年会旨在联谊，但也论齿序；明代团拜九卿官员参加，国子监祭祀行礼，意在尊古；清代三种类型的团拜也讲求伦序。民国时期接受新思想，团拜礼改为鞠躬礼，也表达了孝悌伦序之意。新中国成立之后团拜之名犹存，但内容据宋明时的礼俗已相去甚远。而贵德汉人为何在家族团拜中复兴了传统文化的内容呢，不但在团拜时行叩首礼（子女辈实际上行鞠躬礼），还行跪拜礼（孙子辈行），而且在陈词中也表达孝悌伦序的思想情感，实属值得探讨的问题。

---

① 郗志群、王新迎："行礼、联谊与庆贺：'团拜'礼俗初探"，载《历史教学》，2009(2)。

新中国成立后在思想界进行了一场破旧立新的运动，历经“文化大革命”的浩劫，中国传统文化中的精华与糟粕俱被涤荡，20 世纪 80 年代以来重新建立起来的价值体系又是以经济建设为中心，物质文化需求远远遮蔽了精神文化需求，因此，也有了重建道德阵地的努力和复振传统文化、保护传统文化的种种举措。就以城市中春节礼俗而言，确如众多人感知的那样，年味越过越淡，实际上是传统文化的缺失在作祟。而在贵德，儒家文化在创新中传承，有益于身心健康、有益于形成秩序的传统文化内容仅可在吸纳、包容的心态下得到发展。孝悌伦序是人本主义思想的体现，儒家文化本身是现世文化，基于对人性的考虑而阐发的孝悌伦序是对人性的关怀。群体性是人的本性，追求愉悦也是人的本性，家族团拜是族人对所属群体的回归，也是对族人归属感的肯定；在群体中个人才会感受到自身存在的价值，脱离了群体，个人的价值感无从谈及，更别说是愉悦感了。而对于长辈和子女辈来说，孝悌伦序也是精神愉悦的实现方式之一，有秩序的家族环境同样让人感受到和谐的愉悦。

另一个让人困惑的问题是城市“80 后”、“90 后”基本是独生子女，农村有两个子女，那他们的团拜是否能做到现在的规模？文化是在创新中变迁的，如果深厚的文化底蕴还在，那么就可以找到传承的方式。就以“仁义礼智信”来说，朝代更迭、世事变迁，但对“仁义礼智信”的追求却没中断过，现代国家的国际主张也是对“仁义礼智信”的不同表述。

2.汉家故事与风物

贵德家族团拜的一大文化景观是丰厚的乡土文化展演，老、中、少三代人都可组成一、两个民间乐队。清代时团拜活动除了增强联谊、岁首庆贺外更重娱乐性。以往团拜重在遵循古风，活动伊始祭祀行礼，继而宴饮酬唱，基本是团拜的传统礼俗内容。清代团拜酒宴之外以丝竹娱乐，观剧成为活动的重头戏。嘉道以前，团拜观剧风气犹简，清末，团拜多有夜戏。贵德汉人家族团拜也注重娱乐性，娱乐重心是长辈。长辈们的宴饮酬唱是对子女辈和孙子辈的言传身教，族人们一起演奏传统乐器或弹唱民间小调实际上也是在切磋技艺，相互学习。据笔者调查，弹唱的传统曲目有《十盏灯》、《十二月花果》等。现将两支曲词简录如下：

《十盏灯》：

一盏灯来什么灯，月牙桥上的吕洞宾，洞宾想吃仙药酒，连吃上三杯醉醺醺。

二盏灯来什么灯，二郎担山在空中，阴山地下将太阳压，那就是二郎显神通。

三盏灯来什么灯，姊妹三人哭紫荆，三人哭活了紫荆树，紫荆开花绿叶青。

四盏灯来什么灯，桃园结义四兄弟，要问兄弟的名和姓，刘备关张赵子龙。

五盏灯来什么灯，西天取经是唐僧，沙和尚拉的是白龙马，八戒和悟空保唐僧。

六盏灯来什么灯，大堂上坐的是杨延锦，沙场上绑的是杨宗保，救命恩人是穆桂英。

七盏灯来什么灯，杨七郎打围在山中，背的是长枪挎的是弓，领的是狗架的是鹰。

八盏灯来什么灯，杨八郎在北国招了亲，招的亲是鞑子亲，八姐和九妹没认亲。

九盏灯来什么灯，王小二卧冰救母亲，将衣脱在了大河湾，精肚爬在了冰海滩。

十盏灯来什么灯，唐王天子李世民，跨海征东的薛仁贵，走马扫平了凤凰城。

要问曲儿的根古儿传，十盏灯留给后人们听。

《十二月花果》：

正月里冻冰立春消，二月的尕鱼娃水面上漂，三月里的桃杏花惹人爱呀，惹人爱呀，四月里的刺梅花院子里开，院子里开呀，五月里的牡丹花香满园，六月的川草花赛金黄，七月里的葡萄搭成架，八月里的西瓜玩月呀，九月里的黄菊花开千层，十月里的瓜果送亲人，十一月里的柿子大街上卖，十二月里的腊梅花风雪里开。小呀阿哥哥（妹妹），想起我的亲呀，想起我的哥（妹）呀，想起我的亲哥哥（妹妹）等上一等我呀，等上一等我呀，小呀阿哥哥（妹妹）。

这两支曲子内容和风格可以说是截然相反，《十盏灯》的唱腔至少有两种，一种高亢欢快，另一种唱腔低沉悲伤，因为唱的是历史故事，听起来很有史诗感。曲子传递的信息围绕孝、弟（悌）、忠、恕、礼、知、勇、恭、宽、信、敏、惠等内容展开，曲词本身言简意赅，如果不懂背后的历史常识，较难理解唱曲的精髓。《十二月花果》应算是一支情歌，但是每一月盛开的花果和营造的意象基本上是中原汉家风物。根据唱词，实际上河湟地区这些花果都晚开一个月左右。

3. 励志

贵德家族团拜除了具有上述文化功能外，仍承继了历史上团拜所具有的联谊功能。一年一次的团聚有助于家族凝聚力的巩固，也增强了家族认同感，同时有助于增进族人之间的了解。家族团拜的隐性功能还在于励志，从主办人的陈词和长辈代表的讲话中都明显感觉到，祝愿词既是临场的套话，又是衷心的鼓励，无论是老、中、少三代中的任何一个人，都被赋予了新一年生活的期望。儒家文化一直以来被理解为是励志文化，它追求实践精神，透视家族团拜的社会共识：家族团拜是中国乡土文化与现代文化相融合的产物，乡土社会在转型期遇到来自电视等媒体的冲击，却又无法完全像城市那样蜕变，因此，一方面尽力保持传统文化中的核心内容，一方面又自觉不自觉地在传统礼俗中寻求减负之路，最终以“家族团拜”的方式解决乡土文化与城市现代文化的冲突，同时疗伤源自城市的孤僻症、淡漠症、无意义症等各种文化缺失症。实际上中国思想史、文化史的发展都是在传统与现代、乡土与庙堂的挣扎纠结中发展、流变。

贵德家族团拜何以会保持儒家文化的核心内容，贵德又何以成为黄河上游汉儒文化孤岛，这让我想起了一个经验，在一支口小体大的容器里装满水后，再想倒出水来，那是很困难的事情，如果不装满容器，想倒出水来，则容易得多。贵德的文化效应也如此，前文已述，盆地贵德像只倒置的单瓢歪葫芦，葫芦嘴就是贵德西平道（现在的西久公路部分段），长在了歪葫芦底部。汉儒文化从葫芦嘴传进后不断积淀，达到一定的充盈程度后很难再从葫芦嘴溢出，尽管贵德是藏文化、伊斯兰文化、基督教文化、汉文化等多元文化共聚之地，却成为了黄河上游的汉儒文化孤岛，家族团拜的仪式过程及社会共识可略见汉人社会的文化传承与变迁。

（张海云，青海民族大学民族学与社会学学院教授）

一个藏族牧村的日常表达
——一项来自青海省贵德县都秀村的人类学考察

才 贝

村落是什么？费孝通先生认为："村落是一个社区，其特征是，农户聚集在一个紧凑的居住区内，与其他相似的单位隔开相当一段距离（在中国有些地区，农户散居，情况并非如此），它是一个由各种形式的社会活动组成的群体，具有其特定的名称，而且是一个为人们公认的事实上的社会单位。"①王铭铭先生也曾指出："我们今天意义上的'中国村庄'，更通常指农村的社区、聚落、地方，而且通常与'汉族'联系在一起。"②当研究者进入都秀村——一个位于青海省海南藏族自治州贵德县常牧镇的半农半牧以牧为主的地区时，显然要产生这样一个问题意识：都秀村究竟在多大意义上是一个人类学的村落？到底有多少乡土性？我们不仅要在村落里做研究，有时我们也要研究村落本身。

美国社会学家英克尔斯（Alex Inkeles）认为："村落是一些住户比较集中地居住在有一定界限的地理区域内；这些居住者表现出牢固的内聚的相互作用；具有不基于血缘纽带的共同成员感、共同隶属感。在村落生活中，村民之间形成了共同的文化信仰，形成了超越个别利益、在生命意义上的认同。"③这个定义显然注重一种共同体的地缘性以及认同，在藏语中与村落对应的词是"德瓦"，一般而言，都秀村的村民们把都秀村称作"都秀德瓦"，而将自己称为"卓巴"（牧民），当问及"都秀"为何意时，多数人认为这是地名，没有实际意思，可见都秀村对他们来说，就是大家共同居住的地方，在"都秀"这个空间范围内，共享一样的文化、自然生态以及经济条件。但我们并不能因此就轻易地给都秀贴上"村落"的标签，而不考虑它在中国村落这个大谱系中应当具备的层次性与文化之别，因此，笔者更倾向于把都秀村称为牧村——一个位于青海省东部、黄河谷地的藏族牧村，以区别于一般意义上的"村落"，并在接下来的内容中，探讨它的乡土性。

---

① 费孝通：《江村经济》，12页，上海：上海人民出版社，2006。

② 王铭铭：《走在乡土上——历史人类学札记》，2页，北京：中国人民大学出版社，2003。

③ 英克尔斯：《社会学是什么》，陈观胜、李培荣译，100页，北京：中国社会科学出版社，1981。

一、都秀村，乡土还是边缘？

“无论出于什么原因，中国乡土社区的单位是村落，从三家村落起可以到几千户的大村”，[①]对于整个常牧镇来说，它所辖的22个行政村、80个自然社，不超过4000户，其中牧业户有1968户，8605人，约占总人口的49%。常牧镇是贵德县唯一的牧区，全镇可利用草场总面积为168.1万亩，其中围栏草场53.7万亩，年内存栏各类牲畜163438头，总增率44.6%、商品率42.8%。其中上、下刚察村和都秀村的水草最为丰美，牲畜数量也最多。

都秀村有300多户人家，人口有1000多人，为藏族牧业村，整个村落不像青海一般的汉族或回族村庄那样密集，而是地广人稀，牧户居住都很分散。这里几乎都修建了土木结构的房子，除了在夏季草场和秋季草场，很少看到帐篷。都秀村是全镇唯一不通公路的村落，镇政府所在地距县城22公里，从镇政府到都秀村，骑摩托车需要近1个小时，途中要趟过两条大河，冬季由于结冰，摩托车、越野车可以过去，但是到了夏季，过河就成了一大难题，这里有简陋的木桥、土桥，但也是年久失修，几乎没有车道，好不容易摸索出一条便道来，也是石头挡道，因此驾车需要十分高超、灵敏的技术。2010年1月27日，笔者到都秀村考察，在摩托车的颠簸中，一路尘土飞扬，来到都秀村郭拉地区，此地在行政上属于3社，住户不到十家。

(一)自然与生活景观的乡土感

无论在去都秀村的路上，还是在村落中，无疑都充满乡土感。村落最繁华的商业区就是常牧镇政府所在地，街道上摆满花花绿绿适合农牧家的年货，而一路上的风景就是黄土、红崖、稀疏的树木、土墙和冻结的农田，途经汉族农家贴着福联的民居、藏族“戎瓦”家（农区的藏族）挂着经幡的庭院，门前停着手扶拖拉机或摩托车，像大多数农区一样，这里一家挨着一家，羊肠山路穿梭其间，居住都很紧密。

随着片片草场围栏的出现，群群牛羊映入眼帘，感觉进入了牧村，整个常牧镇就是这样一个农牧交接的生态群落，地理的高处正是都秀村所在地。这里的牧民居住很分散，往往是这个山坡上有一家，那个山坡上有一家，山坡下有几家。

---

① 费孝通：《乡土中国》，5页，北京：人民出版社，2008。

由于居住的分散性，拉电线杆也成为一个难题。郭拉曾经有过一个发电站，但已报废很多年。前年都秀村通电，但是一些零星的牧户，由于是单户，在某条山沟里，依然没能享受有电的生活，夜间还是靠煤油灯、太阳能照明。郭拉被好几座山包围着，虽然有大河在家门口淌过，但毕竟是山谷地带，气候还比较温暖宜人。

郭拉地区可以说是都秀村的一个冬季草场定居点，这里从六七十年代起陆续修盖了土木结构的房屋，除了一家正准备盖房，临时搭建了帆布帐篷外，其他住户都住在房子里。房屋的建筑格局都差不多，就是模仿当地汉式的房子。平房带有庭院，只是在屋顶插有经幡，墙多为土墙，比较高，有的在屋前做了玻璃的封闭，这在青海其他农区也比较流行。庭院中建有高高的煨桑池，是供奉地祇的神圣区域。本村的依德（山神）是阿尼智俄奔松（即智俄三兄弟），附近的一些小山神被认为是他们的大臣或侍从，还有一座山，被认为是智俄的铁匠。

与当地汉族村庄不同，都秀村每家门前都有几块非常重要和必不可少的区域，就是牛圈、羊圈、马圈，近几年也建起了小型的猪圈等。其中有一家修建了漂亮的"玛康"（藏语，意为母羊圈），有点像蔬菜暖棚，里面温度很高，玛康的主人羊本加说，这是在"国家"的资助下，自己动手修建的，眼下正是母羊产羔的时节，把身体虚弱或临产的母羊圈在这里，可以降低羊羔的死亡率。牧民们也谈到，有了"玛康"虽然好，但是"玛康"也会把牲畜惯坏，因为御寒能力会下降。一家牧户的羊圈里修了可以煨的坑，这样牧人晚上也可以照看羊群，而不会受冻。当然，也会有牧户直接把羊圈修在家中，这样更利于照看。每家牧户外面，堆满草料、牛粪等，显得十分零乱，但牧民们似乎并不在乎这种外观的清洁和整齐。

走进房屋，可以观察到这里独特的建筑与起居习惯，房子被隔成两块区域，分别是灶区与炕区，灶与炕相连，一般用一道可以推拉的木窗隔开，木窗内就是炕区，也可装门，使其单独成为一件屋子。炕是年长男性的专用区，女性一般从木窗中为其递饭，佛龛、嘛呢经轮等修建和摆放在炕的正对面，这里供奉着净水、酥油灯，是家中最神圣的空间。土灶中用牛羊粪、干草当燃料，灶火不断，炕自然而然也是热的。灶区被称为"郭卡"，是女人特别是儿媳的活动区，做饭、烧茶都在这里，是小孩的烤火区，也是一家人围坐着、吃饭的区域。与其他地区的藏族一样，牧民们特别注重灶火周围的洁净，绝不会往灶火中乱扔杂物，以免污染灶台。可以猜想，灶区与炕区的划分，就是牧民帐篷中阴帐与阳帐的遗留，牧民们为了追求保暖，舍弃了帐篷，但却保留了帐篷的居住习惯。有的牧户会在灶区生炉子。灶区的一面墙壁都装修了木制的橱柜，最具展览性的就是一排排摆放整齐的瓷器龙碗，绘有八宝吉祥的图案。藏族人好像特别喜欢买碗，除了实用的因素，还追求其装饰性。

(二)生活在村落中的牧民

都秀拉了电后，很多牧户家都买了电视和冰柜，电视节目主要看青海电视台的藏语频道，小孩们爱看藏语版的《喜羊羊与灰太狼》，并模仿动画里的情节。冰柜主要是夏季用，冬季时肉存放在外面的“夏康”（用泥土糊的坑，用来装肉）中，据说天气转热时，再拿出来吃，十分美味可口。每户家里当然会有打酥油的机器，这已经见怪不怪了。近几年每户的成年男性都有摩托车可以骑，家庭成员都有手机可以玩，[①]有的牧民买了“夏利”轿车，用来跑路做生意挣钱，有的只是什么也不做，买车来仅仅是为了打发牧区单调的生活。可以感受到牧区的男女青年们想一头栽进外面“精彩”现代生活的那种蠢蠢欲动，但他们又怕自己无从适应而显得蹑手蹑脚。

从冬季都秀牧民的穿着看，放牧人穿藏服的多，因为保暖，而居家的人为了便利，以汉服为主，当然，老人还是以穿藏装为主。女性都梳着两条长长的辫子，裹着鲜艳的头巾，这应该是受了附近农区的影响，几乎没有人留那种传统牧区梳无数小辫、戴头饰的发型。大多数男性则留着长长的头发，常常戴一顶汉式的布帽，如果家中或同一部落家的人有丧事，则把帽子翻过来，贴上一块白色的胶布，这种习俗似乎只有青海、海南藏族地区才有，笔者怀疑是受了汉族戴孝习俗的影响。

前几年我到这里时，牧民们还不习惯早上刷牙，而现在家庭成员都有自己的牙具，有些爱美的姑娘，每天晚上睡觉前还要洗脸，也喜欢往脸上涂增白的护肤品，她们白天戴口罩，头发也是像县城女性中流行的一样，高高挽起来，有的还染了黄颜色，这当然会遭到村里牧民们的非议。当问及她们觉得汉服好看还是藏服好看时，她们认为穿上汉服，会显得特别、洋气。

下面的三个案例介绍了都秀村两位年轻人和一位老人的生活，对他（她）们进行必要的描述或展现其口述，不仅因为他们可以作为说明上述过程的范例，还在于他们提供了一些生动的个人形象。

个案一：牧女，才仲，20岁，描述。

才仲是个漂亮的牧区姑娘，穿着紧身的牛仔裤，一件短款的羽绒服，非常薄。她每天的任务就是把牛放到离定居点来回两小时路程的草场里，早晨去放，傍晚赶回来。她穿藏服时，穿得也很少，上身只穿一件单衣，生活在

① 因为打手机还要到有信号的地方，很多牧民只是买来玩，而很多女性由于不识数字，所以也不会用手机打电话。

牧区的人，都很能抗寒，但对于才仲来说，可能就是为了好看。她没有上过学，她的妹妹在县城寄宿制学校上学，她说没有上学，就没有“文化”，不识字，就像“鲁”(藏语，意为傻子)一样，提起不识字，她总是显得很自卑。家里上学的孩子，教会她识数字，所以她会打手机，她每天最喜欢干的事，就是摆弄手机。她自豪地告诉我，她会用手机听歌曲、录音、摄像、拍照等，除了不会发短信，其他都会。每晚入睡前，才仲都要念三遍“卓玛”(度母经)，当我问她，为什么要念时，她说这对什么都好。正如才仲一样，这里的女孩们都有自己的手机，其中一些胆子大的，还出云挖虫草，当然也会有自己的一份收入，喜欢漂亮衣服、时髦的化妆品，但骨子里笃守信仰。

个案二：牧民，生意人，贡却加，29岁，口述。

我在我们家不用太干活，妻子夏天到夏季草场去挤奶，因为哥哥们，我比较幸福。平常我一个人住在“仲”(地名)，我们单独住，因为仲有房子，所以必须守房子嘛，毕竟是一个家，里面家什也多，怕有贼盗，所以要守，一边守家，一边做乱七八糟的生意，主要是摩托车、手机。我们的同龄人好朋友很多，都秀恐怕也有十几个人，老实说，我们现在的年轻人，很团结，就是你不吃我不喝的那种，也不一定是一个措瓦(部落)的，主要是同龄人好朋友。我今年29岁，属狗的，我们这样的，好朋友也好，有一个协会叫“爱心协会”，我们建立这个的目的是，现在我们藏族的藏语，可以学啊，就是不管是什么，我们都可以去学习(新的东西)。我们当中有一个文化好的，他在同德一个喇嘛处，承诺要建一个“母语协会”，然后我们23个人，他也是都秀的，藏文很好，汉语没什么基础，主要是学藏文，就是说藏语时，要说干净的藏语，说藏语时都说藏语，说汉语时都说汉语，两者不能混着说，就是藏语里夹汉语，汉语里夹藏语，我也参加了这个协会。今年，比如我们好多人都买了车，有四五辆，好多是做生意的，刚开始我们有23个人，现在叫“爱心协会”，比如，我要是病了，就收点钱，大家互相帮忙，如果出什么车祸了，如果碰上了，那协会成员都收点钱，要帮忙。像今年，我们有两个人，开车出了大事，两个都成了重伤，所以大家帮忙，给他俩捐钱，当然，也有什么事也没出的，像我今年啥事也没有，我今年一共出了三次钱，有一次是一百，还有一次，一个开车的，他的车不行了，需要一万八修车，他是母语协会的，给了150元钱，前两天，旦正才让，他的车被人撞了，又给了钱，我们现在有三四十人，谁也说不上一点事也不出，病了住院，大家也会自动收钱送过来，人嘛，不会一点事也没有，但也不是一定要给多少钱，钱上没有规定，五块也行，平时我们也不收钱，我们就是为了团结，都是藏族，都是牧民，我们在一起，商量的就是，不能像现在的老一辈，没上过学，在社会上(打动别人的算盘)，(这样说也不太好)，互相说坏话，争草场，这样，大家一辈子住的地方是一个地方，(没有必要)，一辈子在一个地方住五十年、八十年，老死都在一个地方，我们不想这样，主要是要团结。我们现在年青的一代，没人打架，也不会说坏话，团结的根基很深，真的，没有打架的，像老一辈那样争草场是没有意义的，我们要建立一种新的(制度)，其实已经建立了，已经三年了，大家都说这样是对的，外面的社会，国家也好，说的就是这个，主要就是经济和法律，要稳定，我们想，一天到晚互相说坏话，争草场，(没必要)，各自把自己的生活过好就行了，我给你使个坏，你给我使个坏，没意义，我们以后就不这样，团结，我在牧区生活，有时就想来看看县城，县城的，拿笔的真正有想法的，可能行，(其他也就那样)，有时待上几天，心就慌，这样待着没什么收入啊，还是回牧区吧，回去后，就觉得舒服，这样一个环境好的地方，真是舒服，吃个饭，味道也不一样，牧区的味道是特别的。但是在牧区时间长了，也很烦，就想着要下去一趟，到县城，好像下面舒服一点，反正就是这样的感觉。我一年的工作就是这样的，七年了，每年干的活一样，我们家里最享福的是我，最辛苦就是哥哥们。

个案三：居家牧民，扎西，80岁，描述。

肖达老人穿着氆氇藏袍，头戴一顶仿狐皮帽，常年穿着一双黑条绒布及皮革缝制的藏靴，他认为藏靴象征着他“卓巴”(牧民)的身份。他认为现在时代变好了，人们的日子也更加幸福了，但人变坏了，特别是草场承包后，邻里纠纷更多了，亲戚反目成仇，打架伤人屡有发生。他非常怀念“毛主席”的时代，认为那时没有小偷，也没有道德败坏的事情，对于现在小青年的装扮，他也十分不满，认为现在小孩的打扮，不男不女，他家的孙子，头发留到肩上，中间分开，如果从后面看，像个姑娘。

正如个案所显示的那样，对于都秀村的牧民们来说，他们感觉到一种变化，似乎正在经历一个转型时期，面对未来都显得有些茫然，来自外界的文化冲击，使得他们产生认同危机感，“母语协会”就是一个范例。这展现了新的生活观念和方式对农牧民生活的不断渗透过程和由此而带来的与藏族社会身份、传统价值观念的冲突和调适、重构的过程。都秀村像大多数中国的村庄一样，似乎就是乡村到城市的一个过渡地带，这个地带不仅像费老所说的那样有着“乡土本色”，而且也处于一个“土不土，洋不洋，汉不汉，藏不藏”的模棱两可阶段，这是当下他们真实的生活状态。很多牧民认为他们“没有文化”，牧业生产方式非常“落后”，这也是外界所传达的信息：这种村庄的存在要么是一种世外桃源，要么是一种“蛮荒”，牧民的身份总会在这个日新月异的时代终结，游牧终究会消失。村庄无疑是边缘的，或许正是这种边缘性，激发了牧民们重构的热情和力量。

二、牧民身份建构的基础：牲畜

都秀村作为半农半牧地区，农业主要是种植青稞，但不是每家都种，家里除放牧，如果还有剩余劳动力，就去种植，有的人家种青稞或油菜籽，为了生活的需要，他们也种植土豆、萝卜等，量上就是够自己家里吃。青稞、菜籽收割以后，要拿到镇上去磨。但对于他们来说，种植从来都是副业，养牲畜才是牧民的本分。观察牧民的日常生活，就可以感受到牲畜对牧民的重要性，他们的日常生活随着牲畜而流动。虽然牧村男女分工非常明显，但是牲畜是他们劳作的中心。周先加是一户牧民家的二儿子，他在家里的分工主要是放羊。

> 个案四：放羊牧民，周先加，37岁，口述。
>
> 在家里主要是放羊，"瑟卡"（牧区话，春季）去恰藏开（地名），夏天去杂贡卡（地名，雪山脚下），要在那里待一个月左右，然后要去秋季草场，又回到恰藏开，再待上一个多月时间，然后去"干木"（地名），去年开始去的，再待上三个月，回来后就把羊群圈到"仲"（地名，意为牦牛）的草场里了。过了20天到一个月，赶着母羊们到措卡（湖边，他们家草场所在地），回到郭拉（定居处），这个时间就是十一月到第二年春天，差不多要在家里待五个多月。到了这里，就把羊放到草场里，每天都去放，再赶回来。有草的时候，早上去得迟，十一二点去，没多少草时，比如"西卡"（春季）就要早点去，天都没亮就得去。然后自己也待在那里，看守，不然的话，有狐狸，还有鹰。一般也不拿午饭，也不饿，下午再赶回来。每天都是一样。在措卡，一般都是我一个人，念经待着，也不寂寞，习惯啦。

牧民放牧就是随着牲畜走，而牲畜随着水草走。都秀村只有冬季草场被围起来了，夏季草场和秋季草场是村落共有的，有的牧民家在夏季草场或秋季草场处修建了简易的房子，以供居住，没有房子的地方，就是搭帐篷。在都秀村，自家纺织的黑色牛毛帐篷比较普遍。逐水草而居是游牧生活真实的写照，但游牧并不是漫无边际地游，四季的轮牧地点，很多年来，几乎都是固定的，对于都秀村的牧民来说，最远的草场就是夏季草场，搬迁时需要走整整一天的路，而定居点对于他们来说，就像大本营，那里有老人和小孩，也是他们情感的归宿——家。所以他们的生活是一种游中有定、定中有游的状态，这种生活结构以牲畜为中心，而不像农民以土地为中心，因此这种乡土性不是凝结在泥土上，而是随着牲畜流动，充满迁徙感。

对于女人来说，每天的日子也是在重复的劳作中度过。冬季，牲畜归来，游牧的人也回到家中，女人的劳作就不止是一日四餐（在都秀村，冬季吃饭的时间段一般分为早饭、午饭、下午茶、晚饭四餐）那么简单，还要眷顾到牲畜，正如下面的个案所展现得那样。

个案五：居家牧女，豆拉加家儿媳，拉毛羊措，30岁，描述。

我观察了拉毛羊措一整天的起居生活，她是家里起床最早的。早起后开始生火、到河边挑水，如果汲水处洞太小，还要拿着斧头破冰，挑水时顺便推着小车把灰倒了，然后挤牛奶，捡牛粪，放山羊，放马，然后回来准备一家人的早饭，烧奶茶，拌糌粑，热馒头。早饭结束后，飞快地洗碗，然后洗切好土豆，可能还要剁肉或者灌肠子，为午饭或晚饭做好准备，这中间还要背牛粪、干草，准备好一天的燃料，要准备好马料，给牛犊、身体虚弱的绵羊准备好加餐料，有吮吸不了奶的小羊羔，就嘴对嘴喂小羊羔。如果晚饭是饺子，全家人吃的饺子从剁肉、和面到包馅，都由她一个人来做，没有帮手。你在这里，绝对看不到男性干这些活，哪怕他们有空。男人回家或有访客，就要倒茶，不停地添满，只到对方不喝了，还要劝喝，直到对方发誓不喝为止。吃饭也是如此，即使是家人，也要让，劝吃劝喝，倒水递碗，总是双手捧上，十分注重礼仪。晚饭前，牧人赶着牛、绵羊归圈，小孩赶来山羊、马，拉毛羊措又要给牲畜喂料，挤奶，然后回来烧晚饭，晚饭后，快到午夜时，才有自己的一点时间洗头或坐会。

在都秀村，能特别清楚地感受到"男女有别"的状态，男性与女性都在维持一种稳定的秩序，夫妻双方的情感至少在家人或外人面前是隐藏的，男女分工也是各干各的，绝不会混合。牧区女性承担着繁重的劳作任务，而男性要外出经受风餐露宿的考验，他们彼此都没有怨言，觉得这是天经地义的，他们所要做的，就是很自觉地维持这种秩序而不是去破坏。

三、牧民生活的另一个重心：家与村的仪式活动

就牧民自己家里来说，请僧人念经是经常的事。家中有人生病、去世、出嫁、赘婿都有可能请僧人来念经以祈求平安。都秀村牧民在家里经常进行的仪式莫

过于煨桑，这是清晨起床后，每户人家必做的事情，主要是请求地方神祇的保佑。另外，就是祈福仪式，农区也有祈福仪式，但牧区的祈福仪式与牲畜的联系非常紧密。我在一户牧民家看到一个用羊毛缠起来的、颜色发绿的毛球缠在“央达”（福箭）上，还挂着一串各色牲畜毛发，经过询问才明白，这是一种净化祈福仪式所用的物品，很有牧区特色。这个叫“藻酿”，就是柏枝、香料或谷粒都收集到一起，用羊毛缠起来，放到锅中煮（因此颜色发绿）。请僧人念“藻”，专门有经书，主要针对家里的不洁、可能障碍，目的是为了净化。煮后把它拿出来，洒在各屋，给家里人熏，锅里的水中加黑石与白石煮，滚烫时拿出来，放到碟子、盆子一类的器皿中，浇热水，用其冒出的蒸气来熏房子的各个角落。用完后，这些石子就放到煨桑池边上，锅里的柏枝水大家拿来洗脸，念经人用柏枝蘸水抛洒到人身上或屋子里，给大家净化。之后，“藻酿”就要放到家里干净的地方，像是经柜，或者高高挂起来，挂到央达上，下次用时，再拿出来。

那一串牲畜毛发叫“央让”，是祖祖辈辈传下来的。以前住帐篷，挂在帐篷面朝拉萨、最里头上面的地方。“央让”已经过很多辈，都没有丢弃过，凡是马牛羊三类牲畜，不管是哪种方式没有了，比如宰杀、卖掉时，就要取“央”（福泽），拔一撮毛下来，在牲畜的犄角或鼻上触摸，用绳串起，即把“央让”再缠到“央达”上。有的人家“央让”是单独挂起来的，有的人家是缠到央达上，但本质是一样的，年年保留下来。如果家里请僧人来念经，可以拿出央让（达），请僧人进行“央播”（祈福），对人及牲畜都好。如果家里的人给出去了（出嫁或赘婿），也要进行“央播”，就是唤央，请求福泽。每家每年进行“央播”的次数是很多的，只要有僧人来家里，结尾时都进行“央播”，有活佛莅临，也会进行。

除了以家庭为单位的仪式活动，都秀村的牧民们每年有固定的时间参与到整个村落的仪式活动中。都秀村的寺院是近几年修建的，原先这里并没有寺院，如果有人家需要念经，就请村里居家的僧人来念（当时有三四个这样的僧人），或者到附近有寺院的村庄里请僧人过来念。现在都秀修建了自己的寺院，因而建立在共同信仰基础上的村落法事活动也增多了。对于都秀村的形成来说，其建构的中心并不是信仰，并不像有些藏区定居村落围绕寺院而建，村落的形成依据的是人类生存的需要，但共同的信仰加强了村落的共同成员感。对于都秀的牧民来说，村落显然是共同体得以存在的基础，因为每年的法事只有在整个村落的参与下才能圆满完成，而单靠个人的能力是无法实现的。都秀村牧民每年在都秀寺举行的法事如下：

每月的初一、初五、初十、十五、二十、二十五、二十九等日子都要在寺院做法事，由整个村落轮流承担，一般是以五家为单位，作为施主请寺院僧人念经，供奉一天的斋饭，并给每位僧人供奉四元到五元的钱财。都秀村目前有四十多位僧人，整个都秀村轮下来，一家一年轮一次，费用在三百元左右。到了念斋戒（娘乃）的时候，就以大队为单位，一般有六家作为摄瓦（施主），提前到村里各家收集糌粑、酥油、奶酪等食物。农历六月初四、初五、初六这三天，村里斋戒（守娘乃）的男女就到都秀寺院住下，初七结束，在那里念经祈祷，施主则要准备这几天的伙食，每家几年轮一次。从前年开始，因为念"度母经"对整个都秀村都有好处，所以开始念，就是居住在一起的邻里轮流到各家念经，或者在定居点、夏季草场、秋季草场聚集处念，一年一家念一次或几次，届时要请邻里来，准备当天的伙食等。农历六月十五日到八月十五日，夏季法事开始，以队为单位，每八天为一个时段，需要给寺院的僧侣家准备斋饭，结束后，各队通过抽签，由抽中的那个队，举办一个喜宴作为结束。

藏族村落的源头在哪里？笔者猜想部落至少是源头之一。关于都秀村的来源，牧民们一再提到"三兄弟分家"的故事，而"三兄弟"类型似乎是藏区很多村落或部落起源的经典母题。随着藏区建立起行政乡村，部落认同显然正在下降，而村落认同正处于上升阶段，也正因为如此，都秀村各项法事的单位不再是部落而是村落，而且村落似乎是牧民与"国家"之间的一种桥梁，因为只有通过村落这个行政单位，通过队或社，"国家"对牧民的各种经济帮助才能实现。但部落社会所具备的"整体格局"性，仍然在藏族村落社会保持其优秀传统。

结　语

通过对都秀牧民日常生活的观察及研究对象的经验呈现，笔者发现对于这里的牧民们来说，牲畜与信仰是生活的两个重心，这两个重心既构建了他们的社会结构也构建了他们的文化身份，同时还构成了村落社会一套完整的生活与意义体系。对于都秀牧民来讲，族群身份认同存在两个层面，一个是藏族认同，一个是牧民认同。他们生活在村落中，无疑还有一份村落认同，这个认同既复杂又多样。无论如何，生活在村落中，是都秀牧民真实的生命状态。

（才贝，青海民族大学民族学与社会学学院讲师）

宗教冲突、贸易冲突抑或族群冲突？——19世纪末黄河上游一个藏族村落驱逐洋教士的过程分析[①]

马成俊

一、事件背景

1840年鸦片战争以后，清政府被迫取消教禁，教产被退还，天主教取得了在中国内地自由传播的合法权利。从此，外国传教士可以自由深入内地建立教堂和传据点。从19世纪60年代起，外国侵略者大肆扩张他们在中国的“传教事业”。据有关研究报告，1870年在中国的外籍天主教传教士已达250人左右，全国各地都有他们的踪迹。同样，外国在华耶稣教传教士也由1858年的81人，增至1874年的436人。在这400多人中，美国人占48%，英国人占44.5%，他们的势力几遍全国，甚至到达历来被称为边外之地的甘青地区。1891年，英国传教士克省吾、席儒珍等到达甘肃，在甘南藏区及循化厅所属之撒拉族地区传教。但在全民信仰伊斯兰教的撒拉族地区，无人信奉。1897年，英国传教士僖德生夫妇到甘肃循化厅所属保安营传教。“英国教士僖德斯（即僖德生音译，作者按）夫妇，在保安堡（今同仁）藏区强行收购羊毛，重利盘剥，麻巴、浪家各庄藏民不满，聚众包围僖德斯的住所，循化厅派兵保护，迁到循化厅内暂住。当时僖德斯以仓惶出走而损失了器物为借口，迫使西宁当局勒令藏族人民照数赔偿。”[②]在中国近代史上，从1848年的“青浦教案”到1900年的义和团运动为止，全国各地先后发生了400余起民教之争。[③] 19世纪60年代，年年都有人民的反洋教斗争。早在1861～1864年间，贵州、湖南、江西就先后发生了一系列所谓“教案”，人民群众纷起攻击教堂，驱逐教士。1864年以后，反洋教运动更发展到其他省份。在1864～1869年间，四川、江苏、江西、河南、直隶、福建及台湾等地，都发生了规模大小

---

① 武沐：《甘肃通史·明清卷》，400页，兰州：甘肃人民出版社，2009。

② 田生兰：“帝国主义在青海的宗教间谍活动”，见青海省政协文史文员会编：《青海文史资料集萃·民族宗教卷》。

③ 胡维革、郑权：“文化冲突与反洋教斗争”，载《东北师大学报（哲学社会科学版）》，1996(1)。

不同的反洋教斗争。1899 年发生在甘青边界循化厅保安营麻巴村藏族群众毁抢洋教士僖德生夫妇的事件，便是 19 世纪后半叶中国反洋教斗争的一例。但这个事件具有与内地反洋教斗争不同的内涵，这场事件的起因既有宗教冲突，又有经济冲突乃至族群冲突的特点。

19 世纪末，中国内忧外患。1894 年甲午战争爆发，中国战败。1898 年，光绪帝启用康有为、梁启超等进行“戊戌变法”，但变法危及封建守旧势力的利益，受到以慈禧太后为首的保守派的反对。光绪帝打算依靠袁世凯囚禁慈禧，但被袁出卖，反而被慈禧幽禁在颐和园。整个维新不过历时 103 天，故称“百日维新”。光绪帝支持康有为、梁启超等人实行的戊戌变法，是中国历史上第一次资产阶级改良运动。1899 年，光绪帝在不能亲政的郁闷中度过。1900 年八国联军进攻中国时，光绪帝曾参加决定是否向八国联军宣战的御前会议，他主和，这是基于敌我双方力量悬殊而做出的选择。慈禧太后感情用事，草率决定宣战，终于失败。联军打到北京，慈禧太后于九月四日挟光绪帝逃往西安，《辛丑条约》签订后才返回北京。

而在西北地区，帝国政权并不强大的青藏高原边缘地区，也已进入基督教会和天主教会的视野。根据资料显示，1877 年，基督教内地会开始在甘青两省藏区传教，“1877 年 1 月，内地会之伊斯顿、帕克二先生进入本省（甘肃）为本省宣教事业之开端，在此创业时期内（1877～1900 年），宣教士遍游全省各重要地区并随处分发六种语言之经书，足迹远至新疆之宁远。”[①]1885 年，清政府允许兰州、西宁、宁夏三城开放为基督教宣教区，在这三个城市分别设立三个总堂，负责本地区传教事宜，“西宁总堂负责藏民中之布道工作，宁夏总堂则负责蒙族人中之布道工作”。“1888 年，杜君（Cecil Polhill）偕其夫人建设甘省西宁之总堂，并在藏人中继续开展工作。”[②]在藏区传播基督教，由于民族众多、藏传佛教和伊斯兰教信仰根深蒂固，加之交通不便，所以一开始便遇到了前所未有的困难。“本省三分之一以上之居民为穆斯林，又有藏、蒙古、土番诸民杂居其中，极难接受基督之信仰。”[③]1899 年发生在同仁麻巴村毁抢洋教士一案便足以证明在藏区传教的艰难。这个事件发生在现青海省黄南州同仁县保安镇麻巴村。这个村落位于古称九曲黄河支流之一的隆务河边，是一个并不起眼的藏族村落。纵然在整个中国基督教传播的历史上并不是一件重要的事件，但是在地方历史中确实值得研究。

---

① 中华续行委办会调查特委会编：《1901～1920 年中国基督教调查资料》（上卷），蔡咏春、文庸、段琦、杨周怀译，324 页，北京：中国社会科学出版社，2007。

② 同上，691 页。

③ 同上，324 页。

光绪二十五年(公元1899年),英国传教士僖德生夫妇房屋毁坏,物品抢劫一空,使得僖德生夫妇不得不终止传教和贸易,躲避于循化厅并向官府提出诉讼,要求追缴赃物,赔偿损失,惩办首要,由此展开了近一年时间的处理,其中以循化厅为中心来往的各种文书值得玩味。本文拟通过循化厅所藏僖德生夫妇的诉讼文书、官府处理过程的文件来分析这场事件究竟是宗教冲突、贸易冲突还是族群冲突,旨在讨论19世纪末中国西北少数民族地区的社会问题、宗教问题和经济问题。

二、事件起始及处理过程

光绪二十五年五月,隶属甘肃省循化厅保安营的藏传佛教核心寺院隆务寺沙力昂索联合热贡(文书中写作勒工)十二族头目发布"番谕",要求各村于五月二十五日聚集保安,起意驱逐洋人。"讯据供称:逐赶洋人,实系十二族及各庄番众,因泉干无雨,不利地方,起意原约五月二十五日齐集保安城外计议,不意恩占木及麻巴、狼家等十一庄番众,并不遵约议定,即于五月二十三日,突然先行抢毁,及至二十五日相践前约,方查知洋人已为保安都司暗引赴循,所有洋人什物被恩占木及麻巴、狼家十一庄番众,瓜分星散。"[①]结果,没等十二族人集中,麻巴七庄、浪家三庄(文书中写作狼家)共十一个藏族村人于二十三日提前毁抢房屋,将僖德生夫妇房中所有物品洗劫一空,据僖德生夫妇所开失单,各种大小日常生活用品数百件,"以上其价连脚钱各样,共费值银七千两正",不特如此,当地群众还试图杀死洋教士,在双方冲突的过程中与洋教士发生了激烈的冲突。据保安营呈文称:"卑职等覆查此次保安番众,齐心蠢动,逐赶洋教士僖德生夫妇,皆因天不降雨,致启无限猜疑。幸署保安都司锺贤耀,先事预将该教士引入城内,故未遇害。"此事引起循化厅保安营及厅府同知的高度重视,立即派兵弹压,并委派精干干员前往处理。在循化厅抚番府同知张作霖、参府谭应春的禀文中称:"隆务沙力昂索与勒工十二族缮发番谕,准于二十五日十二族番众聚议来保,逐赶洋人。"说明这是一次有组织、有领导的驱逐洋教士的行动。面对突如其来的冲突,循化厅官府立即作出部署,尽量将事态平息,在保安营、循化厅各级机构给上级的有关文书中称:"此案昨据该厅营两次会禀,均经明晰,批饬遵办各在案,兹据会禀前情,该番族等总不应毁抢教士居室什物,大属藐法,非严行查办,不足以儆番悍而服教士之心,应先谕令该番族喇嘛头目等,将毁抢各物悉数赔缴,一面交

① 以下所有引文均引自循化厅保安番档案资料,现存青海省档案馆。

出为首滋事之人到案，讯明详情严惩，倘敢抗违，定行派队前往严辩，并饬驻扎循化之靖，循前旗张管带其高先派得力精壮弁兵壹哨，拔往保安，妥为弹压，不准妄动，仍由司遴委明白干员前往，会同该参将及该厅前后任查办妥结。”至于洋教士方面，由于他们是“奉旨来甘游历传教，与汉番民人通商贸易，赁居房屋，系属常事，该番族既为中国好百姓，自应曲尽柔远之谊，极力保护”。于是，在接下来的日子里，保安营和循化厅官兵便传召隆务寺沙力昂索、麻巴千户和十二族头人到案，并试图通过他们收缴被抢物品，但收效甚慢。地方头人认为：一方面毁抢教士什物乃众人所为，毁抢之后作鸟兽散，无法悉数归还；另一方面，洋教士所开失单有所虚冒，太笼统，要求赔偿数额太大，尤其是洋教士将从国外游历到中国青海的费用计算在内，实属荒谬无理，与实际费用相差太大。对此无理要求，当地老百姓乃至于地方官都认为难以接受。在循化厅禀文中称：“伏查英教士原开失单，被失各项多未逐一载明件数，仅于单尾声叙数目，全记不周，价值难以悬定，约计房屋连自外至中脚价，总共合银七千两之谱等语，笼统牵混，约略计之，非实有此数也。所住之房，赁之本地辛姓。该教士略加粉饰，所费不多。被毁门牖窗格有限。拟由卑职等代为修复，区区何足列算。脚价一层，中外遥遥，到处游历，费脚多寡，无凭核实，更可无庸列算。除此两大宗外，该教士系出差至此，所携行装久为保安都司及各弁绅往来目睹。无论其单开有无虚冒，既就单内全数而论，共值不过数百金，况脏已追获十之八九，下余未获者亦只零星几件。”从各种禀文中得知，僖德生夫妇之所以如此强硬要求赔偿，是想借助“奉旨来甘游历传教”的特殊身份，给当地老百姓和地方官员施压。这与1899年国家处于风雨飘摇的处境是直接相关的。众所周知，此时的帝国正处于八国联军蠢蠢欲动、虎视眈眈、蚕食中国的危机关头。光绪二十六年（公元1900年）皇帝颁发给军机大臣的圣旨中称：“近日京城内外，奉民仇教与洋人为敌，教堂教民连日焚杀蔓延太甚，剿抚两难，洋兵麕聚津沽中外，衅端已成，将来如何收拾，殊难逆料。各省督抚均受国厚恩，谊通休戚，事局至此，当无不竭力图报者。应各就本省情形，通盘筹划。于遴将、练兵、筹饷三大端，如何保守疆土，不使外人逞忿，如何接济京师，不使朝廷坐困，事事均求实际。沿海沿江各省，彼族觊觎已久，尤关紧要。若再迟疑观望，坐误事机，必至国势日蹙，大局何堪设想？是在各督抚互相劝勉，联络一气，共挽危局，时势紧迫，企盼之至，将此由六百里加紧通谕知之，钦此。”几个月后，以英国为首的八国联军便借口传教受阻，武力侵占北京，帝国政府避居西安，并签订了丧权辱国的《辛丑条约》。

在英国传教士僖德生夫妇的强烈要求下，循化厅、保安营等地方政府出于各方面的考量，多次传唤隆务寺沙力昂索、麻巴千户并十二族头人到案，审查结果是：“查十二族及恩占木庄、麻巴七庄、狼家三庄等十一庄喇嘛番众，概归隆务寺所辖,此次起意逐赶英教士,原系十二族,而先行抢毁英教士什物、房屋,则系恩占木等十一庄。论抢毁,固宜以恩占木等庄为首要,论起意,则宜以十二族为首要。”既然查清原委,官府就要求毁抢之众悉数追缴什物并赔偿损失,以满足僖德生夫妇的要求,以求“儆番悍而服教士之心”。但是,面对地方政府的强硬态度,尽管沙力昂索以及各寺院喇嘛做了很多工作,甚至答应“勉力凑赔银五百两”,但由于参与毁抢之人多达百余人众,更何况“值今年雨水稀少,粮食艰贵,若照洋人滥开之数,一律照赔,实在无力”,无法完全归还被抢之物。僖德生索要的七千两银对他们来说更是天文数字,实在无法满足,在万般无奈之下,地方头人只得“环跪哀求”,而循化厅、保安营官员面对此情也要求“从宽让免”。在循化厅禀文中称:“勒传隆务寺沙力昂索到案,责令按估议赔。去后,该昂索等同各庄番众酌议多日,始于本月初五日,据该沙力昂索等番禀译称云云。原禀等情据此并据该沙力昂索及各庄番目喇嘛等,环跪哀求,谓近来番族极形穷苦,又值今年雨水稀少,粮食艰贵,若照洋人滥开之数,一律照赔,实在无力,今既随于本营文武官办吃紧,只得变产勉力凑赔银五百两,实已筋疲力尽。番愚同为朝廷赤字,各大宪必得一体怜恤,宽一分,即全活一分,命能不感化自新?至于洋人原回保安,无敢肩此重任,实缘勒工十二族及附近各工地广人众,约束不下,一经回保,势必又滋巨端,况我番族历来相传由教,从不信服外教。故洋人在保,绝无一人肯受洋教,不惟无益,而且有害,及早阻拦,免贻后患。今番众犯抢,追赃追罚,并严拿犯人,任从如何究办,均罪无可辞。惟饬具洋人原回,永保无扰番结,则万难遵?不敢欺饰等语。卑职等核其面陈,情词恳切,均属实在情形。盖番情野悍非常,有犯,固不敢稍涉轻纵,尤不可过于认真。是以历办番案,均系相机酌度,但得悔罪输诚,即权宜了结。此案事涉洋人,究其报赃虚实,既莫可究诘,而番众则矢口坚供只此赃数,俱已缴齐。目击穷苦边番,于完赃外,再赔补赃银五百两,已属不堪其苦,以之配补残缺赃项,似亦足资敷衍。卑职等追索至再,心力俱穷,既据该僧番头目等哀吁前情,不得不仰?宪恩,俯念番愚无知,脏已变产赔缴,免其再追。其余能照单赔补足数,应邀该英教士从宽让免,一俟追缴银两,同已获赃物一并给主认领,可否就此完结之处。”从禀文来看,在赔偿损失的问题上,地方官已经是“追索至再,心力俱穷”,甚至勒令当地群众“变产赔缴”。同时亦可看出,地方官员对传教士的过分要求也表现出不满,恳请甘肃上宪“免其再追”并尽快了结此案。

其实,从陕甘总督府发来的文书中可以看出,传教士僖德生与当地番众之间的矛盾从光绪二十五年年初即已开始出现,不过由于保安营官府及时制止,对传教士采取了一定的保护措施,始得相安无事,事态并未扩大。但是根本问题并未得到解决,矛盾日积月累,终究在五月发生了毁抢事件。面对突如其来的哄抢,僖德生夫妇无可奈何，意欲用刀自尽，所幸保安营都司锺贤耀即刻派兵制止并抢救妥善予以保护，才得以生还。即便如此，当地群众还不依不饶，扬言要杀僖德生夫妇，他们夫妇终被保安营官兵连夜及时转移到循化厅，才得以避免一场外交事件。“因教士自游中国以来，蒙恩福庇，各境保护传教教士，安分守法，并未滋出事端。教士自从赴循属保安地方传教，迄今两载。至本年三四月内，两次被番带刀拾石扑骂，教士容忍，与愚民亦未见究，是以暂禀保安营都司大人，派兵目妥为保护，不一而足。业经都司大人禀明循化厅张大老爷、参府谭军门再三施恩，会同严饬谕令各番，开导弹压，各番族业已遵谕在案。忽于本年五月二十三日午后，保安附近各番猛来聚集城外，约有数百人，暗沟通西番各族。临抢时，在保安已来者、未来者，俱各一气同声扑来，喊声如雷。到教士门首围攻，楼墙周围上墙下院者如雨至。该强番将教士衣箱财物牲畜器俱各件，一并抢尽。其楼房及四面房屋，用石刀背打毁，一时难以记名，容再为清折呈禀。教士欲用刀自死，幸蒙保安营都司锺大人，急带来弁兵百余人前来，从墙救出，奔赴城中都司衙门，未遭毙命。都司又带弁兵弹压，奈番性刁野，抗违不遵。现时教士惊吓，气衰卧床，饮食不下，人役等亦奔出惊吓，若不将番众惩办，风化效关，强番又复聚集，将教士访拿寻杀等语。谨将附近各番通众，滋事逞强原情，理合据实具禀，伏乞作主急救，教士幸甚！地方幸甚等情到本督部堂，据此除批此案。现据循化厅营禀报道院，已批饬会同选带兵役通事前往严行拿办，追赃给领矣。该教士居住保安传教两年有余，番族不循礼法，谅所深知，务望移居城内，仍由该都司派拨弁兵，妥为保护，慎毋再走番地，致有疏虞，至要至要！”此事引起陕甘总督如此高度重视，可见传教士的活动在当时的西北地区是受到官府保护的。从光绪十八年(公元1892年)总理各国事务衙门的一纸文件中，我们也可看出官府的态度，“愚民无识市虎成骇，往往为所煽惑，甚或酿成巨案，本年沿江教案层见叠出。湖广总督电称，此等谣传，实为祸首，拿获审实，即行正法，此诚曲突徙薪之良策，惟查办必须各属实力奉行，尤须各省通力合作，庶可弭患未然。本衙门叠准德国巴大臣，屡次送到诽谤西教之刊报书籍说词歌曲画图种种，尤可恶者，并有捏造本衙门公文照会以及督抚信函、官员告示、伪名奏疏各件，不一而足。居心甚为诡诞，已有本衙门抄录原件，咨行各该省查究重办矣。……等谣言，微特有碍邦交，易致边衅，即中国内治，亦宜严惩。”从此段文字中可以看出，19世纪60年代以后全国各地此起彼伏的反洋教斗争，迫使清政府制定了许多洋人在华传教受保护的不平等条约，外交部门担心反洋教事件“有碍邦交，易致边衅”，这与鲁迅先生后来所言“友邦惊诧”颇有异曲同工之妙。其实，从基督教在中国的传播史来看，宗教冲突的案例比比皆是，仅清朝270年的历史中，全国各地就发生了无数起迫害和驱逐基督教传教士(包括天主教和新教)的事件。光绪二十六年，在山东、天津、北京、山西、内蒙古等中国北方主要省份发生的大规模迫害屠杀天主教和新教的义和团运动，更是成为了八国联军入侵北京的直接借口。

三、宗教冲突还是经济掠夺

胡维革和郑权在1996年撰文指出：19世纪后半叶中国各地的反洋教斗争，是因文化冲突所致。他们主要从以下六个方面进行论证：一是一神信仰与多神崇拜的冲突；二是平等思想与等级观念的冲突；三是追求来世与关怀现实的冲突；四是宗教仪式与伦理风俗的冲突；五是宗教慈善与传统秩序的冲突；六是外来宗教与土著宗教的冲突；认为西方传教士所带来的以基督教文化为核心的观念、仪式、行为及生活习俗，企图解构中国旧有观念和传统社会秩序，所以必然会发生中国人民反洋教的斗争。[①]

那么，英国传教士在甘青边界与当地藏族群众之间的冲突是否与上述冲突一样呢？既然传教士僖德生夫妇在藏区麻巴村已经传教两年有余，为什么还会出现被驱逐的事件呢？这期间到底发生了什么事情？如果无法接受教义，为什么还要等两年后才驱逐呢？这些问题需要通过当时的各种文书进行分析。据当时各种禀文，毁抢什物、驱逐教士的理由是，僖德生夫妇借传教到处游览，致使泉水干涸，挖土取宝，致使天不下雨，影响当地百姓的日常生活和收成。在官府看来，这种理由只是妄造谣言，泉水干涸关乎气数，与教士毫无相干，以此等理由毁抢洋教士实属谬妄。那么，藏族群众更有说服力的理由是什么呢？从来往文件中可知，麻巴、浪家藏族群众毁抢英国传教士僖德生夫妇什物并驱逐他们在当地传教的原因有二。其一是在隆务寺沙力昂索和十二族头人所下的"番谕"中称："我番族历来相传由教，从不信服外教。故洋人在保，绝无一人肯受洋教，不惟无益，而且有害，及早阻拦，免贻后患。"由此可知，僖德生夫妇在藏区传教受阻，很明显是由于宗教冲突所致。也就是说，历来信奉藏传佛教的藏族群众排斥其他宗教，不愿意其他宗教的传教士在此地传教，以免引起宗教信仰上的混乱。但是，作为清朝帝国在地方的统治机构循化厅以及保安营官府却认为："惟洋人奉旨游历传教，几遍天下，并不止僖德生一人。保安为甘肃辖地，何能阻其不来，番族固不愿从洋教，而令传教者，从此绝迹，恐亦无此情理。况洋人传教，本系劝人行善，于番族并无碍处，应再切实开导，如能具结保护，不再欺凌，即允如所禀，从宽免究完案。"实际上，事情并不像循化厅官府所认为的这么简单，尽管洋人传

---

① 胡维革、郑权："文化冲突与反洋教斗争"，载《东北师大学报》(哲学社会科学版)，1996(1)。

教,劝人行善,于番族并无碍处。但是,岂不知,青海黄南州同仁县为青海藏传佛教的主要区域,隆务寺辖属的热贡十二族均信奉藏传佛教,十二族每年轮流供养隆务寺的重要佛事活动。隆务寺是甘青地区最重要的格鲁派代表寺院之一,在当地藏传佛教界具有很重要的地位,在隆务寺辖属地区传播基督教等于抢占宗教地盘,争夺信教群众。所以,为了保持藏传佛教在当地的权威性,在没有隆务寺允许的情况下,擅自在当地传播其他宗教,会对当地教众生活带来极大的威胁,也会直接影响藏传佛教在当地群众中的威信和权力,当地僧俗群众是断然不会接受的。这种情况,与同时期发生在西藏地区的传教士传教受阻事件如同出一辙。据《教务教案档》记载,西藏的官绅、士民极力反对基督教在西藏传播。[①]当然,西藏的反洋教斗争与甘青边界麻巴村藏族的反洋教斗争有没有直接的联系,现在尚无文字证据,但是基督教在藏区的传播都受到了藏族人民的反对。

问题是,僖德生夫妇并非初来乍到在此地传教,至事发之时,他们在当地传教已经两年有余,既然如此,为何在传教之初没有发生冲突,而在两年后才被当地群众驱赶?恐怕不仅仅是因为传教活动引起当地人的不满,而是另有其因。详细阅读事件发生后的各种文书,我们发现,僖德生夫妇在当地进行羊毛生意是受到驱逐的重要原因,换句话说,所谓通商贸易才是其被逐的真正原因。对僖德生夫妇而言,传教只是他们在藏区的一项任务,而更重要的任务则是大量收购羊毛;囤积居奇,低价进,高价出,霸占了当地的羊毛及畜产品市场,扰乱了藏区的经济秩序,致使藏族群众的经济利益受到损失。所以,在"番禀"中当地人强烈要求"不许洋人住坐买卖"。如果"住坐买卖"不触及当地人的切身利益,他们也不会聚集数百人一起驱逐洋教士。另一方面,据《同仁县志》、《黄南州志》记载,早在夏日仓活佛主持隆务寺教务以来,为了活跃当地经济,从甘肃河州(今临夏市)引进80户回汉民众,安排在离隆务寺很近的隆务老街"住坐买卖",并且允许修建宗教活动场地清真寺和二郎庙。[②] 由此可见,宗教信仰不是驱逐僖德生夫妇的主要原因。循化厅禀文中称:"据番禀内称,不许洋人买卖羊毛,竟敢明言行抢各情,殊属刁悍已极。"而在西宁办事大臣及甘肃藩皋司所发文书中对此作了如下批示:

> 不许洋人住坐买卖,更属谬妄。并将该头目等严行申饬,所递番禀一件,仍行发还,不准再渎。所谓天不下雨,泉水干涸,关乎气数,与洋人毫不

---

① 《教务教档案》,第五辑,1773页,转引自胡维革、郑权:"文化冲突与反洋教斗争",载《东北师大学报》(哲学社会科学版),1996(1)。

② 黄南州志编委会:《黄南州志》(下卷),1381页,兰州:甘肃人民出版社,1999。

> 相干。此皆无知之徒,妄造谣言。务明白晓谕番族,万不可听信,致干罪戾。仰即遵照,仍候分别咨行查照缴印发,并分行外,相应咨明。为此,合咨请烦查照严谕该番族遵照。毋再抗违滋事,致干罪戾,望切祷切等因,准此。除分饬遵照外,合行扎饬,为此,札仰该厅营遵照,迅即严谕各番族,嗣后如遇各国洋人游历到地,务须极力保护,万不可听信谣言,抗违滋端,致干罪戾。
>
> 卑职敏达、应春、贤耀会衔严示,据案革去四十名,永不准其干预地方公事,则人寡势弱,似可少免刁唆,卑职等窃维此次保安十二番族,因泉干无雨,地方不利,遂疑洋教士僖德生挖土取宝,教不相宜,起意驱逐出境,致恩占木及麻巴、狼家等十一庄番众听信聚众,突然打毁该教士赁房,抢去衣服、什物,且旋散旋聚,聚集不散,凶焰莫当,势非兵力重惩,殊不足以儆番愚。
>
> 洋人无论男妇,最喜游览,以扩见闻。所谓泉干取宝之说,乃属无稽谣言,该九房头番子,妄言滋事,未免愚顽太甚,既经提案责办,并取具永不滋事番结,仍向教士僖德生好言抚慰,亦已恳允结案办理,尚属妥协,惟须严谕番子老人,约束开导,以后务必各释猜疑,力加保护。

从上引三段有关处理这起事件过程中清朝政府的地方官僚系统的文书中可见,在受到全国各地如火如荼的反洋教斗争和帝国主义已经在家门口虎视眈眈、重兵压境,以及清政府迫于无奈签订了各种允许外国传教士传教的条约之重重压力下,当时的地方政府只好遵行朝廷的命令,强令群众归还物品,予以赔偿,并要求力加保护,不得驱逐传教士。值得注意的是,这里所谓洋人无论男妇,最喜游览,仅仅是为了以扩见闻吗?不是的,实际上他们是通过游历各地在为进行羊毛生意而行动。在所有保安番毁抢洋教士事件来往文书中,提到买卖羊毛的地方很少,文字也只有一两句,但是,笔者认为这是毁抢事件发生的根本原因。这一点,我们可以通过其他相关文献进行旁证。前已述及,从19世纪80年代开始,一些西方传教士以考察、传教名义来青海少数民族地区活动,兼做生意。同时,一些外国皮毛洋行通过天津、北京的商人在青海大量收购羊毛,本地一些商人将青海羊毛用骆驼或皮筏沿黄河东运至天津,直接售予英、俄、德国商人。光绪二十一年(公元1895年)左右,英国买办在张家口开设洋行,通过甘肃驼帮大量采购青海羊毛,国际市场上的"西宁毛"名声大振。1900～1914年间,英、美、俄、德商人便接踵而至,在青海设立洋行,短短的数年间便增至30家,在西宁有英商仁记、新泰兴、礼和,德商有瑞记,美商有平和等洋行。据记载,在循化有6家洋行,专门收购同仁的隆务、保安等地羊毛。丹噶尔(今湟源县)就有十余家洋行,其主要业务是在周边藏区收购羊毛。据史料记载,第一次世界大战前,青海的洋行从丹噶尔每年约收购羊毛250万斤,循化30～40万斤,隆务30～40万斤。

在此期间，全省每年出口羊毛达800万斤，约占当时全国羊毛出口量的1/3。[①] 20世纪初，外国帝国主义的洋行实际上已垄断了青海地区的进出口贸易。光绪三十三年(公元1907年)，英人希尔兹在其筹办兰州邮政的报告中说："西宁的主要商业，掌握在八家洋行手里。"[②]这种疯狂收购羊毛、攫取大量经济利润的行为，必然触及老百姓和地方各种势力的利益，也就不可避免地会在传教士兼商人的英国人与当地人之间产生冲突。

四、结　论

英教士僖德生夫妇被抢驱逐事件发生的地区，原属甘肃省西宁府循化厅保安营管辖，现属青海省黄南藏族自治州同仁县麻巴乡，这个地区是藏传佛教后弘期的重要地区。早在10～11世纪便出现了藏传佛教政教合一制度的雏形，至17世纪初，出生于隆务家族的夏日噶丹嘉措掌握了隆务寺主持的权力，并于17世纪30年代改宗格鲁派，同时，实行活佛转世制度，夏日噶丹嘉措便成为一世夏日仓活佛。从此以后，这个转世系统遂成为隆务寺所属的隆务十二族政教合一统治的领导人，总揽政教大权。夏日仓活佛下设襄佐(助理)会同隆务昂索，代表夏日仓处理本地区的政教大事，并设立赛池(即大法台)，代理寺主总揽全寺的教育和行政。赛池下设全寺总干巴13～15人，直接管辖全寺宗教活动，干预政治事务，是全寺最高权力机构。由于历代统治政权通过法律明确了各级封建统治体系，从而使黄南地区形成了一套稳定的昂索、千百户统治体系，并始终以政教合一的形式存在着。热贡十二族昂索，是典型的地方封建政权，有法庭和监狱，受命于寺院宗教首领，一切民刑诉讼都得由隆务昂索府判决。据记载，隆务昂索受封于明宣德二年(公元1427年)。[③] 由此可见，以隆务寺为核心的热贡地区藏传佛教政教合一制度，在当地乃至周边藏区的政治、经济、文化和宗教领域具有很高的权威，这一点从僖德生被抢事件发生前所发的"番谕"及其在藏民族中所产生的效力也可略见一斑。僖德生事件发生后，地方政权包括保安营、循化厅立即作出部署，一面派人保护僖德生的安全，一面派精干干员传唤隆务昂索及千百户

① 翟松天:《青海经济史(近代卷)》,7页,西宁:青海人民出版社,1998;田澍、何玉红:《西北边疆社会研究》,336～339页,北京:中国社会科学出版社,2009;周伟洲:《西北少数民族地区经济开发史》,306页,北京:中国社会科学出版社,2008。

② 王昱:《青海简史》,189页,西宁:青海人民出版社,1992;周伟洲:《西北少数民族地区经济开发史》,306页。

③ 黄南藏族自治州概况编写组:《黄南藏族自治州概况》,29～31页,西宁:青海人民出版社,1984。

并由他们出面解决收缴脏物事宜。但问题是，从来往文书中得知，毁抢僖德生夫妇什物者是数百名麻巴、浪家群众，而起意并发布“番谕”者乃是隆务寺沙力昂索和千百户。尽管大多数赃物在强大的压力下被追回，但是，这起毁抢事件的发生，遏制了西方传教士在热贡地区传教的活动，恢复了羊毛市场秩序。在以后的文献资料中，我们再也看不到西方传教士在当地传教的记录。

或许有人以为，这起事件应该是一场宗教冲突或文明冲突，但从我们的分析来看，更重要的是一场由抢占羊毛市场引起的争夺经济利益的经济冲突。然而不管怎样，在甘青边界的热贡地区所发生的这起冲突或事件，并不仅仅是一场边缘社会中的小小争斗，而是一场在帝国主义侵略中国的过程中牵动着地方、国家乃至国际的大冲突。

（马成俊，青海民族大学民族学与社会学学院教授）

地方社会与国家权力
——从文书看撒拉族与1781年的教争

马成俊

一、问题缘起与历史背景

18世纪中叶以前的撒拉族社会,元明时期,是民族迁徙、定居、社会发展比较平稳的时期,也是地方社会与国家权力关系协调得较为顺利的时期。元时,撒拉族首领韩宝担任积石州世袭达鲁花赤。明朝洪武三年(公元1370年),明朝大将邓愈攻克河州,韩宝率领撒拉尔众族人归顺明朝。为防止西北游牧民族尤其是西蒙古、西番对明朝的攻掠,明朝政府在甘肃的西北和西南边疆要塞构筑防御体系,建立军事卫所,撒拉族所在的循化(时称积石州千户所)即属于河州卫管辖。明朝政府利用河州依山傍水的地理优势,沿积石山川,特别是最著名的也是最难以攻克的积石关隘处强化防卫。明军在河州地区的驻扎,使明朝政府得以管控积石关隘以外的少数番族。根据汉文史料记载,在这个地域总共有36个部族处于明朝的军事控制之下。

这些小群体参与到总部设在河州的茶马贸易中(茶马司)。这种制度化的商业交换是明朝在14世纪末建立起来的,亦是朝贡体系的局部表现。在这种体制的控制下,撒拉人被要求上供马匹,明洪武二十六年(公元1393年),明朝政府赐撒拉尔金牌一面、纳马120匹。撒拉尔成为河州卫纳马19族之一,也是纳马19族中最强大的一族。由于在茶马贸易中做出了贡献,嘉靖三十一年(公元1552年),朝廷将金牌增至2面。直到清代初期,在这个地域的供马群体(纳马民族)中,撒拉族仍是中等马匹(中马)的进贡者。明朝实行的军事哨所和官方贸易制度,使得明朝的镇边将军能够干涉当地番人的领导阶层。根据明代河州史料记载,河州的将领可以为撒拉人任命"副千户"首领(副千户)和"百户"首领(百户)。明朝洪武六年(公元1373年),韩宝被明朝政府封为世袭百户、昭信校尉,管理军队百户,隶属河州卫积石州千户所,韩宝因此成为撒拉尔土司的始祖。因为这些首领是边防将领的地方性委任,故并不属于明朝的官僚制度体系,只是由河州的军事将领来管理。这就表明当明朝政府对一些地域的番族实施军事统治时,撒拉人可以保持行政和法律上的自治。从明朝到清前期,河州将领对撒拉人的军事监管情况鲜有变动。[①] 除此之外，自明朝洪武二十年（公元 1387 年）始，撒拉尔被征调多次，攻打周边的番族，足迹踏遍陕、甘、青、川等地，为明朝政府治理西北边疆做出了贡献。

在宗教信仰方面，元明政府都对伊斯兰教实施了较为宽容甚至挟持的政策。元朝政府在其政治、经济、军事领域使用了大量的色目人，这些色目人绝大多数都是信仰伊斯兰教的回族和其他民族穆斯林。[②] 不特如此，蒙古贵族后裔中也有成批皈依伊斯兰教者。据《多桑蒙古史》记载："今在此东方地域中已有伊斯兰教人士不少之移植……，其成吉思汗之诸系诸王曾改奉吾人之宗教（指伊斯兰教），而为其臣民士族所效法者，皆其类也。"由此看来，蒙古人不但不歧视伊斯兰教，而且有大量臣民皈依伊斯兰教，这种政策使得伊斯兰教的信仰群体逐渐壮大。

到了明朝，尽管对异族也采取了某种程度的歧视和抑制政策，但是由于明代的开国功臣中有一批信仰伊斯兰教的大将，如常遇春、汤和、邓愈、蓝玉、胡大海、沐英等，他们为打下明朝江山立下汗马功劳，加上大航海家郑和也是穆斯林，他奉命七次下西洋，扬威海外，而人口很少的撒拉族，在保卫边疆的数次征调中，也英勇战斗，许多土司头人以身殉职，多次得到了明朝政府的嘉奖（循化同知龚景瀚甚至怀疑撒拉族的社会组织"工"可能是"功"之讹）[③]，所以明朝政府对伊斯兰教还是采取了礼敬的态度。明洪武元年（公元 1368 年），敕建礼拜寺于金陵，并于洪武六年（公元 1373 年）御制百字赞，褒扬圣德。至永乐三年（公元 1405 年）三月敕诰清修寺护持："所在官员军民人等，一应毋得侮慢，敢有故违朕命，侮慢欺凌者，以罪罪之，故谕。"[④]青海最大的两座清真寺——西宁东关清真大寺、循化街子清真寺均始建于明朝。如果没有国家和政府官员的支持，清真寺的修建是不可能的事。

二、教派传入与族群内部分裂

到了清朝，形势发生了变化，朝廷和地方官员对伊斯兰教的政策和态度也出

---

① 马海云："番回还是回番？汉回还是回民？18 世纪甘肃的撒拉儿族群界定与清朝行政变革"，李丽琴、马成俊译，载《青海民族研究》，2009(2)。

② 高文远：《清末西北回民之反清运动》，4～8 页，银川：宁夏人民出版社，1998。

③ 龚景瀚：《族寨工屯》，《循化厅志》卷四，156 页，西宁：青海人民出版社，1981。

④ 高文远：《清末西北回民之反清运动》，9 页。

现了根本逆转。从元初的1225年，[①]经过明朝一直到清乾隆四十六年(公元1781年)，史籍中没有记载撒拉族内部产生分化的事情。也就是说，撒拉族的祖先从中亚迁徙到甘青边界有556年的时间，主要是跟随朝廷打天下，并在如今的青海循化地区站稳了脚跟，期间还有出现过内部分裂的局面。撒拉族内部分裂，与伊斯兰教各教派的陆续传入有关。最早见于史籍记载的是清朝雍正九年(公元1731年)，嘎最(宗教法官)韩哈吉与马火者因争教而相互控告。[②]

清乾隆二十五年(公元1761年)，甘肃关川回族阿訇马明心到循化营传播哲赫忍耶教派。“哲赫忍耶”是阿拉伯语，意为“公开”、“响亮”、“高扬”之意，表示这一派在念诵“则可若”时声音高昂，故称。在中国，哲赫忍耶首先在青海、甘肃得到传播，以后逐渐传播到西北其他地区乃至全国，成为中国伊斯兰教派中较有影响的一派。

哲赫忍耶的传播者马明心(1718～1781)，经名伊布拉欣，道号维尕耶东拉(维护主道者)，尊称为官川阿齐兹(尊贵的官川老人家)，殁后追尊为束海达伊(为主道牺牲者)。他祖籍甘肃阶州(今武都)，后迁至临夏大西关。马明心出生前，其父已去世，其叔父在西关寺做杂役，后被推为海推布，马明心幼时跟叔父在寺里念经，因其聪明，学业优良。

1728年，马明心奉母命，与其叔父在众人资助下取道陆路去麦加朝觐，当行至中亚卡拉库姆(突厥语，意为黑沙漠)沙漠时，叔侄俩被狂风吹散，马明心幸遇一老人相救，得以幸免。他在布哈拉城居住了4年左右，在此期间，接受了乃格什板顶耶黑山派的教义，据说他在布哈拉一个清真寺内当“木扎外”，后随该寺掌教去麦加朝觐途经也门时，掌教因开销太大，便把他交给也门的同道学者伊本·载尼的道堂学习沙孜林耶教旨。据考证，马明心的老师是也门扎比德地区的阿布杜、阿哈里格·阿则子·阿米斯介吉，扎比德是紧靠红海的一个小镇，是伊斯兰教苏菲派的一个中心。

1744年，马明心回到祖国，先后在甘青边界的循化、临夏、定西、榆中一带传播其主张。1761年，他在循化地区，接收了撒拉族的一些阿訇、满拉如贺麻路乎、苏四十三等为门徒，讲经论道，传授哲赫林耶的宗旨。在此期间，马明心还提出一系列改良伊斯兰教的主张：将聚礼日的十六拜简化为十拜，并主张在所在的清真寺十拜即算完成了聚礼日的拜功，不必都要到城镇大寺去礼拜；认为阿訇、教主利用教民的施舍来聚敛财富是违背伊斯兰教精神的；反对大兴土木修饰清真

① 为了确定撒拉族迁徙的确切年代，2007年11月，青海省撒拉族研究会召开相关学术讨论会，与会学者根据历史年代推算，一致认为应该为1225年。

② 龚景瀚：《回变》，《循化厅志》卷八，311页。

寺;主张教权传贤不传子,反对父传子受的世袭制;简化道乘修持功课,重视真乘修持,认为真乘隐藏在道乘和教乘之中,并为道乘和教乘所包含。这些主张遭到其他一些派别尤其是华寺门宦的反对,并引起摩擦,继而矛盾激化。官方则不分青红皂白,偏袒一方,压制一方,将马明心逐出循化,于是,在循化地区的撒拉族又因为教派矛盾分成两派。这是撒拉族内部因为教派矛盾而产生分裂的又一次事件。马明心来到河州,后又避居于定西官川马家堡,此后官川成为哲赫忍耶教派的传教基地。

马明心离开河湟地区后,循化地区的哲赫忍耶派在苏四十三和贺麻路乎的大力倡导下继续得到发展,并修建了三座清真寺,同时与华寺门宦的矛盾更加激化甚至出现人命。1781 年,清廷派兰州知府杨士玑和河州协副将新柱查办,新柱到循化后不分青红皂白,声称要"尽杀新派"(哲赫忍耶),引起哲赫忍耶派不满。苏四十三等率众千余名,杀了新柱和杨士玑,并与华寺门宦教徒取得和解,共同抗击清军。同年 3 月破河州,得知马明心已经被解往兰州,即经东乡趋兰州,营救马明心。清廷在城头杀害了马明心,并调集 2 万清军解兰州之围,义军被迫退至华林山,顽强战斗,全部战死,起义失败。据《兰州纪略》奏折证实,起义中被害群众 8000 多人,马明心家属亲友约 200 人受到株连。起义被镇压后,清廷对哲赫忍耶派教众及参加起义的群众进行了惨绝人寰的屠杀,循化成为血洗的重点。"凡撒喇十二工,惟查汗大寺、孟达、夕厂三工无新教,其九工新教凡九百七十六户,皆剿尽无余,房屋多毁,所遗田地给老教士兵阵亡之家属。"[①]从此,哲赫忍耶教派在青海循化销声匿迹。但是,清政府的血腥屠杀,却为以后地方社会与朝廷之间的关系埋下了隐患。

这场教争后来演化为民族起义,尽管以失败告终,但是对清朝政府予以了沉重打击,迫使清廷在"善后处理"和进行整肃时,挖出了当时震惊朝野的腐败案件,将前任甘肃布政使王亶望和时任布政使王廷赞抓获归案,同时也暴露了清朝最大的贪官和珅的劣迹。由此看来,这场斗争的导火索是教派斗争,而实质上是在"二王"的残酷剥削下,人民群众奋起反抗的举动。但是这件事情在撒拉族族群内部也因此出现了分歧和矛盾,在教派之间播下了仇恨的种子。

后来在嘉庆、道光、同治、光绪年间陆续出现了几次席卷西北的撒拉族回族起义。一直到民国,伊赫瓦尼新教传来,又与格底目和门宦之间产生矛盾,不过伊赫瓦尼派传教者马果园依仗地方马家军阀势力,传播比较顺利,没有引起更大规模的冲突。

综观清代撒拉族地区的冲突,其起因都与教派矛盾有关,每有一个新的教派

---

① 龚景瀚:《循化厅志》,卷八,《回变》,316~317 页。

从甘肃传播到循化，必会引起新老教争，继而又演变为大规模的反清起义，结果，撒拉族在清廷国家权力的强大势力下，总是受到惩创。高文远先生总结道："平心而论，甘肃循化厅撒拉回新旧教之争，在宗教理论上没有大不了之事，完全是属于无知与感情冲动，而其最终目的，没有别的，是新旧教双方为了争布施得到好处，而牺牲吃亏的是无知的群众。"①

美国学者李普曼（J. N. Lipaman）在对撒拉族穆斯林内部教争进行分析时说道："韩奴日来到衙门证明老教尊重和爱戴古兰（Koran）并把新教视做异端。"他引用了许多事例自信、沉着地进行证明。他说，前任总督左宗棠认为甘肃的穆斯林起义原因在于穆斯林之间的宗教纷争。如果宗教争斗不停止的话，武力冲突就会产生。冲突的根源的确在于新教。韩奴日是循化的撒拉族穆斯林，街子工的老教领袖。他和新教的追随者韩四彼此积怨而互相仇视，最终形成世仇（汉语为械斗）。他们之间的争斗异常凶猛而无法用理性去解决。总督杨长军起草奏书上报了西宁府来过问此事。斡世铿负责此事，双方当事人都最终做出了让步。②

到1887年，械斗在循化的对立花寺派别中发生了，恐惧与暴力又一次加剧。尽管这场事件的导火索并不在于撒拉族而是河州地区说汉语的穆斯林，但是撒拉族恶名在外，循化撒拉族之间的宗教世仇又一次给清政府造成了麻烦。由于骚乱和诉讼不断升级，全省的官方异常关注这场涉及范围很广的暴乱。1894年的秋季，循化的诉讼人在衙门争辩时，他们的门徒在街上动用武力，把穆斯林全部杀了。③

三、村落、家族背景与历史记忆

撒拉族的社会有别于汉人社会，没有家谱、族谱、墓志铭、祠堂等用文字或建筑物记载的表征性东西。传统上撒拉族是属于"没有历史的人民"，④所以给家族或民族的历史研究带来了相当大的困难。本文涉及的历史文书，是本人做田野调查时，在青海省循化县清水乡大寺古村马进才家（笔者堂叔）发现的。清水在20世纪50年代之前叫清水工（撒拉语叫Seger gang），乾隆四十六年苏四十三起

---

① 高文远：《清末西北回民之反清运动》，55页。

② Jonathan N. Lipman, *Familiar Strangers: A Hitory of Muslims in Northwest China*, Washington: University of Washington press, 1997, p. 138.

③ Ibid., p. 141.

④ 埃里克·沃尔夫：《欧洲与没有历史的人民》，赵丙祥等译，上海：上海人民出版社，2006。

义之前，清水工和达素古(现名大寺古，过去还用打苏古、达速古等名)工是东乡下六工中的两个工，当时撒拉族地区共有十二工，分为东乡下六工和西乡上六工。1781 年起义失败后，由于“房屋半毁”、“人口锐减”，将十二工并为八工，达素古工并入清水工。在民间，便将原属清水工的几个村落称为下半工，而将原属达素古工的达素古、瓦匠庄和红庄三个村称为上半工，三村人自己则简称为“半工”。三个村落都在清水河的中游地带，清水河由南向北流动，在清水大庄村下汇入黄河，“半工”由北向南依次是红庄、大寺古和瓦匠庄，瓦匠庄村的南部与张尕工(现属白庄镇)的山根村形成边界。

撒拉族的村落由数个人数不等的“孔目散”组成。“孔目散”是“扩大家族”的撒拉语称谓，接近于汉族的宗族组织，但其组织形式和结构上却与汉族宗族组织有很大区别。达素古村现有三个“孔目散”组成，分别称为“Ahghar Kumsan”、“Bazax Kumsan”和“Ki Kumsan”，其中“Ahghar Kumsan”人口最多、实力最强，历史上的乡约、头人、掌教等村落社会的精英多出自这个孔目散。达素古村在历史文献中多有记载，如家藏文书中最早的是乾隆十八年(公元 1753 年)十一月十二日的一份委牌：

委　牌

河州撒剌五族世袭土司韩为饬委事，照得打苏古庄原有乙麻木一人，在寺朝夕领拜，教化愚玩，若非耑责，难免踈虞，今本司查得该庄乙麻木例规，马乙西夫充应合行耑委。为此，仰乙麻木马乙西夫遵照，务在该庄寺院朝夕引拜，教化愚玩，凡有该庄婚姻、嫁娶、丧礼等事，均有旧立成规，该乙麻木照例收受。若有不遵旧规，藐视为首，许指名稟究须牌

右牌仰马乙西夫准此

乾隆十八年十一月十二日给

司

行

限　　　功　　　日缴

委牌中所说的乙麻木(掌教)马乙西夫是所见最早记载于达素古村的文书中的村落掌教，在笔者家族中保存这样重要文书的，毫无疑问应是本家族的祖先。

在乾隆五十七年由循化同知龚景瀚写成的《循化厅志》中，描写了苏四十三起义前夜发生在大素古村的新老教争(即哲赫忍耶新教与格底目老教之间的争执)。这场教争酿成人命案，继而慢慢波及清水工大庄村，由于官府处理不当，终究酿成震惊朝野的苏四十三起义。起义失败后，新教的哲赫忍耶教派民众被斩

尽杀绝。循化县的第一次大规模新老教争，就涉及达素古村。在家藏的诸多文书中，有一条便是给达素古村掌教的。日期是1781年12月，也就是平定起义7个月后，兰州府下了一道委牌书，兹录全文如下：

委　牌

特授兰州府循化监督府加五级纪录七次洪 为饬委事案，查前奉

谕旨，令将回民阿洪掌教明目革去，改为乡练等因，遵奉在案，今据该管土司开单，禀请验委前来合行饬委。为此，仰达速古工总练马三十四遵照，尔等恪遵改定名目，将掌教称为总练，仍约束回民清查教道，如有谋为不轨，为匪作窃之徒，该总练立即指名具禀，以凭按律治罪，该总练务须公正洁己，安分守法，共享升平之福，毋得藉端滋事，挟嫌捏禀，有负本府委用之至意，凛遵毋违，须至委牌者

右牌委达速古工总练马三十四准此

乾隆四十六年十二月十一日给

遵照

遵行(大红字)

委　　牌　　府

这份资料，对研究苏四十三起义及其后起义时代的撒拉族社会具有极其重要的价值，是目前看到的最接近起义时间的文书。这个委牌告诉我们，清朝政府在治理地方事务时，开始起用地方德高望重的宗教首领，使他们直接成为朝廷在地方的代理人，也是朝廷极为关注之人。对于委牌中提到的长角改为乡练问题，《循化厅志》多有记载："回民不得复称总掌教、掌教、阿洪、阿衡、师父名目，择老成人充乡约，稽查约束。循化掌教改为总练，阿洪改为乡约。新教礼拜寺全毁，旧教嗣后亦不得增建。不许留外来回民学经、教经及居住，每年乡约头人具无新教及前项情节甘结一次，地方官加结，年中汇齐送部。"[①]

"回民无分新教旧教，止以从逆者治罪。按察议新教旧教均系良民，不便歧视。从前议禁，当略为变通。嗣后严禁回民邪教及阿浑名目，亦不许添建礼拜寺，及留外来回民居住。其念经原非例禁，但不得聚集礼拜寺。仍令乡约稽查，如有匪徒在寺谋为诡秘，即禀究。年底，仍取具甘结，地方官加结汇赉。"[②]

"五十四年西宁苏代源之案总督札饬各属回民：不许留外来人教经学经。不许此村之人前往彼村念经。不许存《卯路》、《明沙》等经，乡约头人具结，地方官

① 龚景瀚：《回变》，《循化厅志》卷八，319页。

② 同上。

加结按季申送。”[①]

“汉回教道久分，往往有汉民改为回民，究其所以，有回民乏嗣，抱养汉民为子者，有无赖汉奸，贪财归回者，应分别严禁抱养者，汉民本生父及回民照略诱例，各杖一百，徒三年，如无父母罪坐，该亲房户首，照所得罪减一等，其叛汉归回者，照谋叛。谋而未行为，首律拟绞。以前改从回教，本身已故，子孙相沿已久，未便押令归汉，听其自便，于保甲册内注明。如本人现在限三月内改归汉教，违者仍照谋叛律问，拟该管各约知而不举，亦照罪人，减二等科断。”[②]

同年，陕甘总督也贴出告示：“回民改存旧教，各归本村寺内诵经。毋得藏匿《明沙》、《卯路》等经，摇头拖鞋念经，致干严谴。傥仍有新教，治罪不宥。下开五条：一禁搀夺；一禁勾引窝留；一禁抱养及改归回教；一禁添造礼拜寺；一禁诬告。”[③]

《循化厅志》：“撒喇回民不许私行，出入内地贸易者，土司呈厅给路照，移明所至州县，变货毕，速令回巢，各关隘派兵巡查，无路票及所载不符者拿究，每季按起数造册结报。”[④]

《东华录》卷二十六：“谕军机大臣等前以甘省番回有掌教及总掌教之名，恐疑惑众滋事，因传谕各省督抚留心查革……，惟其中有借传经为煽播邪教者，则不可不实力严查，亲提申办，至直隶回民念经之人称为师父，虽亦如师徒俗称，但究不若并其名而去之。向来地方官平日于此等事，并不留心查察，及奉有谕旨，又未免办理过当，不能深喻朕意，徒滋胥役，得钱放免，著再传谕各督抚，务须不动声色，留心妥协查办，毋致吏胥人等藉端滋扰，及蹈虚文塞责之习。”

两份委牌书中对撒拉族的称呼却不一样，前者称为“河州撒剌”，后者称作“回民”，到了嘉庆年间，又写作“撒拉”。说明乾隆时期乃至以后对撒拉族的族群身份还没有一个明确的判定。

这份文书以及其他资料的保存者应该是笔者家族的祖先，马三十四本是达素古村的掌教，想来也是属于格底目老教的阿訇。因为此时，哲赫忍耶已经被尽除。起义失败之后，掌教的身份被强令改变为乡练或总练，而且还规定了总练的职责，即“将掌教称为总练，仍约束回民清查教道，如有谋为不轨，为匪作窃之徒，该总练立即指名具禀，以凭按律治罪”，并要求总练“公正洁己，安分守法，共享升平之福，毋得藉端滋事，挟嫌捏禀”。

---

① 龚景瀚：《回变》，《循化厅志》卷八，319～320页。

② 同上。

③ 同上，323～324页。

④ 同上，318页。

嘉庆六年(公元1801年)四月廿日,家族头人乡约马作南收到一份谕旨,是关于1781年后加强社会治安方面的,全文如下:

> 谕
>
> 署循化分府余 谕清水上工头人乡约马作南,大速古掌教知悉,照得撒拉各工自四十六年惩创之后,亦颇知王法,从无轻易打伏之事,即或偶有械斗,无非争田争水之事。一经差役并谕令土司弹压讲辩,无不听从完结。近年一来,该撒拉两次出兵,以后稍有资财,即不安本分,些微口角打架。即婚姻细事不与众人相干,亦聚众动辄打伏,即或告状查唤,又不到案投审。虽系撒拉愚蠢好斗,亦由该土司头人等,平日不知教化,纵令为恶习以为常,所有撒拉动辄聚众吃牛持强好斗,各情节禀知上宪,嗣后如有纠众打伏之事,在何家吃牛,即以何家为罪首。如打死一人,即着一人偿命,不准依罚服完结,不得以一二无知之人牵累众人,摊派命价,必将真正凶手及为首纠众宰牛吃咒之人,照王法从重治罪。庶杀一惩一百,以儆凶顽,除谕令土司传知外,合行饬谕。谕到,该头人等即传谕众回一体周知,凛遵特谕
>
> 嘉庆六年四月廿日谕

这道谕旨说明,在受到苏四十三起义的重创之后,清政府加强了对撒拉族社会的严格控制。从此以后,达素古村名很长时间不见于文献记载。据家族记忆,笔者的祖父辈有三兄弟,笔者祖父名叫舍木素为老大,马进才父名叫拜克尔为老二,海辽父为老三,笔者祖父于1949年去世,是时其为坚定的尕的忍耶崖头门宦,至死也没有接受伊赫瓦尼教派(时称新教)。而拜克尔是当时有名的阿訇,曾经就读于西宁东关清真大寺,接受了由马果园传来的伊赫瓦尼教派学说,其人学识渊博,与东关大寺教长尕阿訇(马禄)私交甚笃,学成后经马禄派遣在省内几个有名的清真寺开学。在他的教育和强制下,达素古村除了一个家族之外,其余全部接受伊赫瓦尼教义。据说当时尕的忍耶门宦的人若举行活动,不能够在村里进行,而要秘密跑到村落东边的山沟里活动。曾几何时,达素古村民从格底目教派转为尕的忍耶门宦,而尕的忍耶教派在强制转型的过程中也经历了艰难的选择。前者由于无文献记载,具体转入时间无法考证了,而从尕的忍耶门宦转入伊赫瓦尼教派的时间大约在20世纪40年代。民国时期,由于拜克尔阿訇村落掌教和头人的威望,有关村落的资料就全部保存在他的手里。笔者家族自乾隆年间一直到20世纪40年代,都是达素古村的头人之一,20世纪50年代,还因为这个差点被划为地主。

从上述委牌中可知,马乙西夫(1753年)、马三十四(1781年)、马作南(1801

年）一直到拜克尔阿訇均系达素古村掌教，也是该村的乡约和头人，尽管没有更多的资料和故事将这些人以及他们的事迹连缀起来，但也可以看出家族以及一个“没有历史的人民”的村落，从乾隆十八年到20世纪50年代整整200年间的历史脉络（迄今已有260年的历史），同时也可以从中透视撒拉族社会中宗教的演变，村落与官府、国家之间的关系，对撒拉族研究不啻是弥足珍贵的历史文献。

四、进一步的思考

1781年以后，根据清政府“善后处理”的情况来看，撒拉族失去了元明时期在朝廷中的辉煌历史，朝廷进一步加强了对地方社会的监管，撒拉族受到了清政府更加严厉的控制，监毙的监毙，流放的流放，而在家的人民则“不许私行”，失去了人身自由。正常的宗教活动也受到了严密的监控，连宗教职业者的身份也被迫改变，成为为清政府服务的地方耳目，更不许添建清真寺。更为严重的是，在国家权力的强势压迫下，撒拉族的传统社会结构被迫重组，十二工合并为八工，本来就不多的撒拉族“人口锐减”，“村庄半毁”，那些被杀害和被流放的人的房屋和土地被再分配。在元明时期经数百年所建立的比较好的地方社会与国家之间的关系变得异常对立，促使撒拉族社会较快发展的外部环境不复存在，长期处于半自治状态的局面被清政府全面控制。在进行强硬措施武力镇压的同时，清政府为了“教化愚顽”，使撒拉族“遵循王化”，于乾隆五十一年（公元1786年），命循化同知达桑阿在循化城西南角修建了文庙，“以彰文教”。厅学制度的建立和文庙等其他庙宇的修建，标志着代表汉儒封建文化体系的符号开始在“河州边外地”的番回之地进行传播，为以后在循化形成撒拉、汉、回和藏族四种文化结构奠定了基础。雍正皇帝之所以赐予嘉名称为“循化”，是因为撒拉族“桀骜不驯，鲜知礼法”，地方土司又“委难约束”，需要“弹压化诲，教养训练”。同时，这里“番回杂处，性情少别，约束教导，全在训导”，[①]最终目的是“迁改向化”。

兴办厅学不久，即显示出了一定的效果，至“（乾隆）五十六年五月，周学使科岁文武取进马文秀等十二人。其与考文童二十余人，武童十余人，大率口内十一族，及他州县寄居年久者，否则兵丁之子弟也。然撒喇回族亦有韩应凤者游庠矣，虽系武生，数年之后，渐摩观化，安知不移为文雅之邦乎？是在为上者有以教之而已。”[②]循化同知达桑阿几经努力，兴办了学校，可是真正入学的人，却都是外地人或县内

---

① 龚景瀚：《学校》，《循化厅志》卷三，127页。

② 同上，128～129页。

兵丁子弟，而其教化对象——撒拉族子弟，只有韩应凤一人而已。除厅学之外，当时在撒拉八工地区村落中又开办了三所义学：其一在下四工之一的崖幔工礼拜寺（今白庄乡科哇村），其二在县城，其三虽名在上四工，却未建校。崖幔工礼拜寺内的义学，曾经延请河州籍人氏宋显明为老师，但因“撒喇幼童不通汉语，而束脯又无所出，临时科受业者给之，弟子既不愿，师亦不安，勉强一二年旋废。其上四工则并未设立也。本城义学，旧有营中所立，以教兵丁子弟，无回民也”[①]。由此看来，由于各种原因，虽然办起了所谓学校，“以化导回民”，而“循化处口外寒苦之地，官既无力，又乏好义之民，久而寂然。”[②]刚新建的义学，由于没有国家足够的经费支持，地方上也无“好义之民”，学校再也办不下去了，“久而寂然”。

清政府由于受到乾隆四十六年苏四十三起义的重创，想尽办法通过增加军事力量、兴办义学、建立文庙，以“化导”撒拉族和其他民族，却因撒拉族地处甘青边界，长期以来认为汉文化是异教徒的文化而拒不接受汉文教育，[③]所办义学“勉强一二年旋废”，未能如清政府所愿。然“循化”地名却沿至今日。

总之，这些打击与旨在同化的政策，并没有真正缓解撒拉族与朝廷之间的仇恨，反而激起了撒拉族的斗争勇气，在此后的多次起义都证明了“哪里有压迫，哪里就有斗争”的道理。

20 世纪 80 年代，随着改革开放政策的实施，撒拉族地区的宗教政策更加开放，长期被压抑的宗教热情一下子反弹，循化地区又出现了各教派之间的多起矛盾，好在共产党领导下的地方权力机构健全，这些矛盾没有发生更大的冲突。但是，没有冲突并不意味着从此可以高枕无忧了。在笔者进行田野调查的时候，听说最近几年在撒拉族地区传教宣教的现象很严重，而且在某些村落发生了多起事件，在青海、甘肃等省的其他地方也出现了新的传教者与固有教派之间的多次冲突。这些传教者有没有什么国际背景，会不会引起与固有教派之间的冲突，很难预料，需要引起有关部门的高度重视。

（马成俊，青海民族大学民族学与社会学学院教授）

① 龚景瀚：《学校》，《循化厅志》卷三，129 页。

② 同上。

③ 撒拉人认为汉文化是异教徒的文化，用撒拉语即“kafeir aohix”，有意思的是，迄今为止，撒拉人普遍将阿拉伯文字称为“saler aohix”，即撒拉文字，表现对阿拉伯伊斯兰教的高度认同。

跨学科讲坛

夷夏之辨和文野区分

罗志田

开场白

王铭铭

很荣幸，仰慕已久的罗志田大师，从成都特地飞过来跟我们聊天。

前面做了一点准备，编辑了罗老师的一些相关论文，罗老师为此也提供了重要帮助。罗老师写过不少关于“夷夏之辨”和近代世界观之变的文章，浏览他的这些大作，使我觉得自己不学无术，于是也恍然大悟，人类学界人类学家不多，因为许多人类学家在历史系……

这里面我自己比较感兴趣的是夷夏之辨，这个论题历史比较久远，罗老师贯通古今，将之与近期关于民族主义的论述关联起来考察，我自己并未完全读明白，兴许这是因为我只知道点民族主义，我们人类学界一般把民族主义定义成少数民族的不满情绪，而罗老师想得比较开阔，使我觉得人类学的东西比较缺乏艺术，而历史学家罗老师写的东西却有很高的艺术性，有时艺术性高得使人要阅读五遍之后才能琢磨出点意思来。所以今天我特别期待。能亲耳听到罗老师解释“夷夏之辨和文野区分”，机会难得，大家珍惜。

讲　座

罗志田

被王老师“挖苦”之后还要很严肃认真的说，就比较困难。“夷夏”本来应该是你们研究的，我到这里来就不是内行了，好在已经提供了一些文字，讲不清楚的可以看我的论文。在以前的一篇小文章里面我曾经说，现在的外国人，大概从一二十年前开始吧，特别重视所谓族群和性别，其实这是我们中国以前的强项。因为中国最主要的、至少两三千年里两个最主要的区分，一个就是夷夏，一个就是男女，两者都是所谓的“大防”。而且这种区分一直延续到后来，至少新文化运动时所要打到的东西，都还是这样一些。关于这两方面，两三千年来有着持续的论述，所以我们在这方面有很丰富的资源，本来很适合所谓世界前沿的学术题目，可以和他们互动、对话……可惜没有太多人关注，现在讲族群或者性别的人大部分不看中国古时候的东西（因为我们认知中的“世界”是没有中国的，例如我们学科体系中的世界历史、世界经济，等等），然后就跟着做。在民族或族群认同方面，从外面引进来一些想象力很丰富的说法，比如黄帝成了一个近代构建出来的民族象征，现在的黄帝象征里当然有近代构建的成分，然而司马迁当年就说“百家言黄帝，其言不雅训”，那个时候已经几乎是人人都在说了，为什么还要到近代才来构建？中间那两千年都在干什么？说这些的学者其实都是不错的学者，就是比较老实一点，看见洋人说这个那个都是构建出来的，所以就跟着构建了。

另一方面，我们也知道，《庄子》曾经说过一句话，叫做“非彼无我”。简单说就是没有其他，或异族，就没有我（我们现在有一些说术语的人，要把 other 翻译成“他者”，那是一种非人化，就是相当的不太看重人类，倒是有早期人类学的潜在影响。因为早期人类学，刚才我还和王老师说，都是研究没有文化的人，他们大都把那些人不太当成人，至少不当成文明的人，所以暗中就把他们“非人”化，就变成“者”了。按我们中国的老话，other 其实就是“他人”）。这个话倒不是现代人才发明，晚清的人其实就有一个从外国来的新观念，就是说，讲国家的时候，没有外国，就不能知道中国是怎么回事，那个时候他们就开始注重对照了。当然，这方面外国人现在说得更加系统，也极端一点。另外一个姓王的老师，也是你们人类学的，叫王明珂老师，你们都很熟悉了。他创造了一个人类学的新传统——人类学以前都是跟那些被研究的人长期住在一起，王明珂老师的创新之处就在于，跑过去喝两次苞谷酒就走了；然后再过去，又喝两次苞谷酒又走了。如果这叫人类学，以前的那些就不叫人类学了。这是开玩笑，但这种方法的确是个创造，而且王明珂老师的研究结果表明这个创造还很成功，尤其适合我们这里的情况，因为我们不怎么给经费，又不能不推进人类学的研究。按照王明珂老师总结的外国人的观念，可以说没有异族意识，也就没有本族意识；没有他们，也就没有我们。这当然是他总结的外国人的看法，与《庄子》所说的相类，一般情况下也是有道理的。

可是有一次，一位学历史的老师到我们这里来演讲，我们有一位受外国理论影响的老师就和他讨论西方和中国的差异与认识自我的关系。他的回答，我觉得很有启发，他说，我们就是我们啊。为什么一定要知道“他们”才知道“我们”呢？没有猫也不一定就不可以知道什么是狗，狗就是狗，难道一定要拿一只猫来对比，你才能知道这是狗吗？我想他说的是有道理的，就是说，异己当然有参照作用，因为没有异己的话，不太容易看到自己和别人不一样的地方，也就不很清楚我之所以是我的一些特点。有一位戴了帽子的，就有对比了；可是没有，也还是可以知道的。所以知道异己和认知自身的关系，至少没有那么绝对吧。当然，这些人是有一整套理论的，像萨义德的研究，殖民地对帝国本身的存在，是一个很重要的因素；如果没有殖民地的话，可能是真的没有帝国了（有很多人，尤其是外国人，现在喜欢把我们中国过去说成一个帝国。可是这个帝国就是一个没有殖民地的帝国。若按照萨义德的观点，中国就不是帝国。可惜说中国是帝国的人，也总是引用萨义德的观点，而不用他的观点来反证中国不是帝国）。

回到本题，中国的夷夏之辨，或者说夷夏关系，是一个很早就形成的理念，它跟文化特点，跟中国古人对天下的认识、对空间的认识是有直接关系的。最主要的一点，至少我们现在看到的理论表述是这样，是在一个族群共处，而所谓共主又不实际治理的多国、说得准确一点就是在多政体存在的状况下产生出来的，其实就是处理群与群之间的关系。这一点是很重要的，因为后来，当大一统之后，这个观念就受到很直接的挑战。我在一篇文章中也提到，以前，当它是一个共主不直接治理的时代，夷夏转换起来比较容易，因为夷夏的区别不完全是所谓血缘，更多的是一种文化的东西。而文化是可以转化的——你表现好，就是有文化的；表现不好，就是野蛮的。文野之别这样一个观念，本来就是重在表现。这个理念落实到政治关系上时也一样，他可以不喜欢你，也可以喜欢你；对于异己，不管是知道的或者不知道的，都可以采取“修文德以来之”的办法。这也有一种很实际的背景，就是中国古人从前不太讲究边界的清晰。如果看一下19世纪至20世纪五六十年代我们关于国家的界定，就是一定要有清晰的边界，没有清晰的边界就不是国家。如果是那样，中国历史上可能就从来都没有过“国家”了。文化上也是如此，有了中心，然后说出一个四方，或者想出一个四方，从这个半带想象的四方把中心构建出来。这大致就是《淮南子》里面说的“经营四隅，还反于枢”的意思。就是把四面（不过这四隅严格说法不是东西南北，而是东南西南那个斜着的四个角，其实大体是一个意思）、把周边说出来，中心就确定了。这个中心，其实才是真正关心的地方。至于周边，在某种程度上也跟萨义德说得差不多，即没有这个周边，就不能证明中心的存在；所以说这个中心，如果还是文化的中心的话，也要有不那么有文化的四隅来包围着，才能体现其在政治上的天命或者在文化上超越于其他。

北大中古史中心研究历史地理的李孝聪老师，有一次让我参加他一位韩国学生的答辩，那位学生研究的是韩国的中国地图。我从那里学习到，中国这边的地图，像韩国这样的地方（且不管他历史上是叫高丽、新罗、朝鲜还是什么），就只画了一个方块，中间写一个国名。这就是典型的古代天下观，非常能凸显中心和四周的关系——四周是必须要有的，没有的话我们中国中心就不存在了；可是大致有个象征性的存在就可以了，不必那么清楚。《庄子》有一句话，叫做“六合之外，存而不论”，就很简明地表达了这样的天下观，即承认这个世界是一个延伸的空间，可以很宽；可是对那些太远的地方呢，承认或知道其存在就可以了，不用具体去探讨。

不注重土地边界的清晰，是中国古代很重要的理念，反映出看重土地上的人胜过土地本身。这里所说的人，是可以流动的。人的流动性是所谓“修文德以来之”的重要基础，典籍中后面“既来之，则安之”那句话，就是孔子接着这句话说的。那就说明，这个“来”还不是简单的象征性的表述，真的来了，还要让你住得下来。但你要是不来，他也不去强迫你，他也不太想占领你。这又是一个很重要的特点，如果说古代中国是一个帝国，要注意这一点，即中国人不仅没有殖民地，根本是不太主张占领和管理其他地方。

古人的文化立场是有来学无往教，就像孟子说的，“君子中道而立，隐而不发”。别人羡慕，就来学，这可以；若不来，也就算了。东周的祭公谋父说得很清楚，对待所谓“远人”，其基本原则是“躬自厚而薄责于人”，而具体主旨是“耀德不观兵”——靠的比较近的，必须服从，若太不服从就揍你一下。远处的只要求听话，若不听话，也只动口教训，并不动手打；教训不奏效，仍返回去以修德为手段。其基本原则，就是不那么强调你非要怎样服从听话，尽可能不因此而劳师远征，在此基础上实现名义上的“远无不听，近无不服”。

这样的传统很早就形成了(具体可参阅我的文章)，在汉代论证与匈奴的关系时表述得特别清楚，唐代也有重复，基本就是不准备用武力去对付外面的人(抵抗性的用武是另一回事)。所以中国历史上领土最宽大的时候就是元朝和清朝，因为都是非华夏文化的族群入主中国，故取得政治控制之后就比较愿意扩张；元代大概是历代地方最宽的，清代也非常宽广。现在美国的新清史，就有点“去中国化”的味道，强调清朝有它自己的主体性，质疑其中国性(Chineseness)。我想，所谓中国性，在历史上本是变动发展的概念，但说元、清两代的内外政策不全是华夏风格的，也有所见。所谓新清史，也有点今人所说的换位思考的意思，就是换位到清朝的角度去思考问题。清廷其实就是一直要表示满汉有别，又不能区别太大；江山坐稳之后，在大政方针上，它还是以华夏为主的。

无论如何，中国古代的夷夏之辨是从文化到政治的，它实际上是要指导国际关系的。或者说，夷夏之辨是一种直接指导着政治、在国际关系中得到应用的理论(英文关于“国”有很多词可以选，可是中文还真的很少，没有几个分成不同类的“国”，说“国际关系”有时就不通，或应当说“政治实体间关系”，但这样说就太难听了；在人家那里就很简单，就是把这个国际后面的国换成另外一个字，那半截不变，如将 international 换为 interdomainal，就可以明确是一个不一定称为“国”的政治实体间的关系。为了讨论方便，我们仍使用“国际关系”这个词）。而且这种理论的应用区域不仅是在今日的中国（古人的天下与中国时有重合，又可以不同，视其语境而定），我的看法是其运用包括中国周边的世界，至少是东亚和东南亚地区的很大一片。这个区域里政体间的关系，用“夷夏关系”来表述，远比今人常用的“朝贡关系”更贴切。

最明显的是，清朝把明朝灭掉的时候，朝鲜和日本有一部分学者就正式出来说，这个区域里的夷夏关系现在已经改变了。他们都认为，清这样一个带有夷狄味道的王朝取代明朝把中原控制了，这个新现象是需要解释和界定的。一些朝鲜读书人认为，满清入主中原，导致华夷秩序大乱，华夏文明的真传移到了朝鲜，故在很长时间里不承认或不充分承认清可以取代明的地位（朝鲜跟清的关系特别复杂，清入关前曾对朝鲜称过臣，朝鲜也曾经臣服于清）。日本也有类似的说法，即自清朝灭明之后，这一区域的夷夏关系就变了；控制中原的清人既然是夷狄，则华夏的中心已转到日本，即它们才是夏。类似的观念后来间接支持了日本对中国的侵略，似乎作为新华夏的他们重新占领中原，带有复仇的意味（日本后来入侵东南亚时也曾表达类似的观念，说你们都被西方帝国主义侵略而成了殖民地，现在我们来帮你们解放）。

我们且不管当时到底谁是夷，谁是夏（真要论证，也有一个具体的考辨过程），以及这样的理论后来起到了怎样的作用。重要的是，当这一区域的统治或者政治主从关系出现变化时，这些相关的政治实体都感觉到夷夏认同需要重新建构，或夷夏关系需要重新梳理。这个事实本身说明：夷夏之辨这样一个理论，是被这些政体当作处理“国际关系”的基本思想资源、判断身份地位和相互关系的标准来使用的。他们试图重新建构夷夏认同的努力，充分说明夷夏理念不仅在今日中国这一区域得到运用，而且是在一个更为宽阔的地方被共同接受的。

具体来说，夷夏理论是从什么时候开始被共同接受，并成为一种制度化的共识，要进一步考证才清楚；但最少在明代它就已经存在，否则明朝被灭之后就不会引起辩论。若从明朝算起，那也是好几百年了。我们现在所讲的“国际关系”，都是从通常所说的“威斯特伐利亚体系”开始，那大致与清朝的建立同时，比明代晚多了。如果接受和推行夷夏理论的区域也包括东南亚的一大片地方（具体有多宽，这方面的具体史实同样需要重新考证落实），则其空间范围相当宽广，似乎不比实施“威斯特伐利亚体系”的区域小。

上面说的可能都和今日所谓国际关系相关，另一点，跟各位研究的内容关系比较密切的，就是文野区分的标准。我们说，文野本身就是一个非常注重各位所研究的人类学观念的标准。有一个文献叫《礼记》，很多疑古的人说它的编撰时代比较晚，大概到汉代了；可是它里面反映的思想是比较早的，因为其中的理念在汉代没有多大的用处。所以即使要说它是伪造的话，伪造出来也只能是描述以前的。《礼记·王制》中的一段就说：

> 中国戎夷五方之民，皆有性也，不可推移：东方曰夷，被发文身，有不火食者矣；南方曰蛮，雕题交趾，有不火食者矣；西方曰戎，被发衣皮，有不粒食者矣；北方曰狄，衣羽毛穴居，有不粒食者矣。

这里没有解释中方的中国，而戎夷的四方，主要是以服饰、饮食的方式来区别文化、族群的特征，你是不是文身啊，头发怎样啊。所以像王老师这样的就非常不容易判辨族群，因为没有留头发，那怎么办？是不是文身，他也没有拿出来给我们看。

就是说，古人对自己和他人的头发啊、服饰啊这些方式特别重视。这就是为什么清人入关后因头发的样式造成很多人被杀，因为很多人去抗争，不肯改变头发和穿衣服的样式。这是中国的重要传统，在孔子的时代，其实也不过是把衣领的左右和上下改变了一下，孔子就觉得是一个极大的变化，并为此表扬管仲，说他有多么伟大，如果不是他，我们留头发和穿衣服的样式都会被改变。可见中国传统对这种后天的文化的东西非常强调，因为这代表一种文化认同的选择，穿什么样的衣服，留什么样的头发，住什么样的房子，住在树上，还是在地上搭个棚子住，还是在山里挖洞住（比如，陕北住在窑洞里的，按照以前的区分，就有点夷狄的味道了，其实是非常低碳的），都是有讲究的，并决定着你的认同。

另外一个重要区分，就是吃东西的方式和吃的内容。这方面也说得比较清楚，一个是粒食，一个就是火食。其实很简单，按我们现在所认为的，大致就是主要靠农耕、畜牧或者采摘的方式为生。我们有后见之明就看得很清楚，凡是粒食的方向，后来就逐渐变成了华夏这一方。例如日本学者讲的宋代以后经济重心南移，都是往农耕的地方移，不往北边移。其实以前也是试过的，我们看汉代，往北已经到很远的地方，而且当时在那些地方也是试着去种植的，当然很失败，从那时起到现在的沙尘暴，可能都跟我们从汉代开始就有人去把那里的草割了来种地有直接关系。我想就是，中国人，或者住在中国的这一群华夏人，曾经在每个地方都试图采用农耕的方式，最后是自然的因素造成他们到某一个地方之后就不再尝试农耕了。听去过青海、宁夏那些地方的人说，我不知道王老师去过没有，他们都把方位说得很清楚，就是某一条自然的线，过了线那边就是畜牧，这边就是农业，很清楚。这就是一种在自然帮助下最后做出的选择。

这个我想各位应该特别关注，因为人类学有时候跟科学家的眼光不一样。

中国古人跟人类学家更接近，他们会注重这种头发、衣服的多样性。科学家就会认为衣服当然就是御寒啊，你去看科学家对衣服的分析主要是这方面的，当然也不完全是，进一步或者还有美观啊，稍微接近人类学一点的就是遮羞啊，等等。我不知道各位是否看过一本漫画，叫做《三毛流浪记》（你们太年轻，王老师有可能看过）？那里面的三毛没有钱，要进剧场，可是那个剧场是要穿了衣服才能进的，而他（三毛）是一个赤膊。那怎么办呢，他就拿碳在身上划了几条像海魂衫的样子，然后就进去了。漫画就是这样画的，说明我们重视文化的传统，一直到《三毛流浪记》时都还有。这个漫画故事也表明，海魂衫也是一种文化的表述，实际没有海魂衫，在意识上接受这一表述方式也可以。

而洋人，我们知道，古希腊那时候很愉快，什么都可以不穿（当然是要天气很暖和才行，像现在的北京就不行），所以它没有那么多的讲究，可是中国人就一向注重这个穿着。后来或许中国这种重穿着的观念也传到外国，现在很多高级宾馆大概像王老师今天这种样子就不行，必须要穿所谓正式的衣服。当然，像中式扣子这种，现在族群意识强了也可以，否则就得穿我这种比较西化的衣服，才准你在大堂出现，要不然侍应生就会叫，先生，请回去换件衣服再下来。你还得穿皮鞋，或者类似皮鞋这种鞋，穿拖鞋就不行，说明他们现在也很有文化了。

可是以前我们这块地方的人，从来就注重穿着，把它看成一种重要的文化区分（后来常用“衣冠”作为华夏礼仪文化的简称，体现了一种文化认同的象征，就最能代表这一特色）。在现在中国这一带，一直像这样强调得更多的是后天的文化差异。这个文化区域可以是很宽的，按照李济的考古学观点，从东经 90 度，一直到南北极，殷商有甲骨文的地方，就是地区中心。人类各个古文化都曾认为自己所居的地方是天下中心，但那时不是中国人自称天下之中，在那么一大片地方的整个天下，文化中心就在这里。如果按李济的说法算，后来的中国已经缩小很多了。可是不论宽窄的伸缩，在这个区域里，就是特别强调这种后天的文化差异。

与此相关的还有一个同样也很重要的理念，就是古人提出了“习”和“性”的区分和关联。孔子曾有“性相近，习相远”之说（后来还进入了《三字经》，是普及到启蒙层面的观念），而上面引用的《王制》就是从“习”这一社会生活的文化层面来界定“性”，并据之以对“夷狄”进行分类。不过《王制》也认为这些建立在“习”的基础上的“性”是“不可推移”的，显然有强化人我之别而不容更易的意思（这最能表明《王制》不是产生于大一统时代的文献，因为只有夷夏竞争激烈到白热化的时代，才特别强调其封闭的一面）。另一方面，晏子所说的“习俗移性”，又是对“性相近，习相远”一说的最好注脚。换言之，如果“性”多取决于“习”，“性”就是可变的；一个人或一群人可以通过自身的修为，或者怎么样的努力来改变你的认同。

古人以为，由于气候和地势的不同，“民生其间者异俗”，所以即使征服了新的地方，其统治的合适方式也是“修其教不易其俗，齐其政不易其宜”。用今日的话说，就是修改其上层文化，保留其下层文化；政治上有所管理，生产生活则因地制宜。上层的要改变，类似衣冠礼仪的一些东西，必须接受中央的；可是在俗的这一方面（俗这个字本来就是和地方有直接关系的，早年的雅就是普通的意思，雅言就是普通话，俗言就是地方话，所以俗从来就是地方的），从来也就允许保留很多地方的原初成分。

不仅不改变，古人还形成了入乡随俗的“素行”准则。而且这个观念起源得非常早，从先秦的记录看，大部分落实在大禹的身上，就是在夏代就形成了。大禹被认为是夏朝的开国君王，一个典型的例子是，他到了不穿衣服的国家，就把衣服脱了，在那个地方一直不穿衣服，直到出国的时候再把衣服穿上。如果现在的人考证，就会说大禹可能到了希腊人原来祖先的地方，因为他们（希腊人）本来就不太穿衣服。

据说大禹跟苗族（按现在的分法）那样一个大的族群的祖先打，打了半天打不过，最后采纳一个建议，按苗族的方式跟人家跳跳舞啊什么的，然后这苗族人就说，这太好了，原来你这么随俗，于是他们七天就臣服了。这些半是传说半是历史，我们现在不太知道是否确切，因为还没有发现夏代的文字记载；虽然这些事全都集中在大禹一个人身上或许不够真实，但我想不会太假，因为这些说法都是在先秦就已经存在了，记载在《国语》、《吕氏春秋》这些书里面。尤其《吕氏春秋》很重要的一本书，因为它本来就是集大成的，说穿了就是抄别人的书而成的书。而且它是公之于世，挂在城墙上面，谁能改一个字，就给你一千两金子或是银子。一字千金的说法就是从那儿来的。也就是说，他不但是抄所有的人，而且是让大家看着抄。不像现在，动不动就有打假网站出来说，你这里有抄袭，太不像话了。那个时候就可以抄，而且要抄得好，谁要是说我抄错了，我给你一千两。这是很好的做法（因为透明）。这个文献的形成方式，恰恰说明在那个时代，这是一个很经得起考验的文本，大家都承认这上面说的我们可以接受。因此，如果这里说大禹这么做，我想至少在那个时代，人人都会认为大禹就是这样做的。所以我说这是一个很长久的传统了。

而且这种入乡随俗的准则在后来政治对立的时候也要贯彻，比如和亲的时候，我的文章里也提到，有时候已经是很严重地挑战中国的伦理了，也还要实行。本来夷夏之辨的一个重要因素，就是夷狄没有长幼之分，没有男女之别。其实指的就是那种如果哥哥去世或怎么样，弟弟可以娶嫂子，甚至儿子可以把爸爸的遗孀娶过来，这样的一种习俗。到了后来和亲的时候，王昭君或者谁谁，也遇到了这种事情。于是她们直接上表天朝，说这太不像话了，怎么能让我干这种事情。然而天朝最后表态说，算了，你已经到了那个地方——到了罗马就按照罗马的方法办，到了匈奴就按匈奴的习俗办，到了西藏就按西藏的习俗办。这种入乡必须随俗的准则，体现了夷夏之辨的开放一面的伸缩性可以有多大，可以允许一个很大的波动，所以嫁到了那边，为人处世就要按照他们的规矩办。汉代处理与匈奴以及唐代跟突厥的关系，我想，大概常常是遵循这么一个传统的。

当然，夷夏关系一向是既有开放的一面，也有封闭的一面，不可一概而论。在政治关系不太好的时候，就容易出现极端的说法。但总体而言，文野是可转变的，夷夏也是可改变的。夷夏的区别不能没有，但对夷狄又不是简单的排拒。所谓"修文德以来之，既来之则安之"，就是允许夷变成夏，即使你不变也不勉强。而入乡随俗的准则，也表明其开放的一面允许一些很特别的做法。但它也有封闭的一面，打不过的时候它就强调说，绝不能让夷狄过来。包括到晚清的时候，外国人来也不要。那个时候对外国人怎样表述，也经历了一个过程。最先是不能说夷狄的，因为夷狄这个词是很避讳的，满清自己就是曾经的夷狄，所以那个时候臣子对怎么描述外国是很痛苦的，你不能把它说高了，也不能把它说低；想把它说低，可是又不能太直接涉及夷狄字样，所以创造了很多说法，这方面中国人创造力很强，比如每一个名字上加一个口旁，不知道是什么意思，好像就是被咬了一口，反正，美国、英国，每一个外国名都是原字再加一个口旁的同音词。这些字就是不太敢说他们是夷狄的时代创造的，有特定的文化含义，都是很重要的。到了后来，敢说夷狄了，到普遍接受"师夷长技以制夷"的时候，反而是满汉差别已经在西潮冲击下被淡化了，变成了一个中外的区分。从满汉到中外这么一个认同的转变之后，才可以把人家说成是夷狄，那时候，用不用那个口字旁就不是那么重要了。你看那个时候的文献，就会发现这么一个差异。

西潮冲击带来很多东西，前面说清初曾因发式、衣服而死了很多人，后来逐渐习惯了，晚清人本不太注意这方面了。但是因为从外国引来民族主义，故意要反满，所以特别讲种族的血缘啊，或者发式什么的。本来满汉的差别(从生活习俗到政治待遇)已经在缩小，有很长的时间不太注重谁是谁了。后来因为有了革命的念头，像章太炎和康有为辩论要不要推翻清朝的时候，一个就说满人是夷狄而非华夏，一个说不是，建州本是华夏的一部分，满人也是从华夏分出去的。这是因为那时有了民族主义的新观念，血缘变成一个很重要的因素。在中国古代，族群的区分更多是一种文化的区分，而不是血缘的区分。当然也不是一点没有，也有过；我的文章里也写道，古人区分族类的时候也曾说"非我族类，其心必异"的程度，那里所说的"族类"大概就是文化和血缘兼有的。

总之，夷夏之辨是一个相当有特色的，而且跟空间的观念、文化的观念，甚至与时间的观念都有直接关联的观念体系，你说它是理论也好，你说是说法也好，都可以。夷夏之辨或源于内外之分，而与夷夏之辨最相关的是文野之分，以及古人看重的君子小人之辨等。夷夏之辨和古代天下观的开放性，无论如何不能漠视。在学理上，天下基本没有一个族类的界定，这使得任何他人在接受中国传统文化的基本内容时少许多踌躇，多几分情愿。我们试从历代那些基本接受中国礼仪（虽然仍是有选择的，而非全盘接受）的他人角度想想，是否在当时可选择的几种观念体系中，这是最开放而最少排他性的一个？

我知道今天说得不够清楚，各位还有想了解的或者有什么质疑，欢迎指教。

讨 论

王铭铭（以下简称“王”）：谢谢。我是准备了一个上午才来的，很值得，因此还搞到了一件有点像历史学家的衣服来穿。很有收获，大家肯定也一样。罗老师讲得简练幽默，但每句话都有深刻含义，比如他猜想大禹裸体的时候可能是在古希腊，这含义很深啦。我自己阅读当中，也体会蛮多，觉得对我启发很大，就说罗老师在一篇文章中，我不记得是哪一篇了，实际谈的是在我和他人的关系当中，他认为文化的理论呢，当然是有跟学习、教育有关啦，但是，“化”或者说中国古代的教育观念是说我不去教你，是你们一定要来跟我学，我这样才教你，跟我们今天这样，像我们这样好为人师可能不大一样，还要招生，以前可能不存在招生，意思就是说，是他要向化，而不是我要去化他，这是一种特殊的文明。“化”，这一点我觉得有点感触。当然这一点可能在观念上确实存在，但事实上是不是说，除了孔子之外，有很多好为人师啦，这个可能跟你想象的（不大一样），有些皇帝虽然他自己也是一个“半吊子”，但他建立了一个大的朝代之后，还是想把那些少数民族给化一化，只不过他化的方式，是不是说只有学生去找自己，还是说怎么样，我觉得这有一个很想知道的问题，我觉得他有一个不一样的教育方法，可能是他以身作则的（这个方面），比如在边陲建立一些城镇，那表明这才是文明的，让旁边的人来学，而不是说一定要把这些人收到教堂里给你讲经，这是一点好像是有的，但这种学习方式，是什么，教育方式是什么，我觉得不要去给它概括，我觉得很深了，这一点。另外一点，就是罗老师也很损啊，讲“他者”，我写了一本书叫做《人类学是什么》，从头到尾就讲“他者”，结果他今天说得我很难过，他认为“他者”不对，明明是“他人”嘛。但我这也是一个问题，我就提两个（问题）。他者，为什么叫他者，我认为有一种他人，有一种绝对他者，还有一种是“不是人”，一共三种。对人和人群之间，这个族群和那个族群，这个人和那个人之间，谈的当然是他人了。但是呢，有的是人和上帝之间的关系，上帝他是绝对完美的人，我们要模仿他，对吧。第三种，那些人，根本是人类之外的，那些东西都不叫人，那些东西经常会包括某个少数民族，他不是人，而是东西。我的意思是说，罗老师说的那个"他人"是一个人类中心主义的人类，因为人类学也可以研究不是人……

罗志田（以下简称"罗"）：这个是真的，各位不要笑，当年在日本开世界博览会，就是这次我们在上海开的那种，就是要弄一个人类学馆，这个是和正常人的展馆有区别的，结果引起了很大的争议。一些当时或现在被认为是落后的习俗，当时有一些洋人把它放在人类学馆里，就引起了另一边的抗议。这就很清楚地告诉我们，在那个时候，人类学就是指不够人类的意思。

王：如果他本来就不是人，你硬要把他说成人，那我觉得也是有问题的，有时候你不能把人类的他者狗，称为人类……

罗：不，这就是说，前提在于你认不认为人类学是不是研究人类，如果说，你认为人类学是研究非人类，那就要用他者。你刚才引入狗，就是非人类的。我是比较尊重你们，把你们都提升到研究人类的那一学里面，所以才主张用他人哪。我们历史都是研究人的，除了少数人研究自然史以外。

王：但是，人本身也是一件物，从这个意义上说……

罗：你这就是"物化"，典型的见物不见人嘛……

王：是啊，是啊，兴许就是见物不见人，但是这个不重要，前面的那个（问题）我还是想跟你请教，说的文明的那个，教育的那个，跟现代教育不太一样的东西，我看到那一段还是觉得很精彩。

罗：这个我想应该是长期在华夏内部，或者说被叫做汉化、唐化，这个关系都不大了，一直存在。从很早以前一直到最近，中国都是不输出文化的。只能你来学，不能拿出去。就是给一个榜样，所谓"君子中道而立"，榜样是有的，你要学，那是你的事情；你不学，按照当时的观点，认为吃亏的是你，你不向化嘛，不向着文明这个中心来，你就是自己吃亏。这样的观念一直存在至很晚，比如民国时候的云南；我估计可能更晚，一直到 20 世纪 60 年代都还有。我们大家可能都知道，近代有一个做法叫做反缠足，认为缠足是很危害人的，可是在云南就不一样。在云南，尤其是在少数民族地区，上层的少数民族才缠足。能缠足就说明你就是接受了华夏文化，不缠足是一种很没水平的表现。缠足不是被迫害，你要解放他们的时候，他们是很反对的，因为就等于把他们贬低了。就像彝族的黑彝、白彝，人家明明是黑彝，你要把人家弄成白彝，那他是要和你拼命的。所以这就是一个文化的象征之处，有一些现象，被认为是体现了中心的文化。我们现在有一些新的观念，比如从什么医学观念来讲，认为缠足是吃亏。实际吃不吃亏也难说，因为两种描述都有。攻击缠足的人就说，那些人都不能走了，要跪着在田地里做事。反对一方则说，你看那逃命的时候，小脚婆跑得多快，比谁都快。比如现在，因为这个是很容易考证的，如果遇到地震，当然过去没有录像，可是如果小脚婆或者小脚女性出来的不比男性少的话，基本上就可以否定这个影响她们活动的说法，当年人家就是这么证明小脚本来不怎么有害的……(笑)。但是不管怎么说，我想小脚也好，梳辫子或者怎么样，它就是一种主动的选择，当然会有社会压力，就像现在高考或者什么，其实都是有压力的，你要找一个好工作，你要买房子，或者怎么样，有时候其实不需要那么多，可是也必须要，因为有社会压力。说远了，这种不输出文化，只做榜样的取向，很多时候其实对内还不是太明显，对外特别明显。以前中国的书是不给外国人看的，相当于秘诀，因为通过文字可以看到圣人的思想是怎样的。这些号称朝贡、进贡者，若你不向化，态度不好，都不赏赐经书的。朝鲜是特别的一个，所以人家汉文为什么那么好，直到最近一些年才开始去掉汉文，日本去掉汉文就去得更早，朝鲜就是每次都可以赏多少经书的。

现在有一个著名学者叫葛兆光，要从周边看中国。目前主要还是从朝鲜看中心，别的地方还不太有，日本还有一点，越南这边也有一部分稍微修改了一下文字的那种，但要看得先去学，不然你看不懂，那就不能在他们的文史研究院工作啦，他们文史研究院直到目前没有多少学这些语言的。我想，王老师让我来讲，或者就是心里想着少数民族，想着汉族怎么处理少数民族，而不是我刚才讲得更多的对外关系。我的意思大概就是，少数民族这方面基本上将来可以去做田野。但是比较清楚的一点，还是“修其教不易其俗”，改土归流当然也是一种，但在没改之前或改了之后，也都是只改某一些东西，而保留另一些东西，所以现在我们还有那么多各民族的衣服可以在国庆的时候拿出来游行，如果早就改了，就没有了。我们汉族就吃了大亏，衣服改得彻底。我上次还建议王老师去看西昌的一个地方，那个地方就保留了很多汉族以前的衣服样式，看起来和现在少数民族的衣服很相像。可是因为我们汉族全都改变成据说是孙中山创造的衣服样式，都穿这样的衣服了，其实这也是很后来的衣服，更早的，我想汉族的衣服也是蛮花的，比较宽大或者怎么样的，可是那些现在都不在了，就是因为对汉族没有实行“修其教不易其俗”，就一起都变了。我不知道回答了你的问题没有，好像你想要了解的不在这个地方。

王：我还有几位崇拜您的学生，我稍微介绍一下哈，那个比较大的叫张亚辉，其实他不大，但由于已经毕业了，在中央民大做博士后。舒瑜呢是毕业了去社科院民族所，准备研究他人，不研究他者。杨清媚也是毕业了，在社科院社会学所。乃华(陈乃华)，毕业了，找不到工作，准备待会吃饭的时候求您给她介绍一个职业，是台湾同胞，她准备到四川大学去跟随您做一点夷夏之辨。李金花是筹备这个会议的人。那个是您的徒孙，名叫李如东，从川大来的，王东杰他们的本科生，其他的就不介绍了。

张亚辉(以下简称“张”)：我有几个小问题，都是关于您的，就是实际研究中碰到的一些问题，都跟这个夷夏关系有关，所以想问一下。第一个，您给《怀柔远人》写的那个序和您今天讲的不大一样，在那个序里说，修其教，可以是喇嘛教，但是您今天说那个教，一定要是声教，是孔子的教。夷夏里有一个很特别的就是印度，因为印度在唐朝的时候我们还好处理，但到了清就很麻烦了，因为清的时候，西藏的问题开始出现，因为它可能被作为一个最接近于印度的民族区域，进入了我们的疆域。那这个时候就会说，当时其实中国所谓的声教就两分，长城之外喇嘛教，长城之内是声教、儒教，当然更早的时候还会有南方的，像这边的道教，其实也跟少数民族有很大关系。当您说“修其教，不易其俗”的时候，这些不同的教的关系是会被夷夏关系限定的，它们实际上彼此之间是有联系的。

罗：你说的这些，是指哪些？

张：就是像喇嘛教，印度我们先不讲它了。喇嘛教、儒教、道教，实际上它在中国，在朝廷可能会是轮流坐庄的，皇帝有可能今天拜这个，明天拜那个，但是夷夏还是从儒家出发，那么夷夏的判断和它们轮流坐庄的形态之间，到底有什么……

罗：我不知道。不过这有一个小问题，就像现在有人讲通俗化的时候就说，我曾经讲到一个清朝的很重要的变化，就是从异端方面找思想资源，比如义和团。但有人说清朝人从来是喜欢异端呀，比如京戏就进宫廷了。但这是不一样的，京戏是给他看着玩的，义和团是相当于直接参加他们的政府会议，成了制定政策的思想资源。喇嘛教跟这个也比较接近，因为清朝也是一个外来民族，那它自己是夷还是夏，有这么一个解构和重构的问题。

张：那他自己承认么？

罗：不同时期不一样吧，前期还承认，到乾隆就不怎么承认了，还修改他父亲的书。乾隆自己呢也笨，他常常挖苦说，长城有什么用呢？本来修筑长城是为阻挡外族进入，我们还不是想进来就进来(这等于和他父亲一样自己承认了是外来的)。所以，你要考虑到他的特性，现在所谓的新清史也有一定的道理，说穿了其实他们处于两个不同的世界。我在《怀柔远人》那本书的序言里面比较婉转地指出一个何伟亚的问题，就是他把比较受优待的弄成了受歧视的。比如蒙古人和满人有种特别的关系，除了喇嘛教以外，他早期和满人一起打天下，就和满人是一伙的。所以，我以为特别要区分理藩院和礼部主客司(现在很多人搞不清楚，以为这个主客司跟现在教育部政教司一样，其实这是一个官的名字，不是一个机构的名字。当然这个官下面也有类似的机构，但它本身是一个官)，后面这个才是管中外的，理藩院在某种程度上管的是比汉人高级一点的人，至少在清人内心里更高级一点的。藏传佛教中的一派黄教喇嘛教，清人是要用它，所以它本来就是一个双重认知，对藏传佛教中进入格鲁派的，就要亲密一些。可以说，理藩院管理的都是至少跟清人半亲密的。其他地方，包括外国，都归礼部管，在那个地方完全就是用夷夏之辨，不管你说这个关系是国与国也好，地方与地方也好。所以这个特别之处，就在于清朝统治者有个双重认同。可是基本上，尤其是在对待理藩院以外的所有地方，包括越南、朝鲜、日本以及后来的西洋，他还是用这个夷夏之辨。而且我们知道，在开始的时候，汉籍官员害怕用“夷狄”这个词，乾隆的文字狱，一个很重要的方面就是对“夷狄”一词的检查。还有一个问题，清廷打金川，对所谓西南夷的问题，这里有些是所谓藏传佛教格鲁派的，有一些又不是，在那时候，清又自认为华夏。而且这还是比较早的时候，乾隆时期，一些满人贵族已经不会说满文了，或者能说不能读满文了，后来就基本汉化了。所以这有一个过程。在打金川的时候，对西南夷，最能体现清的双重认同，一会儿取这个认同，一会儿取那个。大部分时候，他还是把自己看成华夏，去处理当地的夷狄。如果我们把满族也算作夷狄的话，西南夷就是夷狄的夷狄，他又不是汉，所以清朝这些关系是很复杂的。

现在美国的新清史，也不见得太新，匈奴那时候就这样了。我在一篇文章里提到，匈奴一度要实行汉化，他的大臣全都反对，不是说汉化好不好，而是汉化后我们和周围其他地方的关系就不好办。这就非常接近新清史。的确，我们过去研究很容易忽略这一点，大部分人都会从华夏这个观念出发，而不太注意匈奴也好，突厥也好，他们周围还有好多其他地方的关系要处理。他在和华夏交往的时候，有很多做法会形成某种先例，会影响他和其他地方的关系。这个关系对我们来说可能就像在地图上画个方框，可是对他们来说是很实在的事情。这并不是到了清朝时候才有的，以前匈奴也一样，都有这样的思考。包括辽、金，当时有好几种制度、好几种文化体系，他要选择哪一种作为正统，理论上是公平竞争(军事上谁打败谁还不知道)，可是最后他选择了某一个，但他选择的时候要考虑好多关系，而这些关系就是现在做新清史的人比较看重的。不光是蒙古、西藏，后面还多着呢。有人写清朝的扩张像美国的西进运动，他就是要往欧亚方向去看。但李济早就说了，这一大片地方，大概从东经 90 度以东，一直到南北极，早就应该是一个整体，而中原一带就是这块地方的中心。这些问题很重要，但有很多不太好处理的地方。

陈乃华：罗老师好，补充一点点。之前跟一个蒙古的朋友聊天，说到 17 世纪时，噶尔丹出现了一本书叫《宝贝念珠》，这本书到现在还是蒙文版，这本书应该是最早一些东中亚的民族对于汉族的批评，批评的是 17 世纪时逃离北京的一些汉人，批评他们缺乏正统性，那这些所谓的夷狄是怎么看正统的，还有天命的观念，因为他们认为这个才是正统的东西，就补充这一点点。

张：我想补充的和你的问题是相关的，就是在《满洲源流考》里，有两条线索，一条讲布库里雍顺的出现，一直提到一个地方叫滨国，实际上就是周代公刘所居住的地方，他到过布库里雍顺的神话，把自己和殷周比在一起，后来在《天咫偶闻》里就彻底发挥出来，就是这个萨满祭礼和仪礼之间的关系。一个是他要返回中国所谓正统的源头，殷周之际的那些东西，我们到现在都还有，我们是周的遗民。它还有第二条线索，可能和您刚刚讲的那个更相关一些，它一直追溯到肃慎，肃慎善于射箭，他贡"弓矢"给孔子，给周朝，上升他到服民，然后一系列的少数民族上来了。在《满洲源流考》里，自身就有两个系统，我现在比较困惑的是怎样处理这两个系统之间的关系，一方面，夷夏之辨很相对，我也可以回溯到那个源头去，另一方面，他又肯定，我作为一个夷，曾经长期给你贡射箭用的东西。他也是站在一个相对来说比较外面的地方来看，这个夷夏之辨有两种说法。

罗：那你的问题是什么？

张：问题就是我不太明白这个，比如您刚才一直说满洲这个认同是双面性的。《满洲源流考》成于乾隆十二年（已经较晚了），我们可以看出，他不但在夷夏问题上具有双重性，一会儿是夷，一会儿是夏。而且有时还自居在一个包容夷夏的位置，回溯到周那儿去，因为在周那儿就很难说清谁是夷，谁是夏？

罗：怎么叫做分不清谁是夷，谁是夏？清人就是要说他就是夏。

张：但在武王伐纣时就很难讲，他进来之前是夷，进来之后是夏。他就回到了夷夏结构刚刚开始产生的时候，说明我也有各种各样的可能性，把自己变得很模糊。

王：但是你刚才说的是他从一个"他人"，变成了绝对"他者"。

张：我觉得有这个意思，开始的时候有这个追求，说开始的时候我实际跟殷的后代更相近，那个时代第一次革命还没发生。

李金花（以下简称"李"）：我有这么个疑问，罗老师强调中国的夷夏之辨有开放性，其实西方在启蒙运动之前，在犹太基督教时期，如果我们把它比喻成一个夷夏之辨的话，它也是开放的，因为它觉得在这个基督教之外的人是随时可以进来的，不用我去教化他，他就可以进来。其实和汉族式，中国的这种情况是一样的。

罗：这太不一样了。刚才王老师暗中想问的就是这一点。那边是要去化人家，这边是等人家来化的，这是有很大差别的。当然我们也有一个说法叫"己欲立而立人，己欲达而达人"，但主要的还是"己所不欲，勿施于人"。这方面的文化是不输出的，在这个夷夏方面。而西方那边是非输出不可的，它对异己，要么征服他，要么就把他干掉，这意思是很清楚的。为了主的事业而去奋斗，当烈士，特别是我们现在叫天主教的旧教，他做传教士本来就是要做烈士的，做烈士才有可能封圣，你要是活着，回去了就只有退休了，永远没有希望了。（众人笑）所有被迫牺牲的都成了为主献身的。

李：其实我所强调的是，他的那种开放性是存在的，并不一定是封闭的。

罗：我没有说那个是封闭的，只是说我们这个是既封闭、又开放的。

王：在另外一本相关的书里，强调了这个魔鬼学的阶段，基督教的魔鬼学研究的是人类学的前身之一。像这个夷夏之辨，那还有没有人鬼之辨？

罗：你刚才说的夷狄这边，就是有这个传统。他们可以做一些事，希腊那边，人和神做点愉快的事，产出半人半神一类的，那就不够"他人"，或是"他者"。而中国这边，从孔子开始就是祭如在（祭神如神在），不那么重视彼岸的。如果我们说有一个华夏文化的话，这是它的一个很大的传统，就是至少从周以后，就比较"人文化"，比较重视这个世界，也不排斥另一世界，比较开放，不像外国一些宗教，不太喜欢异教，要跟它们对着干。这边，他不是特别的看彼岸，可是也不排斥，包括正宗的一般士人都可以看风水什么的。甚至后来，也是部分王老师的学生可能会研究的魁星阁，那就是另一个世界管科举的，连科举这么重要的东西都有；可是中国文化主要的还是注重人世，而不重那个世界。我们是人，你到这儿来，就是他人；出去了，就是他者（众人笑）。这边是看重人世的。好多文化都有类似于这个对主的告白之类的，为什么中国早期文籍往往都是对话式的，没有那种直接的比较抽象的对真理的探讨，因为它没有和主的直接对话，从《论语》开始一直到后来，都倾向于在对话中表述。西方像苏格拉底也有这种对话式，但是到了亚里士多德，就成了一个自成体系的东西，而不是对话式了。所以，"人"和"者"的主要区分，就是说你要用到中国来，就是说"人"了，就说中国这里"人"就比较多一点；可是在中国也不能说完全没有"者"，这要看你怎么界定人类学了，若承认人类学就是研究那些"不太人"的内容，我们老百姓也有石头崇拜啊、大树崇拜一类的，一块一块石头在什么地方，人们去烧香去拜，那就是"者"。

王：这个我觉得还是有一块叫做 ethno-science（民族科学），就是说那些被研究者，他们自己想象的物质世界的那种，所谓的自然科学、朴实的自然科学，他们怎样看待这个身外的世界，植物啊，虫鸟啊，山啊，水啊，人类学是有一定传统的……

罗：所以这个"人类学"说穿了就是翻译错了，应该叫"者类学"，是吧……（众人笑）

郑少雄（以下简称"郑"）：刚才听您说乾隆，他好像是可以随便过长城的，那按您的意思就是说他可以在声教和黄教之间自由切换，所以才叫可以随意过长城,但是您又说……

罗:没有,没有,我想你可能过度解读了。不同的时候不一样,写诗时是华夏这边的传统多些。

郑:我的意思是说,您还是说乾隆是偏向于声教,但是刚刚那个例子,第二次打金川,比较晚了,乾隆三十几年,但他还是在那里维持黄教,因为那时候那里有很多乱七八糟的土著宗教,乾隆觉得那太不可靠了,还是要在那里维持黄教,所以他第二次去打金川,花了十年时间打完仗了,在那里设立了黄教,那也就是说,他不能自由过长城,在长城之外他还是必须用另外一套系统。

罗:你说这一部分,这当然有可能了。我想乾隆没有学过人类学,他可能没有那么强烈的区分,可能就是从技术性的角度思考,就说我们大军多么有力,不怕你这个长城。你刚刚说这个是比较重要的一点,因为打金川直到目前为止,没有太清楚的解释,坦白说做得还比较差,这不是对前辈不尊敬啊。战略和地形都不明确,有的人为了要夸大,他就说因为要考虑到西藏,甚至把印度问题都算进去了,有那么深远的战略利益,个别奏章里或许也提到这一点;可是他到底为什么要打,污蔑性的解释就是他要席卷天下嘛。但问题是他到底为什么要打?实际上,从我们现在市场经济的投入产出来讲,打没什么意思嘛,最后也没起到什么作用。其实这恰好体现了乾隆帝非华夏的一面。华夏人一般就是这样,放你在那儿,你不捣乱就算了。捣乱呢,我也就是放个布告,你不严重捣乱,我不会去讨伐。因为讨伐下来干什么?那种为了物质利益,甚至为了战略利益去扩张空间,大概基本不在华夏这边的思想里面,以前没有那样的想法。是否存在于乾隆帝的思想里,还有待研究。而且,这就是一个典型的人主多欲嘛,大部分人臣在那个时候,当然是有忌讳了,并没有太用这个说法。在历史上,人主多欲是要被批判的,但在那个时候却没有太批判,也没有太清楚地把金川那个地方算作什么。我觉得这个题目很值得做,它牵涉一个边界的观念,到底那个地方算作我,还是非我;或者你刚才说的那个苯教和黄教。乾隆本身、清廷本身是把自己定位为黄教的代理人,或者现在新派很喜欢讲的经手人(agent),他到底是黄教还是华夏,没有明确。我想多半还是站在华夏这一边,因为它是拿到朝廷里来讨论的事情,但他又不完全受这个思想的约束。

郑:您刚才说在清末的时候提“满汉”比较多,但是后来又变成了“中外”,我们说“满汉”的时候还把他们加个口字旁,因为那时候还不讲它是夷狄,到后来变成“中外”的时候,我们又讲它是夷狄了,也就是说,我们又在使用旧资源了,但是呢,您又会说这个时候,我们是要进入世界了,那就是说我们要进入世界的时候反而倒过来使用旧资源进入世界。那这样不就跟您在文章里说的相反了么?因为您说,我们加个口字旁的时候还不确定我们敢不敢称它为夷狄,到后来变成

"中外"的时候，我们又明确说它是夷狄了。就是说我们说夷狄，实际上还是在用一套旧的资源来说，对吧。但那个时候，中国是急于要进入世界的。

罗：最初还没有急于，后来才急于，那时候刚开始有一点点吧。其实，先前已经在讲"中外"了，这是一个新现象，可是我想那些讨论的人仍然心有余悸，对乾隆朝文字狱有记忆的人，他不太敢说夷狄，还犹豫。可是到提倡"师夷长技"的时候，基本上就说外面的东西越来越清楚，所谓的西潮冲击越来越强的时候，满汉的差异就变小了。这个过程很短。而且实际上，它已经先变小了。就是我说的很多满人都不会满文了，只是它表面上还有一些满汉不通婚之类的区分。但每当这个问题拿出来讨论时，就会有很多疑虑。一方面有些人，比如康梁，认为这个很重要，满汉应该通婚，把它彻底变成一个中国。另一方面，他们跟章太炎辩论，说满人不是夷狄，又希望来化解这个满汉的差别。基本上，在外在压力之下，所谓的中国性就更加明显，他不得不看出这一点。夷夏这个观念从来就用，并不是以前不用，只是并用，有一个理藩院的系统，还有一个礼部的系统。而理藩院系统是历史上一个很特别的组织，可是居然遗传下来了，从国民政府的蒙藏委员会，到我们的中央民委。只不过到了国民政府就没有以前那种更亲密的特别之处了，但还是看得出一些遗传的余音，明明有五族，它为什么要叫蒙藏委员会呢？为什么不把另外两族，且不说我们后来定了五十多个族，纳入委员会呢？这个委员会到底处不处理蒙藏以外其他各族的事务呢？所以它的这个延续性特别明显。一个历史上没有的机构，是需要注意的。清代我想它始终就有这么两个需要注意的体系，要进入它的思路里，在这两个里面进行区分。这一个体系中后来对外的部分，基本上原来就属于礼部这个系统，只是它也借助另一个系统的资源。当要成立总理各国事务衙门的时候，它也从理藩院派人来帮忙，它也知道这里面有一些共同的地方，或者说可以借鉴的地方，所以理藩院这个机构也曾经协助过总理衙门。只是到金川这个地方，就很值得推敲了。到底这属于哪一个，在明明有两个系统的时候，它属于哪一个，不是太清楚。金川不是外国，应当不属于礼部。虽有蒙藏的关联，似乎也并未明确属于理藩院（大部分时候，理藩院的事情是不必拿到朝堂上讲的。理藩院就是要亲热一点）。但它显然又与一般的"西南夷"有些区别，所以这是个很好的题目。

清朝有一些跟其他朝代不一样的地方，皇帝有他自己的收入，它有内务府，经济是半独立的，用现在的话说，它不是靠政府税收来支付的，它自己有个系统。包括粤海关以及各海关，是属于内务府一系的，海关的钱从来就是给宫廷自己用，而不是所谓的国家政府用，这也是非常值得研究的。现在我们当然很容易就从商人角度去思考，如果这样，皇帝应该最愿意改革开放，因为多收的钱就是他的，反而比政府这边来的还好些。清代确实有很多内容，很多都跟它的外来因素相关,大家不是太重视。我们现在太爱用外国的所谓的民族国家或者构建出的一个帝国的东西来考虑,在这些方面,就是洋人新清史说的,清代确实有相当多的非中国的面相;可是又没有那么强,你要去看它的政策重心,就是朝廷重视、关注的还是华夏,而不太关注周围。这是夷夏之辨的一个关键点。清已经比以往的华夏朝廷更关注周围,范围包括中亚,可是它关注的程度有多大,是否超过它关注入主的华夏地方?这很重要。还有黄教啊,萨满教啊,它们彼此的关系,民族主义的研究,应该思考这些内容。这才真是比较适合李济说的,从中原这个地方往周边延伸,延伸很远。你们闽南话说的那个"Dang",有人考证过,但是不很清楚,就是当年章太炎攻击这个满人的堂子。

张:我想问下罗老师清代有关堂的信仰该怎么评价呢?

罗:我不评价,我是一直不敢评价的。

张:就是,它从盛京迁到北京后,在紫禁城边东南角上一直有个堂的信仰,内部还有坤宁宫和宁寿宫,宁寿宫是乾隆六十岁开始修的,里面还有萨满祭神的大铁锅什么的,我觉得这个还好解释,通过猪的献祭可以看出这是一个满族固有的家族问题。因为猪和他的家族信仰是对应的,这个是有证据可以证明的,但是它的堂子的信仰,著名学者葛兆光先生也用朝鲜的史料写过一篇文章,但是我觉得它不像一个家族性的,也不像一个族群性的,看起来好像是国家式的东西,后来《天咫偶闻》还把这个扯到仪礼上去,说这个跟仪礼一样。

王:你是说这个萨满和礼仪在清代是不矛盾的。

张:不,我是说,……张光直先生也说,殷的那个本来就是萨满教的。

罗:研究这个"Dang"的人就是要往殷那边扯,扯到了殷,才放得上李济说的那一大片地方。这是可以写一个博士论文的,就是把雍和宫和你说的坤宁宫、宁寿宫也好,清代的堂子信仰和黄教有什么的竞争,还不说华夏,很漂亮的一本博士论文就出来了。不过你可能要学点满语,满语据说很好学,人家说两个月就学会了,我差一点就去学了。但学好很难,学到可以看东西还不太难。

王:据说王钟翰对这些可能比较有看法,当然我们还不知道,他没写出来,他的学生可能也还没有真正开始做这方面研究。

罗:他自己我估计不会写,看他的学生会不会写。我不认为满族的那些皇帝有那么高的权谋,现在有些学者比较喜欢用这个"rational choice"(理性选择),把他说得好像从战略意义上利用黄教什么的,好像有点过了。你不能说他完全没有,可是如果真要有,哪会等那么晚才来打大明呢?(众人笑)确实有这类成分,就我刚才说到的,雍和宫其实就代表了它的这个信仰,这方面他要和他人共享的部分,多少有权谋的部分。可是说他完全是权谋的,我觉得有点过。但他为什么选择这个及接受到什么程度,以及他真的是深于计算,故意不把这个堂子拿来凸显，免得这些汉人太不高兴？实际上这一点很重要，因为各地的汉人都是满臣了，这个问题可以调查一下……

王：我觉得是可以分两个层次的，乾隆说，我们跟商人一样，是舜的后代，我们都来自东夷啊。这是他自我表达我是什么，他在应对所谓夷狄说的时候这么说。和你研究的说，事实上它就是有一点殷人的体制，这是两码事。你想论证的可能是后面一点，这一点可能有点悬，那个自我表达容易论证，但你要论证他事实上就是跟殷人一样，我觉得这个就比较悬了。

罗：除非找到更早期的资料。因为他们实际上跟金人比较接近，金人就已经没有特别表示他是谁的后代了。

舒瑜（以下简称“舒”）：我想请教罗老师一些自己以前没想明白的问题，中国在区别于西方的民族国家之前的这段历史，我们应该怎样表述。因为我们很难用西方国家演化模式套在中国上，比如西方是从传统主义国家到绝对主义国家再到现代民族国家，用这样的线条来套中国是很难套进去的，即使明代的时候跟绝对主义国家很像，但只是在国家集权这一块很像，但国家形态还是跟绝对主义国家不一样的，它还是有土司啊，间接统治的一个概念，罗老师您在讲夷夏之辨的时候也谈到，在秦之前与秦之后可能是一个转折点，秦前是有实权的诸侯来共一个没有实权、象征性的主，而秦之后可能变成了中央的实权可以辐射到周边，在这样的过程中夷夏关系、国家关系也是有变化的。我的问题就是，现在大家可能认为中国的问题是用一个从天下到国家的转变，或者从帝国到国家来讲中国历史，那您觉得应该怎样来表述中国的历史，如果我们可以用天下来称之前的那段历史的话，那这个天下在秦之前和秦之后的形态是怎样的。关于这些想听一下罗老师的看法？

罗：喔，我可不想解决这个问题。你为什么一定要用某个东西来表达它呢？不表达就是了。多数时候我们可以暂缓判断，这个问题不解决也可以思考啊。

我在我们历史系还说，其实我们大部分人做的题目，跨越时间也不怎么长吧，除了布罗代尔这一类人而外，一般人做到两三百年不得了了。除非你正好做一个转变的时代，这个也很简单，一个转变前，一个转变后。（众人笑）这个问题不太好说，现在，就连王老师也是与国际接轨的了。

王：您也是洋博士啊，而且还是美帝国主义培养的……

罗：现在外面就经常讲帝国，而且从来洋人都把中国古代讲成帝国，但现在说的帝国，又有特定的含义，很多人就是拿这个来说中国，我们中国人也越来越多跟着洋人讲“中华帝国”。用什么概念，我觉得关系不大，这个可以学社会科学，写一个注释，或者两段话，说我说的什么就是什么国。总之，你已经很清楚中国不是你说的那个什么绝对主义国家，吉登斯也好，或者任何一个什么斯，但是也有很多是一样的或相近的。我们有很长一段时间就接受西方的说法，民族国家本身即使在外国也是一个很晚的东西，没有民族国家就没有国家，你可以叫它别的什么，但不叫国家。其实马克思主义也把这个吸收进去了，马克思主义的民族理论也认为要到19世纪才有国家，所以中国过去就没有国家。20世纪50年代，我们曾经有个关于民族问题的大讨论，苏联专家就说中国国家是19世纪才形成的，它的背后就是斯大林的那一套民族国家理论，在这方面跟资产阶级的民族国家理论是一样的。范文澜说，我们两千年前就有“书同文，车同轨，……”他就用这几个“同”来对应斯大林的“共同地域”、“共同文化”、“共同语言”……，结果全都通啊，所以中国国家早就形成了，哪里要等到19世纪。这是一个非常聪明的做法，在必须承认斯大林正确的情况下，你又要说中国有国家，他就这么说了。我特别把他用在这儿，这是中国马克思主义史学的一大创举。实际上也是，为什么要把理论倒过来扣事实呢？事实上早就有一个政体之类的东西存在了，而且基本上不太变动地存在了两千多年(延续性是我们的特性，它的体制大体是延续的，观念也大体是延续的，比如我们刚刚说的夷夏之辨的处理，对内对外关系的处理)。你要叫它国家可以，你不叫它国家也可以，还有比国家更重要的东西。

清末民初，很多人都有创见，比如章士钊提了一个很创新的见解。在清末反清的时候，很多人就说清不是个民族国家。后来中国已经共和了，成民国了，章士钊引用卢梭人民公益的概念，说中国还是没有国家，因为它没有体现人民的公益。而且从这个视角看，中国从来就没有国家。关键是他还提了一个很新的见解，他说可以把国家解散，看能不能重新造一个。这就很重要了，就是一个典型的天下观。康有为反复强调大一统和列国并立不一样，只有大一统——理论上——的状态才可以解散国家，才可以再造；列国并立时你怎么可能把一个国家解散又再造呢？大家让你在那儿再造吗？所以章士钊这种在国外念书的留学生，而且还不止留学一个国家，一面引用卢梭的理论，心里其实还是过去那个天下的概念。只有一个相对静态的东西，周围没有其他觊觎者，你才可以把他解散重造。关于建国，在清末有很多想象，民初也有很多人要学外国搞联省自治，早在清末就有这个心理了，因为美国就是一个很成功的例子，他就是十三州联合而成，但是我们又没有那个独立的州，怎么办呢，就先各省独立，然后再联合。这并不是地方主义的独立，它最后还是要建国，联省自治的根本目的就是学美国，先变成独立的州或者省(州和省是翻译上的问题，以前我们叫麻省理工学院，后来叫麻州理工学院)，然后联合。这些想法背后，你都可以看到过去的延续。章士钊就是一个很典型的案例，他同时还写其他文章，说那时列强虎视眈眈；人家虎视眈眈你还把国家解散了，开什么国际玩笑啊？可能当时人说话比较着急一点吧，章士钊还被胡适认为是最有逻辑能力的一个人，整个近代最有逻辑的思想家，他都会暗中这么想。所以我觉得你自己命名一个国的概念，关系不大，只是你要先界定出来，它既不是什么，也不是什么，最后可能就会达成一个状态，就像我们历史学有个老师叫茅海建，他就研究过叶名琛，叶名琛在鸦片战争时的态度就是“不战、不降、不和、不走”，全都不，没有一个肯定的，你想说的可能就是那么一个状态，它跟每一个都不合适，它就是它本身。

舒：可是因为它本身就是变化的，当你用一个概念去……

罗：它当然是变化的，所以你就再加一条，说它本身是变化的就行了。（众人笑）可是这个变化，又有不变的一面，大部分人没有认为天下出现了这样的变化。当一个朝代可以很顺利地通过革命什么的方式变成另一个朝代，然后又为前朝修史，继续这个统。各朝的名号可能不一样，他们的意识是延续的，只是因为五德啊什么的原因改换了。中国人的时间观本来就是循环的，这个循环不是跟线性时间对立的，也不是马克思主义辩证法里那个什么螺旋式地上升，它不上升，它就是循环，四时就是四时，要重新出现。可是这个重新出现又不是重复，它是一个新的季节，每一个春天都是一个新的春天，每一个朝代都是一个新的朝代，它可以是循环的，可是它又是一个新的。这是一个重要基础，在这个状态下，变化是有，可是没有出现根本性的变化。

舒：那秦汉不是一个根本性的变化吗？

罗：秦汉可能是一个，但是对很多人来说不是，因为秦汉基本上还是延续以前的。我说的根本变化，是对于原来我们说文教到的地方、教化到的地方，治理到不到这一点。在先秦，可以不到，你承认一下就可以了；大一统之后，这个立刻就摆在政治家面前。你不能只承认我的权威，你得受我管。当然汉代也有半独立的方国，也竞争了好久，方国自己也有一套官制、赋税系统，在大汉天子那儿不做官了，就可以到这些方国做官。它是一种半延续的状态。说穿了，以前，你承认了我的权威，我可以不管你。你只要不公开反抗我，我就算你承认了；你不挑战我，我就算你臣服了。到了大一统，就不一样了，你可以看到中央最后为什么要灭诸侯国，到了明代还有，始终没解决这么一个问题。这是一个政治体制上的秩序问题，但转变更多体现在原来“诸夏”这一部分，或是以“粒食”为主可以被转化为华夏的这一部分。至于那些习俗本来就偏于夷狄的地方，我们要说的夷夏之辨，对于那一部分，到底要不要直接管理，其实到最后基本上还是半管理或不管理。所谓土司制度，说得好听点最多就是委托管理制嘛，同样基本上还是延续原来的，也是在大一统下把先秦的那种观念拿来使用，产生出来所谓的那个“羁縻”。班固总结了一句最重要的话，“羁縻不绝，使曲在彼”。“羁縻”的效果是要使错在对方，而不在我。就是说我是否实际占领你关系不大，他在乎的是谁是正确的。你要承认我是正确的，哪怕我是错误的亦是如此。

如果要讨论中国和外国的不同，这是一个很重要的特点。外国人很早就注重保卫国家的观点，可是在中国这种意识就不是很强烈，很晚才明确，到岳飞时都还不算很明确。当年所谓执干戈以卫社稷，那叫取义成仁，更多是个人道德的完善，而不是现在说的什么民族英雄。民族英雄的说法非常晚才有，这就是你说的受了另一个体系的影响；在此之前，就算为了国家战斗牺牲了，那是取义成仁了，就像天主教教徒当烈士一样，而不能算作是一个捍卫民族、国家的英雄。保家卫国的这个观念不是没有，但很晚才确立。也就是说，边界在这个体系里从来就不是一个重要东西。边界也有，《国语》、《战国策》里都有，所谓“国之有封疆，犹家之有垣墙”（这个家是大的家，跟小的诸侯差不多）。可是那边界不是很清楚的，蔺相如要求换和氏璧的那十五个城，估计在图上大概就是标出其中心而已。用洋人的术语说，那时还有很多“飞地”。一直到秦统一，七国中间还有很多不属于哪一国的土地。在那个时候，大致都还是侧重中心，没有太清楚的边界概念。为什么近代中国老要和别人划定边界，就是因为以前不怎么划。边界伸缩一千里，对现代人来说不得了，可是以前无所谓，中心在就可以了。你不向化，那是你亏了，我还在这里呀。“中道而立”是很重要的，这也是王老师暗中质疑的部分，怎么你不扩张出去。整个体系，其实互相维护得很好。因为有这样的理论，才可以实行小政府的政治；而只有小政府的政治可以不多收税，不多收税才可以算是行德政，然后才可以不作为，然后才可以……整个都围绕这样一个体系在运转。如果没有一个名称大家就不接受，那你就命一个名。

杨清媚（以下简称“杨”）：罗老师，听您的讲座觉得很有意思啊，您好像说华夷之辨，是在周国以后，由中心到周边的一个演化，在我看来，这可以说成是某种意义上的知识分子构建的帝国主义吧。

罗：据说越南现在就有学者认为我们古时候曾是帝国主义。

杨：在这个人类学的他者观里，曾经有人就说我们就是可爱的野蛮人，高贵的野蛮人，王老师有本书《西方作为他者》，就说周穆王西行去见西王母，而西王母不见得是人，他就认为西王母那里才有这边所需要的玉，我们神圣的地方在外边，而不在我们的中心。另外，金花现在研究顾彩，里面就说顾彩，清初时候的事，是去湖南湘西鄂系寻找梦中的桃花源。也就是说，我们的这个中心，是不是在这个体系内来讲中心，知识分子会发现我们的中心可能在外面，或者在野蛮人那边，或者在不是人的地方，然后我们怎么去找您刚才所说的中心之外的地方。我不认为您刚刚说的自从有了帝国以后，我们便有了一个中心，一个四边，然后就构成了中心才重要，四边可以不管了，我大概就是这一问题。

罗：我想这就是一个典型的人类学问题。还有一个就是时空转换可能有点问题。空间上，这个中心就在我们这群人中，而这群人的特点，就是实行所谓“衣冠”的文化；没有另外的中心，哪里需要去找西王母。感觉必须找西王母的，用老百姓的话说，都是神经不正常的人（众人笑）。你要研究个别是可以的，世界上是有少数人这样。现在不还有驴友，要去探险么。这种人是整个社会里很少的人。中国文化的中心是很清楚的，就是孔子，最多加上周公，没有一个进一步的空间中心，而且历朝历代从来也是尊崇孔子，从来也没有把西王母作为一个什么了不得的地方。偶尔有人要去泰山祭奠什么，那也是象征性的。在这个空间位置上，要有个什么更高明更美好的地方，最多是种少数人的追求吧。或许也有像希腊的奥林匹亚山那种，但是在我们的文化里很少。部分可能是因为我们没有那样的诸神，我们的圣人也不以其地贵，而是以他的思想，“思想”是现在的话了，总之就是以这一方面的事为贵。我们没有圣地，伊斯兰就有圣地，犹太教也有，基督教也有，只有那个区域的人才会想到去朝拜，这边除了像北大登山队这样的，很少人会想去。

当然，这些都可以研究，只是它不是一个很主要的东西。所谓开放，我再三要说，有很多可以存而不论，有时也可以稍论一下，但都不影响受到关注的部分。

夏希原（以下简称“夏”）：您说的向别处寻找中心这种情况是少数人的，可是很明显，在佛教中，历史上有很多人甚至包括皇上都有这样（向别处寻找中心）的情况，像印度、西天之类。

罗：你是说《西游记》吧。

夏：《西游记》也算吧，玄奘嘛。

罗：对，他去拿了些经文回来。但你看一下那些非文艺的记录里，里面说的是玄奘去那里，如何辩论，把他们全都辩倒，大获全胜而归。这个是非文艺的实际记录，说是那边召开辩论大会，最卓越的几个人都互辩不下，结果玄奘一去，顺手全都把他们辩赢了。这就是他的记录啊。如果真的像你上面说的很尊崇那个地方，求经的人怎么会把经的大本营打得落花流水呢？你说他心里怎么想的？可是用今天的话说，这个才是比较严肃的记载，而不是《西游记》那个系统所记载的。

李：我觉得从陶渊明开始到后来的士大夫心里应该都有一个“桃花源”，您心里也有吧？您在夷夏之辨里也讲到道统和治统的问题，那是不是就是说这样一个“桃花源”的情节代表了那个道统？

罗：没有那么高远吧，这也是后来被发挥得多一点，在以前就是一个很枝节的事情。你想，以过去尤其清代那些喜欢考证的人，到后来基本上已经没有什么大问题可考证了，也没有几个人想考证这个桃花源的事情。

李：但是我读他们的诗感觉他们对桃花源还是很向往的。

罗:诗,你要了解,以前的诗是不一样的。最早的诗和以后的诗是有很大的区别的,最早的诗是要在仪式上念的,就像今天我们大家一起,不会诗就显得没文化,所以孔子说“不学诗,无以立”。那时诗要言志。你说的那个时代,已经是诗可以“白发三千丈”的时代了。你把实际的白发量一下,和那个三千丈的比例拿来对比,就是诗和那个实际的情况的差距了。基本上,诗是要说得过一点。说得直白点,我们不能把诗当做实录(当然,按弗洛伊德的说法,说出来,就代表你的潜意识)。还有一点就是,那些人对现实不满意嘛。这也是中国的重要传统,如果说三代永远是美好的话,那就意味着现实永远是不美好的。在这个层面上,桃花源也可能代表着一定的寄托,但大部分人不是想去寻找一个世外桃源,中国读书人在这方面比较像清教徒,他们愿意自己出力构建一个跟三代一样的现世社会。这才是中国大部分读书人想做的事,永远不满足于现状,永远有一个想象的三代;可是他多数时候也在努力于建设他所在的那个朝代的社会,让它向着三代那个方向走,而不是寄希望于一个跟三代不一样的桃花源。中国也没有特定的圣地,所以刚才杨同学讲寻找一个具体的圣地,我说有时空转换的问题。在中国,三代其实就是把所有的东西都代表了,好的都在里面了。僵化一点说,就是圣人说的都是对的,都跟三代连起来;没那么僵化的,也有一个理想中的三代。这个三代替换着其他族群或者社会里那个被向往的地方。所以桃花源只是一个枝节的东西,因为它和主要的东西太不符合了。但是它也反映了一些类似于三代的东西,就是什么大同呀、老有所养呀,等等(大同说到底就是《礼记·礼运》所讲的那些,人家具体都描绘了)。中国过去的观念,基本上到最后都要走向大同的境界。我以前在一篇书评里引用过别人的意见,说中国先后有两个政府送给联合国礼物,一个是国民政府,就是经书上那一段讲“大同”的话,要天下为公;另一个是中华人民共和国政府,就是一幅长城的画。这就比较典型地反映了从天下到民族国家的过程,可是完成得很晚。20世纪40年代,天下为公至少还是一个民族主义的政府(国民政府的英文是 nationalist government,用今天的话译出来就是民族主义政府)里相当一部分人的愿望;到了70年代,信仰共产主义的党领导的政府,反而送了一幅长城的画。这个非常有意思,若是后现代,要拿来大大分析的。

李如东:有一个问题很久以前就想请教罗老师了,明末,有一群遗老,清朝入主以后,他们会在一些比较偏远的地方写一些关于世界、天下、国家的文章,比如顾炎武这些人,可是我们知道,清朝的学术在很长一段时间是集中在考据之上的,而当那些所谓西方的东西进来之后,他们(顾炎武等)的论述进入到主流话语之中,被作为一种思想资源,来表述一种关于天下国家的想法,考虑到清朝统治者自身特殊性,这样的一种边缘论述上升为主流的论述,与我们讨论的“夷夏之辨”在清朝的情况有什么关系?另外一个问题就是民国的时候,罗老师写过一本

《乱世潜流——民族主义与民国政治》,它那样的一种经过一番论战之后所选择的民族主义思潮是否还有夷夏之辨的思想在里边,因为这个时候他们会回过头来认识我们今天所说的少数民族,这样的一种认识又不想单纯的按照西方的民族国家(nation—state)的理论来认识周围这一群人,它会不会和夷夏之辨的思想有一些关系或者不同之处?此外,宋朝的时候,一方面他在北方和外族人打,就如澶渊之盟,在打赢之后它(宋)还给对方岁币,维持一种关系,另一方面在东部沿海它是一个开放性的,同海外有很多我们现在说的,世界性的商业性贸易,在这样的状况下,我们应当怎么看这种华夷之辨的关系,或者他们的观念是怎样的?

罗:第二个问题很厉害,回答不好可能要犯错误的,这儿好多人来自民族所、民族大学,我到这些地方都战战兢兢的。第一个问题我不是太清楚你的疑惑在什么地方?

李如东:就是他们从一种边缘的群体,到后来作为一些论述的主流……

罗:也没有,就借用一下而已,很短的一段时间,为了反满,借用一下。

李如东:还有种情况是,清朝考据风盛,但是到后面在谈论"中学为体,西学为用"的时候,他们对明朝的,程朱之学,又会有一个复兴在里面,放入话语主流中,因为清朝比较特殊,那您如何用华夷之辨来看待这一点?

王:就说您的理论是不是连明末遗民、清初考据都能解释?他的意思……

罗:我想多少有点关系啦,但是我还是不太明白你的困惑在哪里。顾炎武从来不边缘,是他自己回避中心。王夫之才是边缘的。清末提倡革命的时候,也有很多人说考据的兴起是因为种族的压迫,读书人为避祸,就都走向考据。这个说法现在也还较流行,恐怕有点太污蔑一两百年间的读书人。文字狱最厉害的时候可能有些人是在回避,但不能扩大来说更长的时间和所有的人。(罗按,从记录看我当时大概没太听清楚李同学的问题,下面的恐怕有点答非所问,上面这几句是新加的晚明的思想在清末被用了一下,我想可能更多还是受到外国的影响吧,比如说很多人到日本去,发现日本很多人喜欢阳明学,也许就把阳明学拔高一点,后来很快就没有了。)当他得到民族主义这个武器的时候,他要凸显民族的对立,这也是我在某一篇文章里讲到的,夷夏之辨越到政治局面紧张的时候,它的封闭的那一面就常常被拿来发挥,而且发挥到比较极端,发挥到"非我族类,其心必异",必须要彻底除掉一类的思想都有。夷夏之辨不是只有开放的一面,只不过大部分时候,开放的那一面比较多一点。民族主义当然跟夷夏之辨有一点渊源,可是它主要还是从外国来的;它是一个新的主义,那个时代认为是最新的。我们后来以为帝国主义是资本主义的最高阶段,可是在清末,中国读书人认为帝国主义是民族主义的最高阶段。而且在他们心里,帝国主义是一个比较好的主义,至少是比较正面的主义,连康有为这样想当教主的人,也主张中国可以把全世界征服。鲁迅那时也注意到,那时有人主张我们征服世界,还有区域安排,比如巴黎就供我们游玩(那是有性别含义的,主要是男生去游玩)。所以,在那个时代,当文野的标准由强弱来决定,这是晚清的重大转变。清末就有人反复申辩,说不能靠强弱来定文野。可是后来基本上大家都接受了打赢了的就是文明,为了证明中国很文明,不妨把他们都打了,顺便也把巴黎怎么样。所以在那个时候,尽管他们使用了一些夷夏之辨的术语,利用了一些这方面的资源,但主要的还是外来的民族主义思想。

第二个问题就比较困难一点,跟翻译有关系,王老师刚才念的那个词,英文的 nationalism,我们有人翻译成国家主义,有人翻译成民族主义,后来又有人翻译成国族主义。在不同的翻译之下,这些主义的信奉者之间还有争斗。为什么民族主义的这一翻译后来占了上风,因为翻译民族主义这一派(国民党)后来获得了政权,所以他要把另一派国家主义者都干掉,实际上两者背后英文或者法文的主义是一个主义。少数民族就在这个地方吃了一点亏,所以现在有些人一定要用国族而不用民族来翻译这个词,就是要回避这个歧异。因为少数民族这个“民族”,似乎更多与血缘或文化有关,和民族国家这个“民族”,侧重不同,甚至可以说是两个词。所以现代汉语里“民族”一词,在涉及“民族主义”与“少数民族”时,很多专业人士会认为是不同的。在大多数场合下它们之间没有歧异,但在一些具体情况下就有。比如傅斯年就很不喜欢王老师特别喜欢的几个人,吴文藻啊,费孝通啊这些,因为这些人抗战时没地方可以研究,就跑到云南去,一看,啊,这么多少数民族,太好研究了,就拼命去研究,结果被傅斯年痛骂。顾颉刚开始也准备研究,被傅斯年痛骂之后就退出了。问题就出在对民族的定义这里,当龙云啊或者别的什么人,这些人自己说是黄帝后裔,都是汉人,结果被费孝通、吴文藻考证说他们是什么倮倮之类的少数民族……

在云南,少数民族的上层要号称他是华夏的,他本是主动的向化,结果被你们这些搞社会科学的人考证出是夷狄,这还得了!傅斯年说,这是我们全民抗战的时候,好不容易不分他们我们大家一起抗日,你还要说他是非我族类,这太不利于抗战了嘛。可是背后正好是你提的这个问题,大的民族国家这种“民族”和小的“民族”,我想大家应知道两者是有冲突的,而且不仅是定义上,在民国时候就直接出现了这样的问题。还好,后来傅斯年去了台湾,不然王老师他们的事业可能还没这么发达,因为经费都被傅斯年等人掌握着。(众人笑)

第三个问题,宋代很特别,关于宋代,很大程度上要重新思考。刘子建先生就提出了一个说法,跟你说的略微有点相似,就是说以前中国总体都看南北,到宋代出现了东西的视角,把海洋的那边算进去,就是看问题的地理坐标改变了

(可惜葛兆光老师没有把刘先生的著作拿来好好阐发,这是最支持他的观点的。我本来写一篇讲傅斯年的论文,最后就说傅斯年要从虏学回到全汉的学问,刚刚差不多要写完,葛老师又提出号召全国发展的新方向,我只好把这篇文章压下来了,不然岂不是和葛老师作对吗?)。实际上变得有没有那么厉害,不一定,但是后来海外越来越进入读书人的视野,这个跟我上面说的就有冲突了。假如周边变得重要的话,宋代确实是一个转变。我刚说的那个政治局面对它比较有利的时候,夷夏之辨的开放性一面就比较强;比较不利的时候,封闭的一面就比较强。可是宋代很复杂,它不是太强。宋代有很多人讲礼仪,讲修身,所以明代就有人骂它,国家都不行了,打得一退再退,还讲个人修身,为什么不讲抗金?可是这个非常难说,主要看你对宋代怎么定位。有人从全世界看问题,认为抵抗元成吉思汗这一边,最成功的就是宋,虽然最后还是失败了,可是他打宋朝比打欧洲要困难得多。成吉思汗打欧洲,过去就把它打败了;元打宋打了很多年,好不容易看出我们四川的重要性,才把宋打败。四川是一个很重要的地方,好在您(王铭铭老师)的研究重心已经往那边转移了(王笑)。所以宋到底是怎样一个状态,我觉得这些史实要重新斟酌。它其实是最适合运用夷夏之辨的,像《三朝北盟会编》就有大量互相来往的公文,怎么称呼、怎么谈判,以及刚才你说打赢了还要送东西啊,到底是赢还是输,这个天知道。你得看是真赢还是假赢,不能光看文献。文献上很少说输的,现在看文献上,国民党也是转进台湾的,连撤退都不是,他转进。所以这种事不能完全看字面。关于赢还是输,蒙文通先生提了一个很重要的观点,他说看战场:两边打仗,如果战场越来越往你这边走,你就是每天说赢,也肯定没有赢。就是说,仗越来越打到一方的腹地去的话,另一方肯定是赢的。所以,输赢得重新判断。第二,关于送东西,处理夷夏关系里很重要的举措比如和亲啊、送礼啊,从后来的民族主义观念是不太能够理解的,尤其是当我们这边赢了的时候。包括后来我们研究近代中法战争的时候,中国算是打得不错的了,可是最后还得签不平等条约。所以送东西这个现象,可能也跟我们文化不太好战有关系,觉得生命比这个物质的东西重要。商人肯定一看就觉得吃亏了,送了粮食、丝绸几十万。可是如果我们要歌颂中国文化的话,也许会发现生命是多么重要,你看为了抗震救灾,全国人民多激动。宋代就是这样,我们可以把那些东西送过去,就算打赢了也可以拿东西给你,只要不打。能用物质来换和平的话,在那个观念里也能接受。当然,前提是你确定真的是打赢了。你一定要把战场或者说赢的程度先弄清楚,也有所谓惨胜,就是你没办法再打下去了。更重要的一点,我刚才说了,它是一个小政府,它是一个不作为的政府,如果要继续打仗,必须要有提倡作为的政府和政治体制才能长期打仗,因为打仗要花很多钱。我这一次给你钱,就是给你了;但是真的还要打,比如说还要打五年的话,那我就要加赋了，加赋就要与民争利，就是失道啊。或者你另外创造一些挣钱的方法，比如现在政府卖地啊，但是以前不允许，政府不能变着法儿找钱，这个都是不符合当年的政治逻辑的。所以你刚刚怀疑的打赢了还要送钱，可以有很多具体的原因，包括不一定真的打赢。但若真打赢了还送钱，就要进一步分析。我想宋代这些现象，可能对我们理解传统政治和文化有更多的贡献。

李伟华：刚才罗老师的提问已经冲淡了一些紧张气氛，其实我之前听过罗老师讲课，想把握一下对罗老师提问的尺度，今天看来，罗老师明显要比我想象的温和得多，所以我就放肆一下（众人笑）。今天我们的讨论从夷夏之辨转向了另外一个焦点，您可能坚持说一个文明自给自足，说我就是自己的中心，但就像之前师姐提到的您可能也会去找桃花源，您说您志向没那么高远，但是我觉得您回家也会种种竹子什么的，或把自己比做竹子，不用去寻找桃花源，但我觉得人类学的话，自己是一个中心还是不够的，还是要借助一个他者，要去远方寻找，但我觉得两者之间可以找到一个平衡，我们借助他者，更加确定自己的一个中心。以您为例子，假设……

罗：就说没有人类学，我的历史学就不怎么样，是吧？

李伟华：假设您一直待在四川大学，您也是很牛，但是后来到了北京大学，再回四川大学就更牛，在这个充分的关系中，您也（更确立自己）。

罗：你的理解刚好是相反的，如果说到在全国的影响，我在川大的时候真的很牛，到北大就没那么牛了。尤其我要回川大的时候，在北大里面就更加不牛了——很多人看着你本来要跟你握手的，你要走了他就不握了……

王：他的意思是，您在北大待过回川大更牛了……

罗：不，我以前更牛，那个时候在校内也是真有影响。现在川大学风不如以前了。以前我在北大总表扬川大，说川大比北大学风好。现在回去一看，不行了，让我以后怎么好意思说……

王：你应该转战几所大学……

罗：有一次我在答辩时对一个同学说，你已经达到北大博士生的水平了。茅海建老师就在旁边补充说，罗老师的意思是你已经快要达到川大历史系的水平了。我现在不敢说了。不过我大概知道你想说什么了。我用一句我上面说的那个美国老师的话来回答你，有其他的来比较，是会有帮助，可是不一定靠那个参照物。如果他是，他就是；他不怎么是，他才需要这个对照。如果他已经是，他就不太需要了……

王：他的意思是，君子自强不息。

罗：只需中道而立，能者从之。过去有个说法是，人能弘道，道能弘人。我认为也可以说是人能弘校，校能弘人。像我就觉得人能弘校更多，真到依靠校来弘人……

王:因时间有限,我们今天只能“剥削”罗大师这么多了。感谢给我们这样的聆听机会,以后再去成都聆听。

罗:谢谢王老师,谢谢各位!

(罗志田,北京大学历史系教授。讲座由李如东记录整理)

人物访谈

他者与面具——人类学家郭净访谈录

李伟华

郭净，1955年生于云南昆明，云南大学民族史专业博士，现为云南省社会科学院研究员。曾任云南省社会科学院历史研究所所长，云南省博物馆馆长，参与创办并主持2003年、2005年两届“云之南纪录影像展”。多年来从事中国西部山地人类学田野调查，致力于文化人类学、影像人类学和社区教育研究。主要著作有《中国面具文化》、《心灵的面具——藏密仪式表演的实地考察》、《幻面》、《西藏山南扎囊县桑耶寺多德大典》、《仙鹤到哪里落脚》、《朝圣者》、《卡瓦格博传奇》（纪录片，2005年、2007年在日本山形国际纪录片电影节放映）等。译著有《美术、神话与祭祀》、《宇宙、神谕与人伦》等两种。《西藏山南扎囊县桑耶寺多德大典》被列为中国艺术研究院与台湾清华大学合作项目“中国仪式表演研究”的主要成果之一，是第一部以人类学个案调查为基础，探讨西藏面具仪式的中文专著。

2011年1月，我曾在昆明先生坡1号因缘偶遇郭老师，2月11日上午10:00～12:00，并对他进行正式访问，访谈地点设在云南大学校园内映秋院旁边草坪。本访谈录根据录音整理，经郭老师过目（以下李伟华简称“李”、郭净简称“郭”）。

李：郭老师好，谢谢您给我这个时间跟您聊一聊。年前给您看的西藏桑耶寺羌姆表演的纪录片，可惜还没有全部剪完，只有“大王巡街”仪式那一部分。

郭：你们拍得很认真嘛，比较完整。实际上我最看重大王巡街这一部分。有一些我都没见到过。女子歌队进入桑耶角我就没见到过。

李：我也没有见到。

郭：当时没有女人进去。

李：她们好像也就是在门口。

郭：但是她们已经到院子里头了，在那个护法神殿的门口，我看的时候好像没有。你后来拍到的不是有很长的游行队伍吗？就是那个时候她们才跟上的。然后在乌孜大殿门口唱。但是在你的片子里头，她们是进到桑耶角里面，迎接那个护法神。

李：对，她们是一直跟着的。

郭：这一段非常重要，在羌姆里面，大家的研究比较注重的都是僧人的部分。在桑耶寺，俗人部分的表现相当有意思。

李：俗人与僧人之间的关系很有意思。

郭：是。西藏在佛教传入之前的本土信仰，和佛教融合在一起形成了羌姆这个格局。它有两个重点：像前面莲花生八化身出来的表演，以及关于中阴救度的表演，我觉得印度佛教影响的色彩很重。这部分是属于一块的。另一块是后两天的内容，孜玛热和白哈尔，然后还有俗人参与的部分，西藏本土的色彩比较浓厚。我自己的感觉就是这样。这是西藏原来降神那一套体系以及对地方神灵信仰的表现。然后这两个部分融合在一起，在羌姆里面有充分的体现。国外关于羌姆研究最重要的一本书是内贝斯基—沃捷科维茨(Réne de Nebesky-Wojko Witz)写的 *Tibetan Religious Dance*(《西藏的宗教舞蹈》)，对护法神这部分探讨得很细致。

因为我后来研究的第二个题目是神山，以澜沧江流域的卡瓦格博雪山为例。我发现这两个内在体系是相通的。当地的山神信仰和转山体系，和寺院羌姆表演的体系都有一个非常核心的观念。

李：转山和羌姆？

郭：对。我转到转山这个研究，然后和羌姆一比较，就发现核心的地方是一致的。羌姆的一个主题是死亡的仪式，关于中阴救度的表演。转山也是这样的。转山不管你去多少天，都相当于进入一个中阴的过程，七七四十九天。看羌姆也是一样的。

李：中阴的过程具体指什么呢？

郭：你去看《西藏度亡经》，那本书早已翻译出来了。我在《心灵的面具》里提到过。它以桑耶寺的调查为基础，把藏传佛教的羌姆仪式做了一个梳理。梳理以后我加了一部分，这一部分是我后来才意识到的，就是可以将羌姆的整个过程看做对中阴救度这本经书的一个解说。所有人参加仪式的目的，就是接受中阴救度的教育和修炼，只有看了中阴救度这本书，你才会理解羌姆到底是在做什么。

羌姆应当有两个主题，第一个主题是关于死亡的，第二个是关于护法神的。有些研究的缺陷，就在于把羌姆说成一个单纯驱邪的仪式。羌姆的一个体系"中阴救度"源于印度佛教。你去看学者们关于吐蕃文献的研究，研究表明吐蕃时期是实行土葬的，所以才会有大墓存在。用献祭的动物作替身，将死者的灵魂从死后世界赎出来。

李：追求人与动物的相通？

郭：对。实际上是一种交换仪式。以前很多杀生祭祀的仪式都有这个观念在里面。佛教进来以后,不但禁止杀生,而且把这套体系换掉了,换成一个六道轮回的体系。最关键的是在六道轮回中,你要进入哪一道,或者你根本不进入六道(轮回)而得到解脱的过程,是由中阴救度来解决的。在七七四十九天中,你能否得到解脱,取决于羌姆中所有出现的神灵,以及亡灵对死亡的理解。你生前没有经过修行,不认识这些神灵,跟它们没有沟通,也不知道死亡是解脱的契机和关口,那么在七七四十九天的过程中,就得不到解脱,甚至会堕入地狱。轮回里面有三善趣、三恶趣,如果没经过这个体系的教化,就难免堕入三恶趣。所以整个思想体系是从这里来的。当时我调查完就想,羌姆不必用人类学的理论解释。尽管"中阴救度"的理论与"生命礼仪"相近,却更古老,更深刻,更完整。

李:嗯,他自己在解释。

郭:这是非常理论化的一套解释,荣格就深受这套解释的影响。它反过来影响了西方的学术。

李:对,您刚才一说起中阴我就联想到特纳了。

郭:特纳的理论有它的意义,但是藏传佛教已经用它的理论做了一个完整的解释。荣格看了以后,非常吃惊,藏传佛教学术体系在某种程度上超越了西方心理学学术的体系,它对人的生命的解释,对死亡的解释,在某些根本方面超越了西方理论。所以《西藏度亡经》1927 年在西方翻译出版后,产生了很大的影响,特别是对荣格的心理学影响深远。

我近几年在关注一件事,就是在全球化的大背景下,为什么藏文化能有与现代科学对话的能力,能对西方人产生吸引力,而我们的汉文化却在整体上丧失了话语权?这两种文化都有深厚的历史传统,但近代以来,大多数汉族文人都主动放弃自己的学术传统,把西方的理论和方法当做唯一的研究工具,而藏人却能吸引西方学者去探究《西藏度亡经》对生命的解释,甚至从根本上反思西方哲学的问题?其实从民国以来,藏文化对汉人也越来越有吸引力,现代的藏学传统,可以追溯到民国那一辈学者,他们有的到国外留学,选择了藏学研究,有的却跑到西藏当了僧人,以修行的方式接受藏文化的教育。人们以前只注意到西学东渐的欧美,其实过去中国人所说的"西学",指的是来自西方,即印度的学问。印度佛教衰落以后,西藏取代了它的位置,成为今天能与强大的欧美"西学"对话的另一种"西学",这是来自中国西部的本土学问。我们研究"藏彝走廊",不但应该着眼政治的互动,也应该关注思想的交流。自然环境和文化体系多样化的西部,由于保有深厚的文化传统,有可能成为亚洲新的思想策源地。欧美学者对藏区的关注,有从其中吸收思想营养的一面。而中国现代的思想运动,也在从西部的传统中吸取营养,如敦煌学和藏学的发达就是明证。甚至当代的新纪录片运动和环保运动,都跟西部,尤其是藏区和云南有着密不可分的联系。纪录片界、摄影界、美术界、文学界的许多干将，如段锦川、蒋樾、季丹、沙青、温普林、吕楠、陈丹青、马丽华、马原等，都有藏地的经历。藏族音乐对中国民间文化的影响，更是随处可见。而藏文化对内地佛学和人类学的影响，也是大家都知道的。

所以研究羌姆，重要的意义还不是用西方现代人类学理论来解释它，而是用它的理论来反观我们现在所掌握的思想体系。

李：这一点，我们最近也在努力学习。

郭：张光直先生在《美术、神话与祭祀》后记里提出过这样的观点：他认为，将来在东方，人类学走的是历史人类学的道路。为什么呢？因为人类学的起源，主要与研究缺乏文献传统的民族有关。人类学注重当下的、共时性的文化研究，但用它的理论来解释东方有文字的体系，就会出现问题，如果走到极端，放弃了对历史资料、历史传承的梳理，便会限制我们对文化变迁的认识。另外，西方人类学和其他学科一样，是在西方历史经验的基础上形成的，张光直提出，将来人类学会在中国、在非西方的文字传统中有一个突破，"中国提供了将根据西方历史研究所拟定出来的若干社会科学的理论假说加以测试的重要资料"，汉学、藏学和人类学之间怎样找到一个结合点？现在我们很有可能突破这一点；运用藏文或汉文的文献资料，在历史人类学的基础上突破源自西方传统的人类学。

李：这给我很大的触动，我当初之所以想去缅甸做田野，也是认为中国人类学走到现在，可以多一点他者的眼光，当然我还是基于中华文明的传统。

郭：问题是我们需要自己的眼光，需要西方之外的他者的眼光，如西藏的眼光，泰国的眼光，日本的眼光，印度的眼光等。人类学是一个外来的学科，但张光直先生早就提出人类学有一个本土的基础存在。寻找这个基础就要突破文献。我不是做藏学的，但是为什么去西藏的桑耶寺做人类学调查？这是因为参与台湾清华大学王秋桂教授发起的"中国地方戏与仪式之研究"的项目。

李：嗯，这个您在书上提到过。

郭：我们应该关注这个项目，它已经有所突破了。自 20 世纪 90 年代开始，一直到现在，他们积累了大量资料。中国有道藏、儒藏，他们运用民间的仪式和经书，做了一个巫藏。

李：巫藏是指？

郭：这是我不太准确的说法。他们培养了一批大陆学者，这些人起初大多数不是做人类学的，就是文化厅、文化局的那一批人，把他们培养成了人类学家，而且用极少的资金完成。当时缺乏经费，我便报名援藏。

李：就靠自己想办法？

郭：援藏一个月 300 块钱的补助，就靠那个去做调查。台湾学者把上百个田野调查的成果收集出版，开各种学术会议来研究这批东西。目的是什么？是从根本上建立中国历史人类学的方法论和资料库——以民间仪式和经书为内容的“巫藏”，其实大多是民间道教、民间佛教与地方信仰混合的东西。后来他们把同样的调查扩展到了越南。越南保存的很多巫教、道教的资料，陆续收集到台湾。一开始便由人类学家拟定了调查和写作的模式，每部专著的前面是完整的仪式过程记录；第二部分是“科仪本”，即仪式所用的经书。我的著作还不完整，文献没做；因为藏文不能很快掌握，我的调查是在桑耶寺索朗仁青医生的帮助下完成的。目前，台湾出版了上百本调查报告。我当时请云南省社会科学院图书馆买了十几本，每一本都是这个格式。往往是文献的部分比前面正文还要多。

西南很多少数民族的仪式都受道教和佛教的影响。他们做仪式的时候，常常是对着经书来做活动的，这就形成文本和仪式的对应。我们院的年轻学者侯冲在云南的白族地区搜集民间的经书，将田野调查方法和文献分析结合，将从少数民间那里收集的东西和敦煌的经文以及整个中国佛藏道藏里面的东西结合起来。这个突破点在哪里？为什么仪式这么重要？中国原来研究宗教的学者看经书的时候，很少把它和仪式结合起来，他们缺少对仪式的田野调查。只把经书作为文献和哲学来研究，但是佛教和道教的许多东西都是和仪式相配合的。你不研究仪式，经书怎么看得懂呢？“佛藏”和“道藏”的许多内容，只有对照仪式才能解释得明白，而这些仪式很多还保留在民间。台湾学者就把仪式和经书两个部分通过调查结合在一起。他们这个项目到现在还没有完。为什么国外一批学者会参与中国傩文化研究？国内学者往往陷入概念里面，用传统方法探讨傩到底是个什么事情，历史如何，实际上把调查的东西仅仅当做文献来看。这是中国的传统，但是人类学补充了田野的仪式研究。你把这两个东西一结合，就变成一个新东西，一个可以叫做“历史人类学”的东西。香港科技大学和国内几所高校合作的“华南文化研究”也很有特色，他们长期收集很多民间的历史文献，地契、家谱、碑文等，结合口述资料、历史记载和村落调查进行分析，长此以往，形成了另一种从历史出发的历史人类学方法。

李：嗯，对乡间文献的收集传统我们经常会追溯到傅衣凌。

郭：对。刚好这两件事情我都接触过，我就想到这背后的深意。这批东西如果再积累十年，在整个中国人类学界会引起非常大的反响。张光直的设想在慢慢变成现实，把文献和仪式的田野调查结合起来。你去缅甸做也可以，但是你怎么突破它，看你选什么研究。

李：我是想做一个关系的研究，我推崇列维一斯特劳斯的结构主义。我希望通过翡翠贸易建立区域史的视野。

郭：在中国历史上，玉是一个非常特殊的东西，甚至有考古学者提出中国有一个玉石时代，在石器时代和铜器时代之间。这在考古学上是可以证明的，中国考古发掘出来的东西太多了。比如良渚文化的玉器就很典型。云南远离玉的观念中心，却靠近玉的产地，云南的青铜文化里面也包括很多的玉。而且玉的使用是有文献背景的。你的研究如果能突破这个东西，把当地调查的现状和中国玉的传统结合起来，就变成一个有价值的东西。

李：我的想法是这样的，但是传统的核心的玉文化我现在是不敢碰的。因为我知道文献太多，做博士论文根本不可能完成。

郭：你可以不去碰，但是你要把这个架构搭好。

李：嗯。您说得对。

郭：翡翠啊，你看现在云南都在依托这个东西，而且评玉的这帮人是有文献基础的。用玉的这部分人是有传统的，要不然他们买玉做什么。

李：嗯。我现在想解决的一个问题正是为什么翡翠后来被看作玉。

郭：是啊。中国的玉是一个很广的概念。

李：翡翠的形制跟我们传统上所说的“君子比德于玉”的温润感觉是有区别的。我蛮希望可以在云南找一些老先生聊一聊。

郭：老先生是一回事，我倒是觉得你应该找一些卖玉的聊一聊。他们里面如果能找到一些高手就有意思了。

李：我暑假也来过，觉得找到人还是有难度的。

郭：应该有。中国人去做玉，发财是一方面，但是里面的高手并不把发财作为唯一的目的。

李：精神追求？

郭：他是对玉的品质的追求，这个玉也不是纯粹的概念上的玉。不管在什么地方包括在昆明，你会碰到一些莫名其妙的人，他们一见到你就大谈算命，谈风水。你要去找这种人，民间的知识分子，而不是学校里的那种人。你只要进入这个行当，这里面高手肯定多得很。他会跟你谈精神上的东西。一种精神和文献传统连接在一起。就像研究羌姆的后期，我找到羌姆和中阴救度的关系以后，才感觉豁然开朗。内贝斯基已经注意到仪式与文献的关系，他的《西藏的宗教舞蹈》，后面全是经书，但是他没做完，他的书是别人帮他编辑出版的。关于中阴救度的这一层，为什么我们能理解呢？我发现跟我们是汉族人有关系，我们跟藏族人是相通的，有文献和佛教背景。文献背景背后有一个世界观在撑着。像芝麻开门一样，对注重文字传统的民族来说，打开世界观大门的芝麻是文献。在西藏，或在汉地，单纯靠调查是打不开这道门的。

李：您刚才提到羌姆研究是两个体系，一个是中阴救度，一个是护法神？

郭：护法神这个体系，内贝斯基讲得非常清楚，他那本书是他跟僧人合作翻译文献的，羌姆里面主要的神灵几乎都有，他们的来历讲得非常清楚。跟实际调查听到的很相近。我打算重新来弄桑耶寺的调查,云南省要出学者的代表作,他们想出我的《中国面具文化》,我说那个不是我的代表作,那是个综合性的东西,我不喜欢。只是年轻的时候你会做那种事情。

李:哈哈哈哈。

郭:但是到后来你还是喜欢个案的东西,是不是?只是这个个案我觉得缺陷太大了,因为我没有吃透与羌姆表演有关的完整文献,非常遗憾。

李:您这本书大陆都没出过,我们拿到的都是复印本。

郭:我这本书就是王秋桂他们那套丛书中的一本。这本书问题还很多,我的藏文基础也不太好,现在还在学,因为我也放了一段时间。我搞得有点杂。但是绕了一圈,像轮回一样,还是想回到这个原点。

李:嗯,这也是我想问的问题。您后来为什么有所转向?

郭:因为我个人的兴趣比较广。我真正的兴趣在艺术,后来阴差阳错学了历史。但是话说回来,历史学的训练太重要了,尤其是在中国做人类学。经过这段历史学的训练,实际上是让我找到了一条比较好的路。后来我硕士读的是东南亚的历史。结果我做了两个硕士论文。一个论文研究清代泰国与中国的大米贸易,另外那个硕士论文研究苗族,我当时选苗族的原因是非常偶然的,当时法国学者跟社科院合作要做苗族的研究,我被领导指定来做这个,有幸的是当时我接触到苗族研究的法国人类学家,这个人住在老挝,苗文非常厉害。我当时也学过苗文,并且做了调查,写了一篇论文,是到现在为止我觉得写得还不错的论文。那是实实在在的一个调查的东西。一转向之后,回头去拣原来的东西就拣不起来了,因为收集的很多资料是苗文,伯格理(Samuel Pollard)当时创制的苗文。我当时做了大量调查,但是后来你不敢再写那些东西,总觉得不完整、不深入。又因偶然的机会,因为我父亲是搞戏剧的,傩文化开始兴起的时候,我注意到这个东西,跟着父亲参与进来。到西藏做调查是对面具感兴趣,不是对仪式感兴趣。

李:哈哈,很有趣。

郭:我到了西藏后,没去做面具的调查,发现仪式有意思。于是就做了仪式的调查。幸好有原来的法国学者带我在昆明附近做了一个月的田野调查,我跟他学的。我没受过正规的人类学训练,但是一个月的调查非常有用,当时就是拿着本子在村子里一家一家地画地图,做家谱,完全自学的。所以我算不上正统的人类学家。跟你们这一批完全是不一样的。云南的人类学家很多都是这种,都是野路子。

李:但是你们的成绩都有目共睹,我们受益良多。

郭:我们的成果是有弱点的,并且自己知道。但是非常幸运的是,羌姆是有传统的,我不用西方的理论去分析,而用它自己的理论去分析,觉得更有吸引力。

李:是。

郭:后来我就慢慢形成一个想法。我现在刚刚写完的《雪山之书》,与卡瓦格博雪山有关,是用类似散文游记的方法写的。从《一千零一夜》受到的启发,用故事生发出故事的结构,也用了纪录片编辑的手法,以碎片拼接的方式展现一座山的镜像。这本书基本上不受现在学术体系的限制,我也不想用谁的理论来解释这些东西。因为它自己总是有一套东西在里面,我所要做的就是呈现。

李:哈哈。意识到学科的限制。

郭:像《忧郁的热带》那种写法太有意思了,不是吗?

李:是,我也喜欢。常常在想,学术的影响力如果局限在规范性的话,作用比较小。

郭:但是规范性也要做,因为没规范的话,入不了那个门。入不了那个门,最基本的东西是做不好的。做到基本的东西以后,到后来要靠悟性了。比如羌姆,如果你没发现它跟死亡有关系,跟大家一样说它就是驱鬼的仪式,那就永远没有突破。但是本地人会教给你东西。

人类学强调用自己的理论解释别人的文化,但是每个文化自我内在的解释可能更重要。那是你更难发现的东西。非常好玩的是,那个东西是当地人都知道的。去看羌姆的老百姓都知道它在讲什么,只有我们外面的人不知道。在《幻面》这本书里,我用笔记的方式记录当时调查的过程。我想说,本来真理就在那里,如果不是说只有我的解释才是真理,当地人的话语也是真理的话,真理本来在那的。但是你不知道,你想用你的这一套就可以解释的,可是人家自己的解释更深。困难的是你要找到那个解释。只不过你必须经过很长的一段时间,才会通过偶然机会启发当地人告诉你这样一个事实。后来我再去那里问老百姓,他们告诉我,看羌姆就是去看死亡的表演嘛。

李:他们就这么说?

郭:啊!就是要知道我死了以后应该怎么办嘛!老百姓是用这种很通俗的话在讲的,但是这个就是《西藏度亡经》里面的东西。僧人就会明确地告诉你是什么。比如灵噶(ling ga),三角形的灵噶,它的意思是僧人跟我解释的,说是在做“转心”。一解释,然后再去看《西藏度亡经》,你才知道它讲的是什么。

李:灵噶他们是怎么解释的?

郭:灵噶,有些解释说是驱邪的东西,把那个砍碎了以后,污秽变成洁净,用人类学就解释到这个程度。但实际上这只是一个表层,它的深层是这个灵噶代表我们所有人的灵魂。藏人不讲灵魂,但是不用灵魂,就找不到词语来表达。表演的神灵把灵噶挑碎了,意味着把肉身像天葬一样处理掉。处理掉以后,他把那个刀一挑,灵魂就到天上去了。这是非常形象化、戏剧化的一个表演方式。但这是经书内容的一个表现:把肉体和灵魂分离开。在直贡寺有一个仪式叫"往生夺舍",往生是中阴救度的意思,夺舍是通过修炼,让神识或者灵魂从天灵盖中出去。羌姆的表演类似这样的过程。你光用人类学理论,达不到这种深度。它对生命死亡的过程做了一个非常详细的解释,每一步应该怎么做,你当时会碰到什么,人的身体是地、水、火、风、空气五种元素组合起来的,各部分怎么解体,每一部分的过程书里面都讲得很清楚。

李:这就是说,理解羌姆,关键就在于理解死?

郭:对。所以西方学者拿《西藏度亡经》与埃及的死亡书对照,你看,这个传统你一下子追溯得有多远。这就是文献的意义,也是人类学容易忽视的部分。可以解说的部分仍旧是注重外在的象征的部分,对不对?列维一斯特劳斯企图做内在象征的意义部分,但是他用很多地区、不同时代的个案拿来组合,容易被人诟病。时间性恰恰是文献最大的特点。列维一斯特劳斯认为存在一个结构,我个人也同意,实际上存在一个结构,但这个结构是由不同的多样性表现出来的,列维一斯特劳斯企图找出单一的结构,实际上要找出这种结构的不同表现方式,或许更有意义。当你要找出结构的不同表现方式的时候,时间和文献就成为非常重要的东西。你解释的东西有一定的局限,是有地域和民族差异的,但是又跟人类核心的结构是相通的。比如对死亡的理解。为什么荣格对《西藏度亡经》感兴趣,他认为对西方有意义吗?西方兴起临终关怀,与藏传佛教的影响有关系。日本拍过一个电影专门讨论这种联系,就是根据《西藏度亡经》来拍的。

李:很酷。

郭:如果这样做,人类学就有意思了。而且特别是在中国来说,就太有意思了。你可以把他们与我们的传统结合起来,产生一种新的解释。举个例子,汉人对生物世界是有一套解释的,卵生胎生什么的,这个在佛教世界观里也是有的。这些都是人类学最关注的东西。再比如关于颜色的看法等。

李:郭老师,您说的这些,其实我们现在都试图有所涉及。我刚才送您的这本书里面,一个师姐的一篇文章"莲花生的归去来兮"就对卵生胎生进行了关注。

郭:就是她要做桑耶寺的博士论文?

李:对,我基本上是去打酱油,暑假去桑耶寺的时候本来是以她为主,结果她生孩子了。我和其他同学原来对藏学都没有太多了解。对了,郭老师,您谈谈"云之南"吧。

郭:我们云南的几位朋友做了"云之南纪录影像展",刚开始便有"社区影像"的基础,在"社区影像"方面出的成果也比较多。2011 年这一届来的好多片子都是村民拍的。去年我们到果洛的白玉去培训,也是藏族自己做的社区影像培训。

李:我一个师姐研究青海同仁那边唐卡画师,并且自己也拍了一个片子。她应该会很有兴趣。

郭:你把这个消息告诉她。让她有机会来云南看看。你看,我有一部分精力是在干这个的。社区影像有意思,其实跟我们之前谈的也有关系。在这个过程中,你与当地人的交往所理解的,与单纯学者去了解的不完全一样。因为你是把计划交给当地人,以他们为主体来做。真正的目的是要他们自己来做本土研究。不一定是要以人类学的方法来做。因为藏学有自己很深的传统,领头的僧人都是佛学博士,比我们强多了。

李:格西。

郭:白玉那边不叫格西,叫堪布,格西是黄教的叫法,他们是宁玛派的。我们议论过一个事情。昆明有一个藏文老师说到藏族的传统教育,我们进小学,他们就进寺院开始学习。20 多岁到 30 岁出头的时候,如果严格训练,会培养出精通五明的大学问家。现在我们的教育系统很难做到这一点。有一个僧人叫扎西桑俄,佛学水平是没的说了,他还画画。他画鸟是全国闻名的。

李:就是青海那边的?

郭:果洛的,画鸟,他做野生动物的调查和监测,现在做社区影像,拍纪录片。去年我们出版了他和其他村民制作的片子。他拍了一个天葬和秃鹫的题材。我们想不到从这个角度去探讨问题。你听我讲,然后你想想这个过程产生了什么意义,这也是一个学术题目。由于藏区的牛肉,死牛的肉,如今大量被内地人收来做牛肉干,结果秃鹫没吃的了,但是秃鹫没吃的就会影响天葬。你看这样一个链条,是一个学术研究的题目,他拍的就是这样一个纪录片。最近他又完成了一个新片子,在今年的"云之南"上放映,讲大饥荒时代,鸟兽和自然如何为人类提供施舍,与我们谈论饥荒时是不同的。

李:他通过影像把这个关系展现出来?

郭:对,他去做调查。社区影像出来的有些东西完全是你没想到的。所以我一直强调自身传统的重要性。当然我们受的外面学科体系训练也很重要,但是我们自己背后的这套东西被忽略掉了。

李:我 5 月也想过类似一个题材。题目叫纳米,想反映四川松潘那边雪宝顶脚下一个叫纳米村的环保问题。人们本来预期纳米材料的出现会改善人类环境,然而就是一群笃信科学、标榜自然主义的游客登山者给这个叫纳米村的藏族小村落带来了污染,讽刺的是,纳米村这个环保的名字正是外地人起的。我想借助纪录片来表现里面的张力。郭老师,从学术的角度上,您怎么看影像与人类学的关系?

郭:这个有点抽象了。

李:或者换个问法,就是您现在做社区影像有何学术意义?

郭：我们人类区别其他动物的一点，就是人类的生物功能不光靠生物基因来传播，还靠记忆、文化体系来传播。所以所谓基因的复制不仅是生物意义上的，也是一个文化的复制，这个复制对于人类有着根本的意义。要不然人类发明那么多的通讯工具干什么呢？手机、电脑，人类越来越虚拟化了。这个虚拟化实际上是人类把他的精力从生物复制逐步转移到文化和记忆的复制上来。如果这样说的话，就回到你刚才的问题。影像是干什么的？影像有跟文字一样的功能。以前的图画就是现在的影像。以前青铜器上刻的是什么东西？石碑上刻的是什么东西？岩画上刻的是什么东西？就是图像。只不过你换了另一种方式来表达而已，它跟画画的道理是一样的。所以现在我们所做的"社区影像"中的影像概念，包括绘画、地图、照片等，各种形式都包括。现在有人还做村民写作，文字的东西。村民拍纪录片，不是说简单的想挽救什么东西。果洛那个地方的牧民自己说，几年以后，游牧业就完全消失了，因为现在实行定居工程嘛。我就想我们这次做社区影像培训的时候要跟他们探讨：你们到底在做什么事情？下一步打算怎么做？实际上，他们最着急的是他们的文化要消失，他们要怎么保护他们的文化。这是靠学者做不了的。学者调查完就走人了嘛，成果的传播点不包括他们。对不对？我的桑耶寺这本书是用汉文写的，它的传播点是在台湾和大陆很小的学术圈子啊。我自己只有两本书，送了一本给我的藏族合作者。《幻面》那本书我也送了一本给寺院。如果这次我重新去的话，我会复印一本给寺院的主持。人类学很少做本土传播的工作，我们的贡献不在这里，但我们本来可以做这个贡献的。就好像我们研究中国，为什么我们都去贡献给世界人类学，我们没有去贡献给自己的传统？中国从"五四"到现在，自己的文化一直在破坏，缺少建设。我们应该做点什么事情。

李：你刚才说影像是复制的观点很吸引人！

郭：事实上是这样的。我们力量太小，"云之南"收集的影片可能会达到上千部，每一届差不多一两百部的片子，这一届就来了近 200 个片子。但是还不行啊，这些是小范围传播的。但是如果通过村民去行动，这些片子就会传播开来。如果在基层建影像工作站，建立村民牧民自己的团队，社会底层的大众传播便会展开。这个工作站像图书室一样，是开放性的。青海他们的设想是建立流动的工作站，因为他们是牧区。他们有车子，做巡回放映。靠这样来传播他们的思想。以前也没想通过这些，以前就是先做了再说。社区影像以前还叫"村民发声"，意思是要村民说出自己的话。其实我觉得更重要的不是这个，村民去说，去争取他们自己的权利，这是西方的 NGO 讨论的"赋权"的问题。我觉得这个没有说到根本上。他本来不用你去赋权的，他是有权利的，他真正的权利就是他文化的自我复制和传播的权利。藏族人有个词是继续的"续"，在他们观念中是非常重要的。理解这个词，就容易理解喇嘛是一个传统的后继者，而不只是单个的人。藏族人心中，上师是不能亵渎的，这个上师是上一个上师的延续，你往上追溯最早的上师就追溯到佛的系统，追溯到莲花生和佛祖，藏族人认为"师"即是"佛"，佛便是导师。要强调一个文化自身的一代代延续的传统。社区影像怎么跟自己的传统结合起来？它跟佛学不是矛盾的，是一个体系的东西。我曾经跟一个村民讨论，他是村里的居士，感觉到自身的文化受到威胁，做环保和社区影像的过程中，他感觉很焦虑，比如他在做保护神山，清除垃圾的时候，他还不理解这些跟他们的文化有什么内在的关系。他非常焦虑，因为当地很多人会反对他，学佛学的人觉得你做的事情是无意义的，你不如闭关修行。而那些想赚钱的人就觉得你阻碍我们去赚钱。我就跟他讲藏族自己的故事。吐蕃末期，朗达玛灭了佛教，当时佛教的根基在西藏并不深厚，但是过了一百来年，佛教突然复兴起来了，因为它留下了种子。当时复兴的地方主要不在卫藏，主要是在阿里和青海。当初受佛教影响的一帮人，很多人都不是当时的大学者，是非常基层的人。因为当时的传统，有些人不是在寺院里修行，是在家修行。这个传统在某种意义上救了佛教。许多寺院被灭掉了，但是在家修行的人就把传统延续了下来。藏传佛教有伏藏这个传统。伏藏是非常重要的一个概念，就是把一个东西埋藏下去，过了多少年，再把它发掘出来。你该怎么理解它？我们就处在伏藏的时代，我们中国的传统很多已经被埋掉了。谁去把它发掘出来？

李：我们要去做掘藏师。

郭：对，我们是在做掘藏师。我的意思是说我们的文献传统是要发挥作用的，只不过这个时代是文化埋没的时代。我跟那个村民说，即使在灭佛的时代，伏藏也会在多年后被重新发掘出来。他当时听了就明白了。

李：很振奋。

郭：藏族人很容易理解这个东西。如果当初那些人选择放弃，伏藏就没有了，埋了也没有人去发掘嘛。伏藏有人去埋，也需要人去发掘。就像从清代末年以来，整个汉族文化传统的主体都埋掉了，但实际上许多重要的东西还存在于地下。你怎么去发掘它？就是那些人啊。当时每个人都有名字的，谁在阿里做了什么，谁在青海做了什么，结果就发展出新的教派。宁玛派就是这样出来的。

李：文明在周边，就像汉文化的礼失求诸野一样。

郭：对，为什么会有云之南影像展。云南就是周边啊。云南是个文化交汇点。为什么广东的文化特别活跃？而且很敢说话，广东的媒体很厉害。它也是周边嘛。它是跟海洋文化的一个交汇点。云南是跟南亚东南亚文化的交汇点。将来的中国文化复兴点是在这些地方，不一定都在中心。真的！

李：其实这也是我不愿意做汉文化的原因之一。

郭:但是恰恰应该做。

李:我其实还是愿意在外面走一走。

郭:你是愿意跑的人嘛,跟我们一样。喜欢跑的人当然可以这样开始做。但是汉文化本身是值得做的。只是在文化淹没的时代,你在周边做更有意义。

李:嗯。

郭:因为你在中心,已经很难找到核心的价值观了。但是周边有。在云南,你跑到任何一个民族中去,他们都有自己的价值观。尽管面临困惑,但是他们的价值观还在。而汉族的文化体系已经破碎了。

李:我去和顺那边也蛮震撼的。

郭:但是和顺那边已经“空心”掉了。

李:被柏联毁了。

郭:也不光是被柏联毁了,那个镇的空心是必然的。和顺跟其他农村空心化是一样的,只剩老人,年轻人出去了。柏联只是加剧了这个过程。一个老人守着的镇子,生活越来越不存在的镇子。你再去其他地方看看也能发现这些问题。和顺的生活是越来越不真实了。

李:还是有不同吧。这么说,和顺以前也算空心化,因为以前不是一直说“走夷方”,年轻人都去挖玉什么的。

郭:不。这个空心化不一样,以前那个空心化是有一个“故乡”在维系着的空心化,对不对?

李:对。

郭:当时反而会有很多东西返回来哺育本土的文化。现在的空心化是出去的东西不哺育本土了。这个是真正的空心化。

李:有道理。

郭:藏族人之所以还有意思是因为藏族人出去的很少,相对来说。但是要牧民定居真的是害了他们。一定居以后,人无所事事了,这个也是真正的空心化。都喝酒。没事情可干,他就乱跑,在那个地方,他也没事情可做。现状就是这样。藏族人出去打工的不多,他没有血缘的观念但是他有土地的观念。

李:土地的观念?

郭:这是我在写的一个东西。很多人也注意到了,但我觉得分析不够。河谷地区的藏族人以土地来维系他的传统。他在土地上建一个房子,用这个土地的名字来命名这个房子。住在房子里面的人用这个房子的名字做大家的名字,在云南这边非常典型。按理说,云南这些地方,像德钦应该受外来文化,如汉文化、纳西文化影响很大,很多当地人都有纳西族的血统,但是把“房名”和土地联系在一起的传统一直保留到现在。

李:也就是说,并不抗拒外来的影响,但是会有自身的一个体系来包容。

郭:对,这个体系融合的原因在于它不像汉族人是重血统的,藏族人重的就是这个土地。房子里可以是外族人嫁进来,藏族人不存在"嫁"这个观念,进了这个房子,就用这个房子的名字。它是这样一个体系。所以它接受外来文化的时候会把它融在原有体系中,就像外人融入房子里面,成为一个家庭一样。

李:您说您以后还想去桑耶寺那边?

郭:非常想去。但是要等机会。所以做事要趁早,到我这个年纪,有很多负担,加上想做的又很多。我关心的事情太多。社会工作摆脱掉以后,还是想回到原来自己最初做的学术上。因为这个是最根本的,它涉及的死亡主题是最根本的东西,是整个文化里头最核心的部分。

李:郭老师,您觉得我们拍的这个桑耶寺可以作为一个纪录片么?

郭:纪录片其实素材更重要。桑耶寺如果你拍了,就只需要把啰嗦的部分剪辑一下,他原来的那个结构全都保留。

李:我都拍全了。那三天的东西我都拍全了。

郭:那你就原模原样的保留。羌姆中他们跳出来的背后是有人在念经的,如果按照纪录片的剪辑方法来剪辑,一剪辑,就把那个经文剪辑掉了。

李:是啊。

郭:你拿给别人看没问题,如果拿给藏族人看,他们就会说,怎么是这样,不对吧!

李:这半年来我一直很困惑,当初还是想剪一个100分钟的片子。真的不知道怎么下手。

郭:你可以剪一个放给外人看的版本,但关键是里面的经文你不能把它破坏掉。

李:我不懂藏文,所以剪的时候可能都不会管经文。

郭:这就是我要回去桑耶寺的原因。关键是经文和经书。把经文一剪破,你这个片子甚至起了反作用。你不能只考虑片子动作画面的问题。像藏族人跟我说的,跳弦子,我们外人看的是动作,其实最重要的是弦子的歌词,他们是在赛歌词。歌词才有意思。我之前强调做研究要重视本土观念的原因也在这里。他看重的可能是我们不看重的。但是照你的解释一做,就把本来的结构破坏了。这个角度也是你重新去认识利奇的一个切入点。你去发现他的问题在哪里。把两个体系拿来作比较,看他那个解释会有什么问题。

李:我现在的设想是如果跟利奇对话的话,我愿意是一个延续。他在书里已经提出贡萨和贡龙之间摇摆的模式,但是如果我们细细追溯,就可以把贡萨和贡龙两个制度与中国的一些观念做一个对比。从这里出发,我自己希望做一个包括密支那和腾冲在内这一片区域是怎样展现一个关系的文化体系的研究。

郭:以这个翡翠为主线?

李:对对对,以翡翠贸易为线索。我们对翡翠的追求是从玉开始的,这是没有疑问的。

郭:这就是说,它需要一个外在体系和内在体系的一对话。现在做买卖的人也好,所谓的为买卖做的研究也好,实际上是从内在价值来讲。

李:对,很少有人看到玉和其他东西的关系。翡翠不仅具有经济价值,它和文化体系、政治体系甚至跟权力结构都有关系。我想以历史人类学的视野展现这种关系。

郭:那你这个师姐做桑耶寺时是怎么切入呢?

李:按我的理解,她还是想说明莲花生这个他者是如何变成"陌生人—王"的过程。她会比较注重杜蒙所说的等级。

郭:这么说,像羌姆中的汉地和尚也是外来者。

李:对,汉地和尚也是外来者,但是藏族人在莲花生和自己、汉地和尚之间做了一个等级界定。

郭:还有哦,如果这样追溯下去就不止这个了。刚才我们说的羌姆系统还有一个护法神的系统,羌姆的护法神系统有中亚文化的因素。像白哈尔的来源就不是藏地的,是从霍尔地方来的。

李:蒙古地区?

郭:不是,当时还不是蒙古。霍尔的解释有很多,但是从藏传佛教与苯教的关系来说,有的神灵或许和拜火教(袄教)也有关系,那属于中亚文化。那么这等级还需要进行界定。这里面很复杂,包括孜玛热的来源,说法都不一样,也有说是外来的,不是本地的神。

李:对,同样是护法神,包括白哈尔和孜玛热之间的关系都很值得探究。

郭:以后我可能没精力去做这个了,我还感兴趣的一个问题是每个寺院在表演的时候,都要抬出一尊护法神供着,桑耶寺的你们看见了,其他寺院的护法神我也都看见了。包括昌珠寺,每个寺院的护法神都不一样。它有一个护法神殿,护法神殿分为两种,一种是供奉藏传佛教本教派最高的护法神,另外一种供奉本地的护法神,也可能二者合一。本地最重要的护法神到时候会抬出来,在跳羌姆的时候供在那里。这套东西还少有研究。(已有研究)只涉及外来与本地的这种关系,在神的等级里面的关系。

李:孜玛热在拉萨有一个专门的庙在供着,我们也去看过。

郭:藏传佛教神灵的等级很复杂,不是简单的高低排序的问题,它自己对等级是有说法的。它还有出世间神和世间神的区别。莲花生又不是护法神的系统，他属于佛的系统。所以等级如果比不好的话，就把原有的系统破坏了。原有系统不是这么看问题的。这在分析的时候得注意。做人类学如果用我们熟悉的理论去解释一件事情其实不难，难的是你突然发觉你知道他们自己在想什么。他有说不出来的那种东西，最难在这里。但是如果你发现了那个东西以后，就像打通了任督二脉的那种感觉。那套东西跟你所用的理论又有关联。你要去找到这个，也是个对话的关系啦。比如萨林斯说"外来人—王"，藏族人自己却有"外来人—师"的理论。在藏传佛教的"三皈依"中，上师、本尊和佛三者属于"佛皈依"的范畴，所以"师"具有至尊的地位。释迦牟尼和莲花生，都是放弃了"王"的地位出家，才成为"师"的。莲花生到了西藏，成为藏传佛教"师"的开端。吐蕃原以"王"为尊，吐蕃崩溃以后，"师"逐渐凌驾于王之上，成为藏传佛教代代相续的传统，因此在羌姆中要供赞莲花生，供赞西藏的第一位喇嘛。萨林斯的理论，在理解外来文化对本土思想的作用方面有启迪意义，但需要与本土的解说建立相互映照和对话的可能，才能加深我们的认识。对我们来说，马克思就是典型的"外来人—师"，取代了孔孟和老庄的位置。我们在引用西方人类学家的理论时，不也有意无意地把他们变成了"外来人—师"吗？

李：一直在感叹，觉得人的相遇需要缘分。像我那次要不是朱晓阳老师要我帮忙送照片过去，哪里能见到您。之前还在跟他谈，想着来云南能不能有机会见上您一面，谁知道一走进那屋子，您就坐在那。没想过。

郭：缘分太重要了。我这次碰到一个缘分更精彩。去年 11 月，我去果洛参加社区影像的培训，果洛那边之前与我们合作的一直是那位观鸟的堪布扎西桑俄。在培训期间，我们请他们讲一讲他们要拍的故事，其中一个藏族小伙子想拍牧区的马，然后每个人都开始讲自己和马的经历。结果堪布就讲了一个故事。17 世纪，因为西藏发生教派冲突，十世噶玛巴却英多吉从西藏逃到云南，他是果洛人。逃亡的过程中，他的马被盗贼抢走。在云南待了几十年以后，他终于可以回到西藏。他先回到果洛，很多人来迎接他，他就说我想找回那匹马，结果真的派人找回来了。我听了那个故事，觉得挺有意思，但是听听也就完了。结果回到云南，就看到最近发表的一篇论文，是一个美国人写的，讲述的就是十世噶玛巴和云南的关系。而且，十世噶玛巴的绘画水平很高，还会画鸟！却英多吉的传记记述了他对鸟的喜爱，据说他还留下了《鸟中佛法》这一作品。而果洛的堪布跟我们建立联系，也是通过观鸟和画鸟，我们做"社区影像"的朋友吕宾还拍了他画鸟、观鸟的纪录片。这次见到他我把这个故事讲给他听，拿那篇文章给他看，他说，十世噶玛巴的传记正是他编辑出版的！

李：这样历史就深重了。

郭：十世噶玛巴有多幅唐卡保存在丽江，被美国人发现了，云南人还不知道，以为是日本人画的画。结果是十世噶玛巴的画。

李:当我们某一天体会到我们一直是在历史中,应该是蛮有意思的事情。

郭:当你在研究中意识到你跟整个传统的因缘关系的时候,你就有了落脚点。这又回到我们刚才讨论的问题,做人类学,一开始你没发现你跟当地文化之间的因缘关系,但是你发现了这个因缘关系的时候,你就豁然开朗了。你去追寻这个"玉",你的因缘在哪里你是不知道的,在追寻的过程中间……

李:总有一天……

郭:也不一定总有一天,佛教是讲究根器的,根器如果在的话,你就会找到的。这个因缘也是在某种程度上来谈。我的根器不够,找到一点点,但是可惜,我觉得晚了。所以我总跟别人说,三国里面三个人,诸葛亮是事先知,周瑜是事中知,曹操是事后知。我是事后知。事情过了以后我会发现这个因缘。但是如果当时我知道了就好了。我当时就不会回来,我再待一年,我的因缘就不是现在这个样子,桑耶寺这本书也不是现在这个面貌。如果我待了两年,把藏文吃透,把经书读完,那么《西藏山南扎囊县桑耶寺多德大典》就不是这样一本存在某些遗憾和错谬的书了。

李:王铭铭老师现在很看重桑耶寺。他认为桑耶寺每个经堂都可以写一篇博士论文。

郭:所以现在做"玉"的研究,要有事先的意识在里头,千万不要错过这个因缘。

李:我不知道……

郭:就是出现之后你不要错过它,那么,你做的这项研究就非常重要,不仅对别人,对你自己也非常重要。那将是你不会留下遗憾的一个东西。你看国外一些人类学家写的书,如果他自己有另外一个东西来讲的话,肯定会有遗憾的,那个遗憾是他错过了某种因缘。这个比学术本身重要。

李:嗯,一个人的完整性问题。

郭:你发现自己跟历史,跟整个传统的关系,个体在复制你的基因时,你在做真正有效的复制基因的工作,而不是在白白浪费精力。你自己的使命感是有了,但是有没有因缘去做这件事情,还说不清楚。

李:是,多少人空有抱负……

郭:多想想这个哦,我得回去了。

李:谢谢郭老师!

(李伟华,北京大学人类学专业博士研究生)

译　文

文明的要素及其形态

Marcel Mauss[文]　巫能昌[译]　刘永华[校]

校者按："文明的要素及其形态"一文，是莫斯探讨文明问题的重要文献之一。1935年，卫惠林先生曾将这篇文章译为中文，题为"文化的要素及其形态"，发表于《社会科学研究》第1卷第4期(1935年12月)。不过，卫译有两个问题：其一，卫氏在翻译时，对"文明"(civilisation)和"文化"(culture)这两个关键概念未作区分，而一律译成"文化"，有违著者原意；其二，由于当时翻译条件(如工具书)所限等原因，译文中有一些误译之处。考虑到这篇现已难以寻找的文献对当下关于文明问题的探讨还有重要的参考价值，我们特请巫能昌君(现为法国高等研究实验学院博士生)进行重译。译者在重译时主要参考了卫氏的译文，并根据通行的译名统一了文中的名词。

引　言

本文节选自发表于《社会学年鉴》第二集第三卷上的长篇论文，其主题为关于文明概念(notion de civilasation)的方法论。关于这个问题，我曾在《社会学年鉴》第一集的第十、十一、十二卷上进行了讨论。考古学家、文明史家、民族学家也曾对此进行了详尽探讨，具体成果可见于新旧两集《年鉴》。我们认为，主张文化历史学、历史民族学方法，即主张"传播论"假说的一派学者正在盲目地反对社会学的方法。因此，我认为有必要对这些理论及其成果加以严正批评。他们中的知名学者，都是先导者。相对于对施密特神甫(W. Schmidt)及美国"文化人类学派"的批评，我们对弗伊(Foy)和格雷布纳(Graebner)的追随者的批评要更为严厉。美国"文化人类学派"的博厄斯(Franz Boas)、威斯勒(C. Wissler)对相互接触的社会与文明的分析，比他们的欧洲同仁们更为精辟，不过他们仍固守一些纷乱的假说，如文明层(couches de civilisations)、中心(centres)及传播区域(aires de diffusion)等。

这些学说极易与认为人类单纯地沿着同一路线进化的学说相对立。相较而言，社会学家、历史学家和地理学家在这方面，尤其不再将文明现象归结于某个普世的人类进化假说，而是归结于社会间的年代学与地理学关联。涂尔干和我们都从未将人类进化与构成其的各人类群体之进化分离开来。涂尔干在很早就用日耳曼和罗马的家庭法则来解释近代的核心家庭(famille conjugale)，他所应用的方法就是现在所谓的"本质论"。十年之后，梅耶在语言学中采用了历史系谱学(généalogico-historique)的方法，而并不认为这是对社会学的背离，他本人即是一位社会学大师。

此外，所有这些学说上的冲突都只是思想上无谓的纷争，或是讲坛、哲学和神学上的论争。那些真正的民族学大师，在选取问题和相应解决方法方面都是兼收并蓄的。以向被当成批评靶子的泰勒(E. B. Tylor)为例，他在采借史(histoire d'emprunts)方面曾有过精彩的论述。至于物的地理分布，由贝尔福(Balfour)主管的牛津皮特·里弗斯博物馆(Mussée Pitt Rivers)的收藏无疑是最好的。

实际上，真正的学者仍忠实于资深大师巴斯蒂安(Adolf Bastian)在三篇专题文章中提出的三条原则：(一)原始的基本观念(Elementargedanke)是独立创生的，同时也带有集体意志的特点，如美国社会人类学派所谓的文化特性(trait de culture)；(二)地理分区(Geographische Provinz)的界限有时不甚清晰，有时则通过承载文明现象的社群，或通过使用的语言，或更经常地，通过独特的种族而得以体现。这种地区(provinces géographiques)为数不多，在现代则更是少见。(三)文明的迁移(Wanderung)、往复和变迁。由此正如文明的独立进化一样，要素采借、人口迁移、承载文明要素的民族之杂居或独立活动，均可引起文明的变迁(Wandlung)。

只要检视诸学者的以上共识，我们便可知道应该如何从综合和分析的角度来研究文明。

我们不追溯"文明"一词的历史及其中的各种含义，也不评论文明的各种词义。文明的概念确实比支撑文明之社会的概念更为含糊。在此，我们只提出一些我们认为有助于确定这一概念的解释。

一、文明的现象

我们先来说明社会现象中文明现象的意义，进而认识由这些文明现象构成的体系，即文明。由此观点，我们可以适当地将其应用于相当广泛的方面。

文明现象，即某指定社会的社会现象。但严格来说，并非所有社会现象都是文明现象。其中，有些完全是只在某一社会才有的孤立现象。它们常见于方言、宪法、宗教或美学习俗及风尚当中。如城郭背后的中国，种姓等级中的婆罗门，与犹太人相对的耶路撒冷人，与其他希伯来人相对的犹太人，希伯来人及其后裔，与其他闪米特人相对的犹太人，都努力建构自己的特点，以区别于他人。这些例证表明，在论及某个特定社会中有限的现象时，我们最好直接使用“社会”一词，而不是“文明”。

但即便是最为孤立的社会，也有大量的社会现象，应分别对其进行研究，以避免错误或不合理的揣测。但只要是具备以下重要特征的社会现象，即为相当多数的社会群体所共有，且已经存在相当长久的时间的社会现象，我们便可称之为“文明现象”。

其实，我们可将社会现象分成两大类，其数量无法预先确定，其重要性也因时因地而异。一类无法外传；另一类则本性易于流传，常超出自己的范围，即超出所在社会单位的界限，其发展范围往往是难以确定的。

只要人们愿意，只要有此需要和方法，一切技术均可采借。事实上，技术通常是在群体与世代之间承传的。一种美术，乃至一种音乐和手势，都极易流传，即便在澳洲最原始的民族中也是如此。他们的“地方性”(local)(该词源于澳洲)，即各种代表作品，如戏剧、音乐、雕塑、大型部落舞蹈——有时舞剧演者众多，且伴以整个部落的合唱——均可从一个部落流传到另一个部落，而且一去不复返，就像一种事物、一种财富或商品、一种服务，乃至一种崇拜、一种巫术也是如此。黑人乐队流行于很广阔的地域；其占卜者，以及兼巫师、乐师、诗人于一身者，甚至活跃于更远的地方。故事可以传布于极为广阔的时空范围，并且经常被重塑成各种形式。又如非洲的“科里币”(cauri)，美拉尼西亚的“贝币”(conus millepunctatus)，美洲西北部的“珠母贝币”(nacre d'haliotis)，非洲赤道和中部地区的黄铜丝，可以说都已成为国际性的交易媒介。至于欧洲，则在旧石器时代中期就开始长途运输大量的琥珀、石英、黑曜石。

即使是那些在社会生活中看起来最为秘密的现象，如秘密结社、秘密仪式等，也均可传播。我们通晓北美洲“蛇舞”及美洲大草原地区“太阳舞”的历史。在许多报告中，于贝尔(Henri Hubert)和我就已经注意到这些多少有点脱离地方基础的特殊崇拜。与古代一样，它们在许多原始社会、蛮族社会中充当了思想、宗教、道德与科学的传播媒介。

社会制度同样可以采借，社会组织的原则也不例外。例如，源于爱奥尼亚人的宪法观念，传播于整个希腊(Hellade)，被希腊哲学消化，之后传至罗马，即“共和国”(res publica)，然后又被我们的文明所采借，它体现在各种宪法和都市法令，山地小共和国的法律，以及之后的国家宪法之中。我们还可以检视“部落”(tribus)之词义在希腊语和拉丁语中的奇怪演变。该词有时表示“三”，有时则表示由“二”或“四”所构成的组织等。至于军事制度，它与其所相互依赖的军事技术一样，自古至今都必然是被采借的。一定的现象是可以超乎其诞生时所在的社会与时代而存在的。

文明现象就是这样一种国际的、超国家的存在。我们可从某个社会中特殊社会现象的对立面来对其进行定义：文明现象是在若干近似社会中产生的共同社会现象，而且似乎是经由长期接触、持久的媒介，或同源的联系而形成的。

从定义和性质来看，文明现象即传布于众多群体，且范围超乎部落、部族、国家、部落联盟等单位的现象。例如，易洛魁文明的特征即共存于所有易洛魁人的国家，且远远超出了“五族联盟”(Cinq Nations)的界限。

因此，研究文明同时具有历史学、地理学和社会学的意义。确实，文明现象的传布通常遍及相当的地域，其范围往往超乎社会的政治疆界，其覆盖面大于国家。此外，与所有其他社会现象一样，文明现象有其历史基础；由于这种历史并不限于某个国家或某个时代，我们可将文明现象归结为历史与地理联系的表现。我们总能找出许多直接或间接的联系，并对其间的关系作出说明。

将文明现象与其他历史、地理现象放在一起进行考察，则可支撑关于文明与民族扩张和延续的地理学或历史学假说。由此，我们便可为那些多少有点确定序列的文明现象建立系谱。否则，对历史或人类进化的研究将无法进行。

此即我们对采借、历史联系、技术、美术、制度等方面研究的看法。由此可以想见，无论是同源的共时性演变，还是偶然性传播，都总是受特定社会间的特定关系支配的(关于采借，我推介尼森斯太特[Eisenstdäter]精彩的旧论文“习得的标准”[*Kriterium der Aneignung*, coll. des *Hefte* de Buschan])。这方面的典范还有诺登舍尔德(Nordenskiöld)关于南美洲的研究，以及我们也曾自励进行的，梅特劳(Métraux)在图皮文明(Tupis)的要素方面所做的工作(该研究还显示，图皮文明与加勒比文明[Caraïbes]有着诸多共同要素)。

对这些文明要素之扩展的研究却常常让人难以理解。格雷布纳根据“蹲像雕刻”(hockerfigur)的分布演绎出了一套理论。我们则做不到虽然其所揭示的现象是不容置疑的。杰克逊(Jackson)用埃及起源说来解释角笛的广泛使用，这与史密斯(Elliot Smith)对海螺号角极其普遍的使用之关注同出一辙，我对此并不认可。这应该是一种相当明显而常见的文明现象，而非共时性的演变。

文明现象其实是以诸社会呈现的国际性现象，也是以社会借由创生的特质与个性而突显的诸文明为基础的。同时，我们还应注意文明特质能够在多大程度上保持其深久和统一，甚至在持久的分隔之后在多大程度上仍能如此。例如，安达曼群岛上的矮人，依靠已知的唯一一种矮人族语言，一直保持着最纯种的状态。即使是孟加拉湾诸文明也很难触及他们，更不用说那种频率极低的交往了。

然而，不用列举其他例证，就说马六甲的矮人，他们生活在马来人与孟—高棉人居多的地区，其语言似乎已经失传，却仍然拥有与他们的安达曼岛兄弟种族大致相同的物质文明。

二、文明及其形态

不仅文明诸要素，文明自身亦因各有特点和固有形态而相互区别。这些都构成了文明的特质：采借的、群体的、共时的及交往的结果，并存的限度，还有对异文明的排斥。

至此，我们可以对文明作出如下定义："文明是一个由文明现象构成的大规模的整体，其现象纷繁复杂，其现象对文明的整体和性质都相当重要；它还是一个由众多社会共同呈现的整体。换言之，文明是一个相当广大而有特色的整体，这使其能够表示和展现一类社会的特点。"如在家族的构成则有以下现象：现在的、历史的、语言学的、考古学的、人类学的；这些现象使人们相信文明之间有着持久的交往，或说是相互联系的。现象的整体，即关联于社会整体诸现象特质的整体。概言之，由诸社会体系构成的超社会体系，即所谓的"文明"。

因此，对文明的解释可以比较广泛，也可以比较狭小。我们还应注意区分发源地、同心区域等概念。而且，我们很久之前就曾指出，有理由相信在太平洋诸海岸及诸岛屿上，存在一个相当古老的文明；在这个分布范围极其广阔、相当模糊的文明内部，或又可区分出南太平洋文明和中太平洋文明；在中太平洋文明中，我们又可推定有马来—波利尼西亚文明、波利尼西亚文明、美拉尼西亚文明和密克罗尼西亚文明。同样，我们可以剖析这四个文明之间联系的种种构成及其相互关系；以及与澳洲文明、亚澳文明、泛亚细亚文明之间的关系。其实，在这个广阔的范畴内，文明之间有着诸多相同和相异之处。这使人相信文明原来是统一的，即使在不同种族之间，仍然存在部分统一的现象：以美拉尼西亚的黑人和波利尼西亚的浅黄种人为例，相对于种族方面的差异，他们在语言方面却比较统一，即均属于美拉尼—波利尼西亚语族（暂不考虑巴布亚语）。蒌叶和卡瓦胡椒、弓、刀、盔甲、栅栏、水上住宅等的使用范围，则使我们能够对文明进行分类，并对其系谱进行推测。与研究方言的相异性与类似性一样，这是建立民族分类的绝佳方法。

由此可知，文明均有其区域（aire）和形态（forme）。即文明有其止境与界限，有其中心和辐射范围。指出和确定诸文明的范围，是历史学及其他人文科学的首要任务。然而，我们对其发展的认识，通常只是依靠对文明要素、文明现象及其所构成的“型”，而不是对文明本身的认识。对“文明形态”的定义因此显得必要。此外，这两个术语是相互联系的。文明有其区域，因为文明有其形态；我们之所以能够认知文明的形态，则因其有一定的区域。即便是次要的社会现象，文明也与社会一样，总有其边界与精神。总之，文明的区域取决于其形态；反之，文明形态又取决于其区域。

让我们来定义这两个术语。文明形态即涵盖思想、行为、若干特定社会共同产物、文明的发明者及承载者等各方面特质的整体，亦即形成此文明的诸社会所表现出来的全部特质。

文明区域即能够代表此文明特质、典型的共同现象的地理分布范围——涵盖了此范围内几乎所有的社会——亦即拥有构成此文明的共有财富之表征、行为、产物的诸社会所在地域的全部。

在此稍作说明，顺着当前民族学和历史地理学的路数，我们暂不考虑文明层(couches de civilisations)的概念。然而这是个很重要的问题。历史学家常随便地将其称为风格、时期、时代等。因此，我们还是提出一个暂时的定义：文明层即在一定时间、一定范围内呈现文明的形态。

这些就是现象与问题的主要划分。

文明形态与文明区域的概念，在两个互相倾轧的德国民族学派的理论中被过度应用。其中一派将文明区域应用于系谱学；另一派则将文明形态纳入同样的解释体系。以下将指出他们的错误。

首先是弗伊、格雷布纳、施密特及其学派。他们从文明区(Kulturkreise)和文明层(Kulturschichten)的概念出发，通过某个主要特质定义每个文明。其工作几乎全部着力于地理学分布，偶尔涉及年代学。如所谓“弓文明”(Bogen Kultur)、“二类别文明(culture *à* deux classes，按婚姻规则被分成两半的社会)”(Zweiklassen Kultur)、内婚父系文明(Freivaterrechtliche Kultur)的确定。最后甚至到了荒谬的地步，竟提出“斧图腾文明”(Hache Totémique)。[①] 他们不管细节，找到一些似是而非的、有趣的亲属关系，就认为足以进入历史研究了。虽然研究事物的分布是不错的，但在涉及对文明及文明间的关系进行定义时却很容易变得不确切。在涉及艺术、器物类型、器物等的历史书写时，制图法显得极为适用。因为必须先对某个适当地方的具体事物进行研究；还可以对博物馆藏品进行分组。这是我们认同的做法。可以说，这是夺彩杆式的最高点应用。关于美拉尼西亚诸岛的风筝，我们新近去世的赫尔兹(Robert Hertz)已经做了出色的准备工作。但另一方面，仅仅依靠对某种艺术，或是某种制度的考察，就对某种

---

① 在多数情况下，著者将“kultur / culture”理解成“civilisation”，即“文明”，下同。——译者

文化下定义，则马上就会产生两种危险：

首先是主要特质的选定。生物科学已经对此感到莫大的苦闷，我们认为所有结论都是武断的。社会科学于此则更为苦闷，时常没有一个可靠的标准。例如，“二类别文明”（Zweiklassenkultur）的命名便犯了一个严重错误。一些澳洲和美拉尼西亚社会并非分成外婚的“二类别”（格雷布纳和施密特），或是两个“半偶族”（moitiés）（里弗斯的术语），这是一种虚构的事实。有人曾对“半偶族”与氏族作了区隔，但我们对此是极力反对的：我们认为“半偶族”就是原始的氏族；在所有澳洲与美拉尼西亚社会中，我们都找到了“半偶族”之外可视为文明表征的东西：我们还发现氏族常位于“半偶族”——所谓的大氏族——之下。因此，将阶级与氏族分开，显然是一个错误，一种预期理由。[①]

其次，文明的主要特质与其他特质间的关系永远是不明晰的。而且，我们也没有发现有对此进行区分的必要。例如，在弓文明区，便可发现母系的传统与父系的传统（各著者有不同论述）。

毋庸置疑，这种文明并存要素并列式分布的必然性随处可见。划定文明层与文明区的界限，常会导致其他谬误。如曼金（Menghin）甚至将刚果的“旧石器文明”称为“同母异父文明”（culture utérine）。他从若干“石块”出发去认识一个未知民族的法规，此法令人叹为观止。但这些只能说是想象和推测。

文明并不是由某个而是由某些乃至大量的特质来确定的，更确切地说，是由体现这些特质的诸多现象确定的。例如，马来亚和波利尼西亚水手的航海术，自然有别于其他大陆奥斯特罗尼西亚语族人的航海术。由此可知，文明区的方法是不便使用的，主要是因为它分割了一种著名的方法。

此即文明形态学（Morphologie der Kultur），它尤以弗罗贝纽斯（Frobenius）和斯宾格勒（Spengler）这两位毁誉参半的学者为代表。弗罗贝纽斯曾根据各种事物的分布地图，来呈现各种文化及文化层所构成的非洲文明。这些当代非洲文明几乎都是混杂的。然而，弗罗贝纽斯清楚如何以形态学的眼光，在这些混杂和堆叠中找出形态确定、效用物化、道德价值与历史广度相当可观的纯形文化。例如，他对西非接木式的黑人文明中的五、六个非常了解：爱真纳文明（Égéenne）、西尔蒂克文明（Syrtique）、埃塞俄比亚崇拜土地影响力的文明（Tellurisme Éthiopien），以及亚特兰蒂斯文明（Atlantis）与原始的爱鲁斯文明（Eros）。而该学派的可靠研究成果，恰恰就是这些严谨、有用的资料数据；是非洲地图之始，其中有几部分是做得不错的。

---

① 预期理由，又称“窃取论点”或“丐词”，是证明中以尚待证明的判断作为论据的一种逻辑错误。——译者

斯宾格勒的文明形态学同样是矫揉造作的。他那些依据强弱、组织严密与否的准则对文明与国家进行的道德分类、历史哲学，或是广袤的思考，对大众来说没有意义。那只是对文化目的与历史使命的过时公式，或阻碍通俗历史学前进的无意识社会学之废诏，或所谓的党派社会科学的回归。在基佐(Guizot)那里，社会学家能找到更多的思想与事实。我们希望有某种文明历史地图，能借以评判某一工作的启发性意义，其效用当是不容置疑的。然而，我们又对此工作心存忧虑。进一步说，如果形态学须被分成简单的事物分布层与事物分布区地图，如果须从文化的先验意识，或是从某种文化的先验意识出发，则其将充斥着预期理由式的逻辑错误。

实际上，这些方法与概念只有在被完整应用时才不致产生谬误。必须补充的是，在达成民族志方法——我们并不认为它具有过大的确实性——方面，此法有效，但仅仅使用此法往往是不够的。借由成问题的文明史来书写所谓的无历史民族的历史，是一种很大胆的尝试。毋庸讳言，在民族志书写方面，民族学和社会学的概念都没有那么可靠，而只能充当语言学和考古学的配角。然而，在与其他学科概念一起运用之时，它们往往能达到令人瞩目的效果。让我们再来看看美国社会人学家的工作。博厄斯关于广泛流传于北太平洋地区的神话假说，更接近于事实，而且几乎是可以确证的。再如威斯勒关于北美印第安人服装的亚洲样式的推论，以及较之更早的，阿德勒(Bruno Adler)关于美洲的北亚风格之箭的假设，同样更接近于事实。然而，最终提供证据的只有萨丕尔(Sapir)在语言学方面的发现，他将众多群组的北美洲语言与一种被称为“原—中—藏—缅”(Proto-sino-thibéto-birmane)的语言层联系在了一起。

确切地说，历史的不确实性并不足以使人对研究失去勇气。毕竟，大体的事实仍是确定的。

确定无疑的是，一方面，存在能体现民族群或人类层特征，或同时体现二者特征的诸文明。另一方面，文明各有其面貌，其物产亦各有其风格，各有其外观。我们可以对之进行分析；这种分析所依托的是文明的全部特质，而不只是某种主要特质。这些特质只有一种共同的、将它们自身也都纳入在内的体现方式。这种专有、确定、独特的形式，即所谓“型”(type)。在这种情况下，我们大可通过绘制文明所特有的共存现象的分布图、借由考察习俗与制度的传播勾勒出的渗透路径与方式，来对文明进行定义，寻求其传布的中心，甚或是其源点。最后，即可确定文明的坐标、范围、边界、阶段，考古学与历史学尤其可为此项工作提供指引、帮助与支撑。

文明同样也取决于文明现象的历史性传布方式的性质。尽管某种固定的路线，但我们仍然可以了解其命运。我们可以认识那些不甚持久的路线，及其所追随的权威之标准。之后,我们就能作出相当接近于历史真实的推测。但其合理性并非源于塔尔德(Tarde)所认为的"仿效即法则",而恰恰是源于对某类型中某事物的采借。由此,涂尔干曾认为,一种较为独特的现象只能借由那些不甚持久的采借者及其追随的权威来解释。他还认为,在社会与社会现象之间存在一种历史联系。我们可以指出这种联系,并将其应用于通史(histoire générale)的研究工作。

这种传播反过来又保持了文明自身的性质,是基于某个双重的事实上的理由:相当数量非严格意义上政治性、道德性或国家性的社会生活要素,被限定于在历史发展与地理分布中联系在一起的某些民族;与国家一样,文明也各有其疆界;与其所涵盖的国家一样,文明亦有其生命,有其新生、生命之延续与死亡。

一些界限与所有社会现象共有的某种深切性质相对应。这种性质并非某个孤立社会的特质,而是代表了大量在相当长时间内相互依存的社会。一切社会现象都有一个主要的象征物:无论它是符号、字词、器具,还是一种制度,无论它是语言、成熟的知识,还是多用途的优良器具,都应是尽可能最合理、最合乎人情的,同时又具有任意性。

所有社会现象在一定程度上都是集体意志的结果。它们代表了人类的意志,体现了人类在各种可能的选择面前是如何取舍的。某个确定的事物,如一个字词,一个故事,对土地的整治,房屋的内外构造,一件陶瓷器,一个工具,都各有一种"型",一种样式。在很多情况下,它还有特殊的性质与形态,以及使用方法。社会的范畴,亦即方式的范畴。一些日常事物,如手势、领结、衣领及其他颈饰,步态、身体部位以及与之相应的鞋子等,都可反映出适用于大多数人的方式,而这恰是人们从各种方式中选择出来的。而且,这种方式只存在于特定的时间与空间。风尚(mode)包含某一时间内通用的事物,亦即由这些方式构成的系统。于贝尔曾就"文明之外观"、遗留至今的高卢"跑马场"、不仅仅出于方便且基于地理原因而建造的屋顶样式等主题作过精彩的论述。至于塔尔德的解释,我只能认其为基于道德家的喜新主义和厌新主义的某种目的之结果。

这些表现的性质及其发展的集体习惯,即使在单个社会中也必然是有限的、相对固定的。因为一个社会及其产物,只能通行于其可以和乐于被接受、采借的地方(我们还须考虑时代的问题)。这种任意性自然只能通用于同一层级的社会,或是使用同一语族语言的社会,或是长期以来借由友好的、非友好的接触而相互联系在一起的社会(战争无疑也是一种重要的采借手段),概言之,拥有某些共同事物的那些社会。文明区的边界即在于恒定的采借中止之处,文明的演化或多或少是并行或自发的,但总是不会太过疏远于其共同的根源,我们所说的拉丁文明及其变体意大利文明、法兰西文明等即是一例。

通常与根据宪法建立的社会，乃至国家一样，文明区的界线及急剧中止具有随意性。集体史学、民族学及其他研究的一个重大缺陷就是，往往只注意到文明区之间的重合之处。有人说，历史上只有那些积极的事物才会被互相传递。然而，我们仍需要考察那些非采借的，以及虽然有用却被拒绝采借的东西。这一工作与考察采借一样引人入胜。以色列人厌恶摩押人烹食尚在哺乳期的羔羊，这就是他们周五守斋的原因。图阿雷格人(Touareg)只喝骆驼所产的奶，而不喝牛奶，正如我们不喝马奶一样。北极地区爱斯基摩人的海豹皮小艇(kayak)和木框皮艇(umiak)都是极好的，但当地的印第安人不会也不想替自己制造这两种船。相反地，爱斯基摩人却愿意采借印第安人的雪鞋。就像我自己并未学过滑雪，而这却是现在我们孚日山区的年轻同乡都会的。我见过那些形成于器具与习惯的动作，我们不愿意使用英国人和德国人那种带手柄的锹，反之，我们也不愿意英国人使用我们的长柄锹。司马迁记载了中国宫廷对匈奴马术的讨论，及其如何最终被接纳等。

如此，我们看到文明的范围是如何既通过考察采借和扩张能力，又通过考察构成文明社会的抵制行为而被划定的。

社会学家就是这样从已经陈腐的历史研究、史前史研究和文明史比较研究出发，构想一般文明史研究，在重振民族学的民族史研究方面尤是如此。

这一想法并非是我们在遭受民族学家不公正和谬误的批评之后才有的。只需看看我的研究伙伴于贝尔的工作就可以了。他曾预备写《欧洲史前民族志》。他是这方面的专家。在一本关于凯尔特民族的书(人类进化丛书)中，他已指出凯尔特文明与拉登文明①是等同的。我们可以去看看凯尔特文明的杰作“战神殿堂”——很快就要在圣－日耳曼博物馆公开展出了。在那里，我们可以看到整个新石器时代和铁器时代初期的、兼具年代编排性、逻辑性、地理性的历史；还可以看到对这三个并存问题的唯一解决方法的一种尝试。

三、文明的通俗含义

经由以上教导性的专业阐述，我们便可进一步讨论文明一词的通俗含义了。

大多数情况下，我们接受此通俗解释，而不认为其有紧要的学术性错误。即我们所说的“法国文明”，其含义大于“法国精神”(mentalité française)：因为前者的范围已经超出了法国，甚至是法语区，例如，它亦存在于通用德语的法兰德斯

---

① 拉登文化(La Tène culture)，凯尔特人在公元前6世纪创造的铁器文化。——译者

和卢森堡。再看德国文化，它直到最近仍在波罗的海国家中占据着主导地位。对希腊文明或希腊化文明——我们的文明未能将其包含在内，正如它也未能将强大的拜占庭文明包含在内一样——我们也可用作同样的观察，它总是以强有力的方式将大量的事物与思想传输至很远的地方，并将希腊人之外的民族纳入其中。

下面这种情况也可称为文明，即众多的群体形成了共同的精神、风俗、艺术和手工艺，并传布至整个民族，最终形成国家。无论这个国家是单质还是混杂的，都并不紧要。例如，东罗马帝国就是拜占庭文明的中心。葛兰言将"中国文明"置于中国内部进行讨论是不无理由的；而他认为中国文明的某些现象超出了中国，同样是正确的：尤其是中国文字、中国古典戏剧和音乐的魅力、美术符号，以及中国人在西方开化之前就具备的生活礼节和处世艺术。在一定程度上可以说，安南、朝鲜和日本均处于中国文明区。印度有且只有两个文明单位：莱尔爵士（Alfred Lyall）认为，其一为印度文明，即婆罗门文明；其二为超乎印度文明之上的佛教文明，它几乎全面涵盖了古代远东诸国。梵文中地狱（nâraka）一词，就被广泛应用于印度沿海，以及印度尼西亚、巴布亚诸岛。印度文明和佛教文明后来还影响了欧洲。

还有一个例子可以显示这个具体问题之复杂性。它是过于简单化的历史、不成熟的政治史、判断力缺失的抽象历史和国家主义历史所无法解决的。著名的吴哥巴戎寺廊壁，其上雕刻着不计其数的人物像、动物像及其他画像，总共有四层；这些象征性的装饰和人物，既有天上的，也有陆地的、海洋的。而那些巨大的手绘画板又是什么呢？它们呈现的整体风格无疑是印度高棉式的。这已经是一种混杂的作品，壮丽而卓绝。而且，其中有一组是佛教的；另有一组则描绘了印度史事，甚至都不是吠陀的，而是印度教毗湿奴派与婆罗门教湿婆派的。对这两组雕刻，我们的法国学者已经做了相当全面的解释。而最大的那组画像，至今仍存在难以解决的困难。上面有检阅数以万计的军队的场面，那些祭司、官员、君王均为印度人或印度人装扮。我们认为这描绘的是罗摩衍那战争，不过还不能完全确定。无论如何，可以看出画中的部属、士兵、装备的某个部件、武器、步法、服装、发式、手势都属于一种特别的未知文明。画中人物的相貌（我们没有理由怀疑其真实性，因为即便其已经被修饰过，也仍然承载着艺术与现实）迥异于任何一个已知的种族。最后一组画像则呈现了日常生活和工匠生活，其中有些人物呈现的已经是印支人的相貌。从公元第一个千年末期以来，印度支那就是巫术的王国，与此同时，也在那儿缔造了种族与文明。

现在来看第三种含义，此含义可以说是专适用于道德和宗教现象的。我们可以更确切地将"佛教开化者"称为"佛教文明"：它全面规约了印度支那、中国、日本和朝鲜的道德和美学生活，以及西藏和布里亚特包括政治在内的几乎全部生活。① 同样，我们也可以称“伊斯兰文明”：伊斯兰教能从微不足道的手势到内在心理的方方面面，同化其所有的信徒；即便是哈里发，他也没有建立政治国家的概念，因其头脑中已经另有够多的伊斯兰文明特质。我们同样可以称“天主教文明”，亦即中世纪西方的“共有”文明；即使在拉丁文不再是教会与大学的通用语言之时，亦可如此。从这一文明的现代承载者的观点来看，这仍然要比称之为“欧洲文明”更为确切，更有历史基础，因为，欧洲的概念毕竟是后来才出现的。

上文关于“文明”一词的三种解释，具有一定的科学性，但几乎都是通俗含义。

哲学家和大众总把文明的含义指向“文化”(kultur)，亦即教育、追求财富和生活质量、获取力量与技巧、成为公民或国民、建立秩序与治安组织、规约人们谦恭和礼貌、转向优雅、欣赏和推动艺术的方式。

在处理“文化”(culture)一词时，语言学家采用了一种容易理解的双重含义，其出发点也有点类似。一方面，他们从相当广阔的地域和相当古老的时代出发，在文明语言(langues de civilisation)，如拉丁语、英语、德语，还有现在的捷克语，塞尔维亚语等中，看到了教育、传播、技术和知识传承，以及文学普及的方式。另一方面，他们又将文明语言与方言、土语，与小群体、尚不太开化的民族的小语种，尤其是与乡村语言，亦即与传布范围较小并因此而不那么细腻(这只是未得到确证的推理)的语言相比较。他们认为，价值准则、外向性格、通用动力和传播能力，与观念传播、语言传播的性质是相混的。这两个定义与我们的相差不远。

说到底，国务活动家、哲学家、政论家及大众提得更多的还是“文明”。在民族主义时期，文明通常即指他们的文化、他们民族的文化，因为他们普遍不了解其他民族的文明。在理性主义时期和通常所说的普遍主义、世界主义时期，文明以主要宗教的方式，构成了一种既想象又实际、既理性又自然、既是原因的又是结果的状态，确定无疑的只有其不断的进步。

实际上，这些含义都是与一种人们向往的理想状态相适应的。一个半世纪以来，人们都在以政治的眼光思考这些问题。这一完美本质，始终只是一种神话式的、集体表象的存在。集世界主义和国家主义为一体的信仰，也是西欧和美洲(印第安文明除外)国际性文明和国家文明的一个特点。有人想象文明包含于单个的理想国家或类似的单位之下，如费希特(Fichte)提出“锁国”(L' État Fermé)的概念，此类国家自给自足，其文明和文明语言的范围与其政治范围一致。一些

① 布里亚特，蒙古的一支。——译者

国家，比如美国已经实现了这一理念，另有一些国家则有意识地追随其后。另有一些作家或演说家在抽象地思考未来的人类文明，认为人性的进步是哲学和政治的陈词滥调。再有一些人则最终调和了这两种理念，认为国家阶级、国家以及文明本身，对文明而言都只是历史使命。当然，这里所提的文明均指西方文明。他们将文明提升到共同理想和人类进步的理性基础的高度；此外，还认为乐观主义有助于为文明创造幸福的条件。19 世纪，人们混淆了两个概念，即将“他的”文明当成文明。各民族、各阶层也在制造自己的文明。这就导致了永无止境的辩争。

然而，人类生活的革新均源自这些事物秩序的更新。我们认为，文明在当代体现于各种事实当中，而不再体现于意识形态。首先，在没有国家灭亡，也没有国家已经发展得完全成熟的情况下，文明不断自产出国际性实体和国际性观念的资本。文明现象的国际性日益加强，其数量不断增多，范围不断扩展，且不停地在繁殖，其特性也在增加。器具如上文讨论过的挖铲，还有服装，以及那些多少有点复杂的东西都可能依旧留存在这儿或那儿，但那些民族与文明中特殊的、非理性的、别致的范例已经踪影全无。机器与化学方法也无法存留。正如莱布尼茨所说，科学主宰一切，但掌握科学语言的是人类。最终，事物的交流、传承、描述和记录方式出现了革新，并日益普及，这里所指的事物包括了观念与习俗，此即电影艺术。永久保存声音的方式也出现了，之后不到十年，又出现了传递声音的无线电话技术。这使人们在任何情况下都对各种音乐、腔调、字句，以及其中的信息进行自由处理。这仅仅是开始而已。

不清楚这些反应是否将会改变某些文明要素，但我们已经看到化学和航空技术对国家暴力要素的改变，甚或更糟糕的，对国家自豪要素的改变。此外，国家可能越来越疏远于对其进行孕育、提升的人类，这种疏远是肆无忌惮的。但确定无疑的是，建立国家之前的那种了不起的渗透、国家和文明将继续存在，其间的共性增多，各自的方式与其他国家与文明将更为相像，因为共同基础的分量和质量都日益增长，而其范围也日益以更为紧凑的节奏在扩展。新生文明的某些要素也开始走出其所在的、直到最近都还算偏僻的群体，抑或现在就已经完全脱离了这一群体。原始艺术，包括音乐的大受欢迎表明，所有这些都极有可能遵循未知的道路向前发展。

让我们来仔细推敲下“共同基础”(fond commun)的概念，此即社会与文明的通用知识。我们认为，文明的概念和融合的限度正是与“共同基础”，而不是与文明的原则相通的。如果得不到承载国的珍重并加以发展，则此共同基础将毫无意义。然而，同样地，在这些国家内部，科学、工业、艺术和高雅也不再是人数较少阶层的遗产，在大国中，则成为一种公共特权；这些文明的最显著特质，将成为越来越多社会群体的共有属性。诗人和史学家将来或许会为地方风味的消逝而惋惜咏叹。或许还有挽救的余地。但人类的财富无论如何都会增长。为了满足市场(现在是世界性的)需求产品、土地与海边滩涂的整治,所有这些都将得到越来越合理地安置与利用。如果认为这就是文明,那也并无不可。无疑,所有国家与文明,现在都更趋向强大、全面、理性(其中,全面与理性是相互的,在象征之外,人类只有在理性和实际方面是相通的)。

而且这个“更”显然越来越普及,并被更好地理解,最终会被越来越多的人所采纳。

色诺波(Seignobos)说过,文明就是那些道路、港口和站台。在这句俏皮话中,他分离了财富及创造财富的工业。我们还应该借用康德的“纯粹理性、实践理性和判断力来理解工业所创造的理性财富。我们由衷地相信这个观念:不断增长的知识,以及被越来越理性的人类共享的理智的和具体的利益,均奠基于事实基础之上。我们可以社会学的角度来衡量各个文明,以及某个民族对文明的贡献,而不必对国家、文明,或是某个文明进行价值判断。因为,仅仅是文明的进步,并不一定会带来善与幸福。

但关于这方面的价值判断问题,我们将留给尼塞福罗(Niceforo)来讨论。

作为“文化斗争”的人类学
——弗朗兹·波亚士职业生涯中的科学与政治[①]

George Stocking［文］　孜　子［译］

从德国俾斯麦时期开始步入科学领域起，到“二战”中经历德国纳粹战争，直至他离开人世，弗朗兹·波亚士(Franz Boas)的人类学在特殊的政治环境下发展着，变化着。在这期间，他曾试图用人类学来改变当时的政治环境。思考波亚士职业生涯中科学与社会之间的相互关系，或许有助于将我们对他的理解找到特定的历史基础。不过，这种思考可能还具有更原型性的意义。这是因为，在他的人类学思想中，科学与历史的关系反映出人类学学科知识结构中的持久性张力，在他所从事的科学研究与政治活动之间，可以窥见人类学与公共生活之间的更为普遍的层次。[②]

波亚士出生于1858年，此时距德国自由主义革命已10年，在他出生后的第13年，即1871年，《德意志帝国宪法》正式确立解放德国犹太人。他的家庭恰是这些正在融入德国社会的犹太人，他们打破了“教条的束缚”并信仰“1848年德国革命的理想”。[③] 在波亚士眼中，这些理想是类似他的人类学导师鲁道夫·魏尔肖(Rudolf Virchow)的左翼民主主义观点的组成部分：受教育的权利、机会均等、政治与思想自由、拒绝教条、追求科学真理、对全人类的认同并致力于全人类的进步。波亚士成年后，这些理想在德国受到了严重威胁。同天主教会传统宗教

---

① 本篇论文的研究和写作工作是我在“行为科学高级研究中心”(the Center for Advanced Study in the Behavioral Sciences)期间进行的，其中“国家人文科学捐助部”(the National Endowment for the Humanities)对我的工作给予了很大支持。中心的工作人员对我帮助极大，他们中的几位还对本文章予以评论，提出了批评意见，提供了书目线索。在这里，我特别感谢 Michael Kammen、Richard Abrams、Margaret Amara、Irene Bickenbach、Ronald Cohen、Chris Hoth、August Meier、Elliott Rudwick，以及加州大学圣地亚哥分校和圣巴巴拉分校的人类学家们，我曾在这两所大学用本论文做过讲座。感谢 Franziska Boas 和美国哲学协会(the American Philosophical Society)长期以来为我的波亚士研究提供便利，并允许我引用波亚士的诸多文献。

② H. A. Levenstein, “Franz Boas as Political Activist”, *Kroeber Anthropological Society papers*, Vol. 29, 1963, pp. 15～24.

③ G. W. Stocking, *The Shaping of American Anthropology: A Franz Boas Reader*, New York: Basic Books, 1974. 我在写作本论文时，借助了我之前出版的有关波亚士的作品，故读者多可在标注的引文原文找到更完整的资料。此处引用1974年重印的波亚士文献时，我指的是论文集而非原版，我在文中他处引用波亚士文献时，也遵从这一做法。

势力斗争，争取文化上统一的民族国家——魏尔肖称之为“文化斗争”——实际上导致了宗教分裂和对自由原则的破坏。曾标榜是民主主义者的俾斯麦，此时背离民主主义，与普鲁士容克及大工业家结成新的联盟，通过了保护性关税以及反社会主义的法律。1873年的大萧条中爆发的反犹太情绪，在波亚士的大学年代，达到了最高潮。他因为反对仇视犹太的言论，和人决斗，脸上因此留下疤痕。尽管波亚士高度认可古典德国文化、德国民族国家观念以及德国自由主义传统，但当他于1883年离开德国，前往巴芬岛从事有关爱斯基摩人的民族志研究时，他无比强烈地感到与此时的德国格格不入。从北极返回后，他发现俾斯麦正踌躇满志，为将非洲和新几内亚“原始”部落变成德意志的殖民地打基础，此时他更感到自己的文化认同遭到摧残。①

在这一背景下，波亚士开始考虑离开德国。他48岁的叔叔亚伯拉罕·雅各比（Abraham Jacobi）此时在美国已经是非常成功的医生，波亚士后来描述说，他叔叔当时已经是个“马克思的狂热追随者”了（9/24/41）。② 他叔叔的成功，亲身验证了美国是个有政治自由并充满科学研究机会的国家。在给叔叔的信中，谈到未来时，波亚士宣称并不仅仅满足于纯科学研究，“我必须能富于创造性”，他这样说。身为德国学者，“涉及政治上动机不纯的私利主义时，他永远无法保持沉默，永远不能安于接受完全的不作为”。那时的美国，连地理科学还不算真正存在，波亚士感到他的工作将非常有意义，“在德国，没有什么可与之比肩的”。③ 到美国两年后——那时他已完成从物理学到民族志的艰难转型——他终于在美国扎下根来。

波亚士在美国开始其科学研究之初，便确立了后来始终贯穿其学术生涯的几个研究主题。他投身于与传统非理性权威相对立的科学与理性思想体系中，致力于被魏尔肖称为“文化斗争”的事业。这一点是不言而喻的，但波亚士的早年经历，使他在两种立场上都带有一定程度的模糊性。德国民族国家理应致力于理性与科学的世界观，但却制造了功利性的科学和不尽如人意甚或排斥波亚士本人的文化。相反，似乎受次等理性支配的“原始”爱斯基摩人社会，其制造的

---

① Hajo Holborn, *A History of Modern Germany, 1830～1945*, New York: Knopf, 1969; G. W. Stocking, *Race, Culture and Evolution: Essays in the History of Anthropology*, New York: Free Press, 1968, pp. 135～160; Tal Uriel, *Christians and Jews in Germany: Religion, Politics and Ideology in the Second Reich, 1870～1914*, Ithaca: Cornell, 1975.

② 在引用波亚士文献（*The Professional Correspondence of Franz Boas*, Mircrofilm edition, Wilmington, Delaware: Scholarly Resources, 1972）时，我仅以日期表示，是为了在使用作者原话时稍微减轻插入性解释的负担，因这些波亚士文献可通过以时间顺序索引的微缩胶片获得。我的此类引文几乎全部出自波亚士本人。

③ G. W. Stocking, *Race, Culture and Evolution: Essays in the History of Anthropology*, p. 150.

文化却“相对来说”是人类潜能的更完整体现。在这个语境下，波亚士科学生涯便含有政治意义，这一意义具有多重价值标准，是一种一分为二的“文化斗争”：一方面，这一斗争可被看作为维护追求普遍理性知识的文化环境而进行的斗争；另一方面，它又可被看作为其他文化世界的正当性而辩护的斗争。然而，对波亚士而言，进化论人类学和浪漫人类学观点之间的潜在对立所涉及的伦理和认识论问题，似乎从来不算是个大问题。科学对他来说向来是在伦理上进行自我证明的活动，他后来回顾说，他的工作体现了科学与政治立场的统一：当我们认识到传统的枷锁，并能够打破枷锁，我们从科学上对“传统权威暗含的信仰之心理起源”进行的探求，便可从政治上得以实现①。在 19 世纪 80 年代的德国，实现他目标的机会似乎渺茫。他的解决之道就是离开他的祖国所处的残酷社会现实，进入一个看似更开放更广阔的政治经济领域——一片充满着机会的土地，让一个雄心勃勃的年轻学者既可以追求科学真理，又可以获得个人发展的地方。

然而，吊诡的是，波亚士移居的美国，此时却进入了极度物欲与自私自利的“镀金时代”(Gilded Age)。资本家在进行毫无节制的扩张，经济与政治权利越来越集中在少数人手中，造成了巨大的社会不公平，许多社会群体沦落到任由经济成长周期摆布的境地——而且连俾斯麦为了从社会主义阵营争取工人阶级而提供的社会保障都没有。如果说机会还在向欧洲被压迫人民招手，美国却是这样一幅图景：主导力量在用文化上的破坏力侵犯少数民族，这一情景如波亚士可能早已于孩提时代就从莱瑟斯故事中读到过。那些高贵的美国土著，本有他们自己的完整生活，而此时却仅拥有土著人保护区中的一小半生活②；美国黑人的经济和政治地位正趋于黑人解放后的最低点。③ 美国进入了长期排斥东欧“新”移民的仇外情绪的早期阶段。④ 此时，美国本土的扩展几近结束，很快便开始实行美国式的海外帝国主义。⑤

波亚士也亲身感受到了其中一些力量的影响。1890 年，克拉克大学“教师们”因为解剖狗，以及让学校的孩子脱光衣服，测量他们的身体发育状况，而遭到马萨诸塞州伍斯特市(Worcester, Massachusetts)媒体发动的排斥性攻击，而波

---

① G. W. Stocking, *The Shaping of American Anthropology: A Franz Boas Reader*.

② Wilcomb Washburn, *The Indian in America*, New York: Harper, 1975.

③ R. W. Logan, *Betrayal of the Negro: From Rutherford B. Hayes to Woodrow Wilson*, New York: Macmillan, 1965.

④ John Higham, *Strangers in the Land: Patterns of American Nativism, 1860～1925*, New Brunswick, New Jersey: Rutgers, 1955.

⑤ Walter La Feber, *The New Empire: An Interpretation of American Expansion, 1860～1898*, Ithaca: Cornell, 1963.

亚士因决斗带疤的脸则成了攻击的焦点(Daily Telegram,3/12)。甚为嚣张的“企业主义”甚至渗透到了科学界,影响了他本人的学术生活环境,他在19世纪90年代初期,有一年多的时间没有固定职业,不断换工作。最后还是得益于他个人及其家庭与学者型大企业家普特南(F. W. Putnam),他终于在纽约彻底安顿下来。期间,他极力在美国学术界为自己及他的学科争取一席之地,他的研究不仅是功利性的,而且很大程度上以自我为中心。鉴于他是个新移民,当1894年(6/22/94)美国科学进步协会(the American Association For the Advancement of Science)选中他在小组会议上发言时,很可理解,他感觉作为“外国人”被选中很了不起。他关于“由种族所决定的人类禀赋”(Human Faculty as Determined by Race)的演讲内容,是他日后发表的大多数有关种族作品的雏形。尽管他视自己的演讲为“大众”性的,但当演讲发表在协会年报上时,却被淹没在其中,没能引起关注。[①] 除了为保护夸扣特尔人举行冬至仪式的权利给加拿大报刊写过几封信外,此次演讲是他1900年前第一次进入公共领域。[②]

直到在哥伦比亚大学站稳脚跟后,波亚士才开始更积极地响应公共问题。而他的第一次有关公共问题的响应让人颇为有趣地了解到他本人以及人类学立场普遍带有的某些模糊性。后来,在回忆1898年他美国之梦的幻灭时,他说:“那是侵略性的帝国主义宣告美国理想不过是在做梦的时刻。”他忆起和他的德国朋友们进行“激烈讨论”时的情景,他曾指出,“对殖民地的统治”背离了美国的基本价值观,而当“西班牙内战结束,这些理想被粉碎”时,“巨大的失望”亦回荡在他心中。[③] 但他在当时的响应,实际上十分务实。

1901年1月,德裔犹太金融家、库恩勒布银行(Kuhn, Loeb & Co.)总裁雅各布·希夫(Jacob Schiff)应波亚士的请求,捐给美国博物馆(the American Museum)1.5万美元,资助其建立中国藏品部,并约定由一个七人委员会负责审核相关开支。该委员会的两位成员是被称为“强盗男爵”的亨利·爱德华·哈里曼(E. H. Harriman)和詹姆斯·希尔(James J. Hill),而他们二人那时甚至正在争夺北方太平洋铁路公司(the Northern Pacific Railroad)的控制权(4/7/02)。接下来的几年,波亚士作为东亚委员会(the East Asiatic Committee)秘书长,在进一步研究和讲授东亚文化方面费了不少心血,在新的“美国附庸国”的有关项目上花费的精力也不少(包括由哥伦比亚大学和耶鲁大学联合举办的“领事与商业

---

① G. W. Stocking, *The Shaping of American Anthropology: A Franz Boas Reader*.

② F. E. La Violete, *The Struggle for Survival: Indian Cultures and the Protestant Ethic in British Columbia*, Toronto: Toronto University, 1961, pp. 67～75.

③ G. W. Stocking, *The Shaping of American Anthropology: A Franz Boas Reader*, pp. 331～332.

服务”培训项目)。他频频提及,这些工作的“实用”价值体现于“我们国家的商业和外交利益”(10/12/01)。长久以来,希尔对东方贸易兴趣浓厚,企图以这一贸易之多得,填充空驶的西行列车。波亚士的这些言辞,也许会对希尔等人有影响,但事实却非如此。从委员会成员资助真金白银的意愿看来,他基本没有什么大影响。波亚士筹划着最终能募集到 250 万美元,设立 12 个教授职位,为博物馆添上一个侧翼展厅,但实际上只是在 1904 年为菲律宾研究募集到了 7800 美元(2/15/04)。由于缺少足够的资金,外加之波亚士与博物馆行政人员的不和,东亚委员会最终于 1905 年底中止运行(12/28/05)。

虽然我们难以用这一事件来证明那一简单将人类学视为帝国主义之“婢女”的看法,但是它却形象地暴露出决定人类学研究的情境因素。很明显,波亚士响应了“外部”事件与流程,但他的研究活动似乎主要由追求学术与制度发展的“内部”学科动力激励着。推动 1896 年进行的旨在研究北美与东亚文化相互关系的“杰沙普北太平洋科考”(the Jesup North Pacific Expedition)的,是当时的传播理论,波亚士的海外研究兴趣正是这一理论的直接产物。波亚士个人的“实际”目的主要是从学术与制度上推进人类学研究并巩固人类学——波亚士式人类学——的地位。一直以来,人类学研究的资金来源问题,都是影响人类学与社会关系的关键因素,而情境只能产生间接性影响并不具有决定性的作用。举个例子来说,波亚士可以因收集中国工艺品得到资金资助,却没办法获得对他加禄族人(Tagalog)进行田野调查的资金。二者都是人类学的研究对象,但何时从事何种研究则完全听任于他的资助人。[①]

对学科发展的重视并不是推动波亚士进行东亚研究的唯一动力,他还有“伦理上的目的”。他认为,如果不了解外国文化的“思维模式”,就无法理解和对待“外国文化的代表物”(6/18/02),故而我们需要“对不同种族所取得的成就予以应有的欣赏”(4/7/02) ——而如果继续坚持当前对科学文化的“片面”强调,就会导致“轻视造就了异于我们自身文化之其他文化的思维方式”,就无法欣赏其他种族的成就(6/18/02)。不过,假使波亚士真的用跨文化理解和文化自我批评来替代“白人的负担”,那就未免会有些幼稚,或者说,未免忽视了美国在海外经济和政治利益之本质。我们也不能简单用受众来解释他的这一观点。波亚士确曾以为,如果传播得当,人类学的世界观或许可以超越经济或外交利益的力量。

1895 年后,他进行的东亚研究搁浅,转而帮助墨西哥发展人类学,在承担发

---

① G. W. Stocking, “ Ideas and Institutions in American Anthropology: Thoughts toward a History of the Interwar Years”, in *Selected Papers from the American Anthropologist, 1921～1945* , Washington: American Anthropological Association, 1976, pp. 30～37.

展人类学学科的任务中，他这种超然、理想化的学科理念很明显遭遇到不少困难。[①] 1910 年，波亚士获得迪亚斯(Diaz)政权重要官员的支持，得以利用必要的资源，建立起“美国考古学与民族学国际学院”(the International School of American Archaeology and Ethnology)。学院主要由美国和德国学者组成，但他意识到，如果人类学要在墨西哥获得发展，就必须实现人类学的本土化。学院必须训练墨西哥本土学生，研究报告必须在墨西哥本土发表；而为激励本土学者、“教导舆论”，工艺品和标本(复制品除外)必须保存在墨西哥国家博物馆。波亚士太过专注传播人类学，却从未真正懂得，学院几乎从成立之初就陷入了革命政治势力斗争的漩涡，他后来将之比喻为肯塔基群山中“警长的警卫队与强盗之间的激战”。尽管他在纽约的报刊上为墨西哥辩护，反对威尔逊总统的干涉，但他提出的所谓“只有如克伦威尔、拿破仑或迪亚士式的铁腕人物才能给墨西哥带来解脱”(11/12/13)，却是专制主义的。学院无法办下去，被迫在 1914 年关闭。

1900 年后的 15 年中，除了承担这些海外人类学项目，波亚士在国内的人类学工作则更加关注外部因素。美国的“进步时代”(the Progressive Era)时期，哥伦比亚大学很大一部分教职人员致力于校外的公共服务，波亚士也不例外，只不过他在关注国内公共问题时，倾向于带有较为狭窄的专业关怀，在传播人类学时还略带些精英主义色彩。1905 年，他辞去了美国博物馆的工作，以抗议“将所有科学研究彻底附属于‘幼稚园’的政策”(6/15/05)。他还指出，科学研究太过于迎合大众口味，这种观点多次出现在他这一时期的书信中。他此时的研究，很大一部分致力于一个重要的全国性问题：各个“种族”群体融入到美国现代工业文明生活环境的能力。对“新移民”引起的问题的担忧越来越多，1900 年后发生的多次种族骚乱，让许多自由人士被移民和黑人的状况所困扰。鉴于波亚士的个人背景和在纽约慈善界已经建立起来的关系网，以及已开展多时的遗传问题的科学研究工作的推动 ，他的参与丝毫不令人意外。不过他的方式颇为特别，主要是把它作为人类学发展和传播的问题之一来对待。

波亚士写过多篇关于黑人文化成就的一般性文章，也于 1906 年应杜波依斯(W. E. B. DuBois)之邀在亚特兰大大学毕业典礼上演讲。不过，他对种族问题开始产生浓厚兴趣，是从美国博物馆辞职之后，被迫寻找新的研究资金来源之时。他写信给“伦理文化”运动(the Ethical Culture movement)领袖菲利克斯·阿德勒(Felix Adler)——波亚士家族的一些孩子在他的学校受过教育，倡议建立一个“非洲博物馆”，向公众展示“非洲文明最好的产物”，开展关于美国黑人文

① Ricardo Godoy, “ Franz Boas and His Plans for the International School of American Archaeology and Ethnology in Mexico”, *Journal of the History of Behavioral Sciences*, No. 13, 1977, pp. 228～242.

化、解剖、统计方面的广泛研究(10/30/06)。他向洛克菲勒、卡耐基及塞奇基金会申请研究资金,却未能获得他期望用于建造博物馆的50万美元的费用,和每年4万的年费用。此时美国移民局的创设,为波亚士继续大致同一领域的研究提供了资金来源,他便开始转向移民身体变化方面的研究。[①] 不过,他仍继续为智识阶层的大众进行种族问题的演讲和写作,并将1911年在波士顿和墨西哥城所做的演讲结集成册,出版了"原始人的思维"(*The Mind of Primitive Man*)演讲系列。

波亚士视人类学家的使命为传统观念的批评家,他的这一观点,以及恰恰是他所批判的当代种族论体系,深深制约了他对美国"种族问题"的分析与展望。尽管他确认,基于"不同的情感与理智平衡"的其他文明有存在之可能,也有其宝贵价值[②],但却又认为,当前的关键问题是,移民和黑人如何拥有融入到美国生活的文化标准中去的能力。他甚至很大程度上认同当时盛行的关于美国黑人的看法,即认为最基本的问题是,"当前毫无疑问地存在于我们的黑人人口身上不可取的特征,多大程度上源于种族特征"。与盛行看法所不同的是,他认为非洲黑人的文化成就证明,当前美国黑人能力的缺乏,很大程度上应归咎于"我们(白人)造成的社会环境"。[③] 他还认为,虽然通过解剖已经观察到的差异表示"黑人种族的思维构造不同",但这些"微不足道的差异"(5/11/07)并不能表明"现代生活对人类身体或思维的要求"超出了"黑人的力量"。[④] 和同时代的许多学者一样,他倾向于从生物学角度看待"熔炉"问题,认为不管是对移民还是黑人而言,种族混合将最终可以解决"种族问题"。他认为,百年之内,移民将很大程度融入美国;尽管美国新近通过的反种族通婚法律会"放慢白人血统流入"黑人群体,但无法"阻挡种族混合的渐进进程"。[⑤] 同时,某些种族特征频率分布的大量重叠,表明无法仅根据种族来假定个人特征,也从科学角度支持了美国的基本价值观,即人人皆有其长处,需以其贤能评价其人。目前,黑人必须努力争取"通过不断提高(他们自身的)生活水平,从根本上反击对(他们)种族的蔑视情绪"[⑥],实现自

① G. W. Stocking, *The Shaping of American Anthropology: A Franz Boas Reader*, pp. 202～214 & pp. 316～338.

② Franz Boas, *The Mind of Primitive Man*, New York: Macmillan, 1911, p. 208.

③ Ibid., p. 271.

④ Ibid., p. 272.

⑤ G. W. Stocking, *The Shaping of American Anthropology: A Franz Boas Reader*, p. 329.

⑥ Ibid., p. 315.

我拯救——而人类学则继续其以“事实”反对“情感”的斗争。[①]

* * *

理智与情感的对立，此时更深受波亚士人生意义感的驱使，成为“一战”期间他在公共问题方面作品的主旋律。总的来说，他对进化观点持批判态度，但他1912年谈及内部处于和平中的更大社会单位的发展时，却称之为“人类历史不可阻挡的规律”，将必然超越现代民族主义的“实际困难”以及欧洲白人的“所谓种族直觉”。民族团结不是以“客观种族特征”为基础，而是以“主观理想”为基础，历史上“主观理想”总处在“不断变化”中这一事实，本身也证明主观理想被取代的可能性。[②]“一战”的进行却让民族主义产生了不同含义。随着威尔逊政府转向盟国，美国国内反德情绪高涨，让波亚士早年因德国在欧洲国家“错误、自私自利的斗争”中不光彩角色产生的痛苦复杂化[③]。波亚士公开反对美国参战，并且对被用作表面上的参战借口的普遍价值观进行批评，与此同时，他为自己祖国的文化传统和军事政策辩护，认为潜艇战是面对德国反击关系其存亡的盟国封锁唯一的有效途径(3/30/17)。

在这一背景下，波亚士开始更加重视本土化的情感凝聚力，反对普遍性的理智凝聚力——尽管他仍区分“思想的民族主义”和“政治与经济权力的帝国主义式民族主义”。[④]作为科学家，他知道人类更倾向于用理智来“将他们的情感和行为正当化”，而不是“塑造行为和重塑感情”。[⑤]他对于历史上发展演变的国家理想之“绝对价值”的怀疑，却恰恰使他为它的继续存在辩护：“了解到人类众生永远不会从传统之束缚中解脱，人类进步就将需要国家特征的持续存在”——因为只有“通过与外国异类思想的比较”，我们才能“认可我们自身的传统基础”。[⑥]只有这样，我们才能实现如科学般“基于广义概念的，不受决定其特定形式的特定社会环境所约束”的“真正人性的理想”。[⑦]与此同时，从“人性通常角度”来看，他

① August Meier, *Negro Thought in America, 1880～1915*, Ann Arbor: University of Michigan, 1963; William S. Willis, “Franz Boas and the Study of Black Folklore”, in John W. Bennett, ed., *The New Ethnicity: Perspectives from Ethnology*, St. Paul: West Publishing, 1975.

② Franz Boas, *Race and Democratic Society*, New York: Augustin, 1945, pp. 100～103.

③ Edward Purcell, *The Crisis of Democratic Theory: Scientific Naturalism and the Problem of Value*, Lexington: University of Kentucky, 1973.

④ Franz Boas, *Race and Democratic Society*, p. 122.

⑤ Ibid., p. 157.

⑥ Ibid., p. 182.

⑦ Ibid., p. 183.

可能希望废除所有移民障碍,但他还是接受了国家有权限制来自"具有截然不同特性的文化类别"的移民。[①] 在爱国主义上,他采取了类似的双重标准——波亚士自己的"服从于人文主义"的标准和"人类大多数"的标准。[②] 如果理性"回顾人类历史"——这是"我一生职责所在"——让他懂得前者具有"更高价值",却没有给他"把人类近三千年历史中一直被视为最高美德的一切标为罪大恶极的权利"[③],而是赋予了他捍卫和扩大普遍的、科学的价值观之领域的责任——事实上,这带来了对他个人价值体系中以及美国民主中某些理想的重要的再评估。[④]

让波亚士倾心的美国19世纪的自由主义,在战争期间受集体主义影响已经变了样,他再度转向欧洲。美国的民主选举形式是在特定历史条件下发展起来的,与民主的"基本准则"相去甚远。民主的基本准则要求置"公民的权利和福祉"[⑤]于国家之上,民主的实现需通过其他方式,而远非美国试图强加给世界的宗教、道德准则和生活标准以及随之的"自由制度"并不利于民主的实现。[⑥] 真正的民主也并不意味着这个"地广人稀的年轻国家"得益于其得天独厚的丰富资源——欧洲早已不再拥有这样的条件,而在美国这一条件也在迅速消失——致使其公民拥有几乎毫无制约的个人行为的自由。"不再年轻的岁月"使波亚士认识到,个人自由必须要与整体社区的需要协调一致。[⑦] 他现在的确觉得,社会公正的需要"高于个人自由的需要"——这是"对个人富有成效地工作能力的一种补偿",而且国家有权利"要求公民为社区服务"。[⑧] 在认可个人的自由服从于这种集体需要时,他倾向于在思想和行为之间划条界线——在遵守法律的义务,与批评法律的权利和职责之间——当法律违反"个人基本信仰"时,他认可对法律的非积极服从。[⑨]

美国知识分子普遍未能支持他这种批评态度,而且此时美国爱国情绪高涨,反德情绪竟蔓延到"我们东部的大学",凡此种种,显然让波亚士极为震惊(12/

---

① Franz Boas, *Race and Democratic Society*, p. 181.

② Ibid., p. 156.

③ Ibid., p. 159.

④ Edward Purcell, *The Crisis of Democratic Theory: Scientific Naturalism and the Problem of Value*.

⑤ Franz Boas, *Race and Democratic Society*, p. 147.

⑥ G. W. Stocking, *The Shaping of American Anthropology: A Franz Boas Reader*, p. 332.

⑦ Ibid., p. 334.

⑧ Franz Boas, *Race and Democratic Society*, p. 162; p. 166.

⑨ Ibid., p. 169.

15/16)。[1] 战前，他曾用精英主义的语汇谈到"易轻信的公众"和"麻木不仁的大众"，而现在却认为，"受教育阶层的心态"，凭借其所受的教育训练，本应该额外具有"经过历史检验和过滤的思想"，但实际上却"比大众更强烈地被特殊传统思想所影响"——大众的愿望"从更广的意义上说，比受教育阶层更人性"。[2] 那时，美国的社会主义党(the Socialist Party)是支持公开反对战争的唯一政治团体。1918 年，曾经投票支持麦金利(McKinley)和休斯(Hughes)的波亚士，宣布将投票支持社会主义党。[3] 虽然他对一群社会主义者早前所做的声明表示，他"几乎无法受任何党派的约束"[4]，但他一度成了该党的一员；并曾收到该党的信函，信函开头称呼他为"亲爱的波亚士同志"，表示要和他讨论有关他家所在地新泽西州格兰特伍德学校体系的政治活动问题(2/20/18)。

在这一背景下，波亚士于战争结束不久发表了他关于殖民主义问题的唯一一次重要公开声明。虽然他部分是为了替德国的殖民统治历史辩解，表示"与制度相伴而生"的邪恶并非为某一国所特有，但他此时对作为一种经济剥削形式的殖民主义肆意妄为地毁坏"对本土民族而言神圣而重要"的文化形式而造成"成千上万人活活饿死"的恶果予以了谴责。他抨击政府意欲将"临时管理"变成"永久财产"的托管地体系，认可英国工党提出的"顾及"本土人的意愿，保护本土对土地的所有权，将殖民地收入用于本土发展的国际控制政策——他和许多倡导"间接统治"的人一样，认为本土发展应当"以本土文化生活为基础谨慎建立起来"。尽管在世界大部分国家(包括美国)推行这种本土保护主义政策的时机已经过去，波亚士还是认为在"欧洲移民不太可能大规模安扎"的地方，还是可以应用的。[5]

正如波亚士的殖民观点所意味的那样，他向社会主义的转变受到他与日俱增的悲观情绪和某些根植更深的价值观点的严重制约。彻底消除人类的苦难是现代文明的特殊环境产生的假象，是无法实现的目标。世界进程和伦理义务的冲突总是会带来痛苦，而"人类必须愿意承受痛苦"。[6] 尽管为了给每个孩子提供平等的机会，他主张进行必要的"激进的社会重新调整"，但他仍然觉得完全的个

---

① 转引自：C. S. Gruber, *Mars and Minerva: World War I and the Uses of Higher Learning in America*, Baton Rouge: Louisiana State University, 1975.

② Franz Boas, *Race and Democratic Society*, p. 64; pp. 136～139.

③ G. W. Stocking, *The Shaping of American Anthropology: A Franz Boas Reader*, p. 335.

④ Franz Boas, "Will Socialism Help to Overcome Race Antagonisms?", *New York Call*, April 4, 1915.

⑤ Franz Boas, "Colonies and the Peace Conference", *The Nation*, Vol. 108, 1919, pp. 247～249.

⑥ Franz Boas, *Anthropology and Modern Life*, New York: Norton, 1928, p. 120.

人平等是“难以实现”的——人类在“勤奋、精力集中度、性格的坚韧性”方面千差万别，他们取得的成就和获得的回报就必然而且应该不同。① 他在废除保护性关税方面十分投入，不吝于在征收遗产税方面的努力，也就不足为怪了。波亚士认同大众的需要，但他显然仍视知识分子为重大文化变革的唯一源泉——文化变革永远无法完全“抛开过去”。② 他从事的公共活动，还是主要继续在维护文化批评的环境方面，尤其集中在教育和科学制度内。

战争时期，文化批评环境大不如战前，受到严重削弱，人类学学科自身大有遭狂热的民族主义覆灭的危险。③ 对那些来自自然科学、态度尖刻的美国国家研究理事会(the National Research Council)的负责人而言，人类学是带有强烈种族色彩的体质人类学。战争期间的“人类学委员会”(Committee on Anthropology)成员就有热衷于辩论的种族主义者麦迪逊·格兰特(Madison Grant)。虽然波亚士和他的追随者们抵制“以科学反对文化人类学的行为”，战后充满高涨的仇外情绪和反激进歇斯底里，却致使人类学学科专业组织内经历了短暂的本土主义运动。因为波亚士抨击某些人类学家运用他在墨西哥的关系作掩护为美国开展间谍活动，激起了将人类学学科“美国化”的企图，致使他受到非难，还被迫离开美国人类学会(the American Anthropologial Association)。

在波亚士看来，问题的关键，是保护科学这一不妥协于特殊主义传统力量的重要人类活动。他认可国家在战时向其公民提出要求的权利——事实上他一直等到战争结束才提出这一问题，但如果政治家们、外交家们以及士兵们“出于天职”要遵守特殊主义的传统道德标准，那么科学家履行其科学职责的独立性亦应得到保护：“如果我们不能决心将追求绝对真理作为科学家进行科学研究的第一和基本的要求，我们最好还是不要心存幻想，以为科学还能为人类带来任何有价值的东西。”(1/21/20)④如阿尔弗雷德·克虏伯(Alfred Kroeber)指出的，这一冲突是“科学”和“爱国凝聚力”之间的冲突：冲突的结果，是后者以两票对一票，获得支持 (1/18/20)。此时，他对自己所选择扎根的国家，幻想的破灭达到了低点，他后来回忆说，“一战后，我感觉内心对美国厌倦已极”。⑤

历史——“从不理性的”⑥历史——似乎已让波亚士寄予美国一个开明未来的乐观和希望落空，亦让他对人类进步有保留却真实的信仰似空中楼阁，但历史

---

① Franz Boas, *Race and Democratic Society*, pp. 162～163.

② Ibid., p. 140.

③ G. W. Stocking, *Race, Culture and Evolution: Essays in the History of Anthropology*, p. 150.

④ G. W. Stocking, *The Shaping of American Anthropology: A Franz Boas Reader*, p. 336.

⑤ Ronald Rohner, ed., *The Ethnography of Franz Boas*, Chicago: University of Chicagc, 1969.

⑥ Franz Boas, *Race and Democratic Society*, p. 182.

无法撼动的是他个人立志为人类文化，不论是以特殊主义传统形式还是普遍主义理性形式呈现的文化，而奋斗的“向前”(vorwarts) 精神。20 世纪 20 年代早期，他致力于通过“德国及奥地利科学与艺术紧急协会”(the Emergency Society for German and Austrian Science and Art)帮助祖国重新建立文化制度，他还不时公开反对那时在他的第二祖国甚为嚣张的“非犹太白人的胡言乱语”(Nordic nonsense)。他虽然于 1928 年在他的《人类学与现代生活》(*Anthropology and Modern Life*)中就此发表了主要声明，但他战后大部分精力都致力于学科自身。

矛盾的是，兴起了“部落二十年代”的本土主义，意外地带来对种族研究的资金支持。尽管人类学内部经历了短暂的保守运动，波亚士们却终究保持了在学科内的主导地位。[①] 在这一背景下，波亚士沿着他自己的观点主张，利用人们对种族问题的兴趣，进一步开展研究工作。他的三个学生从美国国家研究理事会于 1923 年建立的生物科学研究奖励项目中，获得了种族与文化问题研究的支持。很显然，从波亚士的往来信函可以看出，他将赫斯科维茨(Herskovits)的黑人体质人类学研究，米德(Mead)关于萨摩亚人青春期的研究，以及科林堡(Klineberg)关于种族思维差异的研究，视作针对种族差异中文化因素问题的一次整体研究的组成部分。波亚士的影响还进一步扩展到他自己学生以外的研究。1926 年，他已经在国家研究理事会美国黑人委员会(the NRC Committee on the American Negro)发挥着主要作用，他也是国家研究理事会和社会科学研究理事会(the Social Science Research Council)于 1928 年共同召开的“种族差异大会”的发起人之一。波亚士的种族与文化观点，在 1919 年无疑还属于少数派，随着其他社会学科自身的发展，以及跨学科交流带来的学术影响，到了 1934 年，俨然已成为社会科学的正统。

此时，波亚士本人在其中某些问题的立场也已发生变化。赫斯科维茨的研究揭示了“整个有色群体人口肤色在加深”[②]这一倾向，这令他很诧异，也削弱了他认为生物同化将是解决种族问题最终之道的论断。同时，他对社会环境的微妙差异以及文化对运动习惯和生理功能的影响变得更为敏感，他的文化决定论概念因而也向前发展了。[③] 在复杂的现代文明中，文化决定论事实上却起着强化个人自由以及强化改变的可能性的作用。一个“多元文化”中的孩童会接触各种“充满冲突的倾向”，这会防止传统行为变成“完全自动”的行为，而且会激励“重

---

① G. W. Stocking, *Race, Culture and Evolution: Essays in the History of Anthropology*, pp. 296～307.

② Franz Boas, *Anthropology and Modern Life*, p. 177.

③ Ibid., p. 55; p. 138.

要的自我反省”。[①] 波亚士由此愈加确信，种族与人类行为差异及心理差异的关系很小，或没有任何关系[②]；生物同化目前看来是行不通的，这迫使他转而希望，人类或许可以通过有意识地控制文化过程本身，消除种族偏见——通过教育和创造，尤其在其他凝聚力因素压倒种族因素的某些社会群体的孩子们中间消除偏见。[③] 保护思想自由因而变得比从前任何时候都更关键，之后发生的一系列事件很快将保护民主形式提升到了更加紧迫的程度。

波亚士人生最后阶段的公共生活是从 1933 年春纳粹建立起独裁统治开始的。[④] 他在德国有众多亲戚朋友，近在 1931 年，他还去看望过他们；他还长期活跃于支持德国建立文化制度的事业中，最近的一次是以礼物的形式将他个人的一部分藏书捐给他在基尔的母校。现在，所有这些关键的文化纽带突然被置于危险之中。尽管他对犹太人和自由人士遭到学术机构的“无情驱逐”感到震惊——他得知他本人的书被焚烧的消息(事后被确认不存在此事)，也很震惊，但他起初不愿相信这些极端的暴力不仅仅是“流氓行为”，直到报道称纳粹在进一步攻击德国犹太人，而且有证据表明纳粹政权正在煽动美国的反犹太情绪时，他才确信，对“德国旧的文化价值观”的威胁比他想象的要严重得多(11/14/35)。直到 1935 年晚些时候，他才下定决心从美国日耳曼学会(the Germanistic Society of America)辞职。这个学会于世纪之初成立时他本人起了重要作用，而协会的文化交流活动一定程度上涉及与德国政府的合作。当然，辞职前的两年间，他已经在参与反对纳粹独裁以及支持受害者的各种活动。

波亚士强调抨击种族宣传，颇为特别的是，他认为“抨击目前正在全球蔓延的种族狂热的唯一途径，便是摧毁他们声称的科学依据”(10/4/33)。为此，他成功筹集到资金着手推动两方面的研究。一方面，波亚士通过研究人口“变异性数量”，企图说明遗传是“家族性”的，它作为“种族术语”，没有“任何意义”(12/29/33; 4/24/37)。另一方面，他组织了一系列研究，继续他早先在移民头形方面的研究工作，旨在验证人们以为带种族性的一些特征——譬如身体结构、举止、犯罪行为、精神疾病、智力和个性等——实际上深受“外部环境尤其是文化环境”(10/4/33)的影响。与这些研究工作齐头并进的还有通过公众媒体，如电台广播，甚至是通过电影(尽管未获成功)，普及人类学的研究成果。他还用薄薄的纸印刷了一本《雅利安人与非雅利安人》手册，这本手册在德国的反纳粹地下组织

---

① Franz Boas, *Anthropology and Modern Life*, p. 154; p. 158.

② Franz Boas, *The Mind of Primitive Man*, p. v.

③ Franz Boas, *Anthropology and Modern Life*, p. 8; Franz Boas, *Race, Language and Culture*.

④ Edward Purcell, *The Crisis of Democratic Theory: Scientific Naturalism and the Problem of Value*.

中广为传阅。[①]

波亚士于1936年退休，不再积极地从事教学工作，他退休后，随着法西斯侵略步伐的加快，之前试图"拯救文化价值观"(3/18/38)和"遏制对文明生活的基本原则进行的攻击"((3/17/38)的努力，逐渐步入更加公开化的政治时期，他于1939年创办了"美国民主与思想自由委员会"(the American Committee for Democracy and Intellectual Freedom)。尽管他区分"理想中"的民主与"偏执"的民主——后者可能"和现代极权主义国家一样敌视思想自由"[②]——波亚士再次倾向于强调存在于美国政治生活特殊主义形式中的普遍价值观。波亚士仍然认为，如果我们国家建国文献所包含的个人自由"还未完全实现"，"我们的宪法所构建的并体现在日常生活中的民主，是任何情况下我们都决心要保护的财富"。[③]只有当大众——波亚士将知识分子包含在大众中——有能力抵制煽动行为，有能力判断是非，这一目标才可能实现。基于这一目标，"美国民主与思想自由委员会"的工作重心"主要放在教育问题上"——特别是组织从科学角度反对种族主义的活动，以及在"先进教育者"遭到保守大学管理人员和立法机构政治迫害狂攻击时，为他们辩护(9/11/39；6/4/42)。

这一情形使波亚士难以回避共产主义问题。[④] 私底下，他承认苏联为实现"人人拥有平等权利"这一社会主义的理想所使用的方式，与法西斯极权主义的方式"有不少共同之处"(7/20/39)。他也痛苦地意识到思想自由在苏联所受到的制约，在那里，"人类学必须是马克思主义人类学，或者路易斯·摩尔根(Lewis Morgan)式人类学，不然就会遭到禁止"(2/21/39)。公开场合，波亚士却采取"团结阵线"式姿态——即使在苏德签订互不侵犯条约期间，或当他面临美国犹太委员会(the American Jewish Committee)不再愿意继续为他的种族研究提供资金时，依旧如此。波亚士认为采取这样的立场，是因为他不能"影响别的国家"——尽管在其他情形下他恰恰试图那么做过。此外，他认为这个国家面临的真正危险不是激进的极权主义，而是"法西斯意识形态的蔓延"(7/20/39)。只要人们"在我们大家都希望相互合作的某一问题上"同他意见一致，那么他们在其他问题上持有不同意见，就没什么相关的了。[⑤] 如果"缺乏实际经验而有较强社会责任感"的年轻人容易持"极端的观点"(4/27/41)，那么他们"愿意为理想而奉献的

① M.J. Herskovits, *Franz Boas: The Science of Man in the Making*, New York: Scribner's, 1953, p.117.

② Franz Boas, *Race and Democratic Society*, p.216.

③ Ibid., p.177.

④ R.W. Iverson, *The Communists and the Schools*, New York: Harcourt Brace, 1959, p.201.

⑤ Franz Boas, *Race and Democratic Society*, p.202.

情感不应该被压制，而应该用健康、批判的思想来控制”。①

不论这一立场让波亚士多么的举棋不定，纳粹对苏联的入侵，以及随后的珍珠港事件，使他下定了决心。他之前积极致力于虽不甚完美却依然存在于美国的政治民主、苏联的社会主义以及古典德国文化中的普遍理想，现在可以完全融入到“满腔热情地支持反对希特勒主义和它所代表的一切斗争”中去（12/12/41）。尽管投入到这一工作，他却并未放松在美国国内问题上的努力。整个1942年，他虽85岁高龄，已精力不济，却继续致力于反对偏执狂的斗争——包括可能针对“任何敌国”的“文化沙文主义”（12/15/41），以及加入要求释放厄尔·白劳德（Earl Browder）的活动。他继续参与公共生活，直到生命的最后时刻。那是12月29日，当时他正在参加一个午餐会，话说到一半（“关于种族问题我有一个新理论……”），他跌倒在地，没能再醒过来。②

试图以本文有限的篇幅对波亚士进行系统评价，显得不自量力，但对他作为科学活动家的一生进行些许评论，是任何人在试图评价他时不可回避的。让我们首先参考他作为科学活动家的一些局限性。③ 波亚士不太关注经济资源和政治权利的再分配，即使在他转向社会主义之后；他也不曾太多关心美国印第安人问题——尽管他私下较积极地反对任命郭礼庄（John Collier）为印第安人事务专员，称他是“搅拌机”，反而会“使存在于印第安人与其白人邻居之间经济关系的困难加大”（1/16/33；3/17/33）。④ 我们或许可以举出造成他忽视这些问题的多个原因，但存在于这些原因中的一个共同因素似乎是对基于技术进步的历史进程的某种宿命论观念——一方面是西方欧洲文明内部转向更加集体导向的经济体系，另一方面是在西方欧洲文明与技术上更原始的文明正面冲突的地区，前者对后者的征服。

波亚士对经济决定论的反对广为人知，考虑到这一点，上述观点似乎显得自相矛盾，但实际上与他总的历史观并无不符。他从未完全抛弃“文明”进程最终取决于理性知识积累的这种19世纪自由主义信仰——而技术是其中唯一最清晰明了的展示。从整个人类历史来看，深深印在他个人适应文化经历中的某些

---

① Franz Boas, *Race and Democratic Society*, p. 191.

② Margaret Mead, *An Anthropologist at Work: Writings of Ruth Benedict*, Boston: Houghon Mifflin, 1959, p. 355.

③ H. A. Levenstein, "Franz Boas as Political Activist", *Kroeber Anthropological Society papers*, pp. 15～24; William S. Willis, "Skeletons in the Anthropological Closet", in Dell Hymes, ed., *Reinventing Anthropology*, New York: Random House, 1972, pp. 121～153.

④ 转引自 Hazel Hertzberg, *The Search for an American Indian Identity: Modern Pan-Indian Movements*, Syracuse: Syracuse University, 1971, p. 305。

价值观——科学知识、人与人之间的友情，以及个人自由——实际上最终渐渐得以实现，这些价值观不仅从广义上得以实现，波亚士的言语也经常表明，是以“我们自己”的“现代”文明的特定形式实现的。[①] 要依此说他对这一文明很满意，事实又并非如此。这种疏离感，最终造就了他在以认同其他价值体系为基础发展起来的现代“文化”多元论概念方面的贡献。不过，人类学并未将波亚士引向“广义相对论”观念（2/17/41），相反，他认为，不仅存在人类文明历史中最终被渐渐实现了的普遍价值观，也存在被不同文化以各种方式实现了的普遍价值观——不论他们在“特定社会”以什么形式存在，他们是“人类共同”的“基本真理”（2/17/41）。波亚士本人并未对他们进行系统比较，他如果做了，可能能根据切身经验揭示出这些价值观。但他偶尔会做参考，表明他们也是根植在自己的文化经验中的。他看到，存在于人类不同的伦理行为中的共同道德观念，原来却是某些受承认的社会群体范围内对“生命、福祉和财产”的尊重。[②]

尽管这种乐观、普遍性的理性主义深深根植在波亚士身上，他的个性还是暗藏着一种被压抑的情感美学，他的人生经历使他痛苦地意识到非理性因素在人类生活中扮演的角色。从好的方面来看，这些倾向以多种多样的人类文化方式呈现；从不好的方面来看，则是特定群体中扎根于情感的习惯被人们事后理性化，并予以准普遍性的评价。这一对立及其潜在的更广义的对立，映射出传统日耳曼“文明”与“文化”的对立[③]——伴随波亚士整个的职业生涯，在某些特定的历史时刻，流露着深深的悲观情绪。

波亚士带着这些观念面对现代社会的诸多问题。尽管科学在其中也发挥了一定作用——带来了技术进步和价值冲突——但他们实质上还是情感而非理智的产物，而且主要与人类如何通过应用人类普遍价值观或分配技术进步成果来划分群体有关。波亚士的科学生涯，也恰如其分地以独特视角致力于两个现象的研究——种族与文化，而他的科学思想概括来说，即以这些条件进行的分群，深受历史的制约。如果他愿意给予这些从目前历史阶段看可能会长期存在的特殊主义的分群以一定的偶然价值，这种分群在科学真理的非偶然领域便可能没有永久地位。

尽管波亚士的作品在某些时刻以相对论的视角看待科学理性自身，但总的来说，他一生持有的是一种较为理想化和绝对论的科学观念。最终，他依然拒绝

① Franz Boas, *Anthropology and Modern Life*, p. 206.

② Ibid., p. 225.

③ A. L. Kroeber and C. Kluckhohn, “Culture: A Critical Review of Concepts and Definitions”, *Papers of the Peabody Museum*, No. 65, 1952.

接受科学家必须暂时搁置研究工作而全身心地投入到反纳粹斗争的观点："为真理而寻求真理的激情之火，无论有时多么的冰冷，却必须让它继续燃烧。"[①]在申请研究经费时，他尽管常常带着实用主义口气，他却认为——或者说，随着年龄的增大，他开始认为——人类学研究的实用性是有限的。通过"纯科学"所"获得的知识是否有用"，是个"毫不相关"的问题。[②] 是的，人类学或许可以"照亮我们所处时代的社会进程"——可能指引我们"什么可以做，什么则需要避免"[③]，不过，波亚士对找到一般社会规律的可能性日趋悲观，他还感觉，不同社会之理想的差异会让社会科学知识的应用前途未卜，所以，人类学的实际应用多多少少是有限的。与其说它告诉我们应该做什么，不如说它更多地告诉我们不应该做什么。人类学的观点对于社会，更多的是防御性的，而不是建设性的。但在与偏见和不宽容的斗争中，在为文化多样性辩护的努力中，人类学也致力于保护科学活动自身的文化环境。通过凡此种种，人类学也试图对系统性批判特殊主义的文化观点和依然充斥"现代文明"的准普遍主义提供基础。人类学的最终应用是："让愈来愈多的大众和我们(科学家)一样，承担起将对传统知识的热爱置于冷静思考之下的艰难任务。"[④]

这样，波亚士思想中情感特殊主义与普遍主义理性之间的紧张，最终得以解决，前者被后者所取代，但特殊主义却在普遍主义理性成就方面发挥了重要作用。他针对"原始人的思维"表现出的欧洲中心主义态度最能在这一背景下来理解。一方面，当他为非欧洲民族的思维能力辩护时，他在为他们充分参与"现代文明"的能力辩护；另一方面，当他为他们的文化价值观辩护时，他又在建立批判该文明的一种阿基米德杠杆点。对这种外在参照点的需要，是波亚士职业生涯的主基调之一，而且倾向于带着文化评价的双重标准：从他批评其所生活的社会来说，是普遍主义的标准；从他为其他文化辩护来说，是相对论的标准。不论这一需要的情感根源是什么，其他外在文化对波亚士来说，是获得社会领域科学知识与社会中个人自由必不可少的前提条件。正如"对广义的社会形式进行科学研究"要求学生"不受基于我们(自己)文化进行的所有评价的约束"[⑤]，真正的自由也要求我们"能够摆脱历史强加给我们的枷锁"。[⑥] 如果没有一种外在的文化参照点让人们意识到这种评价和枷锁，科学知识就无法获得，真正的自由就无法

① Franz Boas, *Race and Democratic Society*, p. 1.

② Franz Boas, *Anthropology and Modern Life*, p. 16.

③ Ibid., p. 11.

④ Franz Boas, *Race and Democratic Society*, p. 2.

⑤ Franz Boas, *Anthropology and Modern Life*, p. 204.

⑥ Franz Boas, *Race and Democratic Society*, p. 179.

实现。这就是波亚士一生为文化而奋斗的最终意义。

以今天之视角来看，人们很可能会质疑，波亚士自己在多大程度上能意识到他自身的传统带来的枷锁？许多对19世纪自由人士来说是普遍的价值观，今天似乎被我们界定为特定文化历史条件下的产物。波亚士的观点，在许多当今的人类学家看来，不论是从伦理还是认识论角度，一定是幼稚的理想主义；其所暗示的欧洲中心主义不可避免地得罪了许多后殖民时代的人；而其关于人类学家政治角色有限且防御性的观念——到第二次世界大战时已经在改变了①——对许多成年于20世纪六七十年代的人们来说似乎已经显得很不够了。人们在质疑存在于他科学积极论(activism)中的观点时，也会质疑其所意味的成就。40年的宽容教育似乎既没能让他消除偏见，也没能让他极大地增强"冷静思考的力量"，更未能从根本上改变美国的社会秩序。

即便说他未曾超越上述束缚，但却代表了19世纪最具人性的自由价值观，我们今天仍要感谢他对我们的文化生活所作的贡献。某种意义上，他将个人历史变成了科学范例：犹太人在德国的经历为他提供了表面上看是同一个种族群体但却具有生物异质性的原型，这一群体几乎完全融入到德国的国家文化中，并以多种方式丰富了现代文明的文化生活。移民到美国后，基于这种原型的科学视角有力地支持着20世纪初在美国极需加强的某些基本价值观。波亚士对传统种族理论的批评，以及对现代文化概念的贡献，在他去世时，已经在加强这些基本价值观方面取得了卓越成就。今天看来，他的批判视角和人类学积极论似乎在范畴上有些受限，但是，他处理人类学问题和公共生活的角度却将一如既往地合理："人类学视角的整个基础，就是要有采取不墨守成规立场的意愿，勿将我们社会结构的一切视为理所当然，而且尤其要准备好以批判的态度分析伴随有强烈情感而爆发的所有观念，而且分析得愈多，伴随的情感就愈强。"②

(George Stocking，**美国芝加哥大学人类学系教授；孜子，自由撰稿人**)

---

① G. W. Stocking, "Ideas and Institutions in American Anthropology: Thoughts Toward a History of the Interwar Years", in *Selected Papers from the American Anthropologist, 1921～1945*, pp. 30～37.

② Franz Boas, *Race and Democratic Society*, p. 179.

问题讨论

A Note on Ethnology in China: *Minzuxue*: *Minsuxue*:: *Ethnography*: *Ethnology*?

Nicholas Tapp

I

The difference between *Minzuxue* (study of ethnic minorities, or ethnology) and *Minsuxue* (folklore, or folk studies) in China may be somewhat parallel to the older distinction in anthropology between ethnography and ethnology, where ethnography referred to data collection in the field, and ethnology to its more abstract study, often in a comparative way. *Minsuxue* seems often to draw on the findings and results of *Minzuxue* and is not particularly noted for its extensive fieldwork methods. In the West social and cultural anthropology (now usually referred to internationally as just "anthropology") went on to subsume both these distinctions, since extensive fieldwork was first established as a prerequisite for a doctoral thesis in anthropology, so that "ethnography" (fieldwork) and "writing up" became the work of one individual in the same subject. However, in China, the older distinction has continued virtually unchallenged. Since the 1980s, with the work of Clifford, Marcus and others, even the formerly strict distinction within anthropology between fieldwork and analytical processing and writing up has become questionable and problematised, since today much "writing up" can be done "in the field", while "the field" itself has expanded immeasurably to include modern urban settings and interviews can be conducted over long distances by telephone or email. So it is fair to say that the older distinction between fieldwork and analysis/writing up, or ethnography and ethnology, has almost totally disappeared in the modern anthropology of the past 50 odd years.

In Germany there has traditionally been an important distinction between *Volkskunde*, which can correspond to "folk studies", and *Völkerkunde*. The former referred to the study of the popular folk and national cultural traditions of Germany—the customs of "the people". The latter, sometimes translated into English as "ethnology", referred generally to the study of *other* peoples and traditions, and so must have been the more comparative and abstract discipline in relation to the former, more descriptive, science. *Volkskunde* came to be discredited owing to use in support of Nazi ideologies of racism, and came in time to be distinguished from the "ethnology" which in Europe generally today is used as a synonym for social anthropology. ①The term "anthropology" in Europe, by contrast, is mostly taken to refer to physical anthropology. ② It is interesting that originally in Britain, "ethnology" implied the belief in a "monogenic" (single—origin) theory of humankind while "anthropology" implied a polygenic (multiple—origin) theory,③ so that in this very early British sense, "anthropology" from the start had an even wider and more comparative remit than ethnology. Radcliffe-Brown was later to distinguish "ethnology" as the study of culture history and relationships, from "social anthropology", as the (comparative) study of society,④ but this may have a slightly idiosyncratic usage.

At a conference sponsored by the *Journal of Material Culture* at University College, London, last year, organized by the Department of Anthropology and the Centre for Museums, Heritage and Material Culture, on the topic of "Rethinking Ethnology", Wang Mingming presented a most interesting paper

① Dorle Dracklé, "Farewell to Humboldt? Teaching and Learning Anthropology in Germany", in Dorle Dracklé, Iain Edgar, and Thomas K. Schippers, eds., *Educational Histories of European Social Anthropology*, Oxford: Berhahn Books, 2003.

② Entry on "Ethnology"in Alan Barnard and Jonathan Spencer, eds., *Encyclopedia of Social and Cultural Anthropology*, London and New York: Routledge, 1966. See also Alan Barnard's review article "Anthropology, Race, and Englishness", of three books (including Miriam Claude Meijer's *Race and Aesthetics in the Anthropology of Petrus Camper*), in *Eighteenth Century Life* , Vol. 25, No. 3, 2001, pp. 95~102, where he traces the concerns of social and cultural "anthropology"today back to the "ethnography" of the eighteenth century, the "ethnology" or Völkerkunde, and the "moral philosophy" of Scotland, noting the distinction between all these four separate enterprises, and the importance of the eighteenth century. C. Dutch Petrus Camper in being "the first" to mark out an anthropology or *Menschkunde* from *Natuurkunde* or Natural history.

③ Entry on "Ethnology" in Alan Barnard and Jonathan Spencer, eds., *Encyclopedia of Social and Cultural Anthropology*.

④ Ibid.

on the development and fate of the subject within China, particularly in relation to sociology. ① Wang describes how Wu Wen-tsao, at Yenching University, who was concerned to apply the Chicago sociologist Robert Parks' form of urban sociology to what he called "community studies" (*shequ yanjiu*) in rural China, nevertheless saw such "community studies" as a kind of methodology which could be shared by sociology, social anthropology (or "micro-sociology"!), and ethnology. Wang explains how this represented a kind of sinification of urban sociology for Wu, which was influenced by the new ethnographic methodology of Malinowski and Radcliffe-Brown as well as by Arthur Smith's book *Village Life in China*. Wang argues that this was also a kind of "ethnographicization" or "anthropologization" of sociology (in contrast to what he sees as the 'sociologization' of ethnology which was taking place in the West, or at least in the UK and at Chicago); apparently Wu saw the two main characteristics of a truly Chinese sociology as 1) ethnography and 2) the use of Chinese (Wang). Later ethnology came to be seen as the more historical study, social anthropology as the more scientific one, along Radcliffe-Brownian lines. ② While this Chinese synthesis of sociology with ethnography by sociologists was taking place, Wang argues, at the same time Chinese *ethnologists* were undertaking a "cultural historical rejection of sociology".

For, as Wang well describes, at the Zhongyang Yanjiuyuan (Academia Sinica) under the German—trained T'sai Yuan—p'ei in the Institute of Social Sciences and then in the Institute of History and Philology, a school of ethnology developed which was quite distinct from either the diffusionist influences of Father Schmidt at the Furen Catholic University of Peking, or of Shirokogoroff's brand of "ethnography" at Tsing Hua University. ③ Under T'sai Yuan-p'ei, ethnology was being pioneered as a distinct discipline more concerned with cultural historical interactions and somewhat influenced by the evo-

---

① Wang Mingming, "The War between Ethnology and Sociology and Its End? Notes and Remarks from a Chinese Anthropologist", unpublished paper.

② Michael Rowlands, "Cong minzuxue dao wuzhi wenhua [zai dao minzuxue]" (From ethnology to material culture [and back again]", Translated by Liang Yongjia, In Wang Mingming, ed., *Zhongguo Renleixue Pinglun* (*Chinese Review of Anthropology*), *Beijing*: *Shijie Tushu Chuban Gongsi*, Vol. 5, 2008, pp. 79～87. As cited in Wang Mingming, ibid.

③ See Jacques Lemoine, "Ethnologists in China", *Diogenes*, Vol. 34, No. 133, 1986, pp. 83～122.

lutionism which the likes of Radcliffe-Brown and Malinowski saw themselves as overcoming—a discipline concerned with questions of national culture, integrating archaeological and linguistic data (and really perhaps quite similar to the German ethnological *Volkskunde* before it became contaminated by the nationalism of the Nazis). Lemoine says that T'sai Yuan-p'ei was the first to translate ethnology as *Minzuexue* rather than either *Renleixue* (anthropology) or *Renzhong xue* ('raciology'), and carefully distinguishes T'sai Yuan-p'ei's more evolutionarily oriented school from Wu Wen-tsao's British functionalist-influenced school at Yenching, and both from the more diffuse influence of French sociology which affected various important individuals such as Yang Kun and Ling Chun-sheng, from the "culture areas" influence of Boas and Kroeber at the University of Peking, and from Schmidt's diffusionism. ① Of all these contrary trends, it seems to have been the influence of the Yenching UK/US blend of anthropology with sociology, and the Germanic ethnological school under T'sai Yuan-p'ei, which showed the most results and survived the best. Wang notes that T'sai's school came to be known as the Nanpai (Southern School) in contrast to the Yenching sociologists and anthropologists who formed the Beipai (Northern School). ② Wang deals in detail with many of the figures in both these schools but dismisses the post-1949 *Minzu Yanjiu* or *Minzuxue* ("ethnology") as completely a product of the Soviet *ethnologia*, defined as "the study of every phenomenon of social life within a particular historical framework, in terms of the process of its origin and development, and its causal determination", ③ which as he says became the main identity for anthropologists, sociologists and some historians in China for many years. Wang goes on to consider the tensions between ethnology and anthropology (*Renleixue*) in China in terms of their current academic ranking and status. ④

① Personal communication, Zhang Hui, December 2010.

② Huang Yinggui, "Guangfuhou Taiwan diqu renleixue yanjiu de fazhan" [The Development of Anthropology in Taiwan in the Post-War Periods], *Bulletin of the Institute of Ethnology Academia Sinica*, No. 55, 1980, pp. 105～146; as cited in Wang Mingming, "The War between Ethnology and Sociology and Its End? Notes and Remarks from a Chinese Anthropologist".

③ Yu Petrova-Averkieva, "Historicism in Soviet Ethnographic Science", in Ernest Gellner ed., *Soviet and Western Anthropology*, London: Duckworth, 1980, p. 10. As cited in Wang Mingming, ibid.

④ For another take on this disciplinary history, see Bao Zhiming, "Anthropology and Disciplinary Classification in China", *Minpaku Newsletter* (National Museum of Ethnology, Osaka), No. 9, 1999.

I would suggest that if we add a consideration of the subject of *Minsuxue* (Folk Studies /Folklore) to these equations, we may more easily see to what extent an older distinction between ethnography and ethnology has in fact survived in the current distinction between *Minzuxue* and *Minsuxue* in China. The reasons for some of the bureaucratic mystification about what anthropology is, which Wang describes amusingly in the final parts of his article, may lie in the fact that the leap with which anthropology subsumed older distinctions between the collection of data and its analysis and presentation, which took place in Britain and the USA from about the 1930s (to say nothing of the way in which the distinction has been increasingly interrogated since the 1980s), never had time or disciplinary space to properly develop in China. In the days when Durkheim made use of data on Australian aborigines collected by Baldwin Spencer, or Mauss wrote about the Kula as described by Malinowski, or Frazer wrote with data collected by travelers and missionaries, there may still have been a need for fieldwork and analysis to occupy quite different disciplinary positions. But since the development of social and cultural anthropology as a modern discipline, that need has long gone. Folklore, or Folk Studies, of course survives (just) as a comparative study of texts on comparative myths and legends and the like. Luminaries of folk studies include names like James Frazer, philologist Dumezil, and mythologist Joseph Campbell, it has developed its own methodologies such as the use of the updated Aarne—Thompson (Aa Th) classification system for folktales, and has been influenced by the work of linguists like Propp and anthropologists like Lévi-Strauss, with inputs from classicists, literary scholars and historians. However, even with recent moves towards a rapprochement with cultural studies in the study of popular texts and urban media,[①] it remains a quite distinct endeavour from that of anthropology which is more concerned with social relations and cultural contexts.

What I am suggesting, then, is that *Minzuxue* is to *Minsuxue* as ethnography used to be to ethnology, paradoxically quite contrary to the widespread understanding of *Minzuxue* as ethnology. An older dialectic between field studies and comparative armchair analysis has continued to power the relations between *Minzuxue* and *Minsuxue*. In fact, then, we should see *Minzuxue* as more akin

---

① Personal communication, Zhang Hui, December 2010.

to ethnography than to ethnology, and *Minsuxue* as more akin to ethnology than to folklore or folk studies. Since two other fields of studies already represent the tensions between fieldwork and writing which remain at the heart of the anthropological endeavour even today, however questionable and interrogated these distinctions have become, it becomes difficult for *shehui/wenhua Renleixue* (socio-cultural anthropology) to establish a need for its existence. The identity problems which anthropology is suffering globally① are reflected in China in a very particular way which cannot be divorced from its current disciplinary conjuncture and interdisciplinary history.

Ⅱ

Given the close historical connections between folklore studies and ideas of nationalism,② and its dependence on notions of cultural "boundedness, continuity and homogeneity", it is perhaps odd that the eccentric division of labour between sociology and anthropology in China, which largely relegates the study of the majority Han people and culture to the former and those of the other "national minorities" to the latter, since the latter is so often understood as a form of "ethnology", has not developed to a similar extent in the relations of *Minsuxue* to *Minzuxue*.③ As the official "study of cultural survivals from the past", with a brief to establish the uniqueness and richness of a unitary Chinese mass tradition, it is understandable that *Minsuxue* has been particularly concerned with the study of Han society and culture.④ At the same time it has also

① Paul Rabinow and George Marcus (with James Rees), *Designs for an Anthropology of the Contemporary*, Durham and London: Faubion and Tobias Duke University Press, 2008.

② Sue Tuohy, "Cultural Metaphors and Reasoning: Folklore Scholarship and Ideology in Contemporary China", *Asian Folklore Studies*, Vol. 50, 1991, pp. 189~220.

③ Xin Liu (2004) describes how a distinctive "discursive space" of "anthropology/ethnology" developed in China prior to 1949, and also discusses the early blending of anthropology with sociology through figures such a Wu Wen-tsao (Xin Liu, "Past and Present: Two Moments in the History of Chinese Anthropology", in Shinji Yamashita, Joseph Boscoe, and J Eades, eds., *The Making Of Anthropology in East and Southeast Asia*, Oxford: Berghahn Books, 2004. He also talks of how today's anthropology has become the "female" in a marital relation to the male of "sociology". In this family of relationships, ethnology becomes (in my thinking) the wifes' sister to sociology, but perhaps the children have yet to be born.

④ I am grateful to Zhang Hui (p. c. December 2010) for pointing out to me that, contrary to what I had understood, *Minsuxue* has been more concerned with Han than with minority materials.

been concerned with ethnic minority materials,[①] and this may serve to further my point that there is a particularly delicate relationship between *Minzuxue* and *Minsuxue*.

Today it may be true that there are calls for Chinese folk studies to deal with the contemporary world and not solely with rural issues, which to some extent mimic the ways in which anthropology has reinvented itself over the past several decades.[②] Yet it overwhelmingly, I think, remains associated with an appeal to the popular desire to search for roots, and in that form the massive administrative and institutional structure supporting folk studies in China have been marshaled to confront and make use of the huge impact of tourism, both national and international.[③] We saw the beginnings of this in the establishment of the Folk Culture Villages in Shenzhen in the early 1990s,[④] and today notions of "cultural heritage" (*wenhua yichan*) and "minority culture" (*minzu wenhua*) have become pawns in a new strategic game of the reinvention of local places and regional traditions[⑤] and the attraction of funding for cultural preservation and protection. An instructive comparison is with the many local history associations and societies which flourish across Britain, the United States and elsewhere. These are purely concerned with the preservation and research into the past, yet they generally receive little official or academic endorsement. In some local places in China folklore studies may be a bit like this, shading off imperceptibly into a more sober "local history". And that is of course what we might call truly "academic", however little official endorsement it receives.

---

① Sue Tuohy, "Cultural Metaphors and Reasoning: Folklore Scholarship and Ideology in Contemporary China".

② My thanks to Zhang Hui (p. c. December 2010) for drawing my attention to the role of urban folklore studies.

③ On the role of the Bureau of Cultural Affairs, see Stephan Feuchtwang, "The Problem of Superstition in the People's Republic of China", in Gustivo Benavides and M. W. Daly, eds., *Religion and Political Power*, Albany: State University of New York Press, 1989; Stephan Feuchtwang and Wang Mingming, "The Politics of Culture or a Contest of Histories: Representations of Chinese Popular Religion", *Dialectical Anthropology*, Vol. 16, No. 3～4, 1991, pp. 251～272.

④ Nicholas Tapp, "Folk Culture Villages in Shenzhen", *Anthropology Today*, Vol. 9, No. 3, 1993.

⑤ Beth Notar, *Displacing Desire: Travel and Popular Culture in China*, Honolulu: University of Hawaii Press, 2006; Ben Hillman, "Paradise under Construction: Minorities, Myths and Modernity in Northwest Yunnan", *Asian Ethnicity*, Vol. 4, No. 2, 2003, pp. 175～188.

However, it is often to *Minzuxue* that we must turn to discover, say, the real facts about Wa nationality myths of origin recorded in the 1950s, or the extent to which traditional Naxi nationality music has in fact been shared by a number of neighbouring ethnic groups. ① While *Minsuxue*, perhaps on account of its association with "higher-status" academic subjects like literature and music, or the media, performs the more "ethnological" task of collating and comparing ethnographic materials, some of these collected by the *minzu xuejia* (ethnologist) and presented for public consumption. There does seem, then, to be a strong division of an ethnographic/ethnological kind between the disciplines of *Minzuxue* and *Minsuxue* which need to be taken into account when we consider the relations between anthropology and sociology in China, or indeed the vexed relations between anthropology and *Minzuxue*. One might suggest that while the ethnography proper to modern anthropology shades off into *Minzuxue*, the ethnology which has been subsumed in modern anthropology tends to shade off into *Minsuxue*.

Ⅲ

This leads to some further reflections on the creativity or otherwise of interdisciplinarity. The Chinese situation is, as usual, unique on a number of accounts. One is the very clear hierarchical ranking of disciplines, with law as the Supreme Rubric under which all social science and humanities subjects are arrayed. The situation is even more complex than Wang suggests, since subjects such as demography and social work besides folklore and anthropology are ranked beneath the greater sociology, while ethnology itself is divided into various sub-disciplines including historical and economic ethnology. And of course this ranking translates directly into funding priorities. For many years after 1949 all the social sciences were herded into departments of history② and a fair number of sociologists today have a background training in history and a strong-

① Bruce Doar, "Litigation surrounding Nakhi Ancient Music", *China Heritage Newsletter*, No. 2, 2005.

② The best account of this is probably still that of Gregory Guldin, *The Saga of Anthropology in China : From Malinowski to Moscow to Mao*, NY: ME Sharpe, 1994.

ly historical approach. Folklore in some cases hives off from departments of Chinese literature or even media studies. With increasingly quantitative approaches towards evaluating research outputs and professional qualifications the lines between disciplines harden and become more clearly defined, but all the same there is still a highly creative, if not sometimes chaotic, blending of different disciplinary outlooks and preoccupations. It was Foucault who taught us to appreciate the historicity of disciplinary formations, with the emergence of the dominant fields of biology, economics and linguistics from the Enlightenment, and their close connections with the rise of modern state and inevitable enmeshment with forms of power. And over the past 40 years we have seen this process in action in the rest of the world with the emergence of new fields of inquiry such as gender studies, development studies, media studies, and cultural studies, cutting across traditional disciplinary barriers and forging quite new alliances. Many years ago Gluckman made an argument that anthropology needed to be naive about the limits of its expertise, that there were areas for example of psychology or ecology where deliberately naive assumptions needed to suffice in order to retain what was the distinctively anthropological field of (as he saw it) "custom". ① One might argue that since that time anthropology has been progressively refusing to be content with such naivety and has indeed transgressed its own disciplinary boundaries to such an extent that it is not clear today what its subject matter is. The recent discussions in Rabinow and Marcus may serve as an example of this. ② We are indeed in a situation of what Geertz called "blurred genres" which has been taken to be the hallmark of the postmodern condition. ③ From that point of view a creative reengagement of anthropology with some of the areas of study it had previously separated itself from may in fact be its best hope for disciplinary survival. To consider the current rapprochement in social theory between such fields as cultural studies, sociology and anthropology, or the way in which considerations of individual and collec-

---

① Max Gluckman, ed., *Closed Systems and Open Minds: The Limits of Naivety in Social Anthropology*, Edinburgh and London: Oliver and Boyd, 1964. Particularly see Introduction and Conclusion by Ely Devons and Gluckman.

② Rabinow and Marcus, eds., *Designs for an Anthropology of the Contemporary*.

③ Clifford Geertz, "Blurred Genres: The Refiguration of Social Thought", in his *Local Knowledge*, NY: Basic Books, 1983.

tive psychology so firmly excluded from the field of social theory by an earlier generation have now become almost de rigueur.

As David Parkin put it in the introduction to *Holistic Anthropology*, "some anthropologists have, over the last decade or so, been paying considerable attention to developments in the study of social and biological evolution and of material culture, and... this has brought social, material, cultural and biological anthropologists closer to each other and closer to allied disciplines such as archaeology and psychology". ① The founding of the Institute of Cognitive and Evolutionary Anthropology, the Centre for Anthropology and Mind, and the interdisciplinary Institute of Human Sciences under the same School of Anthropology and Museum Ethnography at Oxford during Parkin's tenure as head of the Institute of Social and Cultural Anthropology and the School (1996—2006) seems to have represented a very deliberate attempt to encompass biology and ecology within a field of human and anthropological studies.

One easy way in which to see this new process of rapprochement between formerly separated disciplines taking place is in terms of the erosion of the hoary old distinction between Nature and Culture which for so long determined what it was that anthropologists did. As I have argued elsewhere, ② recent work in China on topics ranging from HIV/Aids③ to the institutionalisation of statistical thinking④ echoes calls by Roy Ellen for a future anthropology to engage the cultural with the biological, and Tobias Rees' discussion of the turning away by anthropologists altogether from topics such as culture or society when dealing

① David Parkin, and Stanley Ulijaszek, eds., *Holistic Anthropology: Emergence and Convergence*, Oxford: Berghahn Books, 2007.

② "Culture, the Cultured and Cultural, and Beyond", paper presented at the "New Anthropological Perspectives on Art and Culture Conference", Nanjing University's Socio—Cultural Anthropology Research Institute and Zhejiang Province Culture Bureau's Art and Culture Research Institute, Hangzhou, December 10～12, 2010.

③ Shao Jing, "Fluid Labor and Blood Money: The Economy of HIV/AIDS in Rural Central China", *Cultural Anthropology*, Vol. 21, No. 4, 2006, pp. 535～569; Liu Shao-hua, *Passage to Manhood: Youth Migration, Heroin, and AIDS in Southwest China*, Stanford: Stanford University Press, 2011.

④ Liu Xin, *The Mirage of China: Anti—Humanism, Narcissism, and Corporeality of the Contemporary World*, Oxford: Berghahn Books, 2009.

for instance with areas such as Avian Flu. ① A fine interdisciplinary symptom of this renewed and far more general concern with what he calls 'the psychic unity of humankind' may be represented by the work of Geoffrey Lloyd, until recently Chairman of the East Asian History of Science Trust which governs the Needham Institute at Cambridge, ranging from ethnographic to philosophical concerns and currently attempting to cover evolutionary biology, social and linguistic anthropology, together with philosophy. ② In an interesting twist on discussions of relativism, Castro has argued that in Amerindian "multinaturalist" ontology, rather than our assumptions of an original unity of nature and multiplicity of cultures, there is an original spiritual unity and a multiplicity of natures, a "corporeal diversity". Nature becomes the particular, culture the universal. Rather than a primal animality from which humans separate, there is an original humanity from which animals have departed. ③ Descola has similarly criticized Western naturalism as a kind of ethnocentrism in his distinction of animist, totemic, naturalist, and analogical regimes of identification. It is only in the "naturalist" mode that we find a clearcut dichotomy between humans and non-humans. ④

The rise and fall of subdisciplines, such as medical anthropology or the anthropology of food, may also serve as an index of this endlessly creative process of disciplinary formation and reformation between the humanities, social and natural sciences. In such a situation the relatively fluid situation in China of disciplinary interactions may provide a field of opportunity for new kinds of anthropology altogether to emerge. It may be that anthropology itself needs to re-

---

① Roy Ellen, "Theories in Anthropology and Anthropological Theory", *Journal of the Royal Anthropological Institute*, Vol. 16, No. 2, 2010, pp. 387～404; Tobias Rees, "To Open Up New Spaces of Thought: Anthropology BSC (Beyond Society and Culture)", *Journal of the Royal Anthropological Institute*, Vol. 16, No. 1, 2010, pp. 158～163.

② This account of Geoffrey Lloyd's current concerns is taken from his website at http://www.nri.org.uk/lloyd.html. See also his *Disciplines in the Making: Cross－Cultural Perspectives on Elites, Learning, and Innovation*, Oxford and New York: Oxford University Press, 2009, which covers philosophy, mathematics, history, medicine, art, law, religion and science.

③ Eduardo Viveiros de Castro, "Exchanging Perspectives: The Transfrmation of Objects into Subjects in Amerindian Ontologies", *Common Knowledge*, Vol. 10, No. 3, 2004, pp. 463～484.

④ David Berliner, "Lévi-Strauss and Beyond, A Presentation of Philippe Descola, Pardelà Nature et Culture (Beyond Nature and Culture), Paris: Gallimard, 2005" (Review Article), *Anthropological Quarterly*, Vol. 83, No. 3, 2010, pp. 679～689.

examine its relationship with such fields as folklore studies and ethnology in order to develop, to look again at comparative mythology for example, or examine how the body is inserted not only in fields of social and cultural significance but also in economic and political systems and beyond them in the fields of psychology, ecology and biology. Even chaos theory has been applied in the new world of anthropology today. ①

Ⅳ

Despite the fact that anthropology did not become an undergraduate subject at least in the UK until after the Second World War, it is still interesting to reflect on the fact that Malinowski came to anthropology from philosophy, physics and mathematics, Gluckman from law, Evans-Pritchard from history, Radcliffe-Brown and Firth like Rivers from psychology (Seligman was originally a pathologist and specialist in tropical disease, Frazer was a classicist), Leach from mathematics and mechanical sciences, Parsons from biology and philosophy with a heavy dose of Malinowski, Geertz from philosophy (after English), Boas of course from physics and geography, Lévi-Strauss from law and philosophy, Firth from economics, Mary Douglas from PPE (Oxford's Philosophy, Politics and Economics), Lucy Mair from classics, and so on. Let us remind ourselves of Gregory Bateson's contributions to fields ranging from cybernetics and psychology to art theory, of Victor Turner's interest in neurobiology and collaboration with theatre studies specialists. One could also think of Maurice Bloch's periodic attempts to introduce anthropologist to cognitive science, Marilyn Strathern's work on the 'dividual' person and her interest in the new technologies of reproduction, and the influence within anthropology of Dona Haraway's theories of the "cyborg" and Bruno Latour's notion of the "actant" on anthropology. Current famous mavericks include James Scott, once a political scientist, then a self-trained anthropolcgist and now, as he says, to his

① For example, Mark Mosko and Frederick Damon, eds., *On the Order of Chaos: Social Anthropology and the Science of Chaos*, Oxford: Berghahn Books, 2005.

"mild surprise... a kind of historian",[①] and James Clifford, essentially a historian of ideas and literary critic whose expertise in Melanesian cultures has nevertheless qualified him to write with great if ironic authority about anthropological concerns. Despite what may be seen as this movement towards a breaking down of traditional anthropological barriers towards a more encompassing engagement with the natural and physical sciences, there are those of us at the cusp of the old with the new, or perhaps caught unremittingly in the old, who still find some awkwardness in conflating the social with the psychological, and still believe in the need for some recognition of the limits of naivety in order to position what has after all become a distinctive field of human endeavour—anthropology—most effectively at a critical historical moment when as Alan Smart and Li Zhang put it the Third and First Worlds are melting together and there is a blurring of traditional distinctions between the rural and the urban.[②]

V

To return to the topic of *Minzuxue* (ethnology) and its relations, not just with *Minsuxue* (folklore), but more generally with "anthropology". The discipline of ethnology as it has developed in China and has been so well described by Wang Mingming and others, has developed largely as an internal, inwards-oriented, and introspective discipline. Under current processes of rapid modernization and development there is less and less sense in which it remains true to say that these societies and cultures which form the subjects of ethnology are in any way "other" to those of the almost invariably Han Chinese researchers who study them, and it is worth noting that even from the beginnings of "New China" all of them have participated and still participate in the same legal, judicial, and political institutional framework and to a large extent in the same economic

---

① James Scott, *The Art of Not Being Governed : An Anarchist History of Upland Southeast Asia*, New Haven and London: Yale University Press, 2009, p. xi.

② Alan Smart and Li Zhang, "From the Mountains and the Fields: The Urban Transition in the Anthropology of China", *China Information*, Vol. 20, No. 3, 2006, pp. 481~518. They refer particularly to works by Gregory Guldin and the collection, *China Urban: Ethnographies of Contemporary China* Nancy Chen, Constance Clark, Suzanne Gottschang and Lyn Jeffery, eds., Durham and London: Duke University Press, 2001.

sphere. But despite important and crucial moves towards "anthropology at home" and what Marcus and Rabinow call the discovery of otherness at home, I believe that that otherness is still what anthropology remains essentially concerned with. Past or present, that crucial concern with the understanding of the other has larger theoretical and disciplinary implications because it has led to anthropology becoming a genuinely global and international discipline based on historical cross-ranging comparisons from North America to Italy and Greece, from Scandinavia to Thailand and New Zealand and with increasingly strident theories and approaches about the understanding of society and culture which is more and more applicable to a whole range of social and cultural situations and even now, it seems, beyond the boundaries of society and culture. Anthropology is a global discipline, therefore, with an outward-looking, internationalist and "cosmopolitan" perspective. It subsumes ethnic and minority studies under a huge umbrella of related issues. *Minzuxue*, on the other hand, is a discipline with its gaze firmly trained within, to the interior and internal problems of China's own social and economic development. While to translate *minzuxue* as "ethnology" makes *Minzuxue* strangely redundant in the modern world, since ethnology as a discipline largely disappeared in the rest of the world 50 years ago—except, as I have said, for its encompassment (in a transforming way) within the modern discipline of anthropology, to equate *Minzuxue*, which remains a somewhat narrowly defined and inward-looking field of study, with anthropology (which in its widest senses still retains the meanings Kant and Marx gave the word) may miss the mark even further. I would suggest that either "ethnography", or "ethnic studies", might be much better translations for *Minzuxue*. And yet, and yet. As this paper has argued, anthropology needs to reach out to other disciplines in order to survive, including its elder sister of ethnology as it has developed in China.

(Nicholas Tapp[王富文],**华东师范大学社会学系教授**)

研究札记

边界与族群认同——论淮夷及其与周人之关系

徐　峰

一、关于“边界”的概念和层次

“边界”是一个空间的概念，指的是单元与单元之间的界限。这种单元可以是地理带，也可以是文化区、国家和个体。

“边界”有层次之分，如同斯图尔特(Steward)将“文化”喻为多层蛋糕一样，最底层是生态环境，其上是技术经济，中间是社会结构，顶部是意识形态①。边界亦然，其底层是地理环境的，比如被称作中国南北地理分界线的秦岭—淮河一线，因为分割了不同的生态经济区域而等同于地理的边界。

值得注意的是，这种边界并不是一条明确的分割线，如怀特克(C. R. Whittaker)所言：“古代的边界在空间上呈现带状远远多于线状。”②珂思莫(Nicola Di Cosmo)亦言：“边界经常是一个灰色地带。”③

地理生态环境的边界，会造成生业经济的边界，进而会影响到文化模式、族群，以及意识形态边界的形成。后一类的边界是含有人为、主观因素在内的，可称之为“认知的边界”④。这种认知的边界，在很多称谓上都可以体会到。比如“蛮”、“夷”、“戎”、“狄”及“华夏”、“中国”等称谓；再如一类群体对另一类群体的认同：《国语》中的记载曾形容戎人“血气不治，若禽兽焉”。⑤ 在歧视和排斥的情绪中，边界被突显出来。

---

① 陈淳编著：《考古学理论》，178 页，上海：复旦大学出版社，2004。

② C. R. Whittaker, *Frontiers of the Roman Empire: A Social and Economic Study*, Baltimore: Johns Hopkins University Press, 1994, pp. 71～73; p. 84.

③ Nicola Di Cosmo, *Ancient China and Its Enemies*, Cambridge: Cambridge University Press, 2002, p. 2.

④ 所谓“认知的边界”，是指在一类人的思想观念中已经意识到，并且强调他们与另一类人存在“隔阂”或者“鸿沟”。

⑤ 《国语》(卷第二)，62 页，上海：上海古籍出版社，1988。

纵观中国历史，南北政权之间的对立是一再形成，而以对立双方战争的主要发生地带而论，大体总是在秦岭、汉水、淮河一线的南北推移[①]。长久的南北对峙，令南方政权深知一个道理，即保江必先固淮，淮甸者国之唇，江南者国之齿[②]。也就是说，南方政权通常会力争以淮河作为南北政权的边界。那么，历史上淮河一线的边界特性是在何时、怎样突显出来的呢？在其两侧的势力、族群在当时又有着怎样的互动呢？有学者指出，边界是一个历史过程，是一个由政治力量、地域和身份认同以及经济关系等多重因素所交织的历史过程的结果。[③] 下面我们就尝试对这一复杂多样的过程进行具体阐述。

二、淮河一线边界特性的突显

我们之所以强调边界有自然的和人为的两个层次，是想说明，在客观上，边界是无处不在的，也从不消失。但是更重要的，是这种"边界"为人们所认知，并强调出来。我们关注的就是这种"认知边界"的出现。要了解当时人有没有意识到，或强调边界的存在，离不开当时人创造的历史文本，从这些文本记载中，我们可以感知到当时人的观念和行为。从这个角度讲，淮河一线的边界特性，是在西周时期突显的。

在西周早期著名的青铜器何尊的铭文中，有"余其宅兹中国"等字，意思是要建都在天下的中央地区。这是目前所见最早的"中国"作为词组出现。此"中国"很明显是一个空间地域的概念。它的出现，表明在当时周人的观念中，地域上有了中央和边缘或外围之分。实际上，这种地域间界线的意识，并不始于西周，在此前商代晚期甲骨文中，就已经可以感知到。商代甲骨文中有"方"的概念，王爱和认为，"方"是政治地域的概念，它最常被用来形容异族政体，代表了政治上和其他政体的疆域界线[④]。而具体说到西周时期淮河一线边界的突显，存在哪些证据呢？

首先，西周时期的淮河下游，特别是苏北境内，已是西周势力范围的外沿，那里活动着一支以徐为首的族群。既如此，这支族群和周人之间势必存在一个边

---

① 胡阿祥："南北对立时期南方政权的攻守形势与军事重镇"，载《学术界》，1998 年增刊。

② 顾祖禹：《读史方舆纪要》，贺次君、施和金点校，917 页，北京：中华书局，2005。

③ Anssi Passi, "Boundaries as Social Processes: Territoriality in the World of Flows", *Geopolitics*, Vol. 3, No. 1, 1999, pp. 69～88.

④ 关于"四方"观念的详细探讨，可参见 Aihe Wang, *Cosmology and Political Culture in Early China*, Cambridge: Cambridge University Press, 2000, pp. 26～28。

界地带。

其次,西周时期,主要在淮河以北,周王室分封或者承认了很多诸侯国。在传统文献中,这些诸侯国有宋、陈、蔡、胡,再往东,有鲁、薛、滕等。这些诸侯国所在的位置,根据西周晚期柞伯鼎铭的记载,是所谓“东国”、“南国”之地的一部分[①]。“东国”、“南国”这一称谓,皆为周人在金文中的自称,该处边界之意可谓溢于言表。而西周王朝在淮河以北分封这些诸侯国,用意也很明显,旨在镇守边境。

最后,西周时期,周人与淮夷多次在淮河一线发生战争,而战争无疑是政治对立的极端化表现,尤能突显两类群体之间的边界。在记录淮夷与周人战争的金文录卣铭曰:“淮夷敢伐内国”,“内国”二字形象地将周人与淮夷在地域上的区别流露了出来。

三、“他者”视野中的“夷”与“淮夷”的族群认同

至少到目前为止,在西周时期,我们还没有见到过属于“夷”或“淮夷”自行制作的文本,我们对于淮夷的了解,均来自与其同时代的周人,或者后世的文献。淮夷因为没有自己的文本,而成为一个话语缺失者。因此,我们对于淮夷的族群认同,很大程度上来自“他者”的视野。

“夷”的字形与甲金文中的“人”与“尸”字颇为相似,故甲骨文中的伐“人方”常被等同于伐“夷方”,西周金文中“东尸”等同于“东夷”。

人们普遍认为“夷”是东方民族,在对商代卜辞中“夷方”的地理进行研究后,“夷方位于东方,以山东省境为主”是目前最有影响力的意见[②]。西周初年与东征有关的金文中,有“伐东夷”的记载[③]。《礼记・王制》则说:“东方曰夷。”可见,“夷”是一个泛称,而且由于“夷”通常见于商人和周人制作的文本中,故而“夷”也是一个他称。再者,“夷”、“人”、“尸”字的外形像人蹲踞之形。因此,不排除文本的制造者对被称作“夷”的族群含有“轻视”的意味。如此,“夷”又是一个鄙称。

《后汉书・东夷传》中这样形容夷:“夷者,柢也,言仁而好生,万物柢地而出,

---

① 朱凤瀚先生曾将“南国”范围概括为东起江苏北部,经今安徽北部、河南东南部(今信阳地区),西抵今河南西南部(今南阳地区),西南抵今湖北北部地区,大致即在淮水流域、南阳盆地与汉、淮间平原一带。参见朱凤瀚:“柞伯鼎与周公南征”,载《文物》,2006(5)。

② 可参见方辉:“从考古发现谈商代末年的征夷方”,见山东大学东方考古研究中心编:《东方考古》(第1辑),。北京:科学出版社,2004。

③ 例如“鼎”、“保员簋”、“方鼎”铭文。

故天性柔顺。"这段史料实际反映的是后人对于夷之习性的大体印象。在对夷具体的一支成员徐人的回忆中,《韩非子·五蠹》、《淮南子·人间训》、《史记》以及《后汉书·东夷传》中也都特别提及徐偃王的"行仁义",因为"仁",故至于败。这些不同时期的文献反映了徐偃王之"仁"是如何一步步发展成为一种"集体记忆"的①。

尽管在"集体记忆"中,夷的习性似乎被贴上了"柔顺"和"仁"的标签,但这类标签切不可固定化,而只能相对而言,因为无论是商,还是西周时期,东夷和淮夷都屡屡与中央王朝构兵,甚至一度对前者的统治造成威胁。当集体记忆将夷形容成"柔顺"时,实际上是潜在地将之架到了与其他族群习性比较的平台上。比如文献中的"戎狄",其习性之刻画与夷是很不相同的。《左传·闵公元年》中说:"戎狄豺狼。"《左传·襄公四年》:"戎狄无亲而贪,……戎,禽兽也。"《史记·匈奴列传》中形容戎之后人匈奴时说:"急则人习战攻以侵伐,其天性也。"可见,对于居于中原之北、西北的戎人之描绘,与东方之夷显然是有差别的。李峰曾简约归纳了"戎"与"夷"的区别:西周时期,"戎"这个称谓意味着"尚武的外族",而"夷"则类似于"可被征服的外族",这种差别很可能是政治意涵多于文化或者种族意涵②。

至于"淮夷"这一称谓,它在不同的情境中有不同的含义。比如,"淮夷"可以是单称,即是一支具体的族。《今本竹书纪年》中云:"(成王)二年,奄人、徐人及淮夷入于邶以叛。"③《周书·费誓》:"徂兹淮夷、徐戎并兴。"以及《春秋·昭公四年》:"夏,楚子、蔡侯、陈侯、郑伯、许男、徐子、滕子、顿子、胡子、沈子、小邾子、宋世子佐、淮夷会于申。……秋七月,楚子、蔡侯、陈侯、许男、顿子、胡子、沈子、淮夷伐吴。"在这几处语境中,不难看出,淮夷均是与其他具体被列举者并列出现的,故这里的淮夷当是一支具体的族群。

单称的淮夷,至晚在西周初年已经存在。顾颉刚先生借助《周书·费誓》、《诗经·鲁颂·閟宫》等经典文献中的记载,曾详尽且精辟地论证了周初淮夷及徐地望之所在,他认为淮夷偏北,在今诸城、日照一带,潍水流域是他们的根据

---

① 所谓"集体记忆(collective memory)",据王明珂先生解释,是"社会记忆的一部分经常在此社会中被集体回忆,而成为社会成员间或某次群体成员间分享之共同记忆。如一个著名的社会刑案,一个球赛记录,过去重要的政治事件等",见王明珂:"历史事实、历史记忆与历史心性",载《历史研究》,2001(5)。

② 李峰:《西周的灭亡——中国早期国家的地理和政治危机》,徐峰译,323 页,上海:上海古籍出版社,2007。

③ 《今本竹书纪年》一度被认为是后世的伪作,然而新的研究却指出了它的真实性。见 Shaughnessy, "On the Authenticity of the Bamboo Annals", *Harvard Journal of Asiatic Studies*, No. 46, 1986, pp. 165～175。

地，徐国偏南，在今兰山、郯城一带。因为部分淮夷受到周人的压迫由山东南移到江苏、安徽去，“潍水”之名被带了过去，便有了现今的“淮河”[①]。

同时，“淮夷”一般又被认为是一个泛称，但出现的时间在单称淮夷之后。作为泛称的“淮夷”之名是在具体的淮夷一支和徐人南迁之后才逐渐形成的，这里面有一个过程。

在西周早期的东征金文中，“淮夷”的字样是看不到的，周人征伐的对象是东夷[②]。此时的淮夷是包容在东夷之中的。但是，在传统文献，比如《书序》、《周本纪》记载的东征事件中，淮夷却赫然在目。这一矛盾，与金文和传统文献的不同性质有着重要关系[③]，而在这类问题面前，我们当然优先重视金文，固然金文亦存在所有史料皆难以避免的主观性，然而相较于传统文献，它毕竟属于“直接史料”[④]。

西周初年，徐和淮夷因为抗周失败，向南逃遁。毕竟是新败，故西周早期的金文中，并未见到徐和淮夷的动静。进入西周中期，徐和淮夷再次反叛。录卣铭文：“淮尸（夷）敢伐内国”。方鼎二铭文：“率虎臣御淮戎”[⑤]。这两篇铭文均属穆王时期[⑥]。从铭文可知，此时周人对淮夷的认同，已不再是将它们包容在东夷范畴之内，而是对之单独称呼，这至少说明此时的淮夷已经引起周人足够的重视，被单独看待。同时，传统文献中也对这桩史事有记载。《今本竹书纪年》：“穆王十三年，徐戎侵洛。”《后汉书·东夷列传》中也说：“后徐夷僭号，乃率九夷以伐宗周，西至河上。”两者记载的显然是同一桩史事，但是金文和传统文献在称呼对象上却有差异，前者记“淮夷”，后者则具体说到了“徐”、“九夷”。显然，这种差异与上述西周早期金文称“东夷”，传统文献中称“淮夷”的差异是一致的。西周早期，东夷是泛称，包容淮夷，淮夷是东夷中势力较强的一支，故征东夷等于征淮夷；而穆王时期，“淮夷”则有了广义的一面，包含了徐等众多小国，徐又是“淮夷”之首，

---

① 顾颉刚：“徐和淮夷的迁留——周公东征史事考征四之五”，载《文史》，1990(23)。

② 张懋镕：“西周南淮夷称名与军事考”，见《古文字与青铜器论集》，165页，北京：科学出版社，2002。

③ 张懋镕先生对此有较为合理的解释。他认为金文基本是“实录”，因周初尚惯于将东夷视为一个整体，故只记“东夷”。到了西周中晚期，与周人打交道的已不是作为整体的东夷，而是淮夷。由于传统文献不是实录，而往往是追记，且通常会舍远求近，愈是年代久远，所记就愈简略，如文献记周初伐东夷情况已不甚了然，而对穆王及其以后征淮夷比较了解，且东夷又包容淮夷，所以后世记周初征伐就只记淮夷了。同上，166页。

④ 即同时期的史料，有关中西史料的详尽叙述，可参见杜维运：《史学方法论》，100～115页，北京：北京大学出版社，2006。

⑤ “淮戎”就是指淮夷。东方之夷有时也被称作“戎”，如《费誓》中“徂兹淮夷、徐戎并兴”。这恰好反映了“戎”这个字好战的特性，当夷叛乱周人时，周人便将“戎”字安在他们身上。

⑥ 郭沫若：《两周金文辞大系图录考释》，上海：上海书店出版社，1999；刘启益：“西周穆王时期铜器的初步清理”，载《古文字研究》(第十八辑)，北京：中华书局，1990。

故传统文献直言“徐夷僭号”。此外，至西周晚期时，“淮夷”因为南迁，周人的金文中又呼之为“南淮夷”，同属泛称。

为什么在单支的“淮夷”和徐自山东南迁淮河下游之后，周人西周中期的金文中就将“淮夷”认同为一个联合群体了呢？是什么样的因素促成了这样的认同。

首先，我认为要从大的政治地缘背景进行考虑。西周王朝建立后，政局尚不稳，实施分封制是周人的政治举措之一。如前文所言，在淮河中下游的豫东、皖北、鲁南一带，周王室分封了若干诸侯国，这些封国担负着防御边境的责任。一直到西周晚期，这里仍然被当作“南国”、“东国”的一部分。周人在淮河中下游安置封国，说明他们有所准备，预料到有可能发生的威胁，而这个威胁最可能来自淮河下游的苏北和淮河以南地区。这就为周人将这些区域的族群大体视为竞争对手预设了客观背景。

其次是原居山东的徐和淮夷南迁到了苏北一带①。徐和淮夷在西周早期的东方叛乱中，为中坚势力。因此可以想象，在周人眼里，徐和淮夷的南迁无异于一股“逆流”汇入淮河下游。这直接导致以后周人对淮河中下游以南区域的拓展经营将更为棘手。正因为如此，我以为周人将淮河中下游，特别是苏皖地区划为敏感地带，生活在其间的人群，拜徐和淮夷所赐，也被周人视为敏感人群。

以上这些均属于周人认同“淮夷”的客观情境，在此之外，可能还有一些因素促进了淮夷的族群认同。这些因素包括共同的历史记忆和遭遇，这是族群认同的基础要素；共同的文化渊源，包括世系、血统、体质的相似；共同的文化，包括相似的语言、宗教、习俗等②。

就先秦时期的族群来讲，由于史料稀缺，我们不可能全面了解他们的族群认同，而只能是有选择性的观察。根据史料的记载，淮夷的族群认同能够形成，一个重要因素是他们被认为拥有共同的祖源，列举如下：

淮夷之首的徐国，一般认为是嬴姓。《左传·僖公十七年》：“齐侯之夫人三：王姬、徐嬴、蔡姬。”《说文》：“嬴，帝少皞之姓也。”段玉裁注：“按秦、徐、江、黄、郯、莒皆嬴姓也。”西周、春秋时期也有不少嬴姓者所铸铜器③。徐属伯益之后，而伯益为皋陶之子④。

淮夷亦为嬴姓，《路史·国名纪二》云：“淮夷，嬴姓。”

---

① 徐峰:《西周时期的淮夷——以安徽江淮地区为中心》,南京师范大学硕士学位论文,2007。

② 周大鸣:“论族群和族群关系”,载《广西民族学院学报》(哲学社会科学版),2001, 23(2)。

③ 可参见陈秉新、李立芳:《出土夷族史料辑考》,合肥:安徽大学出版社,2005。

④ 可参见李修松的考证,李修松:“徐夷迁徙考”,载《历史研究》,1996(4)。

英、六、蓼皆偃姓，传为皋陶之后，《左传·文公五年》中，臧文仲闻六与蓼灭，曰："皋陶、庭坚不祀忽诸。德之不建，民之无援，哀哉！"《史记·夏本纪》："帝禹立而举皋陶荐之，且授政焉，而皋陶卒。封皋陶之后于英、六，或在许。"张守节《正义》引《帝王纪》："皋陶生于曲阜。曲阜偃地，故帝因之而以赐姓曰偃。"

群舒、桐，偃姓，亦皋陶之后，桐被当作淮夷之一，有周厉王时器翏生盨铭文可证："王征南淮夷，伐角、津，伐桐、遹。"

虽然以上诸国可分嬴、偃两姓，但是它们的祖源是一致的，即皆与皋陶有关，再往上推，则可追溯到少昊。

以上这些信息，我们在西周同期史料中是见不到的，而是来自晚期的文献，对于这些记载，我们认为不能完全视之为史实，因为"当个人或一群人透过族谱、历史或传说，来叙述与他或他们的起源有关的'过去'时，经常其中所反映的并非完全是历史事实。"[①]但同时也不能完全忽视之，不排除这些信息通过口耳相传的方式流传下来。鉴于此，我认为我们必须特别关注这些史料中的结构性因素。一是它们所反映的血缘关系；二则是地缘关系。血缘关系指这些小国大多可以追溯到皋陶；地缘关系是他们均源自山东。假如我们将"皋陶"和"山东"分别放置到古史人物和文化区域体系中加以比较，我们就会发现，它们都有着"失落"的一面。皋陶与禹属同时代人，前者是东夷的首领，后者则是夏王朝的奠基者。如史料所载，禹荐皋陶为他的继承人，可惜皋陶先于禹而亡故。后禹又荐伯益为继承人，又未遂愿。在古史中，有一种说法是，禹的儿子启杀死了益，夺了本应由益继承的位子[②]。由此及彼，皋陶之死殊为可疑，或许亦为权力斗争的落败者。当然，这仅仅是猜测，此类古史问题在事实层面上是殊难弄清的。要之，皋陶在这件史事中，扮演了一个"失落"的角色。而在文化区域体系中的山东呢？与禹大约同时期的考古学文化是二里头文化和岳石文化，这一时期以山东为母区的岳石文化在整体水平上已日渐衰退，而西面的二里头文化却日益崛起，进入商周时期，山东地区的文化更是逐渐丧失了独立稳定发展的地位，来自西部势力的干扰日甚。可见，两者在各自的体系中均处于弱势地位。而作为两者"弱势"的后果之一，无论是从古史，还是从区域考古学文化因素分析，我们均能发现一个共同的现象，即移民。在《史记·夏本纪》的记载中，皋陶卒，禹封其后于英、六。"封"很可能只是"美其名曰"，实质是，皋陶乃东方之人，在权力斗争落败后，其后人被迫迁徙至英、六；而从考古学文化因素上观察，岳石文化时期，以山东为母区的岳石文化曾向江苏、安徽传播，其间亦伴有移民。到西周初年，山东的徐和淮夷在

① 王明珂：《华夏边缘——历史记忆与族群认同》，北京：社会科学文献出版社，2006。

② 《古本竹书纪年》："益干启位，启杀之。"

抗周斗争中落败，被迫向淮域迁移。由此可知，淮河中下游一带在历史上多次吸收、接纳来自山东地区的移民。我以为正是在这样一种移民情境中，淮河中下游一带族群逐渐发现、创造和凝聚了他们的历史记忆和认同，西周时期的“淮夷”正是这种族群认同的最终结果。

以上我一方面强调了族群的共同特征，即姓氏和祖源对于他们的族群认同有促进作用；另一方面，部分回答了这一族群认同是如何产生的，即移民情境为他们寻找、发现，甚至创造祖源，最终凝聚族群认同提供了温床。诚然，移民情境、“客观的”族群特征为“淮夷”族群认同之形成提供了条件，但我们仍须进一步讨论这一族群认同，以及周人与淮夷之间的族群边界究竟是在什么样的过程中形成的。

有学者曾经指出，人类为了利用或保护环境资源，往往以“结群”的方式来分配、争夺与保护资源领域，这便造成了一种“边界”①。这种观点与西方人类学族群研究中所谓的“工具论”是相一致的，工具论视族群为人们在现实利益考虑下，限定共享资源人群范围的工具，用政治、经济资源和竞争与分配来解释族群的形成、维持和变迁，而且认为族群的认同是多变、可被利用并随变化而定②。下面，我将借助这一论点来观察西周时期周人与淮夷的关系互动，同时也希望利用这一特定区域的资料来检视或完善这一论点。

四、西周时期苏皖淮北与江淮的生态环境、生业经济及资源

约公元前 2000 年，由于中国大范围内的持续降温，以及相当于夏代发生的洪水侵袭③，苏皖淮北、江淮一带的生态环境不容乐观，农业生产和渔猎经济变得困难，聚落数量大规模缩减。相关数据表明，淮河北部新石器晚期的 68 个遗址延续到夏商周时期仅有 22 个，江淮之间新石器晚期的 53 个遗址有 32 个延续到夏商周时期，新石器晚期聚落在夏初分别消失 67％和 38％，该时期新增的聚落，江淮之间的河谷平原、岗地缓丘和沿江地区有 79 个，淮河干流以北地区仅有 13 个④。淮北因为海拔偏低，河道宽而浅，居民受水灾的影响更大，农业生产和渔猎

① 王明珂：《游牧者的抉择：面对汉帝国的北亚游牧部族》，246 页，桂林：广西师范大学出版社，2008。

② 相关论述，可参见王明珂：《华夏边缘——历史记忆与族群认同》，19 页。

③ 王巍：《公元前 2000 年前后我国大范围文化变化原因探讨》，载《考古》，2004(1)；夏正楷等：《我国中原地区 3500a B.P. 前后的异常洪水事件及其气候背景》，载《中国科学》，2003，33(9)，882～888 页。

④ 朱光耀等：“安徽省新石器和夏商周时代遗址时空分布与人地关系的初步研究”，载《地理科学》，2005，25(3)。

都相应变得困难，而同时期的江淮和江南，得益于丘陵地貌，受灾较轻，灾后这些地区因热量条件较好使古聚落迅速发展起来[①]。淮北和江淮的环境差距，可能促使部分居民南迁发展。龙山文化晚期、岳石文化时期，均有人群南迁的迹象。西周时期，这样的现象仍在延续，从“淮夷”到“南淮夷”的称谓转变就是一个很好的说明，这次迁徙，可能存在两方面的原因，一是周人对淮夷的逼迫；二是西周时期，江淮间的环境仍然较淮北为好，从西周遗址数量来看，安徽淮北地区发现甚少，江淮则显得相对集中。

来自滁州何郢、霍邱堰台的植硅体分析表明，西周时期安徽江淮间气候温暖湿润，甚至比现在还要暖和些[②]。江淮一带的农民栽培水稻，可能还种植小麦，同时辅以渔猎，家畜饲养。何郢动物遗骸研究显示，江淮间动物资源相当丰富，可分为家养动物和野生动物两类，家养动物包括猪、狗、黄牛和马；野生动物主要是梅花鹿、麋鹿、小型鹿科动物、虎和兔[③]。在家养动物中，猪的数量最多，在商末周初占全部哺乳动物的43.86%，但是到西周中期和晚期增加到61%左右[④]。何郢遗址中高比率猪个体的发现，以及用猪和狗进行祭祀的现象，说明西周时期何郢一带村落中维持着相对稳定的农业经济发展，在满足正常生活所需的前提下，尚能拨出一定的畜产资源从事祭祀等精神层面的追求。

总体而言，西周时期安徽江淮间的生态环境和农业经济应当保持着较为良好的状态，当地的社会组织维持着相对稳定的发展。而这些，无疑会对外域的人群产生吸引力。从周人与淮夷的关系史来看，周王朝之所以屡征淮夷，其目的，除了觊觎这片区域的经济资源外，更重要的是要越过江淮这道跳板，向更远的地方扩张和掠夺。不单对周人如此，即便是在“淮夷”内部，西周早期尚局促在淮北的徐和狭义的淮夷，也因为受了周人的逼迫，逐渐南移，遂有西周中晚期的“南淮夷”。正是在周人与徐、淮夷，以及早先生活在江淮间的土著们围绕着地盘、资源的接触互动中，有关淮夷的族群认同，以及淮夷与周人的族群边界才逐渐形成。

据传统文献、考古资料及金文提供的信息，淮夷向西周王朝有多项资源的进贡。据《禹贡》记载，淮夷需要向西周王朝进贡“五色土”、“羽畎夏翟”、“孤桐”、“浮磬”、“蠙珠及鱼”、“玄纤缟”。兮甲盘铭中有云：“淮夷旧我帛人，毋敢不出其帛、其积、其进人。”可知淮夷要向周人进贡织帛、积粟、人口。

---

① 朱光耀等：“安徽省新石器和夏商周时代遗址时空分布与人地关系的初步研究”，载《地理科学》，2005，25(3)。

② 吴妍等：“安徽滁州何郢遗址的植硅体分析”，载《农业考古》，2005(3)；吴妍等：“安徽霍邱堰台西周遗址的植硅体分析”，载《农业考古》，2007(1)。

③ 袁靖、宫希成：“安徽滁州何郢遗址出土动物遗骸研究”，载《文物》，2008(5)。

④ 同上。

除了以上贡品之外，西周时期周人与淮夷争夺最厉害的一种资源，应当是金，即铜。《禹贡》中记载，金产于荆扬二州，相当于今天的长江中下游湖北、江西、安徽等省，这一带是中国铜矿储量最丰富的地区。有学者研究认为，早在二里头文化时期，二里头国家便已经有了获取长江流域铜矿资源的最初冲动，进入早商时期，长江中下游地区则明显透见了来自早商核心地区的强烈政治野心，早商文化迅速把势力扩充到湖北、江西北部和湖南北部，其目的主要应该是对长江中下游地区丰富的氧化铜矿的觊觎，其中盘龙城遗址可能就是把中国南方与中原早商核心地区连接起来的交通枢纽①。与长江中游地区相比，长江下游南岸安徽铜陵一带，同样富含铜矿，但目前的资料还不能够说明早商时期商人的铜矿开采活动是否已经到达铜陵地区。而进入西周早期，则有明确证据表明，皖南铜陵一带已使用硫化铜矿炼铜技术②。

周人延续了商人对于铜料的渴求和获取策略，为此，他们屡屡征伐淮夷。原因很简单，周人立足中原和关中，而铜矿则在长江南岸，两者之间横亘着淮北的部分地区和江淮丘陵，这两个地理小区位于南北过渡带，历来是兵家必争之地。无论是“由中原趋江淮而临东南，还是由东南出江淮而图中原”，征服江淮都是一项基本策略。在西周时期，这片区域为淮夷所占据，对周人的南下掠铜构成了阻碍，并且也是潜在的铜源竞争者。因此击败淮夷，打通所谓“金道锡行”之路，是西周王朝向东南扩张的关键所在。

五、周人与淮夷的战争

周人与淮夷的战争是围绕领土安全、资源的竞争而进行的。在战争过程中，“边界”被突显出来。

周与淮夷的战争可以分成三个阶段：第一阶段是周初东征平叛，如前所述，此时的淮夷还属于东夷范畴；第二阶段是西周中期，即穆王时期；第三阶段是西周晚期的厉宣时期。

穆王时期，以徐为首的淮夷对周发动了强势攻击，他们突破边界，深入核心区域，威胁东都洛邑。有多篇金文涉及这场战事，如录卣、录簋、鼎、尊、方鼎二，等等。这些铭文不光反映了淮夷对周的进攻，而且还提供了边界地带的具体信

---

① 刘莉、陈星灿：“中国早期国家的形成——从二里头和二里岗时期的中心和边缘之间的关系谈起”，见《古代文明》（第1卷），北京：文物出版社，2002。

② 杨立新：“皖南古代铜矿的发现及其历史价值”，载《东南文化》，1991(2)。

息。录卣铭记王下令率师驻扎古师，抵御淮夷。陈秉新认为古在固陵，即今河南太康县南[①]。其后，鼎铭显示，师雍父(即)省道至于胡，道在今河南汝南县[②]；而胡，则在今安徽阜阳，胡是成周通往淮水流域的必经之地[③]。从古至道，再至胡，地点逐渐南移，周人的防御站已经伸入皖北。师雍父能到胡国去视察，说明周与胡是有往来的，而且在师雍父前往之前，其已先行派遣部属之一出使胡国，胡侯还赐给金。有关周与胡国的关系，不得不提及西周初年周原甲骨文中记载的一件史事，即伐胡[④]。说明西周初年周人高层就有意识地攻伐淮域的这些小国，打通其向南扩张之路。除了胡国，周人还征伐了录国，成王时器大保簋铭文有“王伐录子圣”的记载，录为古国，与录卣、录簋、录伯簋之“录”相同。穆王时器录伯簋铭文中记录伯祖考有劳于周邦，王赏录伯一事。郭沫若云：“盖录子圣被成王征服后即臣服于周，有所翼赞也。”金文之“录”国即典籍之“六”，在今安徽六安[⑤]。有关六与周之关系，留待下文详论。由以上论述可知，周人在淮域边界地带设有防御性据点，防范淮夷的攻击。尽管如此，淮夷还是突破了边界地带，因为簋铭文显示，周师追击淮夷到了棫林，棫林在今叶县东[⑥]，已在周人设置的防御地带西北。淮夷的这次入侵虽以失败告终，然而淮夷能够做出跨越边界深入的行动，实力不容小觑。

针对这次攻击，周穆王展开了报复性行动。班簋铭文记载毛伯奉王命伐东国痟戎，三年静东国。痟，读为滑或猾，乱也。史载有穆王伐徐戎事，此猾戎当即徐与淮夷之叛周者[⑦]。徐夷战败后，据《左传·昭公四年》的记载，穆王曾会诸侯于涂山(今安徽怀远县境内淮水南岸)。穆王在涂山会盟，应该是双方战后的一次谈判。谈判的具体内容，我们当然不可能知道，不过有一点是可以肯定的，徐和淮夷终究是势力稍弱的一方，他们再次发生了迁移。顾颉刚认为徐人南迁江、汉流域[⑧]。在同期的金文中，我们也可以看到，由于迁徙，周人的文本中开始认同“南淮夷”，换言之，至少有部分人群迁到了淮河南面。

进入厉、宣时期，周与淮夷关系交恶更甚，战争不断。虢仲盨盖铭：“虢仲以王南征，伐南淮夷。《后汉书·东夷列传》：“厉王无道，淮夷入寇，王命虢仲征之，

① 陈秉新、李立芳：《出土夷族史料辑考》，166页。

② 《汉书·地理志》汝南郡“阳安”县下，应劭曰：“道国也，今道亭是也。”

③ 李学勤：“从新出青铜器看长江下游文化的发展”，载《文物》，1980(8)。

④ 陈全方等：《西周甲文注》，76页，上海：学林出版社，2003 。

⑤ 郭沫若有云：“录国，殆即《春秋》文五年楚人灭六之六。”见郭沫若：《两周金文辞大系图录考释》。

⑥ 裘锡圭：“论簋的两个地名——棫林和胡”，见《古文字论集》，386～392页，北京：中华书局，1992。

⑦ 班簋年代从穆王说，可参见李学勤：“班簋续考”，载《古文字研究》，第十三辑，北京：中华书局，1986。

⑧ 顾颉刚：“徐和淮夷的迁留——周公东征史事考征四之五”，载《文史》，1990(23)。

不克。"《今本竹书纪年》:"厉王三年,淮夷侵洛,王命虢长公伐之,不克。"可见,厉王时期淮夷的叛乱较穆世有过之而无不及,多次突破边界进入中心地区。相应的,周人也一再进入南淮夷的领地。翏生盨铭载,王征南淮夷,伐角、津,伐桐、遹。翏生从,执讯折首,孚戎器,孚金。角在今宿迁县西南,津在宝应津湖,属江淮东部 。[①] 桐,古国,在安徽桐城西北。由此铭可知,厉王时期,江淮东部及皖中一带很可能已属南淮夷势力范围,周人对江南铜矿的获取无疑变得更为困难。大概就在翏生盨铭记载的厉王征南淮夷之后,西周王朝遭遇了一次凌厉的报复性攻击。厉王时器禹鼎记载:"鄂侯驭方率南淮夷、东夷广伐南国、东国,至于历内。"此处的"历内"一词,再次清晰表明了周人与淮夷在地理格局和族群认同上的严格区分,即周人居内,淮夷在外。

相较周厉王时期周人在与淮夷关系中的被动,有"中兴"之称的周宣王对淮夷又展开了大规模的挞伐。《诗经·常武》记载,宣王派遣南仲与皇父大规模征讨徐方。联系《今本竹书纪年》,这场战争发生在宣王六年(公元前 822 年),并且应该是以胜利告终,重整了秩序。

到宣王十八年(公元前 810 年),据驹父盨盖铭文显示,南仲命驹父和高父向南淮夷征取服贡。铭中有言:"小大邦亡敢不具逆王命。就是说淮夷小大邦没有一个敢不献其服贡的。"[②]周人居高临下的气势可谓溢于言表。在回程的途中,在蔡歇脚。蔡是比较靠近淮夷的诸侯国,在周人针对淮夷的事务中,蔡多有配合。驹父盨盖铭乃一例。厉宣时器柞伯鼎铭文亦载,虢仲曾令柞伯率蔡侯左至于昏邑,在淮水流域,蔡侯属于配合作战[③]。

对周人而言,淮夷是相伴始终的宿敌,影响深远。我认为,周与淮夷的战争在不同的层次有着不同的含义。在形而下的物质资源层面,双方的战争是因竞争金、丝织品、人口、土地等资源而起。在意识形态上,周与淮夷的战争实际代表淮夷对华夏的抵抗[④]。"华夏"这一观念尽管普遍认为在东周时期才兴起,然而一种观念的形成绝非一朝一夕之事,其必有一酝酿过程,我相信西周时期正是华夏观念的酝酿时期,它是在与东南之淮夷、西北之狁狁这样的异族斗争中逐渐形成的。而在社会组织形态上,周与淮夷的战争是西周意欲将以宗族血缘为基础的诸侯分封制度带到淮北、江淮地区而引发的冲突。周人在西周早期就有过这样的努力,西周早期征胡、录(六)、巢的行为,以及穆王时器班簋铭文显示的执掌巢

① 马承源:"关于翏生盨和者减钟的几点意见",载《考古》,1979(1)。

② 对驹父盨盖铭文的考释,可参见黄盛璋:"驹父盨盖铭文研究",载《考古与文物》,1983(4)。

③ 朱凤瀚:"柞伯鼎与周公南征",载《文物》,2006(5)。

④ 徐旭生:《中国古史的传说时代》(修订本),195 页,北京:文物出版社,1985。

的事务都是说明。当地本有的族群，以及后来迁入的徐和淮夷，当然不会坐以待毙，因此他们不得不以族群联合体的形式反抗大邦周。在经济形态上，周与淮夷的战争还代表农业文明内部粟作经济人群和稻作经济人群的一个抗争，堪称日后中国凡国家分裂之际，反复出现的南北对立的第一次突显。最后，在自然地理上，淮北、江淮隶属南北过渡地带，即生态交会带，这样的地带，空间移动能力强，可被代替的概率大，竞争的程度高，以及抗干扰的能力弱，对于改变界面状态的外力，只具相对较低的阻抗[①]。显然，这些特征正是淮北、江淮（尤其是淮北）地区根深蒂固的属性，正因这类属性的存在，几千年来，这一带才频繁地发生着黄河夺淮这样的自然灾难，以及数以百计的兵祸。

六、“族群认同”的两个面相：以录（六）国为例

在族源方面，六与徐、淮夷是一致的。正因此，传统上认同六为淮夷的一员[②]。然而，族群认同并非完全在共同的历史渊源或相似的文化特质这些客观要素上成正比等量地发生[③]。理由很简单，族群认同是个可选择的、可被利用的社会生存工具[④]。在现实中，权力、利益、奖罚、规训等众多因素均会影响族群认同，包括自我认同和他者认同。

以六国而言，它虽地处江淮，身在淮夷的领地之中，但西周同期的金文证据表明，六国是周室安抚、拉拢的对象，六国对周的关系也非如徐、淮夷那般激烈。由此推论，周人主观上应没有将六认同为淮夷，六国自己，也应如此。

六国曾是商的与国，关系密切[⑤]。至西周早期，大保簋铭记载，西周曾攻伐六国。周人之所以如此，显然是要接手商人对六的宗主权。六的地理位置十分重要，其地处皖西、大别山北麓，东邻肥西，北接寿县，西倚金寨，南靠霍山。清顾祖禹形容它是“庐州之喉舌，淮西之要地”[⑥]。六在穆王时期周人与淮夷的战争中，曾参与周人对淮夷的防御。录卣铭文显示，伯雍父驻守古师之时，录亦在场，并受到伯雍父的赏赐，录表达了他的感激。

六对周人的帮助除了战时的协防外，它可能还是周在江淮的代理者。宣王

---

① 牛文元：“生态环境脆弱带 ECOTONE 的基础判定”，载《生态学报》，1989，9(2)。

② 王迅：《东夷文化与淮夷文化研究》，120 页，北京：北京大学出版社，1994。

③ 周大鸣：“论族群与族群关系”，载《广西民族学院学报》（哲学社会科学版），2001，23(2)。

④ 王明珂：《华夏边缘：历史记忆与族群认同》，18 页。

⑤ 关于这一点的论述，见徐峰：《西周时期的淮夷——以安徽江淮地区为中心》。

⑥ 顾祖禹：《读史方舆纪要》。

时器仲驹父簋，铭曰："录旁中(仲)驹父作仲姜簋。"录旁即录方，即六国。仲驹父，陈秉新疑即驹父盨铭之"驹父"①。而驹父盨铭中的"驹父"，前文已述，是宣王十八年奉南仲之命前往南淮夷地区索赋之人，由此可知，录国成员有在周室为官者。通过探讨六国与周室的关系，有助于我们重新认识有关淮夷的族群认同，在江淮地区，六国应该不是周人笼络的唯一对象，但它是比较典型的一个。

七、结　语

在周人与淮夷以战争这样一种最为激烈的互动方式进行接触的过程中，双方的族群边界得以突显，族群的认同逐渐形成。周与淮夷的战争是一个双向的过程，对周而言，是日后酝酿出华夏的一个中心向边缘扩张的过程；而对淮夷而言，是被隔绝、排斥于中心之外的人群集结为一个政治集体，以与中心分享、竞争当地资源，或者尝试突破中心资源边界的一个过程。

既然作为族群联合体的"淮夷"是在族群互动中逐渐形成的，那么它必然是一定历史阶段下的产物，而不宜在历史中对其溯源，因为那往往会将后起的概念反安到了早期族群的身上，同时也忽视了那些早期族群的自我认同或者与他们同一时代的异族认同。以"淮夷"而言，我们认为这个泛称的概念是西周中期才出现的，并且在西周灭亡之后，已不复存在，事实上，在东周时期的文献中，比如《左传》，作为族群联合体的"淮夷"几乎不被提及，而是径直称各个小国的名称，如徐、六、群舒等。

周人与淮夷之间的边界，同样是在一定时间段中比较明显。随着族群交往的逐步深入，横亘在族群之间的边界也会逐步消隐，比如，到东周时期，西周政治体制中的蔡国和宋国，曾先后迁入被周人视为"淮夷"的领域，说明夷与华夏的关系并不总是对立的，随着时间的推进，双方正在融合之中。

(徐峰，南京师范大学社会发展学院文博系讲师)

① 陈秉新、李立芳：《出土夷族史料辑考》，263页。

田野札记

卡瓦格博朝山记

郭　净

2003年是个多事之年。

3月20日晚，我们在云南省博物馆的广场上举办“云之南人类学影像展”开幕式。第一个节目是放映以“摄影机”为主题的短片，在其中，我加了美军坦克进攻巴格达的一个镜头。原定要来参会的德国人类学教授巴巴拉，却因腿受伤，以及伊拉克战争爆发，德国政府不让学者远游，无法前来。

活动结束不久，比“叫魂”规模更大的“非典”恐慌波及全国。一种叫“非典型性肺炎”，简称“非典”或SARS的瘟疫迅速传播，且无药医治，一时间闹得人心惶惶，谣言四起。当局一面努力维护社会安定，一面暗地动员，严密防控，凡有发烧症候的人均被当作“疑似非典”，拉去隔离治疗。危急关头，封建迷信死灰复燃，省与省，城与城，村与村，街道与街道之间都拉起一根无形的“结界”（民间除秽祭祀用的扎草标的绳子），处处“禁止通过”，人与狗“不许进入”。如同在阴阳之间挖了一条界河，也仿佛整个社会都沉浸在“洁净”仪式的兴奋当中，气氛既森严，又庄严。

那些天，昆明的街上人影稀少，到处弥漫着消毒水的味道。我整天待在办公室，心里却惦记着一件大事。

早在一年前，我就打算到德钦转山。在藏区的各个地方，分布着大大小小的神山。每个神山都有自己的属相。藏族朝圣者要根据这些大山的属相，每年到不同的山转经，即围绕山徒步旅行，以此作为修行和祈祷的一种方式。如马年（2002）转转冈仁波切，羊年（2003）转卡瓦格博，猴年（2004）转扎日，鸡年（2005）转大理的鸡足山。2003年属藏历水羊年，是卡瓦格博的本命年，60年才得一遇。据经书讲，在这一年围绕卡瓦格博外转，能积累比平时祈祷大得多的功德。早在一年以前，各地的藏族，以及周围的朋友就在谈论准备转山的事。我的本命年正是羊年，所以已经许下转山的愿，可“非典”期间外出旅行既有风险又很麻烦，该怎么办呢？

6月4日香港（中国）探险学会张凡来访，说他们在德钦县的阳朝桥[①]设了医

---

① 当地人把这座吊桥叫做“羊咱桥”，正式名称是杨朝桥。

疗接待站，专门为到卡瓦格博转山的朝圣者服务，并劝我去调查，说现在来转山的人已经很多了。6 号，做环境保护项目的李波打来电话，说他去德钦时，有人建议他去云岭乡看看当地的学者仁钦多吉。他顺路去了，很吃惊：仁钦多吉曾在迪庆藏医院工作，退休后，用自己的钱，在家里建了一个展示卡瓦格博圣迹的博物馆。李波想到我在这一带做田野调查，建议我去看看能帮仁钦老师做点什么。

我当天便打电话给仁钦老师，他说你最好要么现在来，要么月底来。我问为什么，他说他一家本月 15 号要去转卡瓦格博，大概 10 天以后才回来。我原定 10 月陪美国公众广播电台的比尔去。听说仁钦老师要去，知道他编过《雪山圣地卡瓦格博》一书[①]，心想先跟他去探探路也好，便当即请他等我到德钦，和他一家转山。他说同行的有六、七个人，还要准备马。我最担心下雨，他说这几天德钦没雨，出发问题不大，到山上下不下雨就管不着了。

一、仁钦多吉的博物馆

2003 年，正值卡瓦格博本命年羊年的时候，云岭乡九龙顶村的仁钦多吉老人做了两件事：其一，和全家人围绕卡瓦格博外转了一圈；其二，在他买下的云岭乡一个公家的院落里建了一座“卡瓦格博博物馆”。转山回来后，他交给我一份文字资料，请我据此写个项目申请报告，找政府要点经费以资助博物馆的建设。仁钦老师于 2001 年花 12 万元买下原乡农业银行营业所的房子，其中三间用于展览，面积约 100 平方米；在没有任何资助的情况下，布置了两个展室：一个是卡瓦格博神山文化展室，展出内转经和外转经路线图及解说、历代高僧大德留下的相关文献；一个是民族用品展室，展出本地藏族使用过的生活用具及藏医药资料。2003 年，他外转卡瓦格博三次，内转三次，考察了文献中记载的各处圣迹。

我跟随仁钦老师到展室里观看。对他做的事我特别感兴趣，因为眼前正是一个国内很少见的“社区博物馆”的案例。从专业的角度看，仁钦老师的展室简陋得很，但我惊异他那么快就学会了以大幅展板、照片和展柜的形式，向来访的村民和旅客介绍卡瓦格博的历史，传播本土的知识和信仰。它没有炫耀奇异风俗的欲望，也不把生活拿来化妆后展示给外人看。因此，它和大部分以爱好和生意经为主轴的私人博物馆不同，也和许多打着“原生态”招牌招揽游客的村寨博物馆有着本质的差异。

1999 年，仁钦老师与在北京工作的老乡祈继先先生合作，汇聚有关的藏文文

---

① 仁钦多吉、祁继先：《雪山圣地卡瓦格博》，北京：民族出版社，1999。

献，自己掏钱出版了《雪山圣地卡瓦格博》。写作这本书的动机，与德钦藏族反对中日联合登山队攀登卡瓦格博有关。没想到，这本几乎全部是祈祷诵经文字的书，在2003年卖火了。好多来转山的人都在找它。我手上仅有的一本，在阳朝桥边被一个青海来的小伙子强行借去，再也没还。从仁钦老师的讲述，从他的博物馆展览和他编著的这本书中，我逐渐触到了一座雪山的历史脉络。

二、神山源流

被外人叫做“梅里雪山”的卡瓦格博，藏语称为Kha－ba－dkar－po，意为“白色雪山”。通常在这个山名之前会冠以“念青”(gnans－chen)或“绒赞”(Rong－btsan)的尊号，称之为“念青卡瓦格博”(Gnans－chen－kha－ba－dkar－po)或“绒赞卡瓦格博”(Rong－btsan－kha－ba－dkar－po)，以表明这座雪山的神性。按照当地僧俗大众传统的认识，“卡瓦格博”既是主峰的名称，也是以主峰为首的一组神山的统称。其范围大致北起德钦县的梅里石村(Sman－ru－－shod)，南到永支村(Glung－vgre)。这两地正是围绕卡瓦格博外转经的入山口和出山口。

探寻卡瓦格博的名称，自然会追溯到藏族古代的神山信仰。早在吐蕃王朝从政治上、佛教从精神上统一西藏高原之前，以地区性小传统为背景的神山崇拜已经存在。这些区域性的信仰原来与本土的民间宗教和苯教有关。直到公元8世纪以降，吐蕃王室改宗佛教，原来的神山信仰才以“调伏”的方式逐渐被纳入佛教大传统的体系。众多地方性的山神，于是变成了佛教的护法神。

在藏区旅行的人，常常夜宿狭窄的河谷，第二天又乘车爬山。山路蜿蜒曲折，一层层盘旋至海拔4000～5000多米的山口，再曲曲弯弯下到另一个河谷。在海拔2000～4000多米的山地之间，有半农半牧的村民，也有逐水草而居的牧人。这世界上，再没有哪个民族比藏族住得更高，与山的关系更亲密。藏族及其先民，就这样生息在高海拔的青藏高原；山地在他们的文化中是一个基本的空间因素，是一切生活和信念的基础，深刻影响着他们对自然的认识，也左右着他们社会的发展方向。在佛教传入西藏之前，藏族人便产生了对神山的信仰。“神山”藏话叫做“纳日”(gnas－ri)，意为“圣地”，或“拉日”(bla－ri)，意为“魂山”，或“赫拉日”(lha－ri)，意为“神山”。有人把山神归入“西达”一类(gzhi－bdag)，第一个词gzhi的意思是根基、地点，并有“事相”和“因缘”的含义。“西达”的本意为“土地的主人”和“万物之根本”，所以，山神在此意义上也是土地神，如雅拉香波是雅隆河谷所有土地神的首领，五台山的山神是所有汉地土地神的首领，念青唐拉是所有卫藏(西藏中部)土地神的首领。[1] 大地上的生命都在他们的掌管之下,从山的基座上开始生长。

藏族以其生存的地理环境来度量观念中的神圣世界,不管在苯教还是在佛教的宇宙图景中,连接和贯通各个层次或世界的中介物,都是耸立的高山。早在吐蕃文明早期,山就是人和神的沟通者,它们被当做神灵和天王上下的"天梯"(dbuv—skas),对此,西藏历史文献有很多记载,如西藏佛教和苯教所崇拜的神山"冈仁波切"(Gangs—rin—po—che)就是典型的例子。该山位于阿里地区靠近中印边界的地方,海拔 6714 米。"冈"为"雪"之意,"仁波切"是对上师的尊称。它的原名为冈底斯(Gangs—ti—se),底斯为梵语"清凉"之义,意为"清凉的雪山"。在原始苯教的信仰中,外形像十字水晶金刚杵的冈仁波切,向下伸到鲁界,山峰插入神界,贯穿了苯教的宇宙三界。古老的苯教神祇鼓基芒盖繁殖于初世之卵,下凡时以一束光芒射下,消失在冈仁波切山上,然后以一个白色野牦牛的形象出现在冈仁波切背后的贝钦下凡山,那里是他下凡人间的第一个落脚点。[2] 这座山自古以来一直是印度教、西藏苯教和藏传佛教共同信奉的神山。相传朝圣者转山一圈,可洗去一生的罪孽。转十圈可在五百个轮回中免受下地狱的痛苦。转百圈可在今生成佛。而在冈仁波切的本命年马年转山一圈,可增加一轮十二倍的功德,相当于常年转十三圈的功德。[3]

按照史籍的说法,从涅赤赞普开始的七位赞普,是吐蕃最早的君王,他们都自天界下凡,所以被称做"天界七王"。因为世界的形状在纵向上分做天、地、人间三个部分,所以这些天神要通过天梯下来,这天梯就是神山,连接天地,"这是一架吐蕃式的木梯,即用带槽口的树干架成的梯子"[4]。在《敦煌本吐蕃历史文书》里,"小邦邦伯家臣及赞普世系"记载了第一位赞普的故事:

> 他"来作雅砻大地之主,降临雅砻地方。
>
> 当初降临神山降多时,须弥山为之深深鞠躬致敬,树木为之奔驰迎接,泉水为之清澈迎候,石头石块均弯腰作礼,遂来吐蕃六牦牛部之主宰也。"[5]

这故事讲的是涅赤赞普(意为颈座之王)从神山的山顶上沿着天梯下降,到了雅砻,成了当地的王。在他下降人间之地,建了一座雍布拉康,这是吐蕃最早

① 内贝斯基:《西藏的神灵与鬼怪》,254 页,拉萨:西藏人民出版社,1993。

② 才让太:"冈底斯神山崇拜及其周边的古代文化",载《中国藏学》,1996(1),67~68 页。

③ 成卫东:"转神山:冈仁波齐亲历记",载《中国国家地理》,2000(7),71 页。

④ 石泰安:《西藏的文明》,41 页,北京:中国藏学出版社,2004;亦参见黄明信:《吐蕃佛教》,3 页,中国藏学出版社,2010。

⑤ 王尧、陈践:《敦煌本吐蕃历史文书》,173 页,北京:民族出版社,1992。

的宫殿。如今，雍布拉康是游客逛西藏必看的景点之一。我去过三次，它矗立于一座小山上，造型简洁朴素，一殿一塔合为一体。我登上平时不开启的塔楼，鸟瞰四野，一条河流抚育着大片良田，那就是吐蕃王朝发源的雅砻河谷。这座不起眼的小山便是天梯。只因为有神山作梯，接引第一位君王下凡，才开启了藏文化绵延千年的历史。

张光直教授曾指出，全世界萨满式文化用来沟通天地的工具，第一个就是神山：

> 中国古代有五座神山，这在《史记·封禅书》里有最早的完整的记载。《山海经》里提到几座山，特别讲到巫师上下这些山的情况。当中有个登葆山，是"群巫所从上下也"。在全世界萨满式的想法中，把山当作地与天之间的桥梁是很常见的。美国芝加哥大学从事萨满研究的学者埃里亚德对此有个术语，叫做"地柱"，就是说这种柱子从地下通到天上，通天地的萨满就可以通过爬这个柱子，从一个世界到另一个世界去。[①]

吐蕃早期的天界七王，实际上兼有巫师的身份，他们到人间做王，但死后并不留在人间，而是用"光绳"(dbuv－vbreng)在天地之间往返，"当儿子能骑马时，父王就用发光的天绳返回天空，犹如彩虹一样消失，不留遗骸在人间"。所以，天界七王没有坟墓。直到后来的止贡赞普与人比武，砍断了登天的光绳，从此断绝了返回天上的道路。[②] 但登天绳的信仰一直流传到后世，有很多说法，如："日月行程长者，属于登天之绳未断，是为好。山脉和山为地之登天绳，左右山路为步行者之登天绳，蓝色为岩崖之登天绳，白色石头为石头之登天绳，独生柏树为树木之登天绳。没有登天绳则生命短暂，所以好的风水需要登天绳。"[③]

古代西藏最重要的登天之山是雅拉香波，海拔 6647 米，作为"上部守护之神"，这座神山统领着雅砻河谷所有的土地神。在《敦煌吐蕃文书》里，雅拉香波和冈底斯山经常被提及：

> 在众多树木之中，以松树最为高大，在大江大河之中，以雅鲁藏布江碧水最为流长，而雅拉香波神山乃最高之神也。[④]
>
> 在香波山年神跟前，

---

① 张光直：《考古学专题六讲》，6～7 页，北京：文物出版社，1986。

② 王尧、陈践：《敦煌本吐蕃历史文书》，157 页。有关"天绳"和天梯"的考证，参见该书 186 页。

③ 宗者拉杰主编：《中国藏族文化艺术彩绘大观图说明镜》，440～441 页，北京：民族出版社，2002。

④ 王尧、陈践：《敦煌本吐蕃历史文书》，173～174 页。

麋鹿、野马不要狂妄，
麋鹿野马如狂妄，
冈底斯雪山会把你吞没。①

当年，以云南为基地的南诏国王阁罗凤与吐蕃结盟，迎接他的吐蕃君臣为他唱诵赞歌，歌云：

罗凤被封为王。
越来越近，
与神接近即与天接近；
越来越稳固，
如香波山念神般稳固。②

上述吐蕃时代留下的颂歌，都在赞颂当时西藏最大的神山雅拉香波。从那时到以后漫长的历史中，藏地逐渐形成了庞大的山神体系，其主体有二：

一为四方神山：

东——雅拉香波(Yar－lha－sham－po)

南——库拉卡日(Sku－lha－mgar－ri，位于山南)

西——诺吉康桑(诺吉康娃桑布，Gnod－sbyin－gangs－ba－bzang－po，位于江孜附近)

北——念青唐拉(Gnas－chen－thang－lha，位于藏北)③

二为世界形成之九神：

传说神山之父沃德巩甲生了八个儿子，他们是雅砻的雅拉香波、北方的念青唐拉、上部觉娃觉卿、东方玛卿伯姆热(阿尼玛卿)、觉沃月甲、西乌卡日、吉雪旬拉曲保、诺吉康娃桑布。④

在这些大神山之下，还有难以记数的地方性神山。凡有藏族居住的社区，无不供奉自己的神山。据迪庆州藏学家王晓松先生的考察，该州有神山200多座，有的为一个村子信仰，有的为几个村庄信仰，还有的是一个家族的保护

① 王尧、陈践：《敦煌本吐蕃历史文书》，163页。

② 同上，166页。

③ 内贝斯基：《西藏的神灵和鬼怪》，233页、257页。

④ 这九座山的汉文译名略有不同，参见宗者拉杰编：《中国藏族艺术彩绘大观图说明镜》，354页、512页；内贝斯基：《西藏的神灵和鬼怪》，240页。

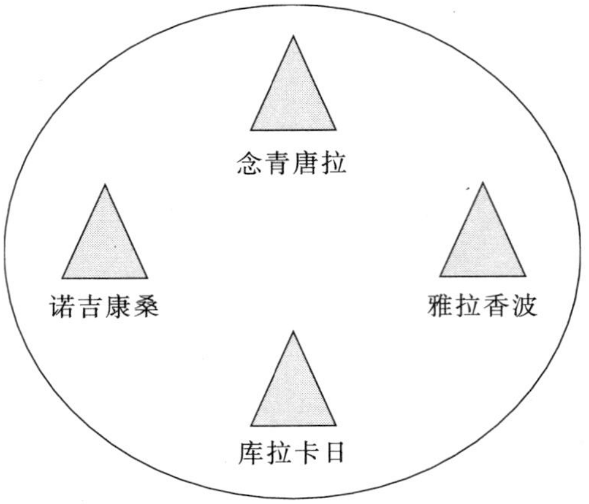

四方神山

神。[①] 而云南藏族学者经过在德钦的调查，发现卡瓦格博神山群由九十余座神山组成。[②] 云南藏族的每个村落和社区都有各自崇拜的神山，如中甸的舞凤山、奔子栏的"日尼"、德钦的日尼农、尼西的易仁。我们在云南迪庆香格里拉县尼西乡做社区教育项目时，当地小学的藏族校长欧阳光带学生调查本地的本驰神山，他写道：

> 相传古时候尼西境内生活着660户藏民，都围绕着奔驰神山居住着。都过着幸福的生活。后来尼西藏民居住的这片古老的土地上出现了一只豹子，从此给尼西藏民带来严重的灾难，由于它恣意吃人伤人，最后660户人家只剩下330户了。这时候来了一位活佛，现在没人能说出他的名字。他用法术把这只豹子给制服了，他说这只豹子是一个被尼西人打死的和尚的化身。这个和尚是在大宝寺，被尼西的一个和尚用棍棒打死的，他非常痛恨你们，给你们制造灾难，现在我把它制服了，可你们要在尼西这个地方修建一个经堂，即"多格拉康"，而且每年要在这里举办一次念经活动、跳舞这样的一个盛会，要以念经为主，跳舞作为中间休息时的娱乐活动。在为期三天的念经活动中要念完一亿遍"安仁""安同"这两种经文。
>
> 这样就会免去灾难，这片土地上会出现达官贵族。人民可以过上平安的日子。这座经堂"多格拉康"曾经前后重建过三次，举行这种活动至今已

① 王晓松："藏区神山崇拜与生态保护"，载美国大自然保护协会、迪庆州藏学研究院编：《藏族文化与生物多样性保护》，74～75页，昆明：云南人民出版社，2005。

② 参见扎西尼玛、马建忠：《雪山之眼》，昆明：云南民族出版社，2011。

有300～500年的历史。把时间定在农历3月8日是因为这段时间是农闲期间。

随着时间的推移，3月8日便成了生活在奔驰神山周围的尼西人的节日，在这个节日里，人们会念经、跳舞、服饰比赛、选美等活动。从这里人们不知创编出多少优美的歌词，多少优美的舞步。①

这座奔驰神山不是一个村的，而属于整个尼西乡，或者说属于山周围各藏族村社，即传说中那660户人家的后代的。每个村子的神山通常不止一座，如德钦县的雨崩村有12座神山，明永村有10座，阿东村有14座。②

若从信仰的源流来追溯，这些神山都与前佛教时代的宗教观念有联系，他们都是作为社区保护神而存在的。在社区的神山之上，有属于某一大区域的神山，如四川的日松贡波和墨尔多。而更上一层，还有为整个藏区信奉的神山。

从吐蕃时期起，卡瓦格博已成为苯教的地方性神山。在吐蕃时代的文献中，记载了名为二十一"凯念"(dge－bsnyin，意为居士)的21座重要的神山，分布在从印度、尼泊尔到卫藏和康巴的广大地域之内．其中第19座是绒赞雪山，为绒赞卡瓦格博；苯教典籍《神烟》中记载的神名和辖地，第19座便是管辖察瓦绒(Tsha－ba－rong)的喀娃嘎保(卡瓦格博)。③ 从这些资料来看，21座神山的地位仅次于雅拉香波，而高于社区的神山，当属于管辖一个区域的神山，卡瓦格博为其中之一。

笔者在参与实地调查过程中，得知地处卡瓦格博地区核心地带的雨崩村有一座小神山，名为"苯波日"，意思就是苯教山，相传是早年苯教活动留下的遗迹。而这座山本身就是卡瓦格博神山山系的一个部分，这也是苯教影响卡瓦格博神山信仰的证据。过去，人们对苯教与卡瓦格博的关系并不十分清楚，但2003年卡瓦格博本命年期间，在转山的人群中出现了大批苯教徒。我询问了其中的四批人：

西藏左贡县林卡乡78人，属苯教拉务寺，他们转经不像佛教徒的"正转"(顺时针方向)，而是以苯教的方式逆时针反转。该寺的活佛叫次称朗达唯热，没有僧人，而有仓巴(苯教修行者)，在山上修行七八年，回来又去。

左贡县乌雅乡，三车五十多人，都是苯教徒，来此坐三天车，在德钦休息两天，以前就有人来转过一次。

---

① 这篇调查见郭净、和银华、章忠云编：《迪庆藏族自治州香格里拉县尼西乡汤堆小学乡土知识教育的实践》，182～183页，昆明：云南科技出版社，2006。

② 参见《雪山之眼》中的"卡瓦格博神山名录"。实际各村的神山数量往往还不只此。

③ 内贝斯基：《西藏的神灵和鬼怪》，256～257页、267页。

西藏察隅县扎拉区布巴乡巴布村9人，属苯教，到此6天，走路4天，来过8次转山。该乡有寺院叫扎隅贡，没有僧人，有两个念经的人。他们转其他的山反转，转卡瓦格博正转。其家乡的三座神山是：乌金白玛、格拉旺卓、甲申念久。

察隅县竹瓦根乡的六十多人，为苯教信仰者，当地有苯教的两座神山，一座叫囊隅日拉帕玉，要转8天；另一座小的叫布桑，从察隅去要走15天，转一天。

西藏那曲地区比如县白嘎乡的6人，都是苯教信仰者，他们从比如乘摩托车到边坝县，然后坐客车经洛隆、昌都、左贡、芒康到德钦。途经左贡的时候，全车人都去林芝转贡布日山，方式是反转。2002年，他们包车去转了岗仁波切，行程两个月。同年又转了西藏的纳木错湖。

这些苯教转山人的出现，为卡瓦格博也是藏族苯教神山提供了佐证。它如同著名的冈仁波切，也兼有佛教和苯教神山的双重身份。

三、莲花生降伏山神

卡瓦格博是如何从苯教或民间宗教的神山转化为佛教的神山呢？藏人的史诗和历史文献把这过程追溯到了莲花生入藏传法的时代。

公元7世纪，藏王松赞干布从尼泊尔和汉地迎娶两位公主，也引入了佛法。但此后很多年间，吐蕃王朝的王室和百姓依然信奉苯教，佛教只有几座小庙，并不昌盛。直至公元8世纪中叶，赞普赤松德赞为推动政治和宗教改革，特邀请印度佛教高僧寂护和密教大师莲花生到西藏传播佛法。莲花生从尼泊尔进入西藏，他一路降妖伏魔，显现神迹，降伏了象雄的山神扎拉赞门，在吾尤哲茂山降伏了永宁地母，在吾尤西仓格拉山降伏了金刚佳维大居士，在先保沟降伏了先保山神，在念青唐古拉降伏了念青唐拉山神，以及康地狮子岩的马桑亚尔邦独生神、曲吾日山和卡热山的天母妖女，后藏色玛拉山的曼母神和仙女神，冈底斯山的二十八星神，达郭冈雪山的八曜星神，吾里冈雪山神，保玛雪山神以及卫藏最大的雅拉香波等山神。[①] 就这样，莲花生通过对西藏神山的调伏，将藏地原有的诸多山神纳入佛教体系之中。

在康巴地区的传说中，莲花生也是众多神山的降伏者。有关卡瓦格博的各种文字和口传资料，也认定莲花生大师曾亲临该地，由格萨尔王打头阵，收服了以卡瓦格博为首的所有山神。格萨尔是藏族史诗中最著名的英雄人物，他的故事流传于各个藏区和蒙古地区。而且，这部史诗至今活在民间，为众多荷马似的

① 参见《巴协》和《莲花生大师本生传》的有关记载。藏区各地也有很多传说。

艺人代代传唱。2006年6月的一天晚上，我们围坐在卡瓦格博对面的一家小旅馆，听雾浓顶村的村长阿牛吟唱格萨尔王到绒地的一段故事，这故事出自《格萨尔—加岭传奇》：

话说那天格萨尔大王一行正在赶路，到达一个三岔路口时，只见那万里无云的碧空里屹立着一座高插云天的雪山，大臣向宛黯然落泪。大家一问，才知道那雪山下的绒地(今德钦境内)便是向宛的家乡，那雪山是他的命根子神山，他是那雪山的命根子孩子。但他自幼离开，五十载不曾回返。格萨尔闻言，同意向宛回绒国看望父老乡亲，并随他同去。格萨尔王亲临绒城拜访向宛的父亲，绒、岭两个君王互赠礼品，结下深厚友谊。

一天，格萨尔君臣来到一个芳草如茵、万花似锦的草滩上。大王兴致勃勃，骑马驰向草滩。忽然，他和坐骑消失得无影无踪。大臣丹玛、向宛等人找遍山头和水边，都没找到。

七天过去，当人们焦急万分的时候，天母南曼婕姆从天上降下预言，说你们不必着急，格萨尔被卡瓦格博雪山山神扣留了。明天，你们到雪山上去，山中会来一位雪白如海螺般的女子，把格萨尔的下落告诉你们。并提醒他们卡瓦格博山神是个煞神，它有九头十八臂，你们见到了它，除给它留下一个头两只臂以外，别的头和臂都要砍掉。但这煞神却是卡瓦格博圣山的圣主，因此又不能开杀戒。

大臣们按照天母的预言前往雪山寻找，才发现格萨尔大王被卡瓦格博山神藏起来了。大臣丹玛与山神一番大战，砍下那煞神的八头十六臂，终于把他制服。

这时，天母降下甘露，给格萨尔王洗去了煞神所施的污秽，大王恢复神智后，心想：上界天神、中界厉神、下界龙神都被我降服了，我时时为众生广做善事，而这个煞神竟敢把我扣留起来，折磨我，我要把这卡瓦格博雪山扔到大海那边去。他正准备这样做时，在碧空彩虹缝中，莲花生大师由无数男女空行围绕着向大王启示说：这座卡瓦格博神山，是绒地胜乐吉祥宝轮的圣山，是我莲花生的圣地，是多、康、岭众生绕匝朝拜的地方。为了众生的事业，你不要生气，不要抛弃它吧！由于莲花生大师的启示，那卡瓦格博雪山煞神诚心皈依了格萨尔，向大王顶礼求饶，并保证说：从今以后我不再做危害众生的事，愿永远归顺大王，做大王的护卫者。格萨尔王给它授予了居士戒，使它变成了安分守己之神，永作大王的护卫者。①

德钦县明永村长大扎西跟我说过下面一个传说：

① 详见阿图、徐国琼、解世毅翻译整理："向宛省亲得团聚，岭王荣归庆凯旋"，见《格萨尔—加岭传奇》，北京：中国民间文艺出版社，1984。

以前我们这里是汪洋大海，第一个从海里生出来的是卡瓦格博雪山。海里还生了一朵莲花，莲花中生出一个小和尚，是乌坚仁波切（莲花生）。没有莲花生，任何人动不了卡瓦格博。是莲花生砍了卡瓦格博的4个头，把他制服，使他成为一个对人类最好的神。

这故事明显来自莲花生圣迹的传说。皈依佛教后，卡瓦格博名字前的称号便由“绒赞”变成了“念青”。绒赞是苯教时代的称谓，“绒”（rong）为“绒地”，指澜沧江的河谷地带；“赞”指赞神（btsan），他们原是苯教神系中最重要的地方神之一。藏族的传统世界观把宇宙分为三界，居于上部的叫“拉”，居于中间的叫“赞”或“念”，居于地下的叫“鲁”。苯教经典把赞分为：岩赞、水赞、土地赞、天赞、山崖赞、雪山赞。其中大多数赞和山有关。赞所居住的地方，实际上是与天连接的山和岩石。所以赞神在不少地方都与山神合一。他们大多住在红色的岩石上，那里或涂着红色的颜料，或盖着红色的小房子“赞康”（btsan－khang，赞的房子）。赞以凶悍勇猛著称，有学者认为吐蕃赞普的名号“赞普”（btsan－po）即来源于此。一般的赞神在佛教中地位不高，属于“世间护法”，他们受制于自身的业力，未达到出离心、菩提心和正见的要求，受死亡之际具有的善恶愿望的束缚，无法摆脱六道轮回，只能托生为天界神灵，魔界的赞和夜叉等，与众生同住在此世间轮回。从吐蕃时代直到今天，有关赞的信仰都流传于藏地民间。人们相信赞神具有极大的法力，可以行善亦能作恶。[①]

卡瓦格博属于赞神中的“雪山赞”，所以他的颜色不像其他赞神那样为红色，而为白色：白人、白衣、白马。皈依佛教以后，卡瓦格博受了居士戒。经过长期艰苦的修炼，他终于达到出世间的境界，成为佛教胜乐金刚的护法，此山也成为胜乐金刚的坛场。雨崩村老人讲卡瓦格博的两个名字，说绒赞是佛教以前的，念青是佛教以后的。念青是佛教征服苯教山神以后，给他们冠的尊称，有雄伟庄严之意，以表明这些土著神灵已经皈依佛法。实际上，“绒赞”的冠名在后来也经常使用。

据说莲花生降伏了卡瓦格博以后，让他立下誓言，永远护持佛教。所以在该地区，有许多莲花生留下的神迹，如在内转的转经上，有雨崩的莲花生密咒水，莲花生禅洞，[②]明永冰川附近还有祭祀莲花生的莲花庙。而外转经路上，在支信塘的路上有莲花生的修行窟，在永支的路上有他插在岩山上的手杖和天然金刚橛，在曲拉塘有他的遗迹，朝拜它就等同于朝拜铜色山。在片石岭道路旁的山上，有

① 内贝斯基：《西藏的神灵和鬼怪》，200页。

② 仁钦多吉、祁继先：《雪山圣地卡瓦格博》，174页。

莲花生的修行窟，在羊咱的河对面有天然的莲花生顶冠。[①] 显然，有关莲花生降伏山神的传说，其意义并不在于印证历史的真实。这些传说开创了一个将伏藏和仪式结合起来的传统，为藏地历代佛教大师掌管对雪域大小鬼神的控制权提供了坚实的依据。

2003 年，云岭乡的仁钦多吉老师为了考察朝圣路上莲花生的圣迹，围绕卡瓦格博外转了三次，其中一次有我随行。他回来后，把考察的结果做在了一幅立体的地图上。

四、神山模型和八座宗

莲花生收服卡瓦格博，还有另一个版本，那是与“八座宗”(Ri－bovi－rdzong－brgyad)有关的故事。仁钦老师以这个故事为蓝本，做了一个“卡瓦格博——八座宗立体沙盘”，那是我从未见过的立体地图，由他亲自设计并监制。他找大自然保护协会的藏族官员马建忠要来一张卡瓦格博的卫星地图，按比例缩小，做成一人多高的沙盘，每个山峰，每条河流，每个村庄和所有转山路上的圣迹都用模型和颜色标注，连朝圣者半路上找拄杖的竹林都画得清清楚楚。

模型中，仁钦老师最得意的一笔是“八座宗”，即云岭乡脚下把澜沧江逼出八个急转弯的山峰，那是我见过的最壮美的江河曲线。2003 年 6 月出发转山的前一天，仁钦老师领我到一个山嘴，朝下俯瞰浩荡的江水。北边，一排排山峦在夕阳下朝西藏的方向延伸而去，澜沧江穿过这无数灰蓝色的屏风蜿蜒而来，接近云岭，形成著名的“月亮湾大峡谷”。峡谷两边的高山像八根交叉的手指，夹持着澜沧江水，逼迫它一路绕成八道拐，成为极其罕见的连续大转弯。

当地人把这峡谷叫做“八座宗”，说他们原来是八个凶猛的山神。根据书上的说法，八座宗里的六座山，同藏族风水术里的“五行”有关，分别属于金、木、地、水、火、风，其实有六行。我们站的山头，也是云岭乡政府所在地的达姆宗，属“风”，难怪风特别大。

仁钦老师打比方说，那峡谷里的澜沧江水拐来拐去，像不像汉地的万里长城？因此当地的传说讲：若能朝拜圣山下的河流，就如同朝拜了万里长城。

八座宗曾与莲花生大师加持的卡瓦格博斗法，失败后皈依了佛教，成为卡瓦格博的护法神。有关他们的故事，都收入了《雪山圣地卡瓦格博》一书，那故事

---

① 仁钦多吉、祁继先：《雪山圣地卡瓦格博》，166～169 页。

讲道[①]：

很久以前，赡部洲发大水，所有的山脉都被洪水淹没，赡部洲一片汪洋。经过若干劫波之后，水慢慢地退去，地球上的山峰渐渐显露出来。癸未年，大梵天王为了安定人间，派遣卡瓦格博坐镇德钦境内。他的根基由金子筑成，坚固无比，犹如水晶佛塔的座座山峰高耸入云，威武伟壮。在卡瓦格博到来之前，当地有八座得到成就的宗山，即：

右边属金格乐赞波宗，
左边属木林山咱面宗，
东方属火果念咱拉宗，
西方属水大象鼻舌宗，
右边属风江塘达姆宗，
左边属土断山地堂宗，
东方峻峭险岩帕从宗，
西方铜色悬崖头里宗。

这八座山和作为佛教护法的卡瓦格博对抗，他们阻断了山脚下的水道，使大水漫到了卡瓦格博山腰。卡瓦格博雪山尊者见此情形，立刻跨上腾飞的白螺骏马，左绕地球三圈，右绕地球三圈，马蹄踏着江塘达姆宗和断山地堂宗头顶，汇聚亿万兵马，挥动如意藤鞭，将赞波宗、咱面宗、咱拉宗、大象宗、险岩帕从宗和悬崖头里宗各狠抽三鞭，让六宗身上都留下了永世不可磨灭的红色鞭痕。此后，八宗一一向卡瓦格博发誓，要永远甘当他的护法神，保护巡礼神山的人与非人，以利众生。

五、白教大师的加持

我们在向青海玉树的高僧请教时，他们用“开发神山”这个汉式的表达，来说明藏族祭祀神山的行为。所谓“开发”并非搞建设，而是由高僧大德为某座山加持或将其降伏，使之获得灵性，将其提升到更高的境界。自从藏传佛教形成自己的体系后，由莲花生开创的“师”（bla－ma）的传统得到延续，逐渐超越于吐蕃时代以降“王”的传统之上；高僧大德也延续了莲花生调伏吐蕃鬼神的故事，成为藏

① 仁钦多吉、祁继先：《雪山圣地卡瓦格博》，186～205页。

地“神山开发”的主要力量。卡瓦格博博物馆里的文献大部分与藏传佛教噶举派有关。它们证明，卡瓦格博成为扬名藏地的佛教圣地，与噶举派大师多次加持的行动分不开。

噶玛噶举派黑帽系创始人噶玛拔希(Ka－rma－pa－kshi，1204～1283)是康巴人。1253年，蒙古的忽必烈南征云南大理途中，曾与他在川西北会见。1256年，他又被大汗蒙哥召到蒙古和林，得赐金边黑色僧帽及金印，黑帽系便由此得名。蒙哥死后，蒙古王族内乱，噶玛拔希被忽必烈投入监狱，又被流放。获释后，他边行走边传教，经8年才返回西藏。云游期间，噶玛拔希到了云南，朝觐卡瓦格博并在此修行，仁钦多吉先生《卡瓦格博内圣地广志》有如下描述：①

明亮华丽天界无量宫
特于要堵无量宫前
藏历第四绕迥铁蛇年
法王先师授记写碑文
——
噶玛拔希年寿八岁时
从转经右路留下足迹

相传噶玛拔希留下的赞词，一开篇，便指明这座神山位于藏区南部的“擦瓦岗”，即上文所述的康区四水六岗之一，在今天的怒江和澜沧江之间。文中描述他仰望神山的情形：

> 虹光交射的地界，南部擦瓦岗厄旺法台之上雄踞绒赞山神卡瓦格博。其形如众戟林立；其顶似雪般祭品陈列；其色像飘逸的洁白哈达；耶日(右山)如雄师奋迅；允日(左山)似苍龙赫然震怒；焦日(后山)像大鹏展翅；敦日(前山)如黑熊奋风凌厉向低谷冲刺。从远处眺望卡瓦格博山神烟雾弥漫；从前仰望暴风雪；身临其境纷纷大雪。②

文中所说的“擦瓦岗”，即澜沧江和怒江流域的藏族地区，因多为河谷地带而被称作“绒地”，卡瓦格博也因此被冠以“绒赞”的名号。噶玛拔希还描述了卡瓦格博的形象：

---

① 噶玛拔希：“圣地卡瓦格博焚烟祭文——祈降悉地雨”，见仁钦多吉、祁继先：《雪山圣地卡瓦格博》，116～125页。古格·次仁加布：《藏传佛教噶举派》，36～37页。

② “绒赞卡瓦格博颂”，张国华译，载《迪庆方志》，1992(2)，72页。

圣神卡瓦格博绒地山神之王，身净有玉痣，骑白马鬃玉者。右持白缨戟，左持晶瓶满神谷。神旗须瓣随风飘逸。

从这篇颂词可以看出，在噶玛拔希到来之前，卡瓦格博已经是当地有名的圣山。而他对卡瓦格博的尊崇，则使这座神山在藏区，尤其是康巴地区声名远扬。伴随噶玛噶举派在该地区势力的增强，卡瓦格博更加广为人知，成为全藏区最受景仰的圣地之一。

上述赞词尚不能确认为噶玛拔希所作，在他之后来到云南的噶玛噶举黑帽系第三世活佛让迥多杰（1284～1339），在朝拜此山时写的《圣地卡瓦格博焚烟祭文——祈降悉地雨》(rong－btsan－ka－ba－dkar－povi－gnas－yig)，则是目前所知在云南出现的第一部藏文著作。①

由元代至明清，卡瓦格博一直是噶玛噶举派活佛朝觐的对象，德钦县明永村卡瓦格博山腰的莲花庙曾立藏文碑，为供奉卡瓦格博赐予噶举派大宝法王、第五世噶玛巴德行协巴（De－bzhin－gshegs－pa，1384～1415）寺庙庄园的谕旨，大意是：

赐予噶玛大宝法王

为建立绒赞山神卡瓦格博之上乐圣地，供奉寺庙庄园、官室之简短誓词：

末劫浊之时，由于八难产生瘟疫，使众生处于艰难可怕之境地。为消除此难，建造修念度母之处，同时也是为消除从投生到世世代代八难罪孽、邪障而建。

僧俗民众，寺庙庄园，要不分亲疏高低，任何时候都不间断地供奉……苦难瞬息即消。另外，萨迦、格鲁等派的班智达僧迦居于此，供奉一日有一日之功德利益（此碑文革时被毁）②。

这个碑记不仅是噶举派上师尊崇卡瓦格博的重要记录，而且说明萨迦和格鲁等其他教派也将此处作为修行和朝圣的圣地。

噶玛噶举在滇西北的影响，又因丽江木氏土司长期统治滇川藏交界地区而得到加强。15 世纪时，噶玛噶举派红帽系二世活佛喀觉旺布（Mgav－sphyod－dbam－pho）的弟子曲贝益西任木氏土司的“帝师”，木家从此信仰佛教，成为噶举派的有力支持者。1512 年，噶举派黑帽系八世活佛弥觉多杰（Mi

① 徐丽华：“云南藏文古籍概述”，载《中国藏学》，2002(2)。

② 《德钦县志》，296 页，昆明：云南民族出版社，1997。

－bskyod－rdo－rje，1507～1554）应木土司邀请到丽江，促成了“噶举十三林”的建立。这些寺院远超过 13 座，分布于木氏势力所及的丽江、中甸、维西、德钦和四川藏区，大大拓展了噶举派的影响范围。[①] 1645 年，十世噶玛巴却英多杰（Chos－dpyings－rdo－rje，1604～1674）因西藏内乱而流亡到丽江，至 1661 年在此长住。2000 年，经卡尔·德布里斯尼先生（Karl Debreczeny）鉴定，收藏在丽江东巴文化博物馆的七张画作系出自他的手笔，[②]这一时期丽江寺院的壁画也可能与他有关。

以上噶举派高僧在云南的传法活动持续数百年，对卡瓦格博神山信仰在藏地的传播影响甚巨，直到近代美国学者洛克游历滇西北，仍对此有所感受。[③]

六、二十四圣地和四方神山

在德钦，凡问起卡瓦格博的地位如何，人们都说是藏地八大神山之首，又有说是八大神山之一。民国人黄举安在《云南德钦设治局社会调查报告》中，做过如下描述：

> 此雪山名震康藏，为西藏八大神山之一。每到冬季，康藏善男信女来朝雪山者极多。藏俗不朝雪山者，死后无人抬埋。

此文足证卡瓦格博为藏地八大神山的说法曾已有之，但出自何处尚不明了。比较确切的说法，见于噶玛拔希所拟的祈祷卡瓦格博的经文《圣地卡瓦格博焚烟祭文——祈降悉地雨》。我在仁钦多吉老师的展室里看到过这段经文，德钦县藏族在日常生活中也普遍使用这段烧香的颂词。经文称卡瓦格博是南瞻部洲二十四圣地之一：

> 四洲瞻洲最殊胜，

---

① 习煜华、王晓松：“木氏土司与藏传佛教噶举教派法缘关系浅谈”，见《云南藏学研究论文集》（第二辑），昆明：云南民族出版社 1997。

② 卡尔·德布里斯尼：“佛陀之法在姜地：十世噶玛巴在丽江王国发展的汉式风格唐卡画”，载《云南省民族学会藏族研究委员会会刊》，2009（1）。有关却英多杰的更多讨论，参见大卫·杰克逊：《西藏绘画史》，向红笳等译，拉萨：西藏人民出版社，2001。

③ “藏人尊奉的卡瓦格博山脉是伟大的本尊神德姆措格的居处，梵文称为萨姆瓦拉，是快乐之神，也称为何乐邓巴。这个快乐之神是红教宁玛派的一个分支噶举巴教派的守护神。”文中说噶举派是宁玛派的分支不确切。参见约瑟夫·洛克：《中国西南古纳西王国》，刘宗岳译，昆明：云南美术出版社，1999。

有景二十四圣地，
南部门地擦瓦绒，
位于滇藏交界处，
圣地卡瓦格博山，
本地厄旺法源宫。

这段经文，是把卡瓦格博放在藏区神山体系的氛围中来供奉的。那么，在藏区的神山体系中，卡瓦格博处于什么地位呢？且看经文列举要焚烟供祭的大神山主要有哪些：

另外焚烟供祭有：
香祭总山岗底斯，
父舅玛年奔热山，
母舅上座唐拉山，
自舅杂日杂贡山，
兄长拉齐白雪岭……

文中的冈底斯山即上面介绍过的岗仁波切，位于西藏阿里地区，是苯教、藏传佛教和印度教共同信仰的神山。

玛卿伯姆热（Rma－cheng－sphom－ra），也就是青海藏族所说的"阿尼玛卿山"（A－myes－rma－chen）。它位于青海湖南岸，起先为果洛地方的藏族部落信仰，逐渐升格为藏区东部的大神山，统帅着 360 位伴神。[①]

念青唐拉山也是藏区著名的雪山，西接喀拉昆仑，东南接横断山脉，为西藏和青海的界山，亦是三江（长江、澜沧江、怒江）发源地，为长江与怒江的水分岭。它的藏名意为"大亲眷光明之神"，被莲花生大师收服后，念青唐拉成为藏北最大的山神。他有四种身相，均为骑马的武士，统辖着 360 个念青唐古山脉的神灵，他也是布达拉宫所在的红山之保护神和财宝守护神。[②]

杂日山（Tsha－ri）位于西藏的山南地区，与印度、不丹、尼泊尔相邻，相传莲花生大师离开西藏后，带明妃到此山修建了宫殿，修成红光身。这一密法为修行人景仰，所以都祈望到杂日山朝圣。山中矗立的 21 座高峰，被视为天然的 21 度母圣相。但此山为珞巴人的活动区域，过去该民族民风强悍，与外界隔绝。他们封锁进山道路，每隔 12 年才对佛教朝圣者开放一次。1944 年（藏历铁猴年），在

① 内贝斯基：《西藏的神灵与鬼怪》，240～245 页。
② 同上，235～240 页。

拉萨学佛的汉人洛桑珍珠(邢肃芝)跟随2000多名朝圣者去转杂日山。尽管有一个团的藏军保护,在20多天艰苦的行程中,仍有100多人因当地人的袭击和病患丧生。①

这几座山和卡瓦格博都有关系,②他们构成的谱系虽然只是山神家族的一部分,但仍然传达了古代关于藏地神山的知识,我们从中可以大致看出卡瓦格博在山神家族里的地位。

与之相应的还有按照地理方位来排列的神山系统。也就是说,神山不仅有依照时间延续的传承体系,还有根据地理空间分布的体系。藏文化中一个重要的分类基础是"四方"的观念,世界分为东、西、南、北四大部洲,人类居住于南瞻部洲。在这广阔的地域中,国王和神灵们都按照四至方位分别镇守不同的地域。如西藏古籍和史诗经常把天下分为"四天子"的领土,即东方的汉天子(人主),是占卜科学的国王;南方的印度天子(象主),是宗教的国王;西方的大食天子(宝主),是财富的国王;北方的突厥天子(马主),是军队的国王。③ 镇守天下的不仅有国王,还有山神。相传藏区原来是一块魔女盘踞的大地。藏族文献多说西藏人种系罗刹女与猿猴交配所生子嗣,为赤面食肉之种。据说今天西藏山南乃东县的神山贡布日,就是他们繁衍后代人类的地方。此山半腰的猴子洞,至今仍是重要的朝圣地。而山下的泽当,便是"猴子玩耍的坝子",山下还有猴子们开垦的第一块土地。

到公元7世纪,罗刹女的传说已经演变为藏地为罗刹魔女盘踞的空间观念。据史书记载,松赞干布娶唐朝文成公主为妃,公主进藏后,应赤尊王妃的邀请,测看藏地风水,推算的结果是:

> 此雪邦地形如岩女魔仰卧之状。其中卧塘湖为魔女心血,红山及夹波日山做其心骨形状,若在此湖上供奉释迦牟尼像,山顶又有赞普王宫,则魔必制矣。④

前些年西藏文管会在罗布林卡文物中,发现两幅西藏罗刹魔女的唐卡画像,绘一魔女裸体仰卧,右臂上举,手腕下垂,左臂上抬,手腕弯过头顶。身上绘有藏地山水,山水间有许多大小寺庙。这同文献记载的藏区地理和建立镇魔寺的史实完全相符。所谓镇魔寺,即建来镇压魔女肢体的寺庙。据西藏文献的记载,松

---

① 刑肃芝口述,张健飞、杨念群笔述:《雪域求法记》,北京:生活·读书·新知三联书店,2003。

② 仁钦多吉、祁继先:《雪山圣地卡瓦格博》,116页、121页。

③ 参见石泰安:《西藏史诗与说唱艺人的研究》,拉萨:西藏人民出版社,1994。

④ 五世达赖:《西藏王臣记》,26页,拉萨:西藏人民出版社,1992。

赞干布在公元7世纪建立的佛教寺庙，其主要功能几乎都是为了镇魔，而以后建立的佛教寺院都同样具有镇魔的功能。

上述"魔女盘踞大地"的空间地理观念，有着前佛教时代信仰的渊源。所谓魔女，即古代藏族基于对自己生存地域神秘性的认识而创造的一个宗教符号。而镇压魔女的寺庙，具有使原本污浊的大地净化的功用。遍布藏地的神山，也承担着同样的职能。他们如不移之钉，镇压魔女的躯体，卫护一方安宁。当然，依照四方观念安排的神山有各种说法，反映了藏地不同时代和不同地域的文化传统。上文谈到西藏历史上有所谓"四大山神"的记载，这个神山系统有可能形成于吐蕃前期，当时吐蕃的统辖范围多在今天的西藏境内，所以这四方神山都位于西藏。东方的雅拉香波是众山之首，庇护着吐蕃王朝的发源地雅砻河谷。

卡瓦格博在藏族众神殿中的位置，也要根据时间和空间的两个体系来界定。上述经文指明卡瓦格博是"南部门地擦瓦绒"的神山，说明其他方位还有各自的守护神。这篇祭文没有说明位于东、西、北的神山是哪些，但我们至少知道了卡瓦格博镇守的是南方。

2006年我两次去青海玉树访问，得到扎多、班巴，尤其是生活在玉树州称多县赛康寺的索南更青上师、杂多县扎西拉姆寺活佛扎南翁治上师指教，对玉树藏族的神山世界观有了初步了解，他们认为，有四座神山分别镇守藏地的东南西北四个方位：西藏阿里的岗仁波切（冈底斯山），青海安多的阿尼玛卿，青海玉树的尕多觉悟，云南德钦的卡瓦格博。[①] 尕多觉悟位于青海省玉树藏族自治州称多县尕朵乡境内，是尕哇河上游的一座雪山，又称"觉悟夏尕"。此山海拔5393米，为"世界九尊"和藏区9大神山之一，也是世间25大神山之一。相传藏王热巴巾曾到此山朝拜，他的宝座仍收藏在山背后的赛康寺内。赛康寺内的觉悟佛与拉萨大昭寺的觉悟佛有同等声望。格萨尔王曾献珍宝于此山，其中有宝瓶，故该山矿藏丰富。尕多觉悟最早为宁玛派信仰的神山，后又受到格鲁派的尊崇，其身形为骑白马、戴头盔、着铠甲的护法，他有三个儿子，主峰四周守护的有28员大将、7位战将、7位法师、7位铸造师、7位裁缝师。[②]

西藏地区也同样流传着与卡瓦格博有关的四方神山观念，西藏北部的牧歌《赞山颂》如此唱道：

雪域高原，

① 参见丁柏峰：《青海山川》，32页，西宁：青海人民出版社，2001。

② 尕多觉悟生态环境保护协会宣传资料。

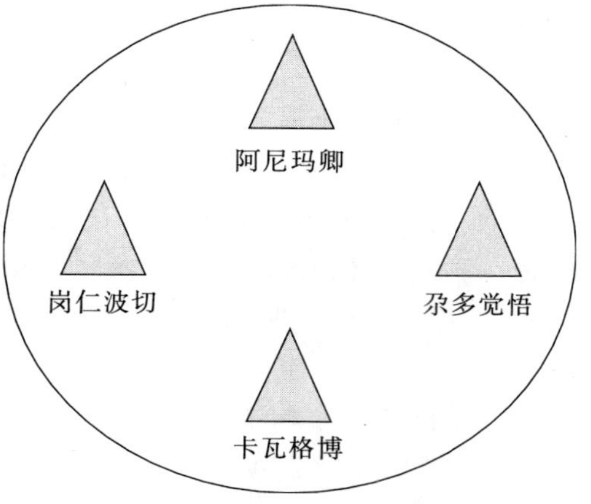

北有神山四十座，
南有神山四十座，
是南北各部的保护神。
东方的玛加贲热山；
西方的冈底斯山；
南部的喀瓦噶布(卡瓦格博)山；
北部的念青唐古拉山；
这四山系是全藏的主护神。①

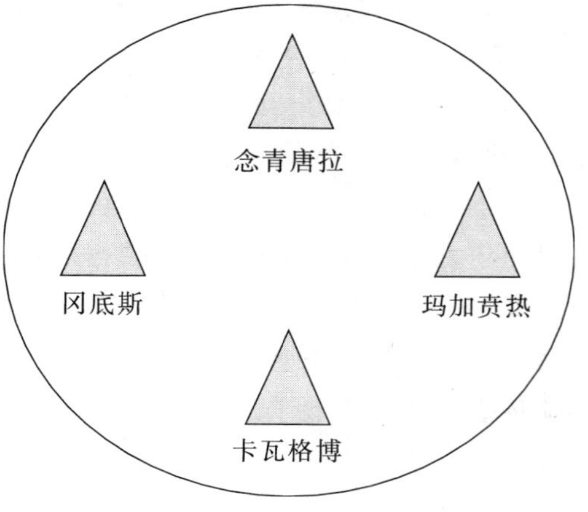

玉树和藏北人心目中的神山配置，有如人类学家族图谱一样，以自我(ego)

① 楞本才让、阿姆:《神山圣湖》,48页,拉萨:西藏人民出版社,2003。

为基点，向上下左右延伸，而形成一个超越现实的地理空间。在这个神秘的世界中，处在藏区边缘的卡瓦格博占有举足轻重的地位。他并不只是德钦藏族信仰的对象，其信仰圈的范围，包括了西藏北部和青海南部的部分地区。为何如此，直到我做了羊年转山的调查之后，才明白了缘由。

七、阳朝桥调查

有哪些地区的藏族信仰这座神山，每年有多少人来朝拜，并无切实的记载。从人类学的角度，我更希望找到在文字之外的证据，用自己的眼睛做一个见证。但了解这样的事情并不容易，就我们接触的资料，国内学者对藏区朝山活动的实地研究并不多见。缺少由亲身经历编织而成的第一手证据，就少了实证的力量。当然，这对抱着虔诚信念的藏族不是问题，就像《小王子》讲的，不需要用数字证明美的存在。可对于我，这依然难以释怀。

机缘终于来了。2003 年，属羊的卡瓦格博适逢本命年，藏历新年之后，成群结队的朝圣者就出现在德钦的山路上。他们来自何处？有多少人？出于什么目的？属于哪个教派？这些问题萦绕心头。我虽然在 6 月用十天时间跟随仁钦多吉老师一家走了外转经的路程，但那时整天从早走到黑，连觉都不够睡，还不时地被高山反应、腹泻等折磨，如何顾得上问这问那。不料到了 10 月，香港的中国探险协会忽然交来一份差事，让我前往转山入口处的阳朝桥，和来自世界各地的志愿者做朝山人的问卷调查，方法是在阳朝桥这个必经之地设立接待站，为阿觉娃（ab－cor，朝圣者）[①]提供茶水等服务，顺便让他们回答几个问题，以此作为转山调查统计的基础。

10 月 6 日我从昆明赶到德钦，便觉得气氛和 6 月大不相同。那时，转山的人多为本地藏族，街上并不怎么热闹。而此时班车一到站，就看见客运站的院子里熙来攘往，每趟去南边的车子都挤满了人，车顶堆满大大小小的包裹。我打扎西尼玛的手机，来接的却是斯郎伦布，说扎西和马骅带几个朋友转山去了。前天才完成第二次外转的仁钦老师刚回家，又领一伙人走了。县城各家旅馆都住满了人，我找到一家熟悉的招待所，原先 60 元的房间涨到 100 元。老板说早几天还贵，要 240 元一间呢。

更麻烦的是车票。去车站，说票已卖完，让第二天早上 8 点来看。第二天一早赶去，说车还没来。等车来了，我又挤不进买票的人群，结果还是朋友帮忙，请

---

① 关于阿觉娃的讨论，参见郭净："雪山笔记——朝圣者"，载《书城》，2010(8)。

站长留了一张下午 2:30 到阳朝桥的车票，我才得以动身。

车子 3:00 才开，乘客都是转山的人，多来自西藏的昌都，也有几个刚转山归来，拿着竹杖的德钦藏族。司机是云岭乡日嘴村人，他边开车边聊天，说今年 3～8 月，转山的以云南藏族为主，到九十月天气凉一点，西藏、青海的牧民才赶来。他们多以村为单位结伴同行，一买车票就二三十张。客运站领导见此情况，把原来跑中甸、燕门、云岭的车子全部调到阳朝桥一线，才勉强应付了车票紧张的局面。乘客虽然多了，但他们上了山就不再回头，从西藏回老家，班车返回拉不到多少人。去阳朝桥的沿途都是滑坡和碎石路，非常危险，跑不了多久车子就坏了，所以司机赚不了几个钱。可为转山的人开车，是一件功德无量的事，司机们并无怨言。

下午 6:00 左右到阳朝桥。这是一座横跨澜沧江的铁索桥，建于 20 世纪 80 年代。所有的朝山者都要在此过江，到附近的小庙"支信塘"拜祭，取得进山的钥匙，然后踏上转山小路。香港中国探险协会看中这个地点，花钱加固了大桥的钢架，铺了新的木板，又在西岸的桥头建了一座三层藏式木楼，作为接待站，为朝圣者提供茶水和免费医疗服务，解答进山路线、住宿等问题，同时开展调查。接待站的工作人员定期轮换，现在的几位是迪庆的学者张尼玛和张跃华，做饭并搞接待的是阿香、格绒拉姆，医生斯那次姆、次里拉姆，会说一点青海藏话的美国人柯涤凡，以及负责全盘工作的昆明人小钱。每一批人中都有从英国、法国、美国等地来的志愿者。接待站为调查人员提供免费吃住，但睡觉只有一张床板，各人用自己的睡袋。

当天晚上就来了 50 多个青海玉树的阿觉娃，在屋外的石头地上睡了黑压压的一片。10 月 8 日，天气爽朗，转山的人来了一批又一批，有西藏察隅的 23 人，那曲白嘎乡的 6 人，西藏比如县的 6 人，昌都的 60 人，丁青县 1 人，八宿县 5 人，察隅县的 150 人，某村的 60 多人，青海玉树囊谦 50 多人，玉树杂多县一车 30 多人。

在我参与这个项目之前，香港中国探险协会的志愿者们从 6 月就开始在这里收集转山人的资料。每天，都有一个人守在澜沧江西岸的桥头，一个一个数过桥的阿觉娃，多少人，什么性别，什么年龄，问他们从哪里来，到哪里去，属于什么教派等，用快速问卷的方法得到最基本的信息。也会在人群中邀请几个转山人进屋聊天，填写调查表。每个月底，都要做一次统计，下面是 6～9 月的转山人数：①

① 根据香港中国探险协会 2003 年卡瓦格博转山人数统计表制作。

2003 年 6～9 月卡瓦格博转山人数

月份	总数（人）	男人（人）	女人（人）	老人（人）	成人（人）	儿童（人）	和尚（人）	尼姑（人）	马（匹）
6	1901	948	953	177	1571	213	69	25	267
7	2712	1359	1353	158	2045	509	47	9	271
8	3295	1782	1513	211	2588	486	73	42	362
9	7878	4290	3588	439	6671	768	122	148	1082

注：以上数字互有重叠，仅供参考。

以上 4 个月的统计数字逐月增加，到我参加的 10 月，转山的人数达到了一万多人。这之后的统计我没看到，但据该项目的组织者说，按照他们的调查数据，从 2003 年 6 月～2004 年 2 月，到卡瓦格博外转和内转的朝圣者有十余万人次，而县旅游局说有几十万人，不知道怎么计算出来的。

我把调查表和笔记中的记录加以整理，发现他们主要来自以下地区：

云南省：德钦县

西藏林芝地区：察隅县

西藏昌都地区：左贡县、芒康县、八宿县、贡觉县、察雅县、昌都县、类乌齐县、洛隆县、丁青县、江达县、边坝县

西藏那曲地区：索县、巴青县、比如县

青海省：玉树州囊谦县、玉树县、杂多县、称多县

四川省：德格县、石渠县、得荣县、乡城县

还有少量来自甘肃的藏族。

为了得到更详细的资料，我于 10 月 23 日到靠近西藏昌都地区的德钦县佛山乡了解情况。下午 3:00，我乘班车从升平镇出发，6:00 到达佛山。中巴车快到站时，见两辆西藏牌照的卡车停在路边，许多转经人在休息喝茶。天刚黑的时候，我到佛山派出所，民警扎史多吉介绍了有关情况，还让我查阅统计资料。据该派出所统计，从 10 月 4 日～12 日，转山者所来的地区和人数如下（人数＋人数＝总数/车数）：

西藏

类乌齐：50＋20＋42＋43＋35＋35＋30＋28＋27＋39＋35＋25＋29＝438 人/13 车

昌都：6＋42＋40＋32＋37＝157 人/5 车

索县:42+37+25+35=139 人/4 车

察隅:58+64=122 人/2 车

八宿:16+36+35=87 人/3 车

芒康:15+10+13+37+5=80 人/5 车

左贡:30+10+14+17=71 人/4 车

洛隆:32+35=67 人/2 车

丁青:20+26=46 人/2 车

青海

囊谦:30+30+40+38+31+27+24=220 人/7 车

杂多:36+31+28+25=120 人/4 车

玉树:5+35=40 人/2 车

总计:1587 人/53 车

外转经的藏族,无论来自哪个地区,绝大多数都是以同一个乡,甚至同一个村的形式前来转山。10 月 8 日,我碰到西藏察隅县竹瓦根乡的一伙转山者,他们说全村的 150 人,这次有 60 多人来外转,分为三组,其中一组有 7 家人:

尼巴家 2 人:一个男子(40 多岁)和他的女儿斯那卓玛

贡卡家 4 人:一个男子和他的女儿、姐姐、弟弟

西空家 5 人:一个男子(30 多岁)和妻子、两个女儿、一个儿子

亚卡家 4 人:一个男子(60 多岁)和两个女儿、一个孙女(4 个月)

乌里孜家 5 人:一个男子(30 多岁)和妻子、一个女儿、两个儿子

卡拉家 4 人:两个兄弟和他们的妹妹、一个儿子

吉尔家 3 人:夫妻和一个女儿

我之所以重视以村为单位的朝圣者,是因为卡瓦格博的信仰不是单纯个人的行为,而是在群体交往和感染的背景下传播的。它主要是一种族群和社群的信仰。这些村落、地区乃至整个信仰区域的藏族必然有过长期的交流,既交换物产也交流思想,甚至有过人的迁徙和文化的交融。

前前后后 5 个月的调查,第一次为我们揭示了卡瓦格博朝圣者所分布的区域:

如图所示,卡瓦格博的朝圣者主要来自云南的德钦县,西藏昌都地区的左贡、芒康、八宿等 11 县,林芝地区的察隅县,那曲地区的索县、巴青县、比如县,青海的玉树州,四川甘孜的部分地区。其中,青海的囊谦县、西藏的类乌齐、左贡、

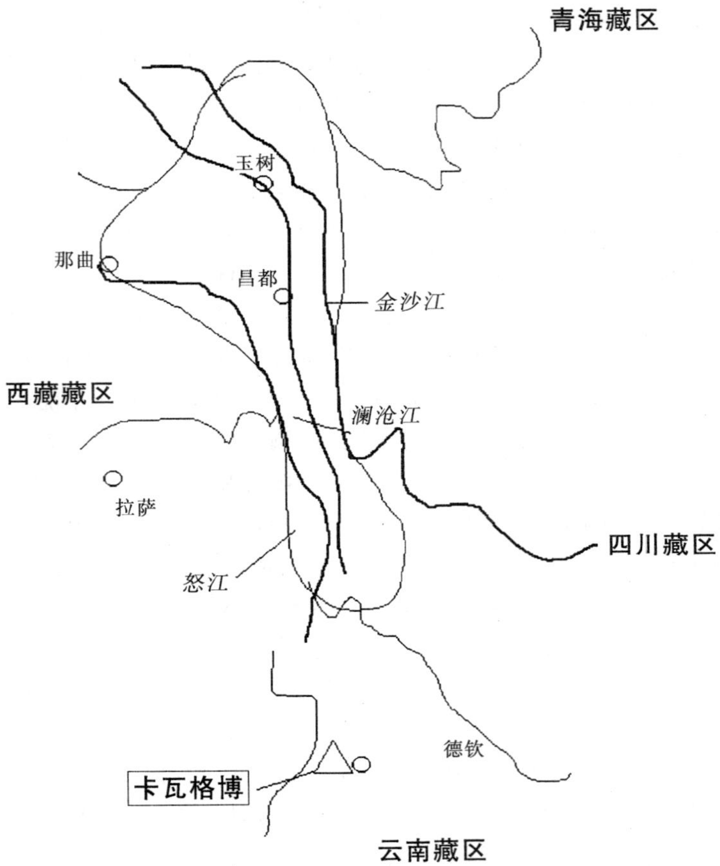

芒康、察隅等县，是转山者来得最多的地方。

以上这些地区，在行政上分属于西藏和青海，但文化的共性和相互影响，并不受行政区划的限制。如果以自然地理作为背景，便可以看出，朝拜卡瓦格博神山的藏族，主要来自澜沧江、怒江、金沙江三个流域覆盖的区域。其中，又以来自澜沧江和怒江流域的人数最多。比如10月转山人数最多的囊谦县，位于澜沧江上游的支流扎曲边；囊谦县和石渠县的藏族，行政上分属青海省玉树州和四川省甘孜州，但他们都靠近澜沧江和金沙江的发源地，文化上有密切的联系。而西藏昌都地区的各县，都位于怒江—澜沧江或澜沧江—金沙江流域。至于西藏那曲地区的索县、比如县、巴青县，都在该地区的东部，实际上位于怒江主流及其支流索曲旁。德格县的藏族虽然在行政上属四川管辖，但来自这个地区的转山者却表示：他们和西藏昌都仅隔一条金沙江，在文化上和昌都的藏族是一体的。相反，分布于这三江（主要是澜沧江和怒江）之外的藏族，很少以社区群体的方式来卡瓦格博外转经。如云南迪庆的香格里拉县，离德钦并不远，但2003年，该县到卡瓦格博转山的都是个人，很少有以村为单位集体去的。在此地域之外，也有少数转山者来自拉萨等地，但以社区群体为单位前来外转朝圣的，均为三江流域，尤其是澜沧江和怒江流域的藏族。

在上述地区，卡瓦格博一直都很有名，如察隅、左贡两县最主要的神山就是卡瓦格博，它们都位于这座神山的背面；来自比如县白嘎乡的欧珠和罗桑曲扎说，他们那里的藏族都听过老人讲卡瓦格博的故事，只是旧社会路不通，走不过来。知道今年是最好的羊年，他们三兄弟一起来了，七八月去西藏的拉萨、日喀则、纳木错，又从比如到这里。索县亚拉镇的退休民办教师贡却单增(45岁)说，他没来之前，从老人和活佛那里都听说过卡瓦格博，正好同村一个叫朗珠的人三年前转过这座山，带回去一本仁钦多吉编著的《雪山圣地卡瓦格博》，便决定来了。因为路太远，车子坐不下(人多了要被罚款)，每家只来一两个人，其他人下一个羊年再来。当地5月～7月挖虫草，8月到亚拉镇参加赛马节，9月收割青稞，收完了才出来转山。

从青海杂多县来的格木南加(58岁)说，他们那里的人都知道这座神山，还有关于它的经书。每天早上烧香，都要念诵关于卡瓦格博的赞辞。他的祖父和父亲都曾转过三次卡瓦格博，他本人此前也来过两次，一次是1956年，跟父母来转，那时没有车路，走了4个多月。一次是1978年，来了5个人，走一段路，坐一段车，花了3个月。这次他们共来了4辆东风车，每车30多人，他家一起来了11人，包括妻子和孩子。但现在脚痛得厉害，走不动，便出400元找永支村的人代替他去转山。

在澜沧江、怒江和金沙江覆盖的三江流域，还有其他的大小神山。然而，只有卡瓦格博成为了该地区康巴藏族共同信仰的对象。从地理环境和生活方式分析，卡瓦格博信仰地域的藏族大部分生息在大江及其支流沿岸的河谷地带，以半农半牧为主要的生计手段。用《格萨尔王传》的词汇来描述，他们是“绒地”(rong)的藏族。

调查中我关心的另一个问题，是有哪几个教派的人来外转卡瓦格博。结果发现，藏传佛教主要的教派如噶举、宁玛、格鲁等，都有大批信徒在羊年到卡瓦格博外转。如来自西藏类乌齐松卡乡的30人，和来自昌都县噶马乡的50人，都说自己是宁玛派的信仰者。原因是，藏地所有的神山，都是被莲花生大师降伏的，而莲花生就是西藏佛教的开创者，被藏族尊为他们的第一个喇嘛，也是宁玛派的创始人。由于这座山与莲花生关系密切，卡瓦格博也成为宁玛派信奉的神山之一，成为该派信徒转经的对象。至于噶玛噶举的信徒，是2003年外转卡瓦格博人数最多的，其中又数来自青海囊谦县的人最多。我跟囊谦的转山人聊天，他们说，这个县噶举派多，自然朝拜卡瓦格博的人多。我查阅有关资料，才知道囊谦是青海噶举派的大本营。青海全省现有噶玛噶举派(包括黑帽和红帽两系)寺院34座，其中除了果洛的一座外，其他都在玉树藏族自治州，而玉树的噶举派33座寺院，有 12 座在囊谦。[①]

更让人出乎意料的是，在 2003 年的朝圣者队伍中还出现了相当多的苯教信仰者。此前只知道卡瓦格博在公元 8 世纪被莲花生大师降伏以前曾是苯教的神山，却没想到今天还有那么多苯教信众保持着对这座雪山的崇拜。他们的到来，说明卡瓦格博一直是澜沧江流域藏族佛教徒和苯教徒共同信仰的神山，这让我们对这座山的地位有了新的认识。

对卡瓦格博神山信仰的调查，使我的眼光超越了德钦的范围，延伸到由横断山脉和三条大江所维系的广阔空间。云南少数民族有句话这样说道：

> 歌是顺着水流淌的。

对于山的崇拜，也和山歌一样顺水流淌。在时间的范围内，有关卡瓦格博的古老信仰逐渐凝结成一个至今不曾衰微的转山仪式。这信仰和仪式沿着三江流域的河谷延伸，覆盖了云南、西藏、青海的 20 多个县。每天清晨，绒地每家每户的村民和牧民都会在香炉里焚香祭祀，高声念诵卡瓦格博的尊名。他们念诵的祈祷词都有文本记载。这些敬香文和日常以及非日常的仪式行为互为表里，形成了一个绵延到深邃的历史隧道，又覆盖广袤地理空间的信仰传统。自从佛教在藏地获得至尊地位，以莲花生为祖师的一代代上师便取代世间的君主，管理着雪域的众山神，也引导着信奉神山的黑头百姓，给他们带来世俗的幸福和内心的安宁。面对这一传统，我犹如面对庞大的雪山，即使穷尽毕生之力，也难以洞悉其中的奥秘。那倒不如像当年的英国探险家金敦·沃德(Frank Kingdon Ward)那样，放弃探究的野心，找一块岩石坐下，静静聆听从雪山深处传来的吟诵：

> 供祭盖世圣尊卡格博，
> 奉养大德药王及眷属。
> 所有嘱咐教诲之功业，
> 皆以如意成就无阻碍，
> 祝愿雪山圣地及藏域，
> 芸芸众生幸福皆吉祥！[②]

（郭净，云南省社会科学院历史研究所研究员）

---

① 参见蒲文成：《青海佛教史》，西宁：青海人民出版社，2001。

② “圣地卡瓦格博焚烟供祭广文”，见仁钦多吉、祁继先：《雪山圣地卡瓦格博》，128 页。

读书会——“基督教人类学”

［按语］

传统上来说，不少人印象中的人类学就是对“原始人”的研究，是对于欧洲人类学家而言的远方和异邦，如南太平洋岛民或非洲“部落民”的研究。与这个对普通人类学的印象相关，很多人以为宗教人类学也就仅仅是对部落宗教、“少数”民族宗教或“原始信仰”及民间信仰的研究。需要指出的是，这种印象本身是准确的，而且目前能看到的文献主体也确实反映了这样的现实，但却没有注意到宗教人类学已经有了很多的发展，早已突破了这种研究范围上的自我限制，投入到对大型世界宗教的研究，波士顿大学人类学教授 Robert Hefner 数年前的一篇文章已经对这一变化做了梳理[①]。

事实上，人类学对于大型世界宗教的关注早已有之，特别是对于佛教和伊斯兰教的研究，已经成果卓著，并已形成了相对比较成熟的佛教人类学（anthropology of Buddhism）[②]和伊斯兰人类学（anthropology of Islam）。其中伊斯兰研究更是出现了格尔兹的《被观察的伊斯兰》这样的经典民族志[③]，以及阿萨德 1993 年和 2003 年出版的两部重要著作[④]。

然而，就如卡奈尔在 2006 年所指出的那样，人类学传统上确实并不关注基督教，甚至有时还会刻意地避开对基督教的研究，或者仅仅是将基督教作为某个地方社会或族群文化研究的背景（特别是作为其发生变迁的外来因素）而附带性地提及[⑤]。但是值得注意的是，近些年来，基督教研究已经逐渐成为人类学研究的一个被认可的领域和主题，并逐渐形成一个所谓“基督教人类学”（anthropology of

---

① 哈诺：“多样化的现代性：全球化时代中的基督教、伊斯兰教和印度教”，黄剑波译，载《广西民族研究》，2002(1)。

② 例如 Melford Spiro，*Buddhism and Society*：*A Great Tradition and Its Burmese Vicissitudes*，New York：Harper & Row，1970。

③ Clifford Geertz，*Islam Observed*：*Religious Development in Morocco and Indonesia*，Chicago：University of Chicago Press，1971. 以前我曾将其书译为《被观察的伊斯兰》，但后来的阅读和思考却越来越感觉应当被修订为《被遵循（或信奉）的伊斯兰》，当然我们也可以将此理解为格尔兹有意识地使用双关语。

④ Talal Asad，*Genealogies of Religion*：*Discipline and Reasons of Power in Christianity and Islam*，Baltimore：The Johns Hopkins University Press，1993；*Formations of the Secular*：*Christianity*，*Islam*，*Modernity* Stanford University Press，2003.

⑤ Fenella，Stanford：Cannell，ed.，*The Anthropology of Christianity*，Durham：University of Durham Press，2006.

Christianity)的研究领域①。作为该领域的一位重要推动者,罗宾斯(Joel Robbins)认为,基督教人类学仍然是一个有待发展的领域(developing field),可以说是在已经相对比较成熟的“伊斯兰人类学”之后的另一种试图讨论大型宗教系统的人类学努力②。这一点说来也并不奇怪,对于欧美人类学来说,研究作为异邦的伊斯兰教、佛教等大型宗教体系更为自然一些,研究文献也就更多见一些。

在罗宾斯的《成为罪人》以及卡奈尔主编的《基督教人类学》之前,必须提到的重要研究就是科马洛夫夫妇对南非基督教的长期研究③。另外还要提到的就是萨林斯1996年发表的《甜蜜与悲哀》,这一以其对西方文化的基督教源头的“本土人类学”研究而著名的长篇论文在事实上对后来的不少研究者起到了“启蒙”的作用④。当然,前面提到的阿萨德的两本重要作品其实也不仅仅是对伊斯兰的研究,还包括了对基督教的考察。

进入21世纪之后,出现了更多的人类学的基督教研究专著,例如:

Becoming Sinners: *Christianity and Moral Torment in a Papua New Guinea Society* (by Joel Robbins, University of California Press, 2004)⑤

The Give and Take of Everyday Life: *Language Socialization of Kaluli Children* (by Bambi Schieffelin, Fenestra Books, 2005)

The Limits of Meaning: *Case Studies in the Anthropology of Christianity* (by M. Engelke and M. Tomlinson, Berghahn Books, 2007)

Christianity in the Local Context: *Southern Baptists in the Philippines* (by Brian Howell, Palgrave Macmillan, 2008)

Gender, Christianity and Change in Vanuatu: *An Analysis of Social Movements in North Ambrym* (by Annelin Eriksen, Ashgate Publishing, 2008)

而加州大学出版社更是旗帜鲜明地以“基督教人类学”为主题推出民族志研究系列,包括:

---

① 有人更愿意将其称为“人类学的基督教研究”,或“对基督教的人类学研究”,在此谨因从简略的考虑而采用“基督教人类学”。

② Joel Robbins, “What is a Christian? Notes Towards an Anthropology of Christianity”, *Religion*, Vol. 33, No. 3, 2003.

③ Jean and John Comaroff, *Of Revelation and Revolution*, Vol. 1 and 2, Chicago: Chicago University Press, 1991 and 1997.

④ 这个思想史进路的研究很有影响,但我认为萨林斯只注意到了基督教的所谓“禁欲”传统,而忽略了基督教本身乃是一种悖论式的复杂宗教(paradoxical religion)。关于这一点将另文讨论。

⑤ 刘琪:“文化并置与道德困境——读 *Becoming Sinners*”,载金泽、陈进国主编:《宗教人类学》,第二辑,北京:社会科学文献出版社,2010。

Christian Moderns: *Freedom and Fetish in the Mission Encounter* (by Webb Keane, 2007)

A Problem of Presence: *Beyond Scripture in an African Church* (by Mathew Engelke, 2007)

Reason to Believe: *Cultural Agency in Latin American Evangelicalism* (by David Smilde, 2007)

Chanting Down the New Jerusalem: *Calypso, Christianity, and Capitalism in the Caribbean* (by Francio Guadeloupe, 2008)

In God's Image: *The Metaculture of Fijian Christianity* (by Matt Tomlinson, 2009)

City of God: *Christian Citizenship in Postwar Guatemala* (by Kevin O'Neil, 2009)

Converting Words: *Maya in the Age of the Cross* (by William F. Hanks, 2010)

Death in a Church of Life: *Moral Passion during Botswana's Time of AIDS*(by K. Flaits, 2010)

Studying Global Pentecostalism: *Theories and Methods* (by Allan Anderson, Michael Bergunder, Andre F. Droogers, and Cornelis van der Laan, 2010)

所有这些出版物,以及其他在此未能提及的研究都表明,宗教人类学研究已经出现了重大改变和发展,值得我们关注和继续跟进。简言之,对于人类学来说,研究基督教不仅是一种需要,也是一种可能。

最后简要说明一下本辑这一主题所收入的5篇文章。我推荐文章作者们选择讨论加州大学出版社"基督教人类学"系列中的5部作品,它们在地理区域上分别覆盖了印尼松巴岛、加勒比地区、拉丁美洲、大洋洲的斐济,以及西太平洋的巴布亚新几内亚[①]。这些介绍性的文字都还不是很成熟,不过意在推介一些新近的研究成果,并希望引起更多人对于扩展(宗教)人类学研究的可能性讨论。

黄剑波

---

① 关于中国的基督教人类学研究,已经有一些出版,例如 Nanlai Cao, *Constructing China's Jerusalem*: *Christians, Power, and Place in Contemporary Wenzhou*, Stanford: Stanford University Press, 2011;张先清:《官府、宗族与天主教——17－19世纪福安乡村教会的历史叙事》,北京:商务印书馆,2009;何哲:《城市中的灵宫:一个知识分子及其家庭教会的发展实录》,香港:明风出版社,2009;吴飞:《麦芒上的圣言》,香港:道风书社,2001。

物性、现代性与宗教皈依——读《基督现代》[①]

王　媛

在罗宾斯等人对于基督教人类学的倡导下，人们开始试图将基督教看做人类学的一个专门的研究对象，即所谓“基督教人类学”(anthropology of Christianity)。人类学在研究基督教的时候常强调“地方化、本土化和混合主义”[②]，大量学者在世界各地开展的对于地方化基督教的田野调查和民族志研究即说明这一点。

《基督现代：传教相遇中的自由与拜物教》(*Christian Moderns*：*Freedom and Fetish in the Mission Encounter*)是罗宾斯主编的“基督教人类学”系列中的一本。作者韦伯·基恩(Webb Keane)[③]主要关注位于印度尼西亚松巴岛(Sumba)上，来自荷兰的加尔文教派[④]传教士与信仰祖先崇拜的松巴人(Sumbanese)在传教相遇时的宗教困境，整本书涉及多个研究主题，包括：拜物教、现代性、宗教语言，以及基督教的全球化与殖民主义的关系、宗教与文化的关系、词与物的关系等。

作者的田野调查始于20世纪80年代，在此书出版之前，其中的部分章节曾经在不同杂志和刊物上发表过，因此每一章节都可以看成是独立的理论专题。作者深厚的理论造诣使得全书能为读者展现许多看似无关的主题之间的内在联系，且这种联系又能够统摄于一个大的主题之下，即在基督教传播过程中，传统与现代的关系是如何处理的？

全书共分为三个部分。第一部分介绍了基督教的全球性，阐述了传教相遇(mission encounter)发生的背景，阐释了加尔文教派的符号意识形态，并对宗教和文化在殖民情况下的不同理解加以辨析，最后引入了改教的历史；意图指出，传教过程中语言、意识形态、仪式等的矛盾都属于传统与现代的关系问题，原有的信仰传统被看做宗教还是文化会影响改教的效果。第二部分的主题是拜物

---

① Webb Keane, *Christian Moderns*：*Freedom and Fetish in the Mission Encounter*, Berkeley：University of California Press, 2007.

② Joel Robbins, “What is a Christian? Notes towards an Anthropology of Christianity”, *Religion*, Vol. 33, No. 3, 2003, p. 221.

③ 密歇根大学人类学系教授，其主要研究地域是东南亚地区。

④ 作为宗教改革的重要派别之一，秉持预定说和“因信称义”，摒弃了天主教中的祭台、圣像等，注重布道。

教。松巴祖先崇拜的仪式专家昂布·内卡(Umbu Neka)在1986年领洗,改信了基督教,某些原有仪式虽得到保留,之后松巴的仪式和信仰实践都反映出传统文化的持续性和变异性,但是却被赋予了新的意义解释。在这一部分中,作者阐明了加尔文教派如何试图在主体和客体、物质和非物质之间划定边界,并给出拜物教与词、物之间的关联,虔诚与否就决定于是否更具现代性,更能去除对物性的盲目崇拜。之所以能够将以上不同的概念和领域联系在一起,是由于"宗教改教可以包含一种新的符号意识形态(semiotic ideology)的介绍,这种符号意识形态会转变词(word)、物(thing)和人(person)之间观念上和实践上的关系"①,而且"词、物和人在指代性经济(representational economy)中是相互牵连的,任何一项发生意识形态和实践上的改变都会影响其他项"②。最后两章分别关注宗教中的文本、言谈方式和自由的关系,以及货币作为社会交流媒介的作用,"赎罪(或净化)"是这部分的关键词。

一、概念与分析框架

作者在文中引用了大量语言学(linguistics)、语义学(semantics)和符号学(semiotics)的概念和思想,研究了传教时两个不同宗教相遇过程中与文本、口头语言、仪式等符号有关的看法,并将之与虔诚与否、现代与否相关联。著名语言学家索绪尔曾提出"能指"与"所指"的二分,认为语言包含符号和所指代物之间的联系,并预言了符号学(semilogy)这门学科的诞生。"语言是一种形式(form)而不是物质(material)",语言是一种特殊的符号(sign),也就是说符号还存在除语言以外的其他形式。③ 作者认为索绪尔只是把语言看成虚拟的指示体系,并没有很好的关注语言实践或其他非语言的符号领域。作者用semiotic一词替代了sign一词,并举出索引、诗歌、言谈风格等例子,都是想要说明,对符号表现形式(semiotic form)的理解需要关注符号本身带有的物性(materiality)④。作者在全书开头的论述基本指出传教相遇中出现的矛盾和困惑的焦点,即物性是否存在,是否应该摒除和能否摒除的问题。

事实上,在加尔文教派与当地祖先崇拜者遭遇后,物性成为传教中尽力要求

---

① Webb Keane, *Christian Moderns*, p. 177.

② Ibid.

③ 索绪尔:《普通语言学教程》,刘丽译,171页,北京:九州出版社,2007。

④ Webb Keane, *Christian Moderns*, p. 23.

改教者摒除的一种性质,它被放在了现代性的对立面。物性对应的是灵性,前者是物质的,后者是精神的或者灵性的。加尔文教派认为信仰不应该受到外在物质的干预,信仰者应该成为自己的主人,直接与神沟通,对于物性的依赖是不自由的人的表现。而且,正如上文所言,这种物性除了仪式器具这些显而易见的事物之外,还体现在宗教语言和符号上。

由此,两种宗教差异的重要表现是在仪式或实践上所使用语言方式的不同,而语言方式的背后是符号意识形态的不同。根据符号学家鲍勃·霍奇(Bob Hodge)的观点,意识形态"指的是一个单一的对象,能够整合复杂的意义和产生这些意义的社会动因和过程"。[①]"语言意识形态"被定义为"对于世界上的语言特点的共享的观点"。[②] 本书的作者首先引用了朱迪斯·欧文(Judith Irvine)的定义,"语言意识形态是有关社会和语言关系思想的文化体系,以及这些思想承载的道德和政治意味"。作者认为,改教的过程是两群体不同文化观念、不同符号意识形态的碰撞。正如作者在后记中所说:"符号形式可以成为训练的对象,这种训练是以新方式吸收这些符号形式。"[③]符号形式的持续性和模糊性作为两个不同的特征,使得过去和现在在不同的情境和时空下能够实现沟通,荷兰人和松巴人之间可以交流,以及祖先的文字能够保留下来供后人继续在仪式中传诵即是这样。

继而,作者又提出了指代性经济(representational economy)的概念,意为将词、物和人(以及其他具有能动性的东西例如灵魂)等看似不相干的事物放在同一个思想和价值观的世界中,例如,金钱、祈祷或者誓约等都能发生相互关系。总之,作者的前提假设是人、物、语言都可以放在符号意识形态,以及符号和所指代物的关系构成的指代性经济之中分析,这是作者能够将许多在一般人看来关系不大的研究对象统摄在一个理论框架下的关键。框架之内的"实践和相关的意识形态相互存在于动态的关系中,一个领域的改变会影响其他领域"[④]。

符号表现形式最重要的一点是其可复制性,"循环流通的不是人们内在的思

---

① Bob Hodge, "Ideology", at Semiotics Encyclopedia Online. http://en.wikipedia.org/wiki/Ideology# Ideology _and_semiotic_theory.

② Alan Rumsey, "Word, Meaning, and Linguistic Ideology", *American Anthropologist*, Vol. 92, No. 2, 1990, pp. 346～361.

③ Webb Keane, *Christian Moderns*, p. 288.

④ Ibid., p. 18.

想或者体验，而是符号表现形式”[①]。人类只有通过语言或者动作之类的符号，才能获得对方的想法。符号可以进行代际传递、传播、借用，当然也可以嬗变，因此谁都无法保证这些符号在穿越时间或者在人与人之间的传递过程中一定会产生相同的解释或体验。

马克思和海德格尔曾把现代性界定为异化(estrangement)，两者的观点虽然有区别，但共同点在于，现代性的特点是客体化(objectification)，客体化对人类主体有消极作用。同样，作者提到语言客观化的核心是去情境化(entextualization)，通俗来讲，语言人类学家使用这一词是想表达，语言可以从情境中抽离出来，运用到新的情境中去，即完成去情境化和再情境化(retextualization)。当然，语言的这种去情境化和再情境化也可能引发道德层面的问题，例如，不严肃或不正确的使用都可能带来麻烦，松巴人将《圣经》及其文字作为占卜的工具，依靠公式化的或者修辞的短语，期待祈祷能够带来物质的结果。词与物之间的关联常被祖先崇拜者认为是，语言文字能够对物质和现实世界造成影响；这在加尔文教传教士眼里显然是不合适的行为，加尔文教的回应是，语言文字只不过是内在思想的外在表达。

此外，符号表现形式还是公共性的，所以可以是物体，而不局限于内在的或者主观经验的。[②] 现在学术界普遍认为宗教的定义包括信仰和实践两个方面，信仰更倾向于内在宗教思想和体验，而实践则是外在的仪式或活动。基恩认为许多学者单独强调信仰层面是不合适的，他认为实践是先于信仰的，但并不一定决定信仰。[③] 强调灵性修养的宗教可能会对教义的死记硬背不屑，然而又不得不通过教理问答等方式向信众传播教义，这便构成了一种内在的无法解决的矛盾。实践带有的物性是人与人之间传递知识的必经之路，可以说只有通过实践和行动，内在的信仰才能够得到体现或者传播。

现代性的道德含义被认为是人能够更自由的掌控自身，不受物的束缚。故而过分依赖物便可能造成现代性的焦虑。为什么语言和物会构成人类道德上的问题？作者认为，符号(语言)与物的关系是指代关系，“符号表示的过程含有两个相反的方面，一是作为意义的承载者，它构成了主观经验和可知性，另一方面作为具体的形式，它们可以作为经验的外在物展示给人类主体。”[④]也就是说，意

---

① Webb Keane, *Religion as Material Practice*。2008 年 5 月 12 日，访问台湾时在台湾“中央研究院”民族学研究所的演讲稿。来自 http://www0.nttu.edu.tw/owas/txt/成果辑/96 年成果/东大南岛所成果(公告).pdf。

② Webb Keane, *Religion as Material Practice*.

③ Ibid.

④ Webb Keane, *Christian Moderns*, p. 14.

义表示系统包含了两个方面，既是主观经验，也可以是客观外在物，所以包含两方面主体与客体、物质和非物质的对立。作者之所以强调这两方面的区分，是因为词与物并不全是人类的创造，被人类行为所控制。

二、符号意识形态与改教的关系

为何印度尼西亚松巴人会成为传教的对象？这当然很大程度上与殖民扩张脱不了干系，但是原因还在于传教士与当地人对于宗教的看法不同。或许在加尔文教派传教士那里，松巴的祭祖仪式都不能算真正意义上的宗教。那么什么才算是宗教？任何想要给出宗教一个单一概念的尝试都可能无法达到预期效果，我们可以探讨世界各地大量不同的宗教，增加许多经验的案例，同样也可以深度挖掘同一宗教，观察其内部的机理，试图像列维一斯特劳斯研究神话一样，探寻宗教的内在规律。基恩从语言角度切入，是后一种尝试。他认为，考察宗教语言可以引导我们更为一般性地理解宗教实践，理解它们的形式、实用性，以及其预先假定的符号意识形态。作者还从阿萨德那里转引了在17世纪最早给宗教下的定义，即宗教应该是人们赞同的一系列观点，而不应该从跨文化和跨历史角度界定。阿萨德特别提出了两个挑战，第一个便是强调信仰都是最终要求探寻终极意义，例如，生命的目的、死后之事等，但是这样的话许多可以归为宗教的实践都被排除在外，印度尼西亚人便成为无宗教的人，需要改教。

下面放在基恩的分析中：加尔文教派的符号意识形态"加深了物质表现和非物质意义的区分，并把他们放在等级关系中，还为这一区分赋予了严肃的道德后果"[①]。天主教原本的仪式、器具、圣经文本等都具有很强的物性，所以被加以改革，在加尔文教派传教士眼中，天主教甚至也被印上了偶像崇拜的标签，[②]认为其崇拜对象是圣母玛利亚。当然，印尼的松巴人的祖先崇拜对仪式、器具等物性的依赖更深，更应该成为被传教的对象。

改教指的是宗教信仰的改变，或者从无信仰转变为有宗教信仰。然而在改教者处理前后信仰的差异过程中，符号意识形态又发挥着怎样的作用呢？罗宾斯描写的乌拉敏(Urapmin)虽然知道是罪，但是仍然试图去祭祀自然神灵，于是便产生了道德上的困惑。作者提到松巴人所改信的加尔文教派虽然同乌拉敏人

---

① Webb Keane, *Christian Moderns*, p. 67.

② Ibid., p. 2.

的五旬节教派不同，但是二者都要面对的问题是，改教前后如何处理以前的信仰的连续性(continuity)。原来信仰的神灵和仪式可能会对现有宗教造成影响，“看来无辜的社会或文化形式会不会从过去走私灵魂或者魔鬼到现在呢？”[①]因此，用作者的话说，“传统成为亟待解决的问题”。

然而，究竟为什么过去仍然会对现在造成影响呢？其原因就是语言、行动等符号形式会跨越时间到达现在。松巴人的祖先崇拜仪式中特别强调遵守一贯的仪式语言，即使改教，这些语言和行为符号仍会存在于新的信仰中。因而在处理过去祖先和现在的信仰关系时便容易产生所谓的混合主义的结果，“灵魂(spirits)被翻译成新的术语，新的行为在不同的伪装下其实与旧的行为相同，这么说依赖有关符号对等的假设。”[②]这就是作者提出的“翻译过去”(translating anachronism)的方法。

如何处理这种文化的持续性和不同宗教信仰之间的矛盾呢？一些传教方法就是将原来的祭祀对象和仪式归为文化，而不是宗教；有些则试图完全否定以前的传统，认为任何原来的物质留存都会破坏对信仰的灵性的和非物质的理解[③]。加尔文教派与松巴祖先崇拜的相遇过程中的宗教困境便被解释为宗教与文化的不同。天主教在中国传教期间也遭遇仪式之争，利玛窦把儒教强调的祭祖看成文化上的冲突和差异，而非宗教性质的。

就传教结果而言，虽然加尔文教派传教士尽力去除改教者的物性，使其能够不受祖先与外在物的束缚，成为自己的能动者(agent)，但是作者认为宗教无法完全摆脱物性，任何想要区分(带有物性的)符号形式与思想的尝试都会是徒劳的，无论仪式姿势、祷文和圣坛看起来多么超越自身，它们的客观形式都带有不能解决的矛盾，进而产生焦虑。加尔文教派的传教实践注定是失败的。

三、现代性、拜物教(fetishism)和洗罪(purification)

改教作为宗教领域复杂的现象，宗教相遇的双方争论的焦点之一是对于文本和口头语言的使用方式的不同。信仰祖先崇拜(marapu)的松巴人严格遵守代代传下来的一套宗教语言，并且有专门的祭司从事祭祖仪式，其语言多是固定押韵的对句。松巴人相信这些语言是从祖先那里一成不变地传下来的，越是符合，

---

① Webb Keane, *Christan Moderns*, p. 128.

② Ibid., p. 135.

③ Ibid.

就越能够与祖先的神灵接近,体会祖先的意思。加尔文教则认为,松巴人祭祖仪式中个人的能动性(agency)遭到了剥夺,被束缚于对非人的偶像崇拜上。死板的仪式语言难以让信众自由地表达对神的思想,个人被淹没在群体中,许多祭祖仪式的参与者并不能聚精会神地参与到与神的沟通中,而是说话嬉戏。相反,松巴岛上的祖先崇拜者则认为基督教想要与神灵直接沟通的想法过于盲目自大,缺少对神的崇敬。

加尔文教派传教士们在印度尼西亚松巴人社会努力去除土著祭祖仪式中的"物性",努力把有能动性的人和无能动性的物区分开来。

基督教改革强调个体的人可以直接与神沟通,不需要中介,这被认为是现代性的表现。因为"现代性是或者应该是一个有关人类从大量削弱自由的和假的信仰和拜物教中解放出来的故事①"。作者提到,现代性被看作人与物、自然与非自然之间的分离。松巴人的仪式举动恰好被达尔文教认为是把人的能动性剥夺了,是被物所束缚,是对非人的偶像进行崇拜,称之为拜物教。然而其中又存在悖论,现代性要求人的解放和自我控制,其基础是假定词与物是分离的,但是人与人的交流又无法摆脱物的中介。因此,一方面是词与物之间可能根本就无法分离,二是会存在其他观点预先假定没有这种分离。② 基恩认为加尔文教派想要在主体的人和客体的物之间划定明确界限的努力是失败的。因为"指代性实践无法摆脱社会和物性的特点"③。

关于什么是拜物教,作者在威廉·彼茨(William Pietz)的基础上,将拜物教定义为一种对他者的归罪,这个他者曾混淆能动的主体与纯粹的客体之间的适当界限。这种指责将宇宙划分为那些无知的并且从属于自然法则的事物(如身体、石头),以及那些非物质的和从属于其他力量(例如人类能动性或者神圣力量)的事物(如灵魂、思想)。"把自身的主体性投射于石头、雕像,甚至书写的文本都是在削弱人的责任感。对于那些认为人的自由依赖责任感,试图理解人自身能动性的人们来说,拜物教或者其同类事物会成为政治自我背叛的来源。"④

既然加尔文传教士认为那些信仰祖先崇拜的松巴人是没有自由的,无法掌控自身的,或者说受非人的物制约的,因此其改变信仰的过程就应该是洗罪的过

---

① Webb Keane, *Christian Moderns*, p. 5.

② John Barker,"Review", *American Anthropologist*, New Series, Vol. 110, No. 3, 2008, pp. 377～381.

③ Webb Keane,"Sincerity, 'Modernity', and the Protestants", *Cultural Anthropology*, Vol. 17, No. 1, 2002, pp. 65～92.

④ Webb Keane, *Christian Moderns*, p. 77.

程。作者在后记中提到,“洗罪的工作把有自我意识的人类主体放在一边,而那些在文化和万物有灵论的控制下的拜物教者被置于另外一边”[①]。这正代表基督教与 marapu 宗教。就洗罪的定义来说,作者借用了拉图尔(Latour)的观点,指的是在人与非人之间划定清晰的界限。

作者认为,没有什么必然的理由认为所谓具有物性的符号形式会构成对人类的威胁,从而有必要在他们之间划定清晰的界线[②]。也就是说没有必要一定要去除物性,而且作者同意拉图尔的观点,认为虽然现代性是净化的过程,但是净化工作是无法完全实现的,而这种不可实现性的原因正是固有存在于符号形式的物质性。净化工作无法完全在物质和非物质之间划定边界并且稳固这种差异,例如教义。想要宗教信条发挥作用,必须使其采取一种稳定的语言形式,独立于说话的人,并能够在不同的个体与群体之间传递流通。

四、总结与讨论

作者引入了大量概念,如符号意识形态、指代性经济等构建自己分析问题的框架。改教的过程十分复杂,其中不仅包含两个宗教的对抗,更有传统与现代、两种不同文化体系的碰撞。作者不是停留在事物表象,而是试图拆解这种对抗与碰撞的本质,通过对符号的分析便能够从微观和内部考察这种交流过程,进而明了传教过程中,发生冲突的究竟是教义、仪式、思想、语言还是其他。

从方法上讲,作者认为传教过程中两种不同宗教的相遇显然提供了一种临界状态,可以更好的比较不同的符号意识形态,因此作者将传教相遇的过程简化为两方的对抗。然而这种二元的简化模式显然不能表现当时多元化的宗教和族群背景,作者也在书的开始加以解释,相信任何研究手法都必须加以提炼和概括,都不能面面俱到。此外,约翰·巴克(John Barker)在对这本书的评论中也指出了材料和叙述上的不足,认为基恩没有详细展示传教的实际过程,以及本土传教者和中间人的重要作用,而是重点关注荷兰传教士的大量文本。[③] 因此,读者只能在各个不同的章节片段中拼凑当时荷兰传教士到松巴岛传教的情况。书中大量篇幅都是理论和分析,虽然也引用了一些诗歌和宗教仪式的原文文献,但是描述性文字并不足以给读者直观和感受。

---

① Webb Keane, *Christian Moderns*, p. 286.

② Ibid., p. 7.

③ John Barker,“Review”, *American Anthropologist*, New Series, Vol. 110, No. 3, 2008.

总之，当许多宗教人类学研究者还在围绕“本土化”、“地方化”的村庄研究时，作者已经另辟蹊径，构建新的理论框架，不是旧瓶装新酒，同样的“酒”在他的阐释和解读下似乎散发出不一样的醇香。这对我们国内的宗教人类学研究的启示意义不仅在于提供了一种分析改教的范式，更是可激起理论创新的精神。

（王媛，中国人民大学人类学研究所博士研究生）

读《赞颂新耶路撒冷》[①]

张猷猷

瓜得罗普(Francio Guadeloupe，1971～)生于加勒比的阿鲁巴(Aruba)，18岁时求学于荷兰，主要研究领域为巴西黑人的宗教实践，现为荷兰内梅亨大学的助理教授，任教于该校文化人类学和发展研究部，主要作品有：*A vida e uma dança*：*the Candomble through the Lives of Two Cariocas*（Nijmegen，CIDI，1999）和 *Dansen om te leven*：*over Afro-Braziliaanse cultuur en religie*（Luyten & Babar，1999）。

随着20世纪50年代世界商品市场和全球贸易的不断增加，资本主义的经济扩张与文化价值观念的输出也在不断加剧，由此，西方以及第三世界的学者开始更加关注欧洲世界之外的人民与这个“世界体系”之间的关系，哲学、经济学、政治学、社会学、人类学、历史学等学科开始关注资本主义如何产生以及它对全球的影响和作用，他们借鉴了马克思主义的某些观点和学说，但比以往更加注重把这个体系的“边缘群体”作为主要的研究对象来研究。此后，大量的相关成果如：依附理论、低度发展与发展，以及东方世界在全球化中的作用逐渐被学者们所重视和运用，这些传统上属于非资本主义的国家在“世界体系”内形成了以西方社会为中心的欠发达地区或正在发展的地区。由于有别于西方社会的文化模式和经济、政治基础与经验，这些“边缘地区”在社会转型中出现了有别于西方社会在资本主义发展过程中所出现的各种问题，因此这些地区如何发展自己的经济以及在“世界体系”中如何从文化、宗教、道德和价值观念上进行转向，地方社会在全球化的结构中如何发挥自己的主体性与文化适应机制，身份认同在现代生活多种文化密切关联的当下如何变化与创造等主题都成为人类学主要思考的旨趣。

这些从社会理论和人类学传统引发出来的研究兴趣在70年代就超越了“世界体系”的理论，更加关注微观人群的历史过程，以及在全球化过程中地方差异与西方价值观念在地方社会的链接。

本书的研究旨趣在于分析生活在加勒比地区的圣马丁和圣玛丽特(Saint

① Francio Guadeloupe，*Chanting Down the New Jerusalem*：*Calypso*，*Christianity*，*and Capitalism in the Caribbean*，Berkeley：University of California Press，2009. 本文对地方性知识的描述以及作者的解释均出自此书，下文不再一一注出。

Martin and Sint Maarten)有着殖民历史,同时具有多民族、多宗教信仰的群体,在全球化和资本主义体系的结构中,如何通过音乐、克里奥尔化的基督教(creolized Christianity)和金钱关系结成统一的共同体。在这个被创造出来的共同体中,各社会阶层和不同宗教信仰的人们超越了民族与宗教身份的认同界限,在当地人发展旅游业与吸引游客的目的下,基督教发挥了“元语言”(metalanguage)的实用主义功效。

一、建构历史与文化逻辑

圣马丁和圣玛丽特在独立之前有着漫长的殖民史,从 1493 年西班牙人开始接管这个只有 37 平方公里的小岛开始,圣马丁和圣玛丽特就成了西方列强你争我夺的一块“蛋糕”,特别是在 17～18 世纪期间,英国、法国和荷兰相继成为该地区的宗主国,1648 年荷兰和法国把这个岛分成了两部分,现分属于荷兰的圣安地列斯群岛和法国海外省瓜德罗普岛的一部分。伴随着西方列强而来的是这一地区一度繁荣的奴隶贸易和种植园经济,但随着西方资本主义国家在力量方面的此消彼长,圣马丁和圣玛丽特也时而兴盛时而衰败,时而被重视时而被遗忘,它变成了沃勒斯坦所说的“现代世界体系”中的一部分,它的命运和资本的流动方向与西方政治走向密切相关。漫长的奴隶史与西方列强的争夺所带来的是暴力、恐惧、分裂和占领,它们渗入到了当地人民的历史记忆中,历史的经验与逻辑在旅游业十分繁荣的当下依旧发挥着重要作用。20 世纪 60 年代之前,这里民生凋敝、经济孱弱,海外亲属寄来的外汇是当地收入的主要来源,但随着法国与荷兰政策的导向使得大批资本开始流向加勒比地区,成了当地经济与政治的主要基础,经济就是政治,并且随着美国中产阶级人数的增加,大批西方游客开始惠顾圣马丁和圣玛丽特,移民和散居于海外的当地人开始重返家园,改变了当地的人口结构。人口结构和旅游业使得他们形成了自己独特的历史观念,不管是老百姓、学者还是商人都积极地参与到旅游业与地区经济的发展当中,奇怪的是,向外地游客介绍历史是以游客的好恶及当地人对历史的想象为基础的。他们把其他地区的历史人物“借用”到本地的历史当中,认为 60 年代以前的历史就是耶稣受难的历史,历史对于他们来说是近二三十年才发生的事情,历史绝不是为了激起民族主义的情感也不是为了使西方游客难看,相反,对历史的理解必须服务于旅游业并获得经济上的好处,否则历史就一文不值。随着旅游业的兴盛,大批移民也来到圣马丁和圣玛丽特,同时这些移民也带来了不同的文化、语言和宗教信仰,天主教堂、基督教堂、佛教寺庙、印度教寺庙、穆斯林的清真寺混乱地建在一起，相互影响，虽然基督教有各种派别和信仰类型，但它仍然是当地的公众宗教和大众的准则。

瓜得罗普认为，以前的历史学家和人类学家过于简单地把加勒比地区的文化和历史看成一种反抗的类型，从而提出要用一种复杂的和互补的方法来公正地解释圣马丁和圣玛丽特的历史。殖民政府当然具有消极的历史作用，但是它所营造的历史氛围也改变了在圣马丁和圣玛丽特生活的人们，使他们变成了不同的群体和文化主体，他们在反抗殖民主义的争斗中超越了自我与群体的边界，反抗的文化在共同合作的土壤中滋生。种植园经济把加勒比和整个资本世界联系在一起，他们的祖先也是殖民政府的代理人，它和欧洲的其他民族国家一样作为一种推动全球化的力量相互依存。共同合作和“同一种爱”的意识形态（One Love Ideology）对这一区域产生了积极的和持续不断的影响，这种生活模式和意识形态就存在于历史的过程中。

当下的人们都不愿意谈论奴隶史或殖民史，无论是老人还是小孩，黑人还是白人。因为，过去的历史不仅会消除当地人的自豪感而且还会使白人游客感到羞愧，他们以音乐和表演的方式向游客们展示自己对于历史的理解，在艺术的舞台上可以随意编造和想象当年殖民者们发现和占领该地的“历史”和故事，这些“历史”的版本之多已经无法统计，因为不同的人有着不同的历史建构和各自的故事，这些不同版本的“历史”就在岛民之间互相交流和对西方游客不停的讲述之中，当地的“历史”带着浓厚的娱乐性，同时也在不断的建构中。这种对于历史“轻描淡写”的文化逻辑也被当地人应用到对自然灾害的观念当中，他们认为无论是在殖民时代还是在当下，圣马丁和圣玛丽特都是十分弱小和次要的角色，飓风和全球资本的不可预测性使当地的人们具有普遍的危机感，没有人会谈论以前飓风对于岛上造成的破坏，他们对于自然的和历史的观念一样都是“轻描淡写”。

二、身份展演

圣马丁和圣玛丽特的人口中70%～80%都是60年代以后的新移民（newcomers），他们来自别处，根也在别处。玛利亚（Maliya）是当地的一个学者，她同时认同自己是当地人、安圭拉人和库拉索人，因为她出生于安圭拉，在库拉索长大，安圭拉是英国海外省（British Overseas Territories）的一部分，因此她也认为自己是英国人，她同时持有荷兰的护照，是西印度群岛人，也是散居于西方的黑人之中的一员。这些来自四面八方的新移民和当地人一样都是依靠岛上的旅游业为生，在圣马丁和圣玛丽特，他们上演着一系列跨民族与跨国家认同的戏剧，通过这种特殊的身份展演来创造岛上的“大同”世界。他们普遍认为：根是祖先的是“历史”的，而护照和身份是功能性的。特殊的跨民族和跨国家的身份认同体现在当地的音乐中，并通过音乐的传播得以加强。

当地的音乐形式是具有加勒比浓郁特色的加力骚(calypso)、雷盖乐和 Hip-Hop 这些节奏感很强的音乐形式，内容大多是鼓励来自五湖四海的朋友们来到圣马丁和圣玛丽特，为它的旅游业和经济繁荣奉献自己的力量与智慧，同时也为了自己的生计和享乐主义的生活。同时，音乐也告诉大家，我们是有罪的、缺乏上帝的荣耀，因此要像基督那样具有宽容和仁爱之心，使不同国家、民族、信仰的人共同生活在这里一起创造繁荣的旅游业，而仇外的情绪会阻碍旅游业的发展，最后使人们将这里遗忘。音乐把基督教作为一个“元语言”元素吸纳进来，随时提醒大家要有容忍和宽厚之心，在这样一个多民族的社会中，音乐和基督教一样起到了社会黏合剂的作用。社会各阶层——包括有钱的上层社会(主要是西方投资商人)、当地人(控制着地方政治)、工人阶层(占有一半的选民数量)——之间流动通畅、互相依存，各阶层的人都会到酒吧一起谈论“天下大事”，一起谈论财富，一起陶醉于加勒比舞曲的动感旋律之中。共同的文化生活方式掩盖了阶层之间的差异，也掩盖了布迪厄所说的象征、社会、文化和经济资本之间的差异，人们被一个金钱的链条捆绑在一起，因为无论是哪个阶层的人都要依赖于旅游业。

圣马丁和圣玛丽特的旅游局把岛上 80 多个民族和谐共处的图景以及他们的笑容印发在旅游宣传手册上，把他们的生活状况、笑容、和谐甚至整个岛作为商品出售给西方游客。当地人十分清楚，这种和谐的社会展演对于游客们意味着什么，他们尽情地在照片和电视上展示自己无尽的愉悦与甜蜜，这些表达却不是虚伪的而是生活的一部分。音乐的内容也不尽是享乐主义和浮华的，还有一部分内容表达了零星的排外、对资本主义的不满、对西方政治的厌恶，但当地人并不是高举着革命的“火种”在街头奔走相告，他们明白音乐反映的是所有人都知道的事实——社会并不平等——但生活依旧要继续，游客也会一波接一波的到来，他们只是在音乐中想象一个“天堂”中的“天堂”，并不会做出格的事情，实用主义的原则是高于一切的。

玛利亚和岛上的其他居民一样具有多重身份，而根在别处。他们本人或是亲属都有来自外地的，克里奥尔化不仅体现在他们的血缘和认同上，同时也体现在他们的宗教和文化上，他们的家庭本身就是一个多民族的联合体，更是一个宗教的联合体，他们会去不同的教堂或寺庙，彼此互不干预、包容对方的文化与信仰。从这种意义上说，他们更像涂尔干所说的道德共同体。所有的人都是他们想象的多民族和多共同体之中的一员，他们根据场景的需要强调某一种认同而忽视另一种认同。他们认为科学和宗教并没有什么差异，科学是一种精神哲学，它是有别于基督教的另一种宗教，不同的宗教以及各派别的差异只是生活方式的差异，基督教的包容性就在于它有不同的信条，它是岛上的公众宗教，它的包容性就像身份的展演一样在被想象的同时创造出来。基督教作为一个传统意义上的宗教在圣马丁和圣玛丽特正经历着一个特殊的适应、改造和应用过程。

三、基督教作为包容性的“元语言”

圣马丁和圣玛丽特的人们认为基督教是具有极大的包容性的(inclusiveness)，耶稣会让生活在岛上的每个人进入社会，得到工作，实现梦想。作者带着许多疑问来观察宗教与社会的关系，比如，基督教到底对到岛上的人意味着什么？不同年龄阶段的人对基督教的认识是什么？以及他们是如何实践的？

岛上的人把基督教作为个人特殊的表达方式，它作为一个“元语言”提升了地区的包容性和政治归属感，这种归属感超越了个体和各种次群体的范畴。“元语言”创造了一个具有超越社会偏见的生活模板，容忍就是整个社会的道德系统。基督教是岛上的公众宗教，但有别于传统基督教的地方在于：它不关注人们对信仰的转变或信仰的内化，因为克里奥尔化的基督教认为宗教信仰是私人的事情，它和科学信仰一样是个体的生活方式。作为岛上的公众宗教，基督教不仅承认了人们之间世俗的、现实的金钱关系纽带，而且原谅年轻人对金钱和权力的追求。人们根据现实的生活来重新理解《圣经》、上帝和魔鬼。在圣马丁和圣玛丽特，魔鬼也变得更加具有人情味，他不再是所有罪恶的源泉，而是被拟人化了。和魔鬼一起被拟人化的还有上帝，他虽然反对赌博、卖淫、享乐主义等丑恶的行为，但是他却原谅了世俗社会的这些实践，因为旅游业的发展必须依赖于这些行业，年轻人也必须参与到这些行业中。

虽然基督教是这里的公众宗教，但是人们却很少建大的教堂，媒体和广播电台也很少公开传播基督教的福音，人们喜欢参与小型的基督教活动或是各种教派联合举办的活动，他们轻描淡写或是根本对教派之间的差异熟视无睹，因此通过宗教信仰把大家聚集起来与包容其他宗教信仰本身是一个硬币的两面，信仰本身就具有社会整合与包容的作用。宗教信仰是个人与上帝的关系，人们可以选择自己的信仰来靠近上帝。基督教作为“元语言”所使用的语素，起到了整合社会的作用，具有政治的归属感之功效。许多基督徒是不去教堂的，他们可以随意参加其他宗教或教派的聚会，因此宗教“语素”之间的交换与借用就成了一个普遍的问题，基督徒的身份是“二元的或是多元的”。对于岛上的居民来说，作为一个英国的公民、有着黑人的外表、起了一个西班牙人的名字、去天主教堂礼拜、在印度或中国餐厅吃饭，这些并不矛盾，生活本身就是这样。所以我们看到了一种混合的身份、行为和认同感，对于他们来说，身份就像“衣服”，穿上或是脱掉取决于不同的场景。不同年龄层的人对于宗教的态度也有差别，老人和孩子会定期去教堂，年轻人由于工作的需要只有在假期或是闲暇之余才会去，后者认为：上帝只有在星期天才会出现，年轻人要追求金钱与权力，因此他们要慢慢地靠近上帝，等到退休之后再虔诚地信仰他。

灵活性是基督教所表现的一个重要“语素”，当地人坚称：要根据时代的变化来忠实地解释基督教的教义。在学校里，老师不会教导孩子们去反对异教，家长们强调小孩必须以自己的方式认识和了解上帝，没有任何一个宗教权威人士能够告诉另一个人如何去理解上帝，如何去读懂《圣经》，每个人都是自己的神学家，这就是他们的文化。和青年人相比，老年人显得更笃信基督，他们定期去教堂，比孩子们和成年人更能够理解《圣经》的意义，社会和基督教赋予他们的责任是告诉年轻人要平等地对待当地人与新来者。牧师和神职人员也清楚，圣马丁和圣玛丽特的人都是以金钱为纽带所结成的社会关系，他们要会处理不同宗教与派别之间的关系使社会和谐，使旅游业兴盛。有个牧师说：“社会的阴暗面不能归咎于魔鬼，魔鬼在历史上已经被消灭了，人类生来无罪，耶稣的牺牲为人类赎回了罪过，耶稣是最后的亚当即最后一个有罪的人。”的确，神职人员对于基督教的解释是依据现在的物质基础，作者在岛上没有听到有人对以金钱为纽带的社会关系、旅游业和其他宗教发起责难，即使神职人员也供职于旅游部门，他们每天和游客、老板打交道，这让我们明白为什么基督教可以成为“元语言”，成为经济发展背后的推动力量，它作为公众宗教的角色把不同年龄、种族、文化、信仰的人们团结在一起。

讲述完神学家的故事之后，作者把焦点放到了政治家和商人的身上。埃里克斯·理查德（Alex Riched）是法属圣马丁和圣玛丽特的顾问，他认为：基督教既不是人民的精神鸦片也不是自由的力量，它被历史巧妙地整合进了政治当中。表面上分离的教堂和国家政府部门之间的人事安排等其实是互相渗透的。在历史、宗教和政治的维度中它们也曾彼此存在、互相影响，影响这一过程的是基督教所具有的“元语言”的包容功效。大多数商人并不是基督徒，他们把圣马丁和圣玛丽特打造成一个商品出售给西方游客，商人们鼓励当地人和游客们去赌博、跳舞、购买奢侈品以及和妓女们寻欢作乐，但这些非法或非道德的行为并不被社会和宗教所排斥。在圣马丁和圣玛丽特，基督教作为公众宗教是被创造出来的，它在后殖民时代的加勒比地区起到了社会整合与包容的作用。对于岛上的人来说,欢乐和成功的实现都归功于克里奥尔化的基督教,是“元语言”让圣马丁和圣玛丽特充满了生机与活力。克里奥尔化的基督教确保了岛上生活的宁静,作为公众宗教,它承认了世俗的金钱关系和旅游业对当地的重要性。

四、三个 DJ 的民族志

奥格拉(Olga)出场时是跳着一种乌克兰—圣马丁—加拿大的舞蹈,她出生和成长在加拿大,父母是乌克兰人,后来他们移民到圣马丁和圣玛丽特;她认为自己是百分百的当地人,但是富有的当地妇女却认为她是个外来人,偷走了她们最好的男人。新来的女性一般都是上班族,她们被贴上了放荡与道德威胁的标签。当地妇女认为贞洁与尊敬是判断真正本地人的标准,上文说过,当地人完全以金钱为纽带,不同阶层的人们都想挣更多的钱,人们互相示好以及对游客的微笑,这一切都是建立在这一基本关系之上的。作者来到奥格拉的沙滩酒吧,她约了克拉克(Clark),后者是个大忙人,也是流行音乐的 DJ,他把加力骚和基督教的元素融合在了一起,其个人观点是:必须要解决人们的归属感问题,因为无论是当地人和新来者的生计都离不开旅游业。克拉克是当地的名人,他不仅是 DJ,而且还是喜剧演员、主持人、作曲家、艺术大师,主持盛大的游戏、教堂活动、婚礼及其他社会活动。他信仰基督教,但认为只有等到晚年的时候才会经常去教堂,尽管接受了洗礼的循道宗派,但却认为所有的宗教派别都是平等的,参加不同场合的聚会。克拉克结交不同教派的人,并且在节目中扮演不同教派的角色,他的人格面具总是一个快乐的人、一个勤奋的工作者,他的主要知识构成就是民间的知识和《圣经》的诗文。同时,他还是特立尼达和多巴哥皇家银行(Bank of Trinidad and Tobago)的经理人,负责银行的资产抵押和借贷业务。因此,他是一个有着特殊身份和地位的人,一方面他是下层人民所关注的对象;另一方面他又是中上阶层的职业人员,他的社会、文化、象征资本可以转化成经济资本。克拉克根据自己的职业和性格来解释基督教,假设耶稣的行为,以证明自己行为的正确性。克拉克说,他之所以成为一个喜欢音乐的和成功的人有两个原因:基督教和加力骚。

夏顿(Shadow)是一个典型的西印度群岛人,他为加勒比和美国上层社会组织节日盛典和音乐会,夏顿坚信“同一种爱”的意识形态,强调人们普遍的身份和个体的特权高于国家与种族的差异。在这个多民族与多宗教的国度里,人们通过雷盖音乐来传递拉斯特人平等主义的信念,以此来弥合信仰和阶层的鸿沟。

夏顿演唱雷盖乐让大家思考，人们是如何看待自己的？又是如何看待别人的？所用的这些都是宗教上的或心灵上的。在圣马丁和圣玛丽特，祷告伴随着音乐的节奏，音乐和祈祷联系在一起。雷盖乐宣扬的是一种平等主义的信念，它把拉斯特伐利亚的精神哲学传给了一代代人，夏顿的母亲就是一位喜爱雷盖乐的人，受母亲的影响雷盖乐也成了他生活的一部分。在圣马丁和圣玛丽特，这种音乐受到了小孩、老人、当地人和新来者的喜爱，同时也超越了宗教的界限。它劝导人们不要反对种姓制和资本主义。不同的宗教团体都喜爱雷盖乐。夏顿对每一个打电话的人和询问者都表示出礼貌和友好，他和常客们开着玩笑，并且告诉听众要在不同的机会面前作出自己的选择，要警惕政治骗子和假冒的预言家，他在自己创作的歌曲“人民法庭”里写道：让所有的黑人工薪阶层来掌管自己的法庭，把政治家和宗教领袖甩在后面。他的第四首歌“反抗”，鼓励工薪阶层拒绝接受低下的社会地位，直接抨击第三世界国家的领导人用物质利益来压迫他们的同胞，抨击如在世界银行和国际货币基金组织这样的西方资本主义金融机构支持下的权贵们对人民的统治。在闲暇之余，加力骚表达的狂言忘形是对政治和社会实践的批评与评论，夏顿则是针对社会公正和对政治机构的不满。夏顿反对堂吉诃德式的行为，认为要批判社会不公但是不要在激进的社会运动中迷失自我。作者最后说道，生活不仅是黑色和白色而且是各种处于中间的色调，社会不公存在于世界每个角落，但轻率的行为是不明智的。生活就是要给予和所取。夏顿生活的秘密就在于他的才智，他表演的天赋以及对社会洞察的眼光，他谈论革命只是谈谈而已而行动上却使用实用主义的方式走路。夏顿和克拉克一样都使用复杂的生活哲学来鼓励当地人和新来者平等看待对方，他们却都被金钱关系所捆绑，大多数圣马丁和圣玛丽特人都同意这一点。

卡麦伦(Cimarron)是一个黑人，他在SBN电台主持脱口秀节目，他关注的问题是使岛上旅游业生机勃勃的非法劳工孩子们的教育问题，这些孩子没能和当地的孩子那样享受相等的教育资源，卡麦伦认为这一切都是金钱关系纽带在起作用，而失去了人文主义的关怀。卡麦伦特别尊重岛上的传统知识，他的脱口秀节目也充斥着传统精神。这种精神是向外来贫困的寄居者恳求上帝和富人的恩惠。他的形而上学就是强调：非法移民的孩子应该获得平等的教育和社会资源，应该和合法的群体一样被平等对待。但由于无法与加力骚等节目竞争，卡麦伦的节目还是被迫取消了。加上很多人认为他是疯子，用精神信念占据有利地位，所以没有人会在他的节目上打广告，因为没有哪个商人会傻到支持某人反对剥削非法移民、忽视他们的孩子。知识分子虽然认为卡麦伦为非法移民的青年人争取到公平教育是一件高尚的事，但同时他们也认为对所有的人都实施公平教育是不现实的。如果要让所有人都取得公平的教育和社会资源，那么穷人便会潮水般涌入这里。卡麦伦满脑子都是西方式的浪漫主义，因此被认为是疯子。后来卡麦伦去了华盛顿学习，但是由于经费和护照的问题没能继续留在那里学习，他失望之极却不想返回圣马丁和圣玛丽特，而是去了荷兰的大使馆，但还是徒劳。他的家人让他回到圣马丁和圣玛丽特，但是他却留下来打工以完成学业，家人和学校取消了对他的资助，因此他也变成了华盛顿的非法寄居者。多年后，他联系上了他的家人，他的兄弟们成了地方精英，但是还是拒绝游说当局支持卡麦伦的学业并劝他回家。当 2000 年克林顿政府驱逐非法移民的时候，卡麦伦无奈只好回到岛上，他回来想建立一个文化基金会以丰富岛上的精神生活，但已成为当地精英的亲属们拒绝了他的要求。经过与家人协商，他进入政府部门当了一个职员，在这里他更加看清了在金钱为纽带的关系中，人们是如何剥削非法移民的。他毅然辞去了工作，开始谴责政府的公共政策。包括他的家人在内的地方精英怕失去手中的权力，让卡麦伦作为一个精神病人回到了美国，他谴责精英阶层，但是当地人都知道，如果没有家里的资助，他早就饿死了。矛盾的立场促使卡麦伦思考心灵层面的东西，一边是魔鬼，一边是上帝；他开始想起祖父的箴言，获得世俗的财富以登上社会的阶梯，就等于把自己的灵魂出卖给魔鬼，就要像精英那样瞧不起非法移民，上帝则站在另一边，让人们平等地对待非法移民，尊重他们。他开始明白未来总是在不断地生产自己，魔鬼不是一个实体，它存在于人们的先天观念中，存在于毁灭的趋势中，人们就是这样自己引诱自己。

除了 Hip-Hop 之外，还有加力骚、雷盖乐等舞蹈和音乐形式，它们令人类不去考虑生活状况的差异，使人们明白我们都是精神的化身。圣马丁和圣玛丽特的非法移民没有获得公民权，但还是被这里繁荣的经济所吸引。他们知道社会的作用力在于以金钱维系的法则，不同阶层之间的关系也是围绕着金钱与权力来运转的。移民们必须在这里努力工作，因为家乡的亲戚还等着他们的汇款，对于他们来说，圣马丁和圣玛丽特不是天堂，但是却比他们自己的国家好得多。

社会角色的展演和改造对于那些因社会不公而受到精神创伤的人们来说是多么的重要，而当我们展演它的时候，同时也改变了社会角色。圣马丁和圣玛丽特内部不同的社会展演其实都是复制金钱关系的体系。

五、结　语

一致性的基督教不存在于克里奥尔化的圣马丁和圣玛丽特，它已经变成了包容性的整合型意识形态，并最终收缩为私人实践的“社会事实”。这非常类似涂尔干所生活的法国那个“礼崩乐坏”的时代。如今，在全球化趋势和资本主义体系下，世界其他地方正上演着相同的历史剧，圣马丁和圣玛丽特就是其中的典型代表。

涂尔干解决问题的办法是把“神圣的”概念扩展到诸如平等、个人主义和社会民主这些世俗的价值观念上，从而使宗教的观念超越了我们所认为的“人类的常识”，宗教作为象征性的符号反映着社会的道德规范，包括宗教在内的意识形态也被社会所利用。此书除了遵循涂尔干的“学统”之外，还继承了马克思主义和结构人类学的传统，较好地反思了马克思的阶级分层与人类学的文化分层之间的边界，作者求助于结构主义关于语义学的应用。为了消除边界的模糊，作者站在这些文化“巨匠们”的肩上，完成了在逻辑上综合理论研究路径的尝试。

（张猷猷，中央民族大学人类学专业博士研究生）

读《归信的理由》

方静文

一、背景：拉美地区基督教福音教派的迅速发展及其动力

基督教福音教派自20世纪中叶开始便在拉丁美洲地区飞速发展，成为当地发展最快的宗教。更有近期数据显示，原天主教徒中约有十分之一，也就是约5000万人，改宗基督教福音教派。① 福音教派在拉美的强劲发展势头引起了学术界的广泛关注，学者们纷纷想要弄清这种发展势头背后的原因和推动力。

最初的分析将矛头指向文化帝国主义或者哀叹人们的避世主义，但其后的经验研究表明：事实并不像人们想象的那么消极。相反，福音教派关于禁止吸毒、酗酒、赌博等强调自律的教义、督促作用以及作为支持网络能够为归信者提供的诸多支持，如：为失业者提供就业信息、为躲避追杀或复仇的人提供一定的保护等，使其成为归信者应对或至少是说明解释生活中遇到的问题的方式，这些问题包括：吸毒、酗酒、婚姻家庭问题、暴力犯罪等。但是福音教派所能提供的益处是否就是归信者最终归信的全部理由？是否就能作为福音教派在拉美迅速发展的解释？

对既有文献的梳理和回顾发现，对于拉美福音教派迅速发展的解释有以下两种颇具代表性的理论观点：

(1)新马克思主义者将诸如基督教福音派发展之类的文化运动作为社会问题和生活问题的表征而非解决之道，认为宗教运动体现的是对不平等、贫困和苦难的不满，而贫困和低度发展应归咎于社会结构而非文化，后者是前者的表现和结果并由前者决定。

(2)新保守主义更加强调文化在社会变迁中的作用。他们试图用文化差异来解释不同社会，如：美国和委内瑞拉之间的发展差距。萨缪尔·亨廷顿等人都曾以不同方式宣称“发展是一种精神状态”。言下之意，拉美的发展不足是文化上的原因，是因为缺乏发展所需的特定价值观和精神素质。这种将精神和文化

---

① David Smilde, *Reason to Believe: Cultural Agency in Latin American Evangelicalism*, Berkeley: University of California Press, 2007, p. 10.

与贫困和发展问题相联系的传统一直存在于社会学和人类学中，从马克斯·韦伯的《新教伦理和资本主义精神》到奥斯卡·路易斯(Oscar Lewis)的《贫困文化》(*The Culture of Poverty*)，其延续性可见一斑。总而言之，在新保守主义看来，文化不是附庸的，而是自在的并且能够决定发展。所以，新保守主义把福音派在拉美的发展视为拉美社会变迁和发展的起点和契机。

批判者指责新马克思主义是一种抽象决定论，忽视了文化的能动性；对新保守主义的批判则称其是缺少场景观的一厢情愿，假设人们总是可以从无限的文化中选择一种以最佳化其社会状况，而忽视了文化选择是有场景性和受限的。[①]

作者戴维·史曼德(David Smilde)反对新马克思主义的观点，认为人们的归信不是回应，而是有意的、能动的改变。他同意新保守主义对文化能够帮助应付问题和最佳化社会状况的相关论述，但对其“任何文化在任何时间向任何人开放”的预设提出质疑，认为实际情形并非如此。在此基础上，他提出了自己的论点：福音教派教徒的信仰和实践可以被视为一种想象的理性，即通过创造概念以实现某些事情的能力。归信者通过将吸毒、犯罪、暴力、失业、家庭和婚姻矛盾等生活中的问题和不好的状况用福音教派的意义体系加以概念化，从而使之变得可以克服或者至少能找到合理的解释。宗教信仰在这一过程中成为归信者借以实现对生活和社会某些方面的控制的文化能动性的一种形式。

二、问题的提出与解答

戴维·史曼德认为宗教信仰的上述现世效应(即将之视为应对和解释社会问题和生活困难的源头)是可以理解的，但是他无法理解将这种现世效应作为宗教信仰的理由。这种困惑或说质疑是作者决定要进行此项研究的最初动力。他试图通过本研究来回答的两个问题是：

(1)人们能否自己决定是否信仰某种宗教？

(2)若人们能够自决，则为什么不是所有人都这样做呢？

为此，作者选择了委内瑞拉首都加拉加斯(Caracas)作为田野点，进行了长达3年的田野工作。资料收集的主要场所是加拉加斯的几个福音教派的教堂，教徒多来自附近的贫民窟。鉴于既有研究多关注女信徒而对男性关注较少，囿于作者本人的男性身份，并且考虑到上述吸毒、暴力等问题所涉及的人群，作者选择

---

① David Smilde, *Reason to Believe: Cultural Agency in Latin American Evangelicalism*, pp. 11～13.

将18～45岁的男性设定为自己的研究对象。本研究使用的主要方法是定性的参与观察和深度访谈，作者通过参与教堂内外的宗教和非宗教活动以及对信徒、非信徒、牧师等的访谈，呈现了丰富的个案。而在定性方法之外，也辅以定量方法，如研究主体遇到的各种常见生活问题的比例统计等，增加读者对田野点状况的一般性理解。

田野研究发现，接受调查的很多人多多少少都面临或曾经面临上文论及的药物成瘾、家庭婚姻关系、暴力等问题。有些人接受了"福音"，成为了基督教徒，用福音教派这一意义体系提供的意义和概念来解释和应对所面临的挑战，生活秩序得以恢复，生活状况也因而有了改善；有些人则继续以偷盗、抢劫为营生，生活混乱无序、家庭支离破碎，甚至因此而丧命；也有些人在归信和不归信的状态之间游移，他们的归信不是彻底的，而是经常有反复，时而信时而不信。那么，应该如何解释人们这些迥异的行为以及这些行为背后的动因呢？

在细致的民族志分析的基础上，作者就本书开头提出的两个问题给出了自己的回答。对于问题(1)，即人们能否自己决定是否信仰某种宗教？作者的答案是肯定的，即认为人们可以自己决定是否信仰某种宗教。理由有三[①]：

一、宗教和非宗教的目标之间没有天然的区别，而取决于将其概念化的宗教意义。在委内瑞拉福音派的意义体系中，通过宗教实践解决生活问题并不比寻求永生更有工具性。

二、福音教派的意义为遇到的问题和本身的成败均提供了解释。主要表现在将归信隐喻为上帝与撒旦的较量，前者胜则归信，后者胜则堕落。

三、归信者在叙述中多将归信经历归结为上帝的行动而非自己。

我们为什么要信仰某种宗教？一般有两种分析进路，一种是从宗教的物质层面入手，将宗教视为具有满足人们某些需求的功能或者能提供某些"好处"的意义体系，寻找宗教对于现世生活的影响，得到所谓的工具性解释，强调理性。另一种进路是从宗教的精神层面出发，为人们提供意义和解释，强调道德。这种对于宗教的二分由来已久，其源头在于意义的二分理论，即将意义区分为表面意义(literal meanings)和比喻意义(figurative meanings)。一般认为，表面意义与现世的以目标为导向的行动相关，而比喻意义脱离尘世，为合体和群体提供关于认同和命运的意义宇宙。当面对这种在某种意义上已经常识化的二分之时，本书作者没有想当然地接受，而是提出了质疑，认为二者之间并不存在天然的区分，比喻意义也同物质世界中的行动相关，事实上，我们对于世界的多数理解都是通过隐喻的方式实现的。因此，隐喻和理性不冲突，相反，在宗教等文化体系

① David Smilde, *Reason to Believe: Cultural Agency in Latin American Evangelicalism*, p. 13.

中，隐喻倾向于将理性和想象联结在一起，构成一种"想象理性"。

对意义二分的质疑说明：

一、归信不仅包括精神抽象，也源自日常生活，因而需要在日常生活的场景中来考察。人不仅可以决定归信与否，而且事实上我们每天都在这么做。

二、无论是将宗教作为工具理性还是作为刻意与理性划清界限的抽象象征，都不足以解释委内瑞拉的宗教归信现象，因为作为其基础和预设的意义二分本身就是值得质疑的。因此，对宗教归信的讨论应置于日常生活的场景中，将文化能动性作为想象理性，正是借助它，人们得以应付生活中遭遇的各种问题。

三、对由意义二分衍生出的一些宗教理论如世俗化理论等也形成了挑战。

可是如果人们能够自决归信与否，为什么不是所有人都这样做呢？针对第二个问题，作者认为宗教归信取决于相关的想象，人们有何种想象在很大程度上取决于相关场景。宗教信仰是有概念化能力的意义体系，但是这种意义体系并不是每时每刻向所有人开放的，这就可以解释为什么有些人归信了而有些人没有这么做。本研究中委内瑞拉的男性所面对的意义体系除了福音教派，还有无处不在的由吸毒、暴力等构成的网络，是否归信福音派就与所接触的特定意义体系相关，家人、朋友和特定场景都影响个体想象可替代性未来或者文化创新的能力。

三、讨论与评述

作者戴维·史曼德现为佐治亚大学(University of Georgia)的一名社会学副教授。他的所有研究几乎都包含以下三个研究旨趣，即：一、在经验层面上，考察个体或群体借助文化来理解由于全球重构所造成的困境和问题、并获得能动性的方式；二、在理论层面上，关注文化现象尤其是当其嵌于行动时被概念化的方式；三、关注可能提高定性研究的信度和效度的分析和表现形式。本研究亦不例外。①

作为一个社会学家在委内瑞拉做的关于基督教的都市民族志，本研究想要探寻的是南美福音教派迅速发展背景下人们归信的动力问题，即人们归信的理由到底是什么。定性方法和定量方法并存，细致的民族志描写与精妙的理论分析兼备，《信仰的理由：拉美福音教派中的文化能动性》(*Reason to Believe: Cultural Agency in Latin American Evangelicalism*)一书创造性地打破作为宗教神

① http://www.uga.edu/soc/people/faculty/smilde_david.php，2010年12月3日访问。

圣和世俗二分基础的意义二分,将归信问题置于日常生活的场景中,用作为想象理性的文化能动性理论解释个体归信和福音教派在南美的迅速传播,从而增加了我们对宗教归信问题和文化变迁问题的理解。

除上述在基督教人类学领域的贡献和意义,本研究还有一点值得称道。

“为什么要信仰”某种宗教?这个问题相信几乎所有人都在人生的某个瞬间思考过,多数人的“理性”说服他们:宗教是一种充满了意义的“工具”,能够提供现实的好处或者道德层面的满足;更多的人则只是让这种想法一闪而过,或者认为这个问题无解,或者认为答案太多。久而久之,这个问题真的成为了一个问题,一个所有人都曾思考却极少人试图寻找答案的永恒问题。

本书作者却将这一看似稀松平常、平常到为众人所忽略的问题提出来置于研究的核心,认真地寻找新的答案。一个民族志只是记录了一个社区,一种理论也只是为某一种现象增加了一种解释,但这种在“寻常”中发现问题的学术敏感和抛开一切“理所当然”、寻找新的答案的执著是值得所有学人钦佩和学习的。

(方静文,中国人民大学人类学研究所博士研究生)

读《以上帝的形象》

方静文

本书是关于基督教的民族志。田野点位于斐济东部 Kadavu 岛的 Tavuki 村。传统酋长制在当地依然保留有相当的权力和权威，体现在亲属关系、习俗和传统观念等诸多方面。同时，Kadavu 也因基督教保守主义而著称。据斐济政府 1995 年的统计数据显示，超过 93％的 Kadavu 人是基督教卫理公会的信徒[①]，宗教在人们的生活中扮演着重要角色。而且，就全国范围而言，基督教还与民族主义情绪相联系，作为认定公民身份的条件，强化了斐济国内信仰基督教的土著斐济人和信仰印度教和伊斯兰教的印度裔斐济人之间的矛盾，加剧了当地的政治动荡。

作者马特·汤姆林森（Matt Tomlinson），主要研究领域包括大洋洲地区尤其是斐济的宗教与仪式、文化理论、语言与文化、语言与政治、话语分析、展演和基督教。他对宗教和政治的关系非常有兴趣，主要关注卫理公会在地方和国家层面所表现出的突出且强大的政治力量。他于 1996～2006 年间在 Tavuki 进行了田野调查，通过考察仪式、仪式中的话语以及仪式与日常生活的关系，发现：斐济卫理宗是一种以“土地为中心的基督教”[②]，失落（lost）是其话语的主题。

一、从失落（lost）到恢复（recuperation）

1. 失落及其表现

失落作为斐济社会话语的主题，表现于 Kadavu 人头脑中的今昔对比：

过去是强大的。过去一分为二：远古的过去是辉煌的“黄金时代”——祖先身形巨大、有徒手拔树之力，人们之间相互协作，等级分明，秩序井然，严格遵循传统和习俗；晚近的过去则是邪恶的、堕落的，原本按照上帝的形象创造的人越来越远离神性，祖灵通过诅咒等方式侵扰今人的生活，人们对于祖灵是

---

① Matt Tomlinson, *In God's Image: The Metaculture of Fijian Christianity*, Berkeley: University of California Press, 2009, p. 9.

② Ibid., p. 3.

既敬又畏。这种看似矛盾的态度其实并不罕见。林耀华先生在“拜祖”一文中便提出了祖灵是良友与仇敌之说，认为拜祖的风俗普遍存在于世界各地，是“世界各民族之所不免”。“拜祖既不是单纯的爱，又不是单纯的惧，却是爱和惧两方面的调和”。其后，李亦园先生也对祖灵的善恶问题进行了讨论。看来，拜祖之风俗不但普遍存在，各民族拜祖的动机、对于祖灵的态度也存在惊人的相似。①

现在是积弱的。今人身小力薄，传统的酋长权威被削弱，人们模仿外国文化，个体主义泛滥，忽视传统和习俗，等级混乱，力量不断丧失。而内部的不团结、殖民地的历史以及殖民地时期印度裔劳工的迁入又增加了人们对于外敌入侵的忧虑，土著斐济人一直担心其土地为外人所侵占，这种担忧加剧了人们的失落感。对于土地、力量、秩序的强调和对失去这些东西的哀叹和隐忧成为斐济人失落感的重要来源。

2. 恢复及其表现

失落在斐济人的话语中占据主导，引发强烈的焦虑。但这种失落却并非终点，而是在引发焦虑的同时，促成了斐济人试图恢复的努力，表现于集体层面上即是对政治暴力的支持以及个体层面上从生活混乱无序、堕落到步入正轨的转变。

除了作为度假胜地而声名远播之外，斐济境内的局势动荡、政变迭起也是众所周知的。自 1970 年独立②至今，斐济已先后出现 4 次政变：前两次发生于 1987 年，另两次分别出现在 2000 年和 2006 年。多年来，人们一直就政变的原因争论不休，至今没有定论。而本研究则另辟蹊径，尝试从斐济民众对政变的反应这一新的角度来审视上述政变。作者考察了信仰卫理宗的土著斐济人的仪式话语和日常生活话语，发现，他们中的大多数人对政变这种政治暴力持支持态度。作者认为这种支持“可以被视为对恢复 mana（效力）、介入历史并使斐济步入新的轨道的努力和尝试的同情”③。

除了集体层面对恢复的渴望之外，个人生活轨迹的变化也是上述努力的体现。本书第 7 章呈现了一个人的自传，他将自己的生活形容为“通往大马士革之路”。④ 这种叙述是在斐济卫理公会中发现新的声音和媒介的。Sevanaia F. Takotavuki 原本是一位问题青年，偷盗、抢劫，锒铛入狱，最终因为归信基督教，成

① 林耀华：“拜祖”，见其《义序的宗族研究》，北京：生活·读书·新知三联书店，2000。

② 1874～1970 年期间，斐济是英国的殖民地。

③ Matt Tomlinson, *In God's Image: The Metaculture of Fijian Christianity*, p. 6.

④ 保罗在去往大马士革迫害基督徒的路上，见到了耶稣，蒙召归信，成为虔诚的使徒并广传福音。

为基督教徒而得到救赎，人生轨迹也发生了重大变化。这与政变有着本质上的相似：都是对于失落的回应，其中又都孕育着新轨迹、新生活的希望。

3. 根源

是什么使失落成为斐济基督教的中心话语？又是什么使人们能够在失落中发现恢复的希望？

基督教关于人性堕落的思想和殖民与后殖民征服的历史都是失落成为斐济社会话语中心的原因，但是人性堕落的思想并非基督教所独有，而失落感在其他没有殖民与后殖民征服历史的地区也同样蔓延，说明这两个因素不能构成失落成为斐济基督教中心话语的全部解释。于是，作者回到地方文化中寻找其独特的根源，最终发现：“基督教，尤其是卫理宗，造成了斐济人的这种失落感，同时也唤起了恢复的希望。”[①]更确切地说，是卫理宗与地方权威的矛盾斗争造成了上述张力并同时激发恢复的希望。

在基督教传入之前，酋长作为“土地”和“人民”的代表，拥有 mana[②]，在斐济社会拥有至高无上的权威。酋长制以及相伴随的力量、土地所有权、亲属关系、社会等级、传统习俗构成了斐济社会组织和社会秩序的基础，也是斐济社会运行的动力。

英国的基督教卫理公会教派于 1835 年开始传到斐济。传入之后，一方面，卫理公会必须利用酋长的权威以吸引平民的归信，获得自身的合法性。酋长权威得到了有限的认可，人们对于过去是充满力量的这种印象因而在日常生活中得以保留。另一方面，为了扩大自己的影响，教会又千方百计削弱酋长的权威并将与酋长权威相关的传统和过去进行妖魔化，将其塑造成邪恶的、堕落的和危险的，同时试图取而代之，将自己标榜为“传统”。“过去被变成了一个‘魔鬼’神灵的领域，其非基督教方式被拒斥，但令人钦羡的力量却得以保留。”[③]

至此，卫理宗教会和酋长制之间形成了表面和谐、根本上竞争的关系。以土地为例，斐济卫理宗是一种以“土地为中心的基督教”，土地是斐济社会传统酋长制度的重要依托，而在基督教传入之后，土地在信仰基督教的土著斐济人眼中与酋长和上帝都有了关系——它由上帝赋予而又为地方神灵所萦绕，既是神圣的，

① Matt Tomlinson, *In God's Image: The Metaculture of Fijian Christianity*, p. 6.

② mana 是大洋洲地区流行的话语，也是人类学中的一个重要术语。既有研究中，学者给出了多种定义，包括马塞尔·莫斯的著名论述。具体到斐济，mana 在斐济历史上一度被作为动词和形容词使用，意为“使有效”和“有效的”。现在，斐济人也将之作名词用，意为“抽象力量实在化”(abstract power made substantial)。谈论 mana 是从元文化上对行动有效性的评价。在土著斐济人看来，mana 与酋长相关，过去的酋长被视为拥有这种神奇的力量，而现在这种力量正在消失。

③ Matt Tomlinson, *In God's Image: The Metaculture of Fijian Christianity*, p. 25.

有时又是危险的。这种矛盾和张力滋生了失落感。

二、基督教人类学

本书作为一本关于基督教的民族志，是宗教人类学中基督教人类学这一近年来兴起的研究领域的重要成果之一。

众所周知，人类学家对于基督教的关注相对于其他宗教如佛教和伊斯兰教而言是相对稀少和滞后的。个中原因，在很大程度上与人类学研究异民族异文化的学科传统相关。因为身在其中，在多数具有基督教文化背景的人类学家看来，基督教既是理所当然的，没有研究的必要，也同时被认为是不可研究的，它与“研究他者以反观自身”的人类学认识论相悖，所谓“不识庐山真面目，只缘身在此山中”。

这种情况随着基督教徒人数在全球范围内的增长和民族志研究日益关注地方社会的区域背景和全球背景而改变。人类学家开始关注基督教，基督教人类学成为宗教人类学中一个新的亮点。

地方基督教是基督教人类学的主要研究对象。与神学家和教会历史学家将基督教视为“有着独特的核心信仰和组织形式的单一实体”的做法大相径庭，人类学倾向于将地方基督教与地方文化、殖民历史、现代化等更广泛的社会文化背景联系在一起，聚焦当地人对基督教的认知和适应，强调基督教的可塑性，描述多样的地方性基督教。并且逐渐“将关于基督教的本土经历从殖民强迫接受或现代化的叙述中解脱出来”。承认基督教是自在的对象，而这又与“从权利到意义、道德、能动性的主题转换相伴而生”。由此，基督教人类学为研究基督教提供了一个独特视角，并成为一个可以在其中“根据基督教归信状况重新考察社会和文化延续或文化断裂问题的空间”。[①]

近年来，基督教人类学的研究表明：基督教制造了地方与全球、传统与现代以及个体与集体之间无法消解的张力，如：关于精神的物质显现、关于罪与恶的张力等。但是同时它也促成了人们在仪式、教义、理论和其他领域持续的努力，提供了恢复的希望和动力。[②]

---

① 关于基督教人类学的介绍可参考：Jon Bialecki, Naomi Haynes, and Joel Robbins, “The Anthropology of Christianity”, *Religion Compass*, Vol. 2, Issue 6, 2008, pp. 1139～1158; John Barker, “Review: Toward an Anthropology of Christianity”, *American Anthropologist*, Vol. 110, No. 3, 2008. pp. 377～381.

② Matt Tomlinson, *In God's Image: The Metaculture of Fijian Christianity*, p. 12.

作者循着这一主题，以生动的田野资料，呈现出世界性的基督教传到地方、影响地方政治和人们的日常生活实践，并与地方传统文化形成互动、共同构成地方社会动力的文化场景。在斐济，由基督教和酋长制之间的矛盾催生的失落感无处不在而且持续不断，但是这种失落也激发了恢复和将历史置于面向社会和个人力量的新轨道的希望。如此种种，更回应了基督教人类学的主题，即基督教在制造了不可消解的张力的同时也提供了恢复的前景。[①]

三、元文化(metaculture)和话语分析(discourse analysis)

1. 元文化

就研究进路而言，本书作者主张“人们关于社会进程的思考必须从元文化方面分析”，[②]将基督教视为一种文化，而将教会与酋长之间的互动作为元文化，即作为斐济人关于斐济社会进程的反思和评论来分析。[③]

何谓“元文化”？“元文化”是关于“文化的文化”[④]，不仅呈现文化，也形塑文化，是有创造力的文化。在斐济社会，教会与酋长之间的互动以及与此相关的四个词汇——mana、lotu、vanua 和 matanitu 构成了元文化。

mana 可以理解为一种神奇的力量，在土著斐济人看来，mana 与酋长相关，过去的酋长被视为拥有这种神奇的力量，而现在这种力量正在消失。谈论 mana 是从元文化上对行动有效性的评价。

lotu 这一术语由卫理公会的传教士从汤加语(Tongan)中引入斐济，最初指代前基督教的祈祷形式。在斐济，作为一个独立的名词，lotu 可以被译为“基督教”，或在某些语境中，更确切地译为“宗教”，既可指代基督教，也可指代基督教传入之前的信仰实践。作为专有名词，lotu 也是斐济国家卫理公会这一教会组织官方名称的一部分。而作为动词，lotu 可以视不同的语境分别翻译为“崇拜”、“皈依”或者“做礼拜”。

vanua 有着广泛的含义，若要用一个相当的词翻译，可选择“土地”、“地方”或者“人民”。在斐济传统中，vanua 与酋长制度息息相关，因为酋长是“土地”和“人民”的代表。

---

① Matt Tomlinson, *In God's Image: The Metaculture of Fijian Christianity*, p. 15.

② Ibid., pp. 15～16.

③ Ibid., pp. 5～6.

④ Ibid., p. 16.

matanitu 可理解为国家政府。

在斐济社会，lotu、vanua 和 matanitu 被认为是斐济文化的基础，即构成斐济元文化的程式，斐济人据此描述、评估和参与具体的斐济文化。[①] 但是人们强调最多的还是 lotu 和 vanua，两者总是相伴出现，既互补又相竞争。[②] 根据作者的观点，正是 lotu 和 vanua 之间的矛盾斗争滋生了斐济人的失落感。

2. 话语分析

将话语、语言使用和语言意识形态作为核心关注点，是基督教人类学研究的突出特点之一。因为对宗教话语和宗教仪式、宗教生活中的语言使用的理解潜在地影响和形塑着人们对宗教的期待和策略，而这种期待和策略又通过仪式、话语等展演方式得以呈现和表达。

基督教这一“元文化”正是通过话语来呈现的。作者强调此处使用的“话语”参照的是本维尼斯特(Émile Benveniste)的语言学意义上的“话语”一词，即“话语必须在其最广泛的意义上来理解，每一段话语都预设一个说话者和一个倾听者，说话者还预设以某种方式影响对方的意图。它首先是各种性质和层面的口头话语，从普通的谈话到最华美的演讲，同时，也是产生口头话语或假用其表达方式及目标的书写的集合。”[③]

本书不仅关注说话者、听众和说话时的具体语境，也关注更大的文化和历史背景，如：传统酋长制、殖民历史和基督教传播历史以及政治变迁等。对上述作为元文化的几个术语也没有直接下定义，而是从语用学的角度考察语言的使用及其对人们实践的影响。[④]

在 Tavuki，卫理宗的仪式以一系列口头展演为特征。[⑤] 所以，作者选择时下文化研究中流行的语言和话语中心的研究进路，考察斐济卫理宗祈祷、布道等仪式中的话语实践，并进行了细致入微的话语分析，论证了基督教在滋生失落感的同时提供了恢复的希望这一主题。

以上从内容、主题和研究进路几个方面介绍了汤姆林森的这部作品，其实这些内容都已体现在本书的标题中：《以上帝的形象——斐济基督教的元文化》。正题“以上帝的形象”语出《圣经·创世记》第 1 章第 26 节：“神说：我们要照着我们的形象、按着我们的样式造人。”斐济人在多种语境中引用此句，意在说明人原

---

① Matt Tomlinson, *In God's Image: The Metaculture of Fijian Christianity*, p. 24.

② Ibid., p. 23.

③ Ibid., p. 208 注释④.

④ Ibid., p. 24.

⑤ Ibid., p. 17.

本是上帝按照自己的形象创造的，但现在却达不到神性的标准，而且渐行渐远，这种观念成为失落感的重要根源。书名的正题于是点明了斐济基督教造成失落话语流行的主题，而副标题中的元文化带有明显的文化研究和语言学色彩，点出了本书通过语言和话语中心研究文化的研究进路，从而将语言学方法和人类学主题恰到好处地结合起来，成为基督教人类学这一新兴研究领域的代表成果之一。

（方静文，中国人民大学人类学研究所博士研究生）

成为罪人与成为无罪

黄剑波

2004年,加州大学出版社推出了一本研究巴布亚新几内亚的乌拉敏人(Urapmin)归信基督教的民族志,题为《成为罪人》(*Becoming Sinners*)[①]。有意思的是,2009年,《美国人类学家》杂志发表了一篇题为"成为无罪"("Becoming Sinless")的论文,关注的则是美拉尼西亚所罗门群岛基督徒改宗伊斯兰教的文化现象[②]。这两项研究一前一后俨然形成了一个颇有意味的"对话",至少在题目上,后者显然受到了前者的影响。

关于《成为罪人》

毋庸置疑,《成为罪人》已经成为罗宾斯(Joel Robbins)的成名作。这本书一经出版,就受到相当多的关注,目前已公开发表的书评至少有23篇之多[③],其中不少刊发于国际重要刊物,如 *American Anthropologist* 107 (3)、*Anthropos* 100 (1)、*Anthropology Quarterly* 77 (3)。萨林斯对这部作品评论颇高,认为它"通过对美拉尼西亚基督教的民族志研究为理解文化变迁做出了重要贡献",而 Bambi Schieffelin 更是认为这个研究"将是一个重要的里程碑",还有一篇书评作者甚至毫不吝惜地称其为"开创之作"(path-breaking)[④]。

罗宾斯长期在巴布亚新几内亚做田野工作,1998年在弗吉尼亚大学获得其博士学位,如今担任加州大学圣地亚哥分校人类学系主任。在出版其民族志之前,他已经在《美国人类学家》(*American Anthropologist*)杂志上发表过一篇基

---

① Joel Robbins, *Becoming Sinners: Christianity and Moral Torment in a Papua New Guinea Society*.

② Debra McDougall, "Becoming Sinless: Converting to Islam in the Christian Soloman Islands", *American Anthropologist*, Vol. 111, No. 4, 2009, pp. 480~491.

③ 这还没有包括最近的一篇中文评述,刘琪:"文化并置与道德困境——读 *Becoming Sinners*",载《宗教人类学》,第二辑,北京:社会科学文献出版社,2010。

④ Ira Bashkovw, "Review of Becoming Sinners: Christianity and Moral Torment in a Papua New Guinea Society", *Journal of Anthropological Research*, Vol. 61, No. 2, 2005.

于此研究的论文，探讨的主要是现代性与语言、祷告的问题①。2004年，他为《人类学年鉴》(*Annual Review of Anthropology*)撰写了一篇重要的述评文章——《灵恩派基督教的全球化》②，并为《宗教》(*Religion*)杂志编辑了一期特刊③，专门讨论所谓“基督教人类学”的问题④。其后，他为加州大学出版社主编一套以“基督教人类学”为主题的民族志研究丛书，迄今已经出版了9本，研究范围涵盖了非洲、拉丁美洲、亚洲、南太平洋等近些年来基督教快速发展的地区。

作为“基督教人类学”这一新近兴起的研究领域的重要推动者之一，罗宾斯的主要贡献就在于帮助其建立理论的根基和框架。而这与他本人一直以来对理论的关注有关，事实上，他也是《人类学理论》(*Anthropological Theory*)杂志的联合主编。他对基督教的研究的更深度的理论关怀在于拓展文化变迁，特别是文化的剧烈变迁(radical change)理论，在他看来，以往的人类学理论对此鲜有建树。

回到对乌拉敏人基督教的研究。罗宾斯注意到，之前关于部落民归信基督教的研究多数都将其归结为实用主义的原因，以及作为殖民过程的一个结果，但他意识到这不能解释为什么乌拉敏人在后殖民时期的20世纪七八十年代才出现归信的复兴高潮。因此，他提出需要在乌拉敏人自己的传统知识论中寻找答案，正是这种独特的知识论赋予了当地人归信基督教的意义和神圣性。他发现，在乌拉敏人看来，隐秘的知识要远远高于可见的知识，而在他们自己或朋友身上出现的圣灵附体或异梦等现象正好就是这样一种隐秘的知识，足以证明基督教上帝的真实和大能。

这样，相当多的乌拉敏人解决了归信的问题，成为了基督徒，并努力去过基督徒的生活。然而，问题并没有就此得到完全解决，他们并没有得到完全的解脱，事实上，可以说他们的新信仰带来了新的问题。按罗宾斯的说法，乌拉敏人深受困扰(troubled)，甚至到了“道德折磨”(moral torment)的地步，这也是为什么他选择“成为罪人”这个颇具噱头的标题的原因。

通过一系列精彩论述，罗宾斯总结道，乌拉敏人的悲剧就在于，一方面他们

---

① Joel Robbins, “God is Nothing But Talk: Modernity, Language, and Prayer in a Papua New Guinea Society”, *American Anthropologist* Vol. 103, No. 4, 2001, pp. 901～912.

② Joel Robbins, “The Globalization of Pentecostal and Charismatic Christianity”, *Annual Review of Anthropology*, No. 33, 2004, pp. 117～143. 中译文“灵恩派基督教的全球化”，杨思奇译，黄剑波校，载《宗教人类学》，第二辑，北京：社会科学文献出版社，2010。

③ Joel Robbins, “What is a Christian? Notes Towards an Anthropology of Christianity”, *Religion*, Vol. 33, No. 3, 2003.

④ 显然这不是“基督徒人类学”(Christian Anthropology)，而是人类学对基督教的研究。

千方百计想要按照基督教的道德要求来生活，而另一方面，由于社会生活的限制，他们又不能不时常做出破坏规则的行为。这听起来和传统基督教教义所提到的得救的罪人那种“知其不可为而不得不为之”的道德困境很类似[①]，但罗宾斯没有从保罗的哀叹中寻找答案，而是落脚在不同文化逻辑的冲突上。他认为，基督教倡导的“信念伦理”(ethic of conviction)要求人们按照终极信念做事，而不管这会导致怎样的后果，而乌拉敏人的传统社会倡导的“责任伦理”(ethic of responsibility)则要求人们承担自己行为的后果。由于接受了基督教的乌拉敏人并没有完全放弃原有的伦理体系，因此两种伦理与两种文化体系的并存使得乌拉敏人只能“在罪中生活”。尽管他们创制出各种各样的仪式来去除罪孽，但却悲哀地发现，他们只能暂时将某项罪孽清除，却无法改变自己罪人(sinner)的身份。因此，他们获得解脱与救赎的唯一盼望就在于时代论(dispensationalist)意义上的千禧年。

二、从“成为罪人”到“成为无罪”

罗宾斯关注乌拉敏人归信基督教及其在基督徒生活中的道德困境，与之相映成趣的是，麦克杜歌(Debra McDougall)对所罗门群岛的研究也注意到一个相当有趣的现象，在这个基督教主导的地区中(98%的人宣称自己是基督徒)，伊斯兰教日渐成为其社会中不可忽视的一个新群体。其中，20世纪80年代和90年代初期为数不多的从基督徒改宗伊斯兰教的个案多是受过较好教育的岛民，他们被伊斯兰所吸引主要是出于对其绝对的一神论教义的认同，因为他们发现这远比基督教的三位一体学说更有说服力。而在20世纪90年代后期(1998～2003)的社会动乱之后，更多的当地基督徒改宗伊斯兰。这些新归信的穆斯林，特别是马雷塔(Malaita)岛民似乎主要关注的就是罪的问题，并指责基督教摧毁了其传统的社会规则，特别是关于男女性别隔离的那些规则。他们援引马雷塔岛民长期以来对基督教自由观的批判，认为基督徒太过依赖上帝的恩典和自己的能力，以至于根本无法胜过试探。

与基督教不同，而与所罗门群岛原有的传统宗教相似，伊斯兰教对于如何生活提供了非常明确的指导和规范。为了能摆脱罪恶与救赎的不断循环，这些刚

---

① 保罗在《圣经新约》中说：“我也知道在我里头，就是我肉体之中，没有良善。因为立志为善由得我，只是行出来由不得我。故此，我所愿意的善，我反不做；我所不愿意的恶，我倒去做。”(《罗马书》7：18～19)之后保罗哀叹道：“我真是苦啊！谁能救我脱离这取死的身体呢？”(《罗马书》7：24)

刚脱离基督教的新穆斯林在伊斯兰教那里看到了一种得以无罪(sinless)的可能性。麦克杜歌在总结一些当地人为什么选择脱离基督教时特别指出,神学上的考虑并不是唯一的因素,甚至可能不是最重要的原因,事实上,他们对于基督教那种宗派林立和互相竞争的情况非常不满,认为这在实际上带来了社会的不统一,或者说一种社会性的无序,因而转向强调统一或至少许诺统一(unity)的伊斯兰教。对此,麦克杜歌指出,讽刺的是,其实这在事实上为本已争闹不已的状况增添了一个新的派别和声音。

如果说罗宾斯的“成为罪人”已经相当招眼,那么麦克杜歌之“成为无罪”就更为吸引人,加之其所讨论的个案是从基督教改宗伊斯兰,这在当下讨论改宗基督教的众多研究中显得愈发突出。

然而,有意思的是,麦克杜歌认为从“成为罪人”到“成为无罪”是相关的,或者说,其实她对穆斯林的研究是对罗宾斯的基督徒研究的一种学理上的延续①。她首先指出,第二代当地基督徒在改宗伊斯兰的过程与当初第一代基督徒改宗基督教时的模式其实是一样的:年轻人离开乡村接触新的宗教实践,并将之带回自己的家乡。其次,她提到,罗宾斯的研究已经发现,尽管对于不少美拉尼西亚人来说,基督教在帮助他们脱离原来的祖先神灵的禁忌和捆绑这个意义上来说是一种祝福,但同时也带来了新的困扰,也就是那些曾经可以被外在的法律或规则限制住的反社会的行为,如今已成为个人的责任,必须依靠其向内的省察,并不断向上帝认罪悔改。而对于一部分第二代基督徒来说,他们不满于这种所谓的“自由”,反而期待重新发现或建立一种外在的规范,以帮助自己过一种没有“道德折磨”的“真正自由”的生活。

因此,从这个意义上说,如果罗宾斯笔下的乌拉敏人成为基督徒意味着“成为罪人”,那么所罗门岛民从基督徒成为穆斯林则是一个反向的过程,亦即“成为无罪”,是对律法的回归,也就是对圣经众先知、穆罕默德,甚至(对于一些马雷塔穆斯林来说)对其当地祖先的回归。

三、结　语

在此,我们无意讨论罗宾斯关于乌拉敏人基督徒生活在“道德折磨”中这一结论是否成立的问题,也无意就麦克杜歌所描述的少量所罗门岛民改宗穆斯林

---

① 但在我看来,他们却并不是在同一个意义上使用“罪”(sin)这个词。在罗宾斯那里,他更为关注的是作为“罪人”这个身份以及在罪中的状态,而麦克杜歌则显然更为强调在行为和意义上的“罪”。

是否具有普遍意义的问题展开争论。值得注意的是，他们将基督教重新作为一种可被人类学研究的“文化”来进行讨论，尽管在麦克杜歌的个案里似乎其主角是在脱离基督教。

这在我看来其实代表了宗教人类学在过去一些年的重大变化，即大型世界宗教，特别是基督教，重新成为人类学研究的合法主题，而不再仅仅限于对于部落宗教、民俗信仰或所谓“原始宗教”的关注。

在最近的一篇研究评论中，罗宾斯、Jon Bialecki 与 Naomi Haynes 详细考察了人类学的基督教研究的相关文献①。他们指出，近年来人类学逐渐将基督教重新作为民族志研究的对象，而此前基督教人类学的发展一直受到人类学理论框架和经验兴趣的阻碍。他们也意识到，人类学仍然需要说明其与基督教之间的复杂关系，无论是该宗教对学科形成的直接影响，还是通过其对现代性的影响所间接体现出来的痕迹，后者无论是作为一个类别还是一种认知风格对于人类学而言都是至关重要的。

对我来说更有意义的是，他们进一步提出，人类学对基督教的研究不仅是对这个宗教的研究，还有可能让人类学根据基督徒的归信重新考察社会和文化的延续和断裂问题。具体而言，他们看到，在人类学的基督教研究中，社会变迁问题（通常认为贯穿或与“现代性”问题相悖）已经包含了对田野点所做的细致的民族志考察，如语言意识形态和语言使用之间的关系、经济实践、变化着的社会性别和种族的构建、人被文化结构化的模式以及这种人的类别与社会之间的关系如何等问题。简言之，这个正在形成和发展中的研究领域不仅可能对宗教人类学这一分支学科的发展有益，对于整个人类学学科的思考和发展也有积极的意义。

（黄剑波，中国人民大学人类学研究所副教授）

---

① Jon Bialecki, Naomi Haynes, and Joel Robbins, "The Anthropology of Christianity", *Religion Compass*, Vol. 2, Issue 6, 2008, pp. 1139～1158.

文化人类学席明纳

Ana Díaz/ “花歌”传统：14～16世纪墨西哥古书抄本所描绘的土著历史

2011年1月17日下午3:00～5:00，墨西哥国立人类学博物馆人类学研究部主任迪亚兹(Ana G. Díaz)博士应《中国人类学评论》主编王铭铭教授与北大考古文博学院孙华教授联合邀请，在北京大学赛克勒博物馆二楼会议室举行了题为“‘花歌’传统：14～16世纪墨西哥古书抄本所描绘的土著历史”的专题讲座。此次讲座为北京大学与墨西哥国立人类学博物馆的首次交流。墨西哥国立人类学博物馆是世界最负盛名的博物馆之一，其展品集中于墨西哥前哥伦布时期与16世纪的阿兹特克文化，迪亚兹博士致力于考察古书文献与绘画符号，以再现墨西哥地区独特的历史传统。此次讲座中，迪亚兹博士图文并茂地展示了中美洲古书抄本中所描述的历史故事片段，尤其关注其中对于历法的若干表达，并借此分析了古中美洲人的记数方式和历法系统，令让听众了解到古代中美洲人世界观的意涵。

迪亚兹博士在展示古书抄本图片之前首先对“中美洲”(Mesoamerica)这一历史地理范围略作概介。这一文化区域地处美洲中部，西起太平洋，东至加勒比海与墨西哥湾，曾居住过50余个语群，即便这些群体往来频繁，也并没有形成共同的政治、语言单元或群体认同。然而，历法上的相似却清晰地表明，有一个重要范畴勾连了整个中美洲的族群，即他们的宇宙观以及他们对时间与自然的观念。此次讲座中展示的古书抄本产生于墨西哥城一带，被欧洲殖民者收藏，其具体出土地点已不可考。

迪亚兹认为，古代中美洲人讲述历史的方式呈现了其对时间与自然的独有观念。在古代中美洲，有专员负责司掌要事、存续先祖学问，进行城堡或王国的历史记载。15～16世纪间统治墨西哥中央盆地的阿兹特克人称这些通晓神秘之学的智者为“in tlilli in tlapalli”，在纳瓦语中为“黑墨与朱墨”之义，隐喻书写与绘画的技艺。因为这些绘画者不仅是艺术家，也是史学家、牧师以及教师，他们常以歌唱史诗的形式向公众讲述历史序列。古书抄本中描绘了击鼓而唱的歌者，他们精美的歌喉生发出内在动力，让流畅的、源源不断的唱腔汇集而卷出了花(见图1)，也正因此这一传统以“花歌”闻名。这是一种隐喻，意味着歌者唱词的精雕细琢和高世骇俗。

图 1　古书抄本中歌喉开花的男子

“花歌”传统的历史背景言毕，迪亚兹带领听众进入中美洲古书抄本的读解。首先呈现的是古书抄本中关于“八风”(8－wind)国王的片段，该图片包含了国王在金字塔上接受贡品、供奉雨神的仪式、国王沐浴、国王的婚礼及家谱等多个场景及画面。这些图片不仅是仪式场景的复制，还包含了重复出现的抽象书写符号，迪亚兹着重介绍了记载日期和人名的符号组合形式。在每一张图片的一角，结绳图案、特定符号与不同个数圆圈的结合表示时间，对应其历法系统中的某一年份及日期。至于人物记载，每一个人物的周边则有一串图案标明其关于历法的名字，由图形和圆圈两部分组成，图形来自鳄鱼、风、房屋、蜥蜴等 20 个基本历法代号(见图 2)，例如国王的名字为“八风”，王后的名字为“十鹿”。此外，人物除了历法名字之外还有一个普通名字，通常隐晦表达在其饰物或手持物品中，一些符号仍是未解之谜。

随后呈现的图片是中美洲国王的家谱，通过以上方法很容易辨识出图中人物的历法名字。迪亚兹博士同时对家谱的顺序、亲属的来源加以分析，以追溯王朝的来历，并解释其中的原则，例如对坐表明二者是夫妻，排在妻子背后与妻子面向相同的女子也是男子的妻室，而背对夫妻、面向不同方向的通常是二者的子女。此后，迪亚兹博士展示了古书中关于创世神话的唯一图片，描述了日与夜诞生的过程。古中美洲人的历法以 20 个日夜为一月，创造日夜的并非显赫的神王，而是如常交谈、行使供奉的黑人，他突然托出 20 个小动物绕在身体周围而创

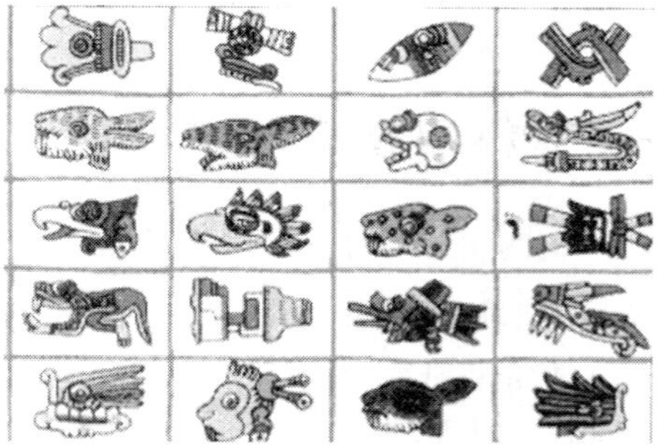

图 2　中美洲的 20 个历法符号

造出了日夜(如图 3),这对应了图 2 中的 20 个历法符号。在日、夜、历法出现之后,随即才有了一对庙宇,最终产生了第一对夫妻。接着,迪亚兹博士展示了古书抄本中描绘玛雅金字塔日出、龙舌兰山新火仪式的两幅图片,其中新火仪式极为重要,它每 52 年举行一次,影响地域十分广泛,代表着旧历法到新一轮历法的过渡与延续。

图 3　中美洲的创世神话

最后,迪亚兹博士以一幅颇为复杂的单张画卷收尾,这幅画中的世界被分为四个部分,每一部分都有细密的记叙与描绘,中间站着两位征服者,力图沟通与天的联系。古代中美洲人拥有复杂而丰富的时间观念与世界观,显然迪亚兹博士短短两小时的精彩讲座仅罗列了冰山一角。在提问环节中,在座老师与学生也对中美洲古籍抄本图片的解读产生了兴趣与疑问,一些问题尚无定论,古籍对于传统风俗及观念研究的意义也仍在不断发掘中。

(柯晓记录整理)

张展鸿/ 寻香记——香料、人类学、遗产

2011年3月19日下午，香港中文大学人类学系主任张展鸿教授应北京大学人类学系王铭铭教授之邀，在北大社会学系219会议室举行了一场题为“寻香记”的讲座，阐述了从人类学角度研究香料的方法与意义。北京大学社会学系周云、朱晓阳、郭金华和中央民族大学张亚辉等多位老师以及来自北京大学、中央民族大学的多位研究生参加了本次讲座。

张展鸿教授是香港中文大学人类学系主任和文化遗产研究中心副主任，在日本大阪大学获得人类学硕士和博士学位，一直致力于饮食人类学、文化遗产研究。近年来主要研究香港淡水养鱼的状况，并分析美国小龙虾从美国到亚洲的流动过程对中国、日本以及美国的全球性消费和小龙虾生产所产生的影响。香料研究是他新的关注点之一。

张教授首先邀请在场师生品闻了四种不同产地的沉香，就不同香味的描述，提出研究者应该在书写民族志时使用更为丰富的词汇表达自己对田野中环境和物品的感官。接着张教授介绍了自己最近对沉香的研究成果。沉香主要产自印尼并销往印度、中东、日本和中国，其间的历史和应用体现着复杂的社会文化关系：印度传统以沉香油作按摩以医治病痛，中国人以沉香入药以舒缓胃部不适，日本人把沉香用于香道以重历古人对自然的体验和表达，而阿拉伯人则把沉香用于宗教活动和社会身份的表达。在香的跨文化流动过程中同时也形成了长线的贸易关系。这样，在香的流动跨出文化和族群时，研究者可以从中了解到社会政治关系和文化全球性现象。另外，印尼对自己沉香资源的廉价出售亦导致相关贸易问题，这同时使沉香成为多方话语争论的焦点。

张教授接着提出从香的角度考虑文化遗产的视角。他认为过去几年非物质文化遗产保护的偏差主要表现在两个方面：其一，过于强调保护表演艺术（如日本对歌舞伎、能的保护）而忽视了文化遗产的其他内容，其二，过于强调文化遗产的国家所有权，但忽视了很多遗产跨越国界的特征。张教授关注的问题是，如何从香的视角来看非物质文化遗产保护的对象。他认为遗产的内涵在于知识，以香为例，这种知识是当地人对环境和物品的感觉的体现。一方面，从印尼到日本、中国，不同的地方对于沉香拥有不同的地方知识，另一方面，这套知识形成了一个跨国知识系统，他认为可以由此把文化遗产保护引向不同国家的合作。

王铭铭教授提出两点作为总结和评论。第一，他认为香料、茶叶、虫草的共通性在于三者都是特殊的植物，即就成长的环境而言三者都介于自然和人为之

间，以这种角度而言，香的研究价值超出了文化遗产的价值。第二，以香的用途考虑，古代中国宫廷和寺庙中都要烧香，香在这里分别代表了奢侈品和宗教性物品，而所需之香一般来源于少数民族地区以及外国进口，这样看来，在肯定跨国文化流动时，也不应该忽视作为奢侈品和宗教物品的香。

在场师生就张教授的讲座内容及香的工艺、类型、流通及消费等问题展开了讨论，张教授也对老师和同学的问题一一作出了回应，讲座在热烈的气氛中结束。

（余昕记录整理）

述　评

学术与政治
——重读韦伯关于知识与知识分子伦理问题的论述[①]

吕新雨

在韦伯研究中,《以学术为业》和《以政治为业》两篇演讲是具有独特地位的文献。2010年是韦伯逝世90周年。重读韦伯的这两篇演讲,既是为了昭显这两篇文本背后的逻辑关系,借此探讨韦伯对知识分子伦理问题的思考,也希望为理解今天中国知识分子与政治的关系问题提供借鉴。

一、"先知"与知识分子——学术的伦理与天职

(一)学术何为?

韦伯在《以学术为业》的著名演讲中,处理的核心问题其实是:在学术的外部和内部均存在重重危机的情势下,学术究竟何为?学术的意义何在?

因此,韦伯演讲一开始描述的是学术事业所面临外部环境的巨大压力。首先,他对比了德国和美国的学术体制对于年轻人的严酷,指出德国与美国的大学都存在"国家资本主义形态",即企业化的趋同趋势;研究机构对大量经费的依赖,其官僚化都使得一个学者的"才干"并不能发挥应有的作用,就像议会一样,庸才和投机分子总是占有重要的位置。学术的前程掌握在"命运之手",而不是靠"才干"。

其次,要想在大学从事学术的年轻人,必须认识到自己任务的双重性,即作为学者与作为教师,这两者并不是一回事。在现存大学制度下,教师总是面临需要依赖学生人数来获得讲课费的生存压力和诱惑,正是这样的现象,压制了对学者素质的评价。韦伯明确表示:"我对那些门庭若市的课程深表怀疑,尽管这种现象可能难以避免。民主只应当在适当的地方,而德国大学传统中所实践的,是

① 本文稿属于笔者《学术与政治:重读韦伯》长文的前两部分,第三部分是:"价值无涉"与学术公共领域——关于社会科学研究方法论的笔记,已发表于《开放时代》,2011(1)。

精神贵族式的学术教育，对此我们无须讳言。”[①]因为，以恰当的方式将科学问题呈现给学生，使他们能够进行独立的思考，正是教育事业唯一重要的事情，也是最艰难的任务，正是这一点决定了它的“精神贵族”的性质。但是，承担这样的教育使命，代价却是“你能够承受年复一年看着那些平庸之辈爬到你头上去，既不怨恨也无挫折感吗？”虽然是为了“天职”而工作，但是韦伯说“只有极少数人能够无动于衷地忍受这种事”[②]。因此，年轻的学者必须意识到，学术生涯几乎是一场人生赌博，因为它有着几乎难以承受的责任，犹如地狱的入口。

第三，正是在上述外部学术环境恶劣的情况下，韦伯强调学术内在志向的重要性，如果没有某种迷狂和热情，这个人便不会有科学的志向。但是，这只是一个前提。这个志向还必须接受学术空前专业化的制约，今天，只有彻底的专业化，才能具备学术信心取得成就，这是一个理性化的过程。这并不意味着科学可以化约为计算问题，以为科学可以从实验室或统计卡片索引中制造出来，所需要的只是“智力”而不是心灵，这是无知，科学需要灵感和想法。专业性的工作和以此为基础的创见，缺一不可，彼此不能互相替代，这也使得学术充满风险，需要从事者有彻底的献身精神。

针对内部和外部种种限制，韦伯特别强调科学不是一项“表演”的事业，而必须是发自内心地献身于学科。

> 在科学领域，假如有人把他从事的学科当作一项表演事业，并由此登上舞台，试图以“个人体验”来证明自己，并且问“我如何才能说点在形式上或内容上前无古人的话呢？”——这样一个人是不具备“个性”的。如今我们在无数场合都能看到这种行为，而无论在什么地方，只要一个人提出这样的问题，而不是发自内心地献身于学科，献身于使他因自己所服务的主题而达到高贵与尊严的学科，则他必定会受到败坏和贬低。[③]

科学需要的是从内心出发真正地献身于一个永无止境、必然会被超越的科学进步的过程。这是一个理智化的非宗教过程，今天的科学并不是通向“神”的“幸福”之路，它甚至窒息了世界存在着的“意义”这种东西。科学不涉及终极关怀，是因为科学的有效性是有边界的，它是以假设（概念）为前提的，而它自己并不能证明这个假设。科学研究的成果，是从“值得知道”这个角度来说的，也只是

---

① 马克斯·韦伯：《以学术为业》，见其《学术与政治》，冯克利译，22页，北京：生活·读书·新知三联书店，1998。

② 同上，23页。

③ 同上，27页。

在这个意义上，它是重要的。它所预设的是，科学的“关切”是以这个过程参与文明的共同体，但是，它预设的这个“关切”绝不意味着这一关切是不证自明的。科学描述的这个世界是否值得存在，活在这样的世界里是否有意义，这些都不是科学需要和能够向自己提出的问题。因此，学术作为一种“天职”，是在知识“为了自身的目的”的范围内的，是知识自身的“伦理”体现。

正是从这样的科学立场出发，韦伯指出讲坛不是“先知”和煽动家应待的地方，他们应该到大街上去对公众演讲，即到能够听到批评的地方去说话。学术是“为深思熟虑疏松土壤的犁铧”，不是“对付敌手的利剑”。对实际政治问题所持的意见，同对政治结构和党派地位的科学分析是两回事。

> 例如，如果要在课堂上讨论民主，就应当考虑民主的不同形态，分析它们的运行方式，以及为每一种形态的生活条件确定具体的结果。然后还要将它们同那些非民主的政治制度加以比较，并努力使听讲人能够找到依据他个人的最高理想确定自己立场的出发点。①

真正的教师会保持警惕，不是或明或暗地将自己的态度“强加”给学生，他应该要求自己做到知识上的诚实。课堂上，学生必须听老师说话，但是课堂上的老师因为没有人能够批评他，如果他不能尽自己的职责，用知识和科研经验帮助学生，而是乘机渔利，兜售自己的政治见解，就是不负责任的做法。因为作为“科学”的学术无法涉及终极关怀，在一个不同制度的神和价值相互争斗的时代，价值的多元性使得一些事物不美、不善、不神圣，却可以为真。在一神论的基督教被除魅之后，价值多元性之间的争斗和冲突已经成为对日常生活的要求，因此，必须勇于正视这个时代的文化命运。对于大学的教师来说，课堂并不是“政治”的领域，这里的政治指的是党同伐异的政党政治，教师不应该扮演政党领袖的角色，其首要职责是要教会他的学生承认“令人不舒服”的事实，即相对于他的党派观点而言不同的事实。教师要做到使学生头脑“清明”，能够在价值问题的选择上，找到自己的立场和实践的手段，因此，教师的职责是向他们指出选择的必然性，并且到此止步，即不是把自己的立场灌输和推荐给他们。诸神之间无尽的争斗，意味着对待生活的各种可能的终极态度，是互不相容的，其斗争也是不能有结论的，因此，必须在它们之间做出抉择。但是这个抉择需要每个人自己去做，而不是依靠外在的“先知”或者教师。

在这个意义上，作为学术的科学本身的确是一种价值判断，只是它必须建立

---

① 马克斯·韦伯：《以学术为业》，见其《学术与政治》，37页。

在专业立场之上。这个价值判断并不是派发神圣价值或者神启，而是通过严格的专业化学科的操作，服务于有关自我和事实间关系的知识思考，“一名科学工作者，在他表明自己的价值判断之时，也就是对事实充分理解的终结之时”[①]。在一个世界已经被除魅的时代，终极性的神圣价值已经从公共领域里消失了，学术界的伪“先知”，即盲目的信仰，所能创造的不过是狂热的宗教团体，而绝不是真正的学术共同体。必须正视不同立场的知识性存在，因此，课堂上理智的正直和诚实才是最大的美德，即学术共同体赖以生存的美德。在韦伯看来，在一个上帝死去、诸神争斗的时代，学术共同体的存在，其重要性正在于提供自我和事实之间关系的知识性思考，而这样的思考必须是在容纳多元的甚至互相冲突的价值观的基础上进行，否则就是学术的丧失。正是在这个意义上，学术不是神学，也不是“政治”，必须摒弃这两种意义上的“煽动”性。我们需要在这个基础上去理解韦伯之“价值无涉”的原则，即作为学术共同体本身的兼容并蓄的原则，它以事实和知识上的联系为基础，以正直与诚实为工作原则，舍此，则是学术共同体的毁灭。

但是，这并不意味着生活中的重大问题不需要去解决，科学对信仰所做的贡献及其界限，正在于它帮助人们确立自己与目标之间的选择关系，“形象地说，你将侍奉这个神，如果你决定赞成这个立场，你必得罪所有其他的神。因为只要你坚持忠实于自己，你必然会达到这样一个终极的、有着内心意义的结论”。科学不能代替，但是可以帮助我们对自己行为的终极意义做出说明，帮助我们做出自己的抉择，并以此承担背叛众神的后果。对于今天的人们：我们应当去做我们的工作，正确对待无论是为人处世还是天职方面的“当下要求”——这才是最重要的。在这个意义上，科学的“价值无涉”不是抹杀立场，其目的正是为了确立价值立场，但是这样的价值立场必须以其他价值立场的存在为前提，才是有意义的和有效的。也就是说，作为个人的研究者必须置身于一个被认可的学术共同体，而一个没有歧见和不同立场的学术共同体，就不是学术共同体，而只是被一种霸权控制的意识形态领域，这才是韦伯强调教师在课堂上以不扮演伪“先知”为学术伦理的关键，——对此，我们理解得并不够。

对于韦伯来说，以学术为志业，意味着必须有极大的勇气承受外在环境的风险，倾听内心的使命，通过献身于“专业化”的思想过程，来为这个世界提供从不同立场建构的知识图谱，这是一种守望的立场——是对启蒙精神及其理性主义的艰难的，也是坚定的守望。在一个已经没有“先知”和圣徒的时代，这是正直和诚实的学术的唯一使命，也是知识分子“令人颤栗”的命运——当他们守望未来

① 马克斯·韦伯：《以学术为业》，见其《学术与政治》，38页。

的时候，面对询问和等待的人们，他们不能做“理智的牺牲”，不能屈从大众的要求而给予廉价的满足。韦伯引用了《旧约·以赛亚书》中的一段话作为当代知识分子的肖像，并以此结束了整篇演讲：

> 对于这么多期待着新的先知和圣徒的人来说，他们的境况，同以赛亚神谕所包含的流放时期以东的守夜人那首美丽的歌所唱的完全相同：
>
> “有人从西珥呼问我，守望的啊，黑夜如何。守望的说，早晨将至，黑夜依然，你们若要问就可以问，可以回头再来。”
>
> 听这话的那群人，询问和等待了已经有两千年以上，我们晓得他们那令人颤栗的命运。从这里我们应当得出的教训是，单靠祈求和等待，只能一无所获，我们应当采取不同的行动。我们应当去做我们的工作，正确地对待无论是为人处世的还是天职方面的“当下要求”。如果每个人都找到了握着他的生命之弦的魔鬼，并对之服从，这其实是平实而简单的。[①]

（二）“先知”、政治与知识分子

以东和西珥是耶路撒冷陷落前后被耶和华诅咒和惩罚的罪恶与敌对之地，没有被许诺拯救的希望。但是，韦伯发现：以东和西珥也正是耶和华智能的古老发源地。[②] 在《古犹太教》一书中，韦伯再次引用了上述《旧约·以赛亚书》中关于西珥的呼声这一引言。而玛丽安妮·韦伯在《马克斯·韦伯传》中描述韦伯对年轻人的影响时，也引用了这一段古老的箴言。[③] 鉴于《古犹太教》的写作和发表时间与《以学术为业》、《以政治为业》的演讲时间几乎重合，即都是在“一战”结束前后，而《古犹太教》又是韦伯生前出版的最后一部著作，因此这两篇著名演讲与《古犹太教》（以及身后被编辑出版的《经济与社会》）之间其实存在着内在的、重要的对话关系，后文将再讨论。韦伯认为：今天的知识分子作为社会的守夜人，面对询问和等待的人群，他们唯一能回答的是：早晨将至，黑夜依然。以理性精神为这个社会及其文明承受漫漫黑夜，在大众社会吁求救赎的强大欲望面前，不被压垮，不妥协，不靠逢迎听众来获取私利，甚至不屈服在社会暴力之下，正是学术和学术共同体在今天的历史责任和历史命运。在一个已经除魅的时代里，学术与学术共同体是社会唯一可能的“理性”的锚定——尽管危机重重，也正是因

---

① 马克斯·韦伯：《以学术为业》，见其《学术与政治》，49 页。

② 见马克斯·韦伯：《古犹太教》，康乐、简慧美译，168 页，桂林：广西师范大学出版社，2007。

③ 玛丽安妮·韦伯：《马克斯·韦伯传》，阎克文、王利平、姚中秋译，688 页，南京：江苏人民出版社，2002。

为危机重重，才更需要凸显真正的知识分子的品格。在韦伯那里，以学术为志业，正是一种知其不可为而为之的悲壮立场。这其实正是韦伯的自我描述和自我期许。

玛丽安妮·韦伯在著名的韦伯传记中，记述了晚年的韦伯在“一战”后动荡的国内与国际形势下着力研究宗教社会学的情景。正是战争和政治活动的经验使得他对古代以色列人的厄运预言“先知”耶利米的命运发生了深刻的共鸣，“韦伯分析它的时候，跟分析清教徒的时候一样，都在其中投入了自己巨大的内在感情。晚上玛丽安妮听韦伯朗读手稿的时候，总是从很多段落中看到了他自己的命运”[①]。不同于基督教的使徒和先知们有着门徒和大量的拥护者，这位对以色列国发出末日预言，并目睹和经历了这一切劫难的先知耶利米不断地遭受迫害；社会试图利用暴力、欺骗、嘲讽来诋毁他的预言，他无法依靠基督教团体的那种精神情谊来支撑自己，相反，不被群众理解、被群众憎恨，“他从来没有基督的使徒曾经有过的那种有同道支撑和砥砺的感觉”[②]。当内心孤独的痛苦吞噬他的时候，他祈求耶和华收回他的预言能力，他不想说出预言，但他必须说，他说出预言的行为本身成为他最可怕的考验。耶和华要他不要结婚，不要生儿育女，在后期的犹太传说中，他随着被掳掠的犹太人到下埃及，最后在那里被人用石头砸死。韦伯认为，这样的预言者总是在强权危及到祖国，当犹太民族国家面临生死存亡的时刻涌现，并不可避免地卷入到政治分化和利益斗争的激烈漩涡中。在韦伯看来，这个厄运的预告“先知”耶利米就是现代社会知识分子的肖像。面对国破家亡的时代，这位孤独的“流泪”先知作为耶和华的使者严厉地批判君主和统治者的不义，在最危难的情势下保持着对民族的忠诚和情感，正寄托了韦伯对于现代社会知识分子的理想。玛丽安妮认为，把这样的犹太教的先知处理为一种特殊的类型，是韦伯晚年的独创。

这里，需要对韦伯关于“先知”的研究有更多的了解，才能看到问题的深处。韦伯关于犹太先知的叙述主要集中在两个部分，一是在《古犹太教》一书中有最详尽的分析，另一是在《经济与社会》上卷中进行的集中总结。特别是在《古犹太教》中，我们可以清楚地看到韦伯是如何建立他对于犹太先知的特殊理解的。

韦伯认为“孤独”是这类“先知”有别于其他先知的地方，因为他们是灾异的预言者，是不受欢迎的人，因此无法用预言来营利。

> 他们之所以孤独，在社会学上，理由首先是在于：灾异预言并不像福祉

① 玛丽安妮·韦伯：《马克斯·韦伯传》，681页。

② 同上，682页。

> 预言那样可以做职业性的传授，再者，灾异预言也无法用来作为营利的事业，因为没人会去买噩兆——所有的灾异神谕无不是噩兆；最后，所有的社会权势者与共同体全都会避开灾祸先知，或者甚至斥逐他们是民众与一切好运兆的败坏者。换言之，孤独，以及自灾祸先知起才被提升为原则的拒绝以神谕来营利，乃是社会的情势使然，而只有部分是自愿的。[①]

这类独立的、具有政治取向的“先知”在历史舞台上的登场，是与大卫和所罗门统治下的以色列王国经历政治及社会结构大变迁的背景紧密相关的，也与当时的世界局势不可分割。先知以利亚第一个把对王的社会不公义作为尖锐批判的对象，对于他们而言，一切的灾祸都源于国家转变为赋役制国家，整个官僚制的组织变成了埃及式的暴政。以色列的农民感受到的是王与城市贵族在政治经济上的优势和自己本身的逐渐债务奴隶化，这就使得独立于王权的先知召唤耶和华本身作为统帅来率领农民召集军的时代再次降临。也因此，耶和华是历史的神，也是政治—军事史的神，是誓约共同体的同盟战神，也是政治命运的神。作为政治家的先知正是在这个时期开始宣讲。

> 从事著述的先知直到俘囚期才出现。早期的先知公开向听众演讲。此外，这也意味着：若无列强的世界政策威胁着祖国——其最令人印象深刻的神谕多半是在响应此一问题——先知便不会出现。[②]

正是随着国王和王权的外来威胁日渐升高，这样的预言的脚步才开始一步步向耶路撒冷挪动。最常见的情况是，先知会无法自抑地在“自然的灵光涌现之下，站在市场上向群众演讲，或者在城门边向长老宣告”，其关怀的重点在于“国家与民族的命运。而且，一般总是采取激情攻击当权者的形式”。[③] 在韦伯看来，这是历史上第一次可以证实的“群众煽动”，它完全不同于希腊城邦政治神谕的学术的、官方的和军事的结构。只有以色列的先知是以纯粹的私人身份，在耶路撒冷进行宗教性的群众煽动，“其神谕有如穿出黑黝沉郁的闪电照射在未来的黯淡命运上，不但具有权威性，而且不顾所有既定的议论”。先知的神谕也以公开信和政治性宣传小册的形式出现，韦伯认为，这就是针对时事而发的最古老的政治评论文献。

与此同时，先知饱受各种人身攻击、公开辱骂，以及暴力斗争。作为厄运预

---

① 马克斯·韦伯：《古犹太教》，154 页。

② 同上，340 页。

③ 同上，343～344 页。

告的以色列先知对于自己的预言成真，并没有胜利感，而是深沉的悲哀，同时也期望神的恩宠和美好日子的降临。尽管听众顽冥不灵，但是先知还是要让自己不因为卑言秽语而丧失成为耶和华喉舌的权利，“他因言语高尚，如此耶和华才会让民心归于他”[①]。

> 这些先知全都被卷入党派对立与利害斗争的漩涡里，尤其是涉及对外政策方面，这是无可奈何的事。夹在一边是亚述另一边是埃及这两大世界帝国之间，民族国家所面临的是要存还是要亡的问题。每个人都要选边站，尤其是有公众影响力的人更不能回避这样的问题：站哪边？就像耶稣也不能免除，付贡金给罗马到底对不对的问题。不管先知愿或者不愿，事实上他们在当时为内政问题拼斗激烈的诸党派里也起着领导的作用，而这些党派同时也莫不是特定对外政策的担纲者，因此他们也被视为党派成员。[②]

但是，韦伯通过分析以色列先知的各种作用，得出的结论是：客观上是政治的尤其是国际政治的群众煽动家与政论家，主观上绝非政治的党派分子。因为，他们根本不是以政治利害为首要取向，国家及其活动本身也并非其关怀所在，他们也不提这样的希腊人的问题：如何成为一个好市民？他们关心的是耶和华的律令和宗教的伦理，是纯粹的宗教动机，而不是现实政治。虽然他们自身不是民主社会理想的担纲者，但是当时反赋税制和反吉伯林姆（武士阶层）的强大社会政治力量却给他们的宗教宣言提供了共鸣板，也影响了他们观念世界的内容。而这个过程，“是通过知识分子阶层的媒介才达成，他们不止致力维护前所罗门时代的古老传统，而且与先知的社会处境相仿佛。”[③]这里，我们看到的正是韦伯理论里“先知”与政治、知识分子的关系。

韦伯再三强调，一个重要原则将先知在身份上统一起来，那就是其神谕的无偿性，使得他们与王权的官方先知区别开来，后者被他们诅咒为王国的毁灭者——先知只有在其时代的世界政治舞台的巨大共鸣箱上才能够为人所理解。身具个性卡里斯玛的先知挺身而出否认官职卡里斯玛具有施教的资格，主张神的话语和律法，而不是官方主持的祭祀本身，才是最重要的。因此，先知们是把耶和华作为伦理的报应之神，把因善称义与祭祀的形式主义对立起来。

韦伯在《古犹太教》中特别开辟一章讨论先知的“心理学与社会学特质”，这一部分对于我们理解韦伯的知识分子观非常关键。韦伯强调以色列先知领会其

---

① 马克斯·韦伯：《古犹太教》，349页。

② 同上，350页。

③ 同上，355页。

自身体验的方式在于“忘我”：

> 忘我的状态并不是因其本身并且作为个人的救赎才被认为有价值，反之，它被赋予了另外一种完全不同的意义，一种“使命”(Sendung)的意义。[①]

韦伯以浓墨重彩的方式描述了先知们的两种忘我状态。一种是当先知并未被求问而发出的，在耶和华灵感的压力下，特别是国难当头或罪恶印象深刻冲击之下，先知的心神被夺而不能自已，这以俘囚期的先知们为代表；一种是事前被求问，先知需要在祈祷中沉思默想被求问之事，直到他有了解释，他才开始说话：部分是耶和华以第一人称说话，部分是报告关于神的话语，这以俘囚期前的先知们为代表。先知们在“被神充满”的灵感状态下，会喷发出惊人的激情和诗情。韦伯追问道：这种激情从何而来？它源于强烈的确认，确信自己已成功掌握了亲身体验之事的意义，即耶和华借着这种忘我的激动到底意所何指，以及耶和华命令他用令人理解的话语到底要说什么。先知的忘我和激情是因为确信自己必须借耶和华的口，说出神的话，或者让神借着他说话，“他们并未寻求忘我，是忘我临到他们身上”[②]。

这些应该正是玛丽安妮描述的韦伯投注了自己内在极大情感的部分。韦伯认为，与基督教将教团本身作为神灵的担纲者不同，以色列古犹太教恰是在绝对的孤寂中，在旷野，在沙漠，将预言的灵降临在作为个体的先知身上。使命将先知驱赶到街头群众面前，这不过是先知们从自身体验的解释中所导致的结果。他们并不是因为只有在群众面前才有神圣的感觉，事实恰恰相反。他们自知不为听者大众所了解，甚至被痛恨，所以他们从来没有像基督的使徒一样，称其听者为“兄弟”。“内在孤寂的整个激情压倒了他们自己的心情——俘囚期之前的预言里正是盈满着严苛与尖酸的调调，或者如何西阿那样，既感伤又悲哀。”只有少数几个忠诚的弟子记录下先知的预言。

> 灾祸先知从自己和幻象的孤苦搏斗中走出来，然后在众人战栗与畏惧的目光注视下——总是不受喜爱而往往遭到辱蔑、嘲笑、威胁、吐口水与打耳光的情况下——又再度回到自身的孤寂里。这些先知的神圣状态，在此意义上，是彻底自内而发的，并且，他们自己连同听众也无不这么感觉：这并不是感情性的实时群体作用的产物，不是什么外来的效应，而是个人内在由

---

① 马克斯·韦伯：《古犹太教》，368页。

② 同上，370～371页。

神所遣使的状态让先知处于忘我的症状。[①]

因此,并不是"忘我"本身决定其神圣,因为各种不同的预言家都会以"忘我"式的迷狂作为其合法性的来源。对于以色列的先知来说,是神的声音所赋予先知以保证:他们是神的工具。因此,韦伯强调:他们是以清醒的宗教"理性"精神与形形色色的迷醉崇拜进行斗争,"没有任何一位先知想要去掌握某种凌驾于日常伦理道德的仪式性或禁欲性的救赎之道,丝毫没有"[②]。这一点至为关键。

先知耶利米把与传统的宫廷救赎预言对立看成历史的指针,这可以从对抗赋役制王国和吉伯林姆(武士阶层)的社会斗争中获得解释。"真正的先知不会宣告这些被唾弃的大人物有何救赎"。[③] 这是因为,先知处于一个政治的民族共同体中,他们关切的是这个共同体的命运,要求人们遵从神的律法,因而是伦理性的,而非崇拜性的,这与基督教的传道刚好相反。"先知们以神的名作讲论,正是由以色列的知识阶层特别是由利未人的律法书已预先准备好了的观念世界",因此,这些先知并不宣告新的神观,也不宣告新的救赎,他们要对抗的正是对既存的神的命令的背叛,也正因此,先知们变成了政治家。以下这些话,如果与韦伯对学术的讨论对照起来读的话,我们就能够更明白韦伯的深意了:

有时候,似乎任何一位先知都难免绝望透顶。……然而,他们其中未曾有任何一人怀忧丧志弃绝到底。他们的未来期望,如同其政治,一样的乌托邦。此种期望从背后支配着先知的一切言行那般,从内在总摄着先知的整个思想世界。[④]

这不正是韦伯在演讲中对当代知识分子的要求吗?正是从韦伯对古代以色列先知的描述中,我们才能够懂得其赋予学者与政治家的"天职"所蕴含的意义。韦伯对这些犹太先知的评价是放在具体的历史脉络中去建立的,尤其是放在以色列民族从政治共同体向宗教共同体转化的枢纽时期,正是在这样的时期,先知们挺身而出以信念承担起整个民族共同体生死存亡的命运。

若无这些全民皆知又害怕的群众煽动家的强大威信,我们很难想见耶和华作为摧毁耶路撒冷又将之重建的世界之神的观念,如何能获得权威性的地位,因为这观念,与纯粹庶民的如同与纯粹祭典祭司对于以色列与神之

① 马克斯·韦伯:《古犹太教》,372~373页。
② 同上,374页。
③ 同上。
④ 同上,402页。

> 关系的见解，大相径庭。倘若没有先知的灾祸预言——在大庭广众之下宣告，并且在百年之后仍被记得(《耶利米书 26:18》)——经过证实而震撼人心的经验，我们完全无法想象，人民的信仰在历经恐怖的政治命运之后，不仅没有被击垮，反而正是在一种独一无二且空前绝后的历史吊诡里，这才明确恒久地巩固下来。旧约的整个内在结构，若非以先知的神谕为取向，将令人无从想象；这些巨人的幽灵横越千年而直达现代：这部犹太人的圣书不但是基督教的圣典，而且拿撒勒人耶稣的使命的整个结社尤其是取决于神对以色列的古老应许。[①]

正是在这样的意义上，这些古老先知扮演的既是知识分子也是政治家的双重历史角色，他们正是韦伯的两篇演讲《以学术为业》、《以政治为业》思想的底色。

我们可以来比照一下在《经济与社会》中韦伯关于先知的主要观点。这里，韦伯更多的是总结先知的一般社会学意义，也即把他们与各种不同类型的先知、政治家和哲学家们做了明确的区分。这里略加概括，首先，先知的定义是：一种超凡魅力的纯个人载体，他根据自身的使命昭示一种宗教教义或者神谕。“个人”天职，或者个人启示与超凡魅力是“先知”区别与从传统获得权威的“祭司”的决定性要素，因此，几乎没有先知产生于祭司阶层并非偶然。先知也不同于巫师，其使命的核心是教义和诫命，而不是巫术。典型的先知是为了思想而传道，其预言是无偿的。而先知在前小亚细亚地区的大量出现，是与海外的殖民开拓，城市的形成及由于市民武装的发展而带来的城邦的变化平行发展的。历史上的先知与立法者之间的区别并不固定，在社会存在紧张的情况下，先知就会被召唤到独立公正的仲裁者的职位上。摩西作为一个仲裁者，是以货币经济以及由此造成的社会冲突为前提的，调和与预防这些冲突，利用一个统一的民族之神来组织以色列的联邦，并发展对外扩张，是其事业。大多数以色列的先知身上都具有对社会分化尖锐问题的关怀，使得他们关注和介入社会改革，虽然其目的是宗教性的，他们是把社会及其他类型的不公看成对摩西律法的亵渎。而且更重要的是，他们关心为上帝开拓事业舞台的对外政治。但是，不同于传统的立法者和仲裁者，由于先知是依靠神的默示而获得权力，因此他们与世俗的权力之间存在着紧张关系，他们不是接受使命，而是“夺占”使命。不过，不同于希腊僭主迎合大众(而非贵族)的宗教情感，先知的使命是宗教目的以及建立在反对迷醉崇拜的宗教理性。不同于哲学的伦理学家的导师角色，先知具有更多的“政治家”的色

---

① 马克斯·韦伯:《古犹太教》,417 页。

彩和神启的宗教使命。不同于一般的社会改革家，先知依靠直接默示的宗教使命，而不是靠仪式、秘法或者巫术。而个人的宗教默示是韦伯所强调的先知类型的决定性特点。在划清了种种界限之后，韦伯把先知区分为两个类型：伦理的先知预言(ethical prophet)和典范性的先知预言(exemplary prophet)[①]。前者指的是"先知"人物受神的委托而成为神的工具，把这种对神的服从作为其绝对的伦理义务。他特别关注《旧约》中所描述的以色列先知时代就属于这种类型，这是因为存在着高度人格化的、超世俗的、伦理的最高神及其律令。而第二种类型指的是以自己的榜样向别人指出宗教救赎的路，其布道既非受神的委托，也不存在伦理服从的义务，而是求助于救赎者自己的利益，以现身说法使其走上与自己经历的同一道路。韦伯认为前者是前小亚细亚地区独有的现象，也就是说耶和华作为一个高度人格化和伦理化的神，其严峻的律法和伦理正是犹太教所特有的，所以其伦理型先知也是具有特殊性的存在，这是因为"其独特的性质看来都是决定性地受制于相邻的、已被高度控制的社会组织大型中心对不太发达的毗邻民族形成的压力。后者从令人恐惧的民族那种无情的好战性中感受到自己面临无休止的危险，往往会从中看到一个天王的愤怒与恩宠"。[②] 所有的先知启示都是对生活统一的、富有意义的态度的自觉，是对生活进行系统化的巨大尝试，包含着世界作为秩序的宗教构想，宇宙应该是在某种意义上安排得有意义的整体，各种现象要用这个准则衡量和评价。这些宗教问题也是孕育着形而上学的非宗教哲学的发源地。

从上述关于伦理的先知预言的描述中，我们已经明白韦伯对于先知耶利米的认同绝非偶然。在他看来，现代知识分子对知识的追求其实就应该是一种绝对的伦理义务，犹如耶和华之于耶利米是一种律令。他拒斥课堂上的教授扮演"先知"，是因为以谋求个人经济和政治私利为目的人只能是伪先知。而真正的"先知"情怀是一种绝对的"忘我"的伦理使命，对知识和理性的诚实，犹如先知之于耶和华，并以此来为世界、为民族建立意义。这才是为什么韦伯在演讲的最后，会以这样的语言来结束："每个人都找到了握着他的生命之弦的魔鬼，并对之服从，这其实是平实而简单的"，这正是对伦理型先知的要求，找到自己生命的律

---

① 阎克文译为：道德预言和样板式预言，见韦伯：《经济与社会》，第一卷，阎克文译，447 页，上海：上海人民出版社，2010。林荣远译为：伦理的先知预言和典范性的先知预言，见韦伯：《经济与社会》，上卷，林荣远译，北京：商务印书馆，1998。参照英译本：Max Weber, *Economy And Society*, Vol. 1, Guenther Roth and Claus Wittich, eds., Berkerley: University of California Press, 1978, p. 447，这两个概念的翻译，林译本应该更贴切，故这里采纳林译本。本文关于《经济与社会》的其他部分引用主要采纳阎本，部分采用林本。

② 韦伯：《经济与社会》，第一卷，阎克文译，578 页。

令，也是对现代知识分子使命的服从。以个人的方式，也唯有以个人担当的方式，去服从对知识理性的伦理要求，是以学术为志业的知识分子的最根本诉求，这就是韦伯的学者立场，也是他的“天命”论。

二、何为政治？——政治的伦理及其悖论

(一)政治、“先知”和政治家

至此，我们可以来对比阅读韦伯的另一篇著名演讲《以政治为业》了。正如《以学术为业》是以世界的现代性降临之后，学术面临的严峻挑战和风险为开始，《以政治为业》前大半的篇幅是分析性地批判西方政治的历史和弊端，其揭示之深刻，依然是我们今天理解西方政治所必须补上的功课。正是需要通过对西方特定的政治黑暗的冷峻剖析，韦伯才可以追问真正的“政治”和“领袖”的意义。与上篇演讲一样，这篇演讲也是高度浓缩了韦伯一生的研究成果，几乎每一句话都建立在他对西方宗教、政治与社会发展长期研究的基础之上。这里，我们需要多用一些篇幅来理解韦伯的论述。在抽丝剥茧的层层分析之后，韦伯需要辨明的正是：何为“政治”？

富有意味的是，在韦伯对政治的定义中，国家具有特殊的重要性。国家是“完全专属于以政治为目标组织起来的团体”，它所特有的手段就是对正当使用暴力的垄断权。

> 因此对于我们来说，“政治”就是指争取分享权力分配的努力，这或是发生在国家之间，或是发生在一国之内的团体之间。①

而权力支配的类型有三种，传统型、魅力型(charisma)和法制型。值得注意的是，韦伯认为在这三种类型中，只有第二种即卡里斯玛型是以“天职”为追求的，“因为天职这个概念的最高表现，正是根植于这个支配类型之中”。② 群众对这样的领袖的服从是建立在其个人素质之上的，也就是他被认为是一位受到内心“天职”召唤的人。这样的政治人物的原型正来自古以色列的先知类型，韦伯曾在不同的地方反复强调过，这样的“先知”类型是西方最早的也是特有的政治煽动家，作为“政治”家的先知出现的历史背景正是以色列古代民族国家的危亡。而近代国家的出现都是由君主发动的，以获得和拥有所有的政治资本，这导致国

① 马克斯·韦伯：《以政治为业》，见其《学术与政治》，55 页。

② 同上，57 页。

家最终控制了所有的政治组织的工具。因此,不同于魅力型先知的职业政治家出现了,他们的功能是作为君主的臣僚。还有一些所谓的"自由"的政治团体宣称排除了君主的影响,它们的正当性来自传统,大多数来自宗教。这些所谓的"自由"的政治团体产生的温床就是地中海地区作为政治组织的城市。

在上述分梳之后,针对各种复杂的政治动机,韦伯区分了两种现代社会以政治为业的方式,一种是"为"政治而生存,一种是"靠"政治而生存。前者的条件已经很苛刻了,从内心出发把政治作为"事业",必须有足够的经济条件才有可能——不同于先知的无偿,这往往导致财阀统治的出现。后者则是将政治作为固定的收入来源,靠它吃饭,由此,出现了不同层面和不同历史阶段的政治人物,其中最显著的现象是政党政治的出现。政党政治把国家作为面包篮子,并借此分配官职。专业官吏出现,政治在政党政治的格局下发展成为"经营",即通过利益集团来经营政治。在君主与贵族的斗争中,职业政治家出现,并开始成为主导。韦伯强调这一过程依然是西方特有的现象,这其中,古罗马的法理学扮演了重要的作用,"罗马的法理学,是一个从城邦国家上升为主宰世界地位的政治结构的产物——一个性质十分独特的产物"。[①] 没有这种法律的"理性主义",绝对专制国家的兴起不可想象。而自从法国大革命以来,西方近代民主就与近代的法律家密不可分。在政党政治中,律师在其中的重要作用并非偶然,因为律师的专业训练使得他们能够为客户的利益做有效辩护,在利用逻辑和技巧性来对待"证据"的问题上,他们比政治上的文官更有优势。"实际上,现今的政治,极大程度上是在公众之中利用言辩和文字来操作的"[②],这正是律师所擅长的。在这个意义上,真正的行政官吏是不能投身"政治"的,这正是其专业化的要求。政治家需要立场和激情,这些都与行政系统的原则相反,否则行政系统就会崩溃。而处于领导地位的政治家,他的荣誉在于,"他对自己的所作所为,要完全承担起个人责任,他无法、也不可以拒绝或转嫁这一责任"[③]——这才是政治家最重要的特性,也是韦伯判断其是否属于真正的政治家的标准。在这一标准下,显然,作为职业的律师本身并不先天地具有真正的"政治"素质,因为其职业并不要求他们具有自己独立的政治理念。

为此,韦伯需要区别出"靠"政治吃饭的人。这里最典型的还有新闻工作者和党内的官员职务,他们成为一种有代表性的政治谋生捷径。在韦伯看来,新闻工作者与政治煽动家和律师一样有着相似的命运,他们都缺乏固定的社会归属,

---

① 马克斯·韦伯:《以政治为业》,见其《学术与政治》,74页。

② 同上,76页。

③ 同上。

新闻工作者属于“贱民等级”。虽然新闻行业其实有着更大的社会责任，但是因为这一行有着极大的诱惑力和各种客观条件的制约，这就使得责任的实现变得非常困难。在资产阶级政党里，新闻从业者走上政治领袖的可能性越来越恶化，新闻工作者的政治影响力也每况愈下——这说的是政党政治中的新闻从业者。与此同时，对于资产阶级的大型商业报刊来说，它们并没有也不想有独立的政治立场，因为这样一来，就会丧失主导性政治势力给予的商业利益。韦伯观察到在“一战”中，政治势力是大规模利用广告利益来给报业施加政治影响的。这样的无立场的商业性行业，自然很难出真正的政治领袖。“一战”之后，德国的报纸开始放弃不署名原则，雇用一些专门人员和署名发表意见的知名“作家”来治理报纸，但是：

> 我们所得出的体验却不幸显示，在一些较为著名的事件中，并没有像人们所以为的那样，出现了责任心必定有所加强的局面。故不论党派倾向，有些报纸无异于恶名昭彰的街头传单，它们利用放弃不署名原则，争相扩大销路，而且大有斩获。这些煽情的出版商和新闻从业者得到了财富，但肯定没有赢得荣誉。……煽情从来不是通向真正的领袖地位，也不是通向负责任地经营政治的道路。[①]

因此，韦伯的结论是，新闻工作由于其对于政党政治和社会责任的重要性，依然是从事政治的重要途径。但是新闻从业者要想真正从事“政治”则是一场彻底的赌博，公众对报业抱着鄙夷与怜悯的态度，各种职业的、必须接受的外在客观环境的制约，都与内心要求之间产生激烈的冲突，这会带来“罕见的”考验，很多新闻从业者因此变得毫无人性。而人们之所以对新闻从业者奉承有加，不过是因为媒体的权势，而一旦他们背后的大门关上了，主人就会向其他客人解释为什么要与“报界下流文人”打交道。显然，在韦伯看来，文人与报业的合谋本身并不意味着真正的“政治”性，而往往是离政治性更远了。

(二)政治的历史与条件

那么对于政党经营中的政治来说，情况如何呢？凡是规模较大的政治团体都是靠少数有兴趣从事政治活动和分享权力的人来“经营”的，否则，选举根本无法运作。这意味着实践中政治上“积极”与“消极”公民的区分。但是，党派结构

---

① 马克斯·韦伯：《以政治为业》，见其《学术与政治》，80页。

不一样，会导致方式的不同。对于传统的显贵型政党来说——这是政党政治的第一阶段，职业政治家的数量是很少的，主要由当选议员、党总部的少数雇员和新闻工作者组成。但是关系到物质利益的人却数量众多，部门的行政安排由议员控制，该议员也控制其选区的所有任命权。新的由民主制度和普选制所产生的政党形式出现，政党拉拢和组织群众的必然产物，在这种新形势下，显贵统治和议员操控结束了，但是议会外的职业“政治家”，或者说“企业家”开始将政党组织操于手中。美国的党老大和英国的选举经纪人都属于这个类型。在形式上，是广泛的民主化，组织起来的党员大会推举选举人，选送进入上一次党代会，直至中央。

> 实际的权力自然落在那些利用组织不断地处理工作的人手里。不然的话，权力就是握在组织的财政和人事必须依赖的人手里，……或者不如说是领导这种机关的人，决定着国会议员的去留。他们所处的位置，使他们可以在很大的范围内施加自己的意志，这对于政党领袖的选择格外重要。现在，这个机关所追随的人变成了领袖，甚至凌驾于议会党团的首领之上。换句话说，这种机关的创立，标志着走民众路线的(Plebiszitaren)民主制度的到来。①

韦伯对民主的代价作了详尽的考察，如此冷静地对西方政党的民主化过程所进行的剖析，是值得今天的人再三思考的。在韦伯看来，党内的官员和“企业家”期待从领袖的胜利中获得报偿，这一点使得他们期待领袖的“人格”魅力能够发挥煽动作用，以增加选票和选民的寄托。就此而言，领袖的“超凡魅力”因素在政党政治中是发挥作用的。这种新型的政党制度与地方显贵和国会议员之间一直存在着冲突，——韦伯开始以英、美、德为典型来分析这其间的关系。

英国直到1868年之前，其政党组织无论是托利党还是辉格党都属于显贵式政党组织。而1868年的“考科斯会”的出现，使得旧党一半是显贵的事务、一半包含领取薪水的企业化经营开始转变。选举权的民主化使得一种围绕选举进行的庞大政党组织成为可能；选举事务被纳入严格的官僚化管理，每一个城市都建立竞选团体，十分之一的选民被组织进入这种地方竞选会。党务代表作为政党政策的正式承担者，首先是那些对城市政治感兴趣的地方团体的人，而最丰厚的物质机会总是来自城市，地方团体也是选举募捐的主要前线。这种新的政党组织与传统的议会成员、过去的掌权者会发生冲突，并导致议会的妥协，因为地方

① 马克斯·韦伯:《以政治为业》，见其《学术与政治》，85页。

团体站在新的政党组织一边。其结果便是，党内的权力开始集中到少数人手中，极端发展则是权力集中到位居全党顶端的一人之手。这其中"卡里斯玛"的作用使得一种走民众路线的恺撒式的独裁者出现在政治大地上，民主的政党机制走到了它的反面。这里韦伯暗示的是，此种"卡里斯玛"的领袖已经与依靠"个人"的责任和伦理来建立魅力的古典"先知"拉开了距离。这样的政党机构使得直接和间接依靠政党政治谋生的人数变得庞大起来，资金捐助者可以获得某种头衔和身份，而党的财政也有了保障。其后果是，议会变得软弱，议员成为遵命先生。如果党的领袖使得考斯科会处于他的控制之下，那么，"就会有一个凌驾于国会之上，直接诉诸民意的独裁者，他利用机构的手段，将群众聚集在自己身后，对于他来说，议会成员不过是他的追随者行列中的政治分赃客罢了"①。韦伯接着追问，这种强有力的领袖是如何推举出来的？其实，重要的就是"煽动性演讲的能力"，这是一种仿佛"让事实自己说话"的技巧，也是一种"依靠群众情绪而建立的独裁"。如果参照上述韦伯对犹太教先知的描述，就可以知道，不是出于"天职"的伦理诉求，而是依赖对民众情绪的满足来建立"魅力"，这并不是真正的政治家和领袖，不过是"单纯的煽动家"或伪先知，虽然政治家都离不开"煽动"。其实，韦伯希望在这里表明的是：在"考斯科会"这样的现代政党组织出现的形势下，服从个人责任伦理的、真正的政治领袖的出现已经变得更加困难。

美国的情况有所不同，美国政党走民众路线的原则和实践很早就开始了。这是因为独揽官职任免权的总统是由平民选举出来的，按照权力分立原则，总统履行职权的行动几乎完全独立于国会，"因此，作为竞选胜利的代价，官职俸禄中真正的分赃对象，在总统竞选中就已经交代清楚了。通过杰克逊，'政党分肥制'被十分系统地提升为一项原则"②。对此，韦伯描述道：

> 这种政党分肥制，即把联邦官职送给获胜竞选人的追随者，对于今天的政党形式，意味着什么呢？这意味着不讲原则的政党相互作对，它们变成了纯粹的猎官组织，按拉选票的一时之需，制定着变幻不定的政纲，它们改头换面的做法，其他国家庶有相近者，在程度上却一无可与之媲美。这些政党彻头彻尾地是为竞选运动——为总统宝座和各州州长的职位而战——设计的，因为这运动对于官职的任命权至关重要。③

这种"纯粹的业余管理模式"的政党分肥制不产生大量的罪恶是不可能的，

① 马克斯·韦伯：《以政治为业》，见其《学术与政治》，90页。
② 同上，91页。
③ 同上，91～92页。

而它之所以能够在美国存在，不过是因为“对举世无双的腐败和浪费仍示以宽容，也只有这个依然拥有无限经济机会的国家才能做到”①。正是这种走民众路线的政党制度造就了“党老大”，即政治中的资本主义企业家，他按照自己的计算，承担风险，提供选票。对于党的组织，党老大提供资金来源，——部分来自捐款，特别是从通过他和他的党做官的人那里收取酬金提成，以及各种贿赂和酬劳。另外，党老大也是金融大亨与政党建立关系的桥梁，因为对于为竞选提供资助的资本家来说，把钱交给理财审慎精明的党老大是最好的选择。根据宪法，总统的官职任命权需要各州参议员的认可，所以参议员也参与官职的任命，因此党老大常常坐镇这个机构，官职的分配，除了根据对党的效力程度，卖官鬻爵也常常发生。这些党老大没有自己的政治原则，也无信念可言，他关心的仅仅是：如何捞到更多的选票。这样一种严密而彻底地组织起来的强大的资本主义政党机器，得到了稳定的俱乐部的支持，这些俱乐部通过政治支配，特别是对城市这个最重要的分赃目标的统治为自己追求利润。正是新大陆的高度民主制使这种政党结构成为可能。

德国的情况有两个特别的地方，一是议会软弱无力，有领袖素质的人不会去当议员，高度专业的文官系统反过来强化了议会的软弱；二是政治上讲原则的政党一直是少数党，他们抵制议会制度。因此，在德国要成为一个职业政治家意味着什么呢？意味着他们要靠“行会本能”来激发热情——显贵们的行会，议会党团都是行会组织，议会的每一次演讲都要事先得到党的批准。而一些新型的业余型政党组织则没有得到很好的发育。这是一种完全不同于美国式的政党政治。对于走民众路线的政党领袖来说，他的追随者会“失去灵魂”，并且导致他们智力贫困。对于美国意义上的政党组织，要不受显贵们的干扰，领袖的追随者就必须完全对领袖盲从，这是接受领袖引导所要付出的代价。“或者是挟‘机关’而治的领袖民主制，或者是无领袖的民主制，即职业政治家的统治，他们没有使命感，没有造就领袖人物的内在超凡魅力的个性，这意味着党内叛乱者所处的那种习惯上称为‘派系统治’的局面。就目前而言，我们在德国只能做后面这种选择。”②对于铁血宰相俾斯麦之后领袖真空的德国政治状况，韦伯的忧虑是复杂的。无领袖的民主制和无政治的议会，都没有真正“领袖”的立足之地。所有政党中都有对领袖的“小资产阶级式的敌视”，这使得德国的政党政治处于黑暗之中。

① 马克斯·韦伯：《以政治为业》，见其《学术与政治》，92页。

② 同上，98页。

(三)政治的伦理及其悖论——论暴力

至此,在做了上述历史和现实的分析之后,韦伯的演讲已经到了第11节,也就是倒数第2节,进入尾声。韦伯这才开始就"政治"本身及其与道德伦理的关系进行总结,这也是他的演讲中被认为最难理解,也是最有争议的部分。这里,我们需要把该部分与整个演讲的结构放在一起来理解。

今天以政治为业的人,政治对于他们来说,既是一种强大的诱惑,也是一种不断经受失望折磨的过程。那么,政治家的个人条件是什么?首先,政治可以使人产生权力感和重要感,使其超越于琐碎的事务。因此,政治人物需要自问:我要具备怎样的权力,才能正确行使权力以及与权力俱在的责任。这也使得我们需要在"伦理"领域追问这样的问题,即:"一个人,如果获得允许,把手放在历史的舵盘上,他必须成为什么样的人呢?"[①]

对此,韦伯给出了很具体的回答,以政治为志业必须具备激情、责任感和判断力。这三者之间是不可分离,互为条件的。激情,韦伯强调这是一种有客观性的、不脱离实际的激情。但激情本身并不成就政治家,只有献身事业的激情即责任感,才是行动的指南,这让我们想到的是韦伯对先知的描述,仅仅有忘我的激情本身并不能判断先知的真伪,只有具备宗教的理性精神,以神的律令为旨归,才是真正的先知。而行动则需要有眼光的判断力,即保持内心的沉着冷静,与事与人能够"保持距离",而不是迎合事态和群众.——政治家最致命的罪过就是缺乏"距离"。这三者必须融入一个灵魂才能造就献身于政治的"真诚的人类行为",成就政治人格的强大。使一个有激情的政治家区别于常人的地方,正在于他对"灵魂的坚定驯化",以及"习惯于保持一切意义下的距离感"。如果我们结合韦伯对于学者专业化的讨论,以及对犹太先知的分析,就可以看到它们之间在逻辑上的高度一致。下面的讨论会让问题更清楚。

政治家最致命的"虚荣"是其献身事业、保持距离的死敌,政治家每时每刻都需要与之作战。对于学者和政治家来说,虚荣都是一种职业病。但是,政治家是执掌权力的人,他的工作离不开追求权力这个不可缺少的手段,因此,虚荣对于他的诱惑更是致命的。对此,韦伯进行了严格的分析:

> 这种追求权力的行为,一旦不再具有客观性,不是忘我地效力于"事业",而变成纯属个人的自我陶醉,他便开始对自己职业的崇高精神犯下了

① 马克斯·韦伯:《以政治为业》,见其《学术与政治》,100页。

> 罪过。在政治领域里，致命的罪过说到只有两种：缺乏客观性和无责任心，这两者虽不总是，也常常是一回事。虚荣心，个人尽可能站在前台被人看清楚的欲望，强烈地诱惑着政治家犯下这两种过失。当煽动家极想制造“效果”时，情况就更复杂。他会因此时刻处在这样的危险之中：变成一名演员，对于为自己的行为后果承担责任满不在乎，只关心自己的表演给人们留下的“印象”。他的缺乏客观性，诱使他不去追求真实的权力，而是追求浮而不实的权力的外表。他的无责任心，又会使得他缺乏实质性的目标，仅仅为了权力本身而享受权力。①

对于政治家来说，权力是不可或缺的手段，追求权力是一切政治的动因之一，也正因此，单纯地炫耀权力、沉醉于权力，以及崇拜权力，都是对政治的伤害，因为这会导致政治家为了保持权力而无原则地迎合权势或者群众。到这里，我们已经看得很清楚了，韦伯反对大学教师把课堂变成迎合学生的灌输和煽动，与他强调政治家要有“客观性”和“责任心”，其理由是一脉相承的。就是，真正的学术和政治，都必须与“表演”划清界限，与伪“先知”划出界线。因为，无论是以学术为志业，还是政治为志业，都必须从完全的内在的“天职”出发，才能够获得与魔鬼打交道的勇气、责任和方法。人类在政治过程中的问题并不意味着否认政治问题的重要性，而是相反，正是因为政治是处理粗糙而残酷的现实世界的方法，只要我们必须面对这个现实世界的问题，就不能放弃政治，犹如古犹太人的先知们无法避免地卷入政治，这是一个知其不可为而必须为之的工作。正是因为政治的行为往往和它的初衷相悖，因此，政治行为要获得内在的支持，就必须具有对事业的奉献和信念，“某种信念是一定要存在的，不然的话，即使是世界上最重大的外在政治成就，也免不了为万物皆空的神咒所吞噬，这一点是毫无疑问的。”②正是以生存在现实世界的责任伦理为最高原则，韦伯从政治与道德关系的复杂层面，为“政治”进行辩护。韦伯追问的是，在“伦理的世界”里，政治的家园究竟在哪里？

政治绝不是以道德为手段来获得唯我独尊的地位，政治与道德的关系必须建立在伦理关系上。这里的“伦理”指的是绝对伦理的律令，或者说“天职”。政治的决定性手段是暴力，而政治的手段与目的之间则严重紧张。为此，韦伯区分了著名的“信念伦理”和“责任伦理”，两者之间有着极其深刻的对立，这种对立对于理解韦伯意义上的“政治”至为关键。但是，韦伯在演讲中强调的恰恰不是两

---

① 马克斯·韦伯：《以政治为业》，见其《学术与政治》，101～102页。

② 同上，103页。

者的区分，而是两者内在的关联。这一点对于理解韦伯的这篇演讲来说，并没有被足够重视。

韦伯认为如果用目的为手段辩护，信念伦理必定失败，因为从逻辑上讲，凡是道德上有问题的手段，信念伦理就必定会拒绝。但是，在现实的领域里，我们看到的往往是相反的情况——这正是政治的起源。因为从信念伦理上说，信徒无法容忍这个世界在道德上的“无理性”，他们是“普遍主义伦理观”意义上的“理性主义者”。这就是为什么鼓吹以“爱”抗暴的人，会呼吁其追随者使用暴力——最后一次使用以达到消灭暴力的境界。韦伯强调说，世界历史的全部进程其实都是由这个“相反的真相”所决定的，即目的和手段相反。推动“神义论”发展的古老问题，正源于这样的疑问：为什么仁慈的上帝或神却创造了一个不合理的、充满苦难的世界？推动所有宗教发展的动力正是体验到世界的无理性，从而发展出不同的“神义论”——政治正是由此而诞生的。在我看来，其实韦伯整个宗教社会学的核心问题正在于从这样的“神义论”的宗教视野去解释“政治”。

> 早期的基督徒也很清楚，这个世界受着魔鬼的统治，凡是将自己置身于政治的人，也就是说，将权力作为手段的人，都同恶魔的势力定了契约，对于他们的行为，真实的情况不是“善果者唯善出之，恶果者唯恶出之”，而是往往恰恰相反。任何不能理解这一点的人，都是政治上的稚童。[①]

这体现为任何宗教都是以不同的方式接受了这样的事实，即不同的生活领域由不同的定律支配。伦理原则专业化，“使得伦理可以通过让政治去遵行自己的条律，使自己在处理政治方面丝毫不受伤害，甚至可以使这门高贵的技艺得到极大的强化”[②]。真正激进的“马基雅维利主义”的根源其实在宗教。天主教的“福音书劝言”对圣徒和信教的骑士、庶民有不同的要求，对于僧侣来说，流血与求利皆是不可为之事，但是骑士可以使人流血，庶民可以去求利。道德的分级，却使得他们严密组合为一个社会整体——对此，印度教体现得更明确。对于基督教来说，因原罪而产生的世界的邪恶，使得伦理学很容易与暴力结合，将它作为对抗罪恶和危机灵魂的异端邪说的强制力量。而新教教义认为国家作为一种神赐的制度，其暴力手段具有绝对的正当性，新教尤其赋予权威主义国家以正当性。“路德将个人从战争的道德责任中解脱出来，将这一责任交付政府。在信仰的事物之外相信政府，绝不构成犯罪。至于加尔文教，他们知道，有原则地使用暴力，乃是捍卫信仰的手段。因此，加尔文教也承认宗教战争，而对于伊斯兰教

① 马克斯·韦伯：《以政治为业》，见其《学术与政治》，110 页。

② 同上，111 页。

来说，这种战争从一开始就是他们的生命要素。”[①]由此，韦伯认为，政治伦理问题的提出并不是由于文艺复兴的英雄崇拜而造成近代信仰失落，而是由于人类最早的宗教团体对暴力的运用决定了政治中伦理问题的特殊性——当然，韦伯这里讨论的都是西方的特殊性。但是，值得注意的是，韦伯并没有因为这种特殊性而丧失对它的批判，这恰恰是韦伯区别于一般的西方优势中心主义论者的地方，这种特殊性更多地体现为一种西方的内部视野。它解释西方资本主义发生的内在机制，并且一再强调其特殊性，坚定否决其普遍主义的意义，这一点对于我们理解韦伯的社会科学方法论非常关键。无论对于宗教还是民主，其社会科学方法论的体现正在于其反思性的批评立场。这其中，韦伯追问的核心问题是世界暴力的来源，它源于西方宗教，尤其是犹太教；犹太教是韦伯倾注了特殊关注和情感的宗教，正是因为它对“西方近代经济伦理具有特殊历史意义”。[②] 但是韦伯却毫不留情地揭示它是贱民的宗教，耶和华是最具复仇精神的神，“在世界其他宗教中，我们都看不到像耶和华那样满怀无与伦比的报复欲的万能之神。”[③]而《新约·马太福音》上耶稣的话也是：“我来，并不是叫地上太平，乃是叫地上动刀兵。”[④]

政治暴力的当代形式则是资产阶级民族国家。韦伯明确地表示国家是暴力的源头，“国家理性”的产物不是别的，正是暴力。

> 呼吁不仅对外，而且对内使用暴力强制手段，是任何政治联合体的绝对本质。确切地说，按照我们的术语，国家之所以为政治联合体，在于“国家”是要求垄断合法暴力的团体，——舍此再无别的定义。与《登山宝训》的“勿以暴力反抗恶习”针锋相对，国家主义主张“当要你对不义负责时，你应当也用暴力来帮助正义取得胜利”。哪里做不到这点，哪里就没有“国家”：和平主义的“无政府主义”进入到了生活，暴力和以暴力相威胁却根据一切行动的一种不可摆脱的教条，不可避免地一再重新产生出暴力。在这个过程中，无论从外部还是从内部看，国家理性都是其本身固有规律的产物。[⑤]

现代国家与资本主义的关系更决定了其暴力性，因为资本主义需要国家的保护。重商主义正是新兴国家与特权资本家的结合，它与两个因素有关，一是国

---

① 马克斯·韦伯：《以政治为业》，见其《学术与政治》，112 页。

② 马克斯·韦伯：“世界宗教的经济伦理导论”，见其《儒教与道教》，王荣芬译，5 页，北京：商务印书馆，2003。

③ 马克斯·韦伯：《经济与社会》，第一卷，阎克文译，628 页。

④ 马克斯·韦伯：“过渡研究 宗教拒世的阶段与方向理论”，见其《儒教与道教》，307 页。

⑤ 同上，312 页。

家之间的竞争；二是工业资本主义的结构。“若不了解过去五百年来欧洲各国的竞争及‘均势’（兰克[Ranke]在他的第一部著作中称此现象为该时代具有世界史独特性的现象），就不可能理解近代国家的贸易及回避政策——这些政策与当代经济制度的根本利益密切联系。”①在韦伯看来，纯粹资产阶级的产业资本主义，几乎全部源于国家结构，这正是中国类似的资产阶级的经济活动没有发展成具有西方特色的资产阶级和资本主义的原因。西方的、从资本主义角度看的“理性”战争正植根于此，中国情况完全不同：

> 没有若干互相竞争的独立国家彼此长期备战的武装和平及由此决定的种种资本主义的现象，战争借款和用于战争的国家供给。无论（[罗马]帝国之前），中世纪还是近代，西方分裂的各国政权都必须竞争流动资本。在罗马帝国和中国的大一统天下，却没有这种竞争，中国也没有海外及殖民关系。这阻碍了西方古代、中世纪和近代共通的形形色色的资本主义发展的阻力，它们都是掠夺的资本主义的变种，例如地中海国家与海盗行为有关的海外资本主义与殖民资本主义。②

韦伯在演讲中断言：今天，无论是谁同意使用暴力，都必须接受这个悖论性的后果，无论是宗教还是革命。任何领袖要想取得成功，必须依靠其追随者所构成的“机器”，他需要不断地提供精神和物质的奖赏来维持机器的运转，因此，这架机器的动力（而不是领袖本人的动力）决定着领袖是否成功，“在这样的工作条件下，他的实际收获，并不由他自己掌握，而是受他的追随者的动机所左右，而从道德的角度，这些动机大都不堪闻问。他所以能够控制这些追随者，仅仅因为至少其中的一部分人（在这个世界上，他们大概不可能是多数）对他这个人和他的事业怀有真诚的信仰”。③ 韦伯其实指出了革命的两个条件，一是先知或者领袖本身的信仰必须是真实的发自内心的；二是其追随者的动机会和革命的第一个前提产生悖论。这正是为什么政治总是很容易沦为替报复、权力、分赃、俸禄等提供道德借口的肮脏游戏。而革命之后的因袭守旧的日常琐事，会使得圣战领袖和信仰本身销声匿迹，变成政治市侩和实用性专家行话的一部分。因为领袖的机器获胜的条件之一，正是将一切空洞化和事务化，使得人成为精神上的无产者。在韦伯看来，真正的政治行为本身必然伴随着“去政治化”过程，这样一个道

---

① 马克斯·韦伯：《经济、诸社会领域及权力》，甘阳编，李强译，63页，北京：生活·读书·新知三联书店，1998。

② 马克斯·韦伯：《儒教与道教》，157～178页。

③ 马克斯·韦伯：《以政治为业》，见其《学术与政治》，112页。

德上的和现实中的悖论关系对于以政治为“天职”的人来说，是必须明白并对此负责任的。正是在这个意义上，政治是周旋在恶魔势力之间的。超凡的圣人不采取暴力作为政治手段，是因为信念伦理的信仰者的王国“不属于这个世界”。为自己和他人的灵魂得救的人，不应该在政治的路上走。因为政治有完全不同的路，它必须在俗世中靠暴力存在，责任伦理的承担者则必须对政治行为的现实后果负责。否认这一点，就会把政治当成简单政治家的煽动，而承认这一点，却正是为了承担现实政治行为的后果和责任。这里，我们需要看韦伯对信念伦理所做的更多的阐释。

以政治为业的人，必须接受的命运是道德上的两难困境。政治是靠暴力来完成的，既然这个现实的世界是非理性的，是受魔鬼控制的，是要周旋在恶魔之间的，所以，政治的守护神就是恶魔，与上帝处于固有的紧张关系，随时可以导致无法调解的冲突。采用暴力的手段，遵守责任伦理的政治行动，“它所追求的一切事情”，都会危及“灵魂得救”，在这个意义上，信念伦理与责任伦理无法调和。韦伯引用了马基雅维利对一位佛罗伦萨市民的赞美，因为他将自己城邦的伟大，看得比灵魂得救更为重要。在这里，韦伯既隐晦也明确地表达了他对德国国家问题的看法，也回应了在演讲一开始为什么要把政治定位于国家内外的关系上。今天，虽然城邦或者祖国所代表的价值被广泛地质疑，但是空洞地谈论“社会主义的未来”或者“国际和平”这样的信念伦理，对于解决严峻的现实问题并无裨益，相反，“这个目标很可能会因此受到伤害，失信于好几代人，因为这是一个对后果不负责任的做法”[①]，韦伯的语境是很清楚的，在“一战”后残酷的国内与国际的环境下，批判和取消国家与民族的角色，是对后代的犯罪。国家的存在作为一个既定现实，正是暴力的来源，对此，韦伯有深刻的批判，更指出这一悖论的历史性根源；这是现代“理性”国家的典型现象。但是，批判并不等于取消这一现实的政治问题，而正是为了承担这一历史的悖论。真正的信念伦理是它的内在力量应该强大到为现实后果负责任，只有这样的时刻，信念伦理才有可能与责任伦理融合。

因此，现实的政治问题需要“成熟的人”来承担，以使信念伦理和责任伦理有可能互相补充。韦伯呼唤的是这样的政治家和“真正的人”：

> 他意识到了对自己行为后果的责任，真正发自内心地感受这一责任，然后他遵照责任伦理采取行动，在做到一定的时候，他说：“这就是我的立场，我只能如此。”这才是真正符合人性的、令人感动的表现。我们每一个人，只

---

① 马克斯·韦伯：《以政治为业》，见其《学术与政治》，115 页。

> 要精神尚未死亡，即必须明白，我们都有可能在某时某刻走到这一位置上。就此而言，信念伦理和责任伦理便不是截然对立，而是互为补充的，唯有将两者结合在一起，才构成一个真正的人——一个能够担当“政治使命”的人。

韦伯之所以如此呼唤，是建立在这样一个对未来的基本判断上：我们的希望和期待极可能只能得到很少的实现，“我不会因此垮掉，但无须讳言，认识到这一点毕竟是一种内心的负担”。我们的前面是“冰冷难熬的极地寒冰，失去权利的不但有恺撒，还有无产阶级。当这长夜渐渐开始露白，那些今天还被春天的浪漫鲜花簇拥的人，还会有几个活着？……在所有这些情况下，我都会得出结论说，这些人不适合在这些领域工作，他们没有能力应付这个世界由日常琐务组成的真相。实事求是地说，他们虽然自认为是在以政治为业，却并未体验到它最深层的含义”[①]。正是从这些话语中，作为一个厄运预告的“先知”以及对此的承担，我们看到了韦伯形象与他所描述的犹太先知耶利米的巨大叠印。

在这个意义上，真正以政治为业的“领袖”是一种“英雄”，也是一种平常人，因为“政治”是用力而缓慢地穿越硬木板的工作。

> 即便是那些既非领袖又非英雄的人，也必须使自己具有一颗强韧的心，以便能够承受自己全部希望的破灭。他们现在必须做到这一点，不然的话，他们甚至连今天可能做到的事也做不成。一个人得确信，即便这个世界在他看来愚陋不堪，根本不值得他为之献身，他仍能无悔无怨；尽管面对这样的局面，他仍能够说：“等着瞧吧！”只有做到了这一步，才能说他听到了政治的“召唤”。[②]

这就是演讲的最后段落。世界本身的罪孽，需要的正是犹太先知们以个人方式义无反顾地献身，政治的意义源于现实的政治之外，但却需要落实在现实的政治之中。这就是作为“政治家”的先知们的天命，也应该是今天的政治家所应追慕的先驱。这就是韦伯对政治的最高理解。

(四)责任伦理与“价值无涉”

至此，我们可以明白，韦伯为政治的责任伦理所作的辩护，与他对学术“价值无涉”的强调具有深刻的内在联系，而不是惯常所理解的简单的“冲突”可以涵盖

① 马克斯·韦伯：《以政治为业》，见其《学术与政治》，117页。

② 同上。

的。政治的责任伦理和学者在课堂上的学术伦理是一致的,——教师在课堂上对学生灌输自己的立场,和政治家在公共空间的煽动性宣传,具有同样的必须被批判的性质,因为这些行为谋求的是自己或利益集团的私利。真正的学术和政治,是激励学者和政治家在明确个人责任与后果之后的勇敢担当。在韦伯看来,正是因为他所置身的是一个"冰冷难熬的极地寒冰"的时代,因此,正视诸神的争斗,学会与魔鬼打交道,以担当起以学术为志业、以政治为志业的历史使命,才是唯一之路。

正是在这个意义上,我们才可以理解韦伯的另一副面孔,一个立场和价值鲜明的、以民族国家利益为最高诉求的政治韦伯:

> 经济发展的过程同样是权力的斗争,因此经济政策必须为之服务的最终决定性利益乃是民族权力的利益。政治经济学乃是一门政治的科学。政治经济学是政治的仆人!这里所说的政治并不是那种某人或某阶级在某一时刻碰巧执政的政治,而是整个民族长远的权力政治利益。[①]

当韦伯在这里谈到"政治"的时候,我们应该理解它所具有的独特内涵,它绝不等同于一般意义上争权夺利的派性政治。在韦伯的政治概念里,处理德国国家和民族的生存、安全与发展问题正是当代政治最核心的诉求。在这个意义上,简单地给韦伯扣上民族主义或者国家主义的帽子,并不会触及韦伯真正的问题,而恰恰落入韦伯所批判的非政治信念伦理的泥沼。诚然,韦伯的学术和政治立场是西方的,也是德国的,但是这并不意味着韦伯没有自己的批判,事实上,韦伯正是马克思以来最重要的、最深刻的对资本主义的批判者。

鉴于韦伯关于国家问题的讨论一再被严重误读,我们这里不妨读一段韦伯在讨论"价值无涉"文稿中关于国家的评价,看一看他是否属于所谓的"民族主义"或者"国家主义"分子。

> 近几十年的发展,尤其是我们亲眼目睹的史无前例的事件,极大地提高了国家的威望。今天,在所有的社会共同体中,唯有国家才被赋予支配生、死和私有的"合法"权力,国家机构运用这些权力在战争时期抵御外部敌人,在和平和战争时期镇压内部的反抗。在和平时期,国家是最大的企业主,是公民的最有权势的保护人,但在战争时期又是最无限制地支配它所能够利用的一切经济财富的代表。在众多的领域里,它的现代化的、合理化的运行

---

① 马克斯·韦伯:"民族国家与经济政策",见《民族国家与经济政策》,甘阳选编,甘阳、文一郡译,93页,北京:生活·读书·新知三联书店,1997。

> 形式使许多成就成为可能，毋庸置疑，任何其他方式的社会化合作都不可能以类似的方式取得这些成就，哪怕是仅仅接近这些成就。几乎不可避免地会由此得出结论：它必然也——尤其是对于在“政策”领域中进行的各种评价来说——是终极的“价值”，所有社会行为都最终要根据它的存在利益来衡量。①

但是，韦伯强调，这并不应该导致把存在领域的事实曲解为评价领域的规范。因为从评价领域出发，一方面它希望看到，为了国家作为镇压反抗的强制性手段的可利用性，国家的权力以可以想见的最有效的方式得到提高，“但另一方面，它也否决国家有任何独特的价值，而是把国家看成实现全然不同的其他价值的一个纯粹技术性的辅助手段，国家只能从这些其他价值来获得自己的尊严，因而也只有当它不试图放弃自己的这一行为使命的时候才能保有之一尊严”②。在这个意义上，国家本身只是手段，它只是实现其他价值的前提。韦伯清醒地看到“国家”在现代世界历史中扮演着重要的不可替代的角色，但是他更批判性地指出，国家本身并不是人类的价值目标，国家的价值要通过对其他价值的维护才能证明。必须正视这一点，这才是韦伯对德国作为一个民族国家以及德国的民族文化所寄予的希望。

1911年发生的一个事件，可以帮助我们更好地理解韦伯的观点。在新弗赖堡大学揭幕仪式的晚宴上，副校长对和平主义者的“白日梦”进行了批评，这当场引起了一位将军的共鸣，他发表了激烈的言论抨击和平主义者试图在政治上阉割民意。《法兰克福报》披露了这个事情，并发表了不敬的评论。于是弗赖堡大学一些知名教授发布了一个充满义愤的联合声明，谴责报纸削弱了民族和伦理的信念，宣称：“在和我们的学生共度庆典的场合，以年轻人所必定期待于我们的自豪感和彻底的坦诚来表明爱国主义理想，是大学教师的正当权利和高尚义务。”但是韦伯对此却不能认同，在他看来，在一个毫无严重风险的场合谈论大学教授的“自豪的坦诚”并不体面，德国不能有意识地冒险进行一场狂热躁动的欧洲战争，他的同行所发布的声明正是知识视野狭窄的产物：

> 在我看来，这种爱国主义政治，这种今天充斥在所有这些联合会的正式出版物上的东西，即*Gartenlaube*（一种大众家庭周刊）的残存物——一种绝对空洞、空虚、纯粹动物性的民族主义——必将导致在面对所有重大文化问

---

① 马克斯·韦伯：“社会学与经济学的‘价值阙如’的意义”，见其《社会科学方法论》，李秋零、田薇译，149页，北京：中国人民大学出版社，2009。

② 同上。

题时的缺乏原则,从我们在F教授身上察觉并领会的那种民族理想的含义来看,这种情形是无法避免的。

> 他们极度缺乏文化理想,这方面的知识视野非常狭窄,因此他们认为,通过对那位将军在宴会上的发言报以狂热喝彩之类的做法,就可以非常便利地偿还他们对民族文化欠下的债。在我看来,这样的发言以及集体声明,……只能使我们大部分学生的所谓民族情感越来越空洞,加大与我们民族文化所需要的那种充实感的鸿沟。①

在韦伯看来,学界不应该迎合和煽动社会流行的观点,其政治立场应该建立在反思与批判的知识视野上,对于没有原则的"爱国主义"政治尤是应该如此。正是在这个意义上,以学术为业以及以政治为业,并不是互相冲突的关系,而是存在着相互支持的需要,或者,更准确地说,只有"科学"研究才是真正意义上的"政治"的基石。这是理解韦伯的关键,而其中宗教社会学中的犹太先知概念正是其核心。1909年韦伯在一封书信里这样说他对宗教的态度:

> 的确,我绝对没有宗教共鸣,也没有需要和能力给我自己建立任何宗教性质的精神大厦。但是一种彻底的自我反省告诉我,我既不是反宗教,也不是无宗教的人。②

我们应该对这番话有更深刻的理解了。对于韦伯来说,学者的"宗教"就是一种对于知识理性的伦理追求和使命感,它应该成为这个世界的政治性基础。今天,重温韦伯,其意义也正在于此。

(吕新雨,复旦大学新闻传播学院教授)

---

① 玛丽安妮·韦伯:《马克斯·韦伯传》,466~467页。

② 同上,371页。

人类学家的黑色大理石墓碑
——记海门道夫的南亚研究

何国强

一、引　言

1996年,《当代人类学》第4号第11期登了一则讣告,称:克里斯托夫·冯·菲尤勒—海门道夫(Christoph von Furer-Haimendorf),1909年7月生于维也纳,1995年6月15日卒于伦敦,享年86岁,生前是伦敦大学亚非学院亚洲人类学部的教授。又称:在将近50年沐风栉雨、披星戴月的田野工作中,海门道夫拍摄、撰写了大量喜马拉雅山脉东部地区和印度中部地区人民生活的资料,包括已出版的3650页描述当地多个族群的民族志,数千页未出版的笔记和日记,一万余张黑白照片和幻灯片,一百多个小时的影片。很难想象欧洲还有别的人类学家能够创作出如此丰硕的基于田野研究的产品!最后写道:当太阳渐渐西沉,远方的山巅淡出视野时,海门道夫的事业和人生以一位人类学家的名称嵌入黑色大理石墓碑,永远熠熠生辉。

13年后,香港出版了克里斯托夫·冯·菲尤勒—海门道夫的中译本自传——《在印度部落中生活》[①](以下简称《印度部落》)。黑格尔和列宁都说过:一句格言,由老年人和饱经风霜的成年人说出来,跟年青人和孩子说出来(尽管他们能够正确地理解)的含义是不一样的。[②] 这本22万字的自传是海门道夫80岁高龄时(1988)写来献给夫人的珍贵礼物(两人于1938年结婚),逝世前5年(1990)出版,回忆了他和妻子的田野"炼狱"过程,有相当的参考价值。

我国民族学界对海门道夫并不陌生。20世纪七八十年代之交,吴泽霖教授翻译了他的《喜马拉雅山区的贸易者:尼泊尔高地的生活》的前4章和《阿帕塔尼人和他们的邻族:喜马拉雅山东部的一个原始社会》,又于改革开放之初邀请他来中国访问。1987年,阿吉兹(B. N. Aziz)的著作《藏边人家》被介绍到中国,她曾获海门道夫亲炙,无异于扩大了老师的影响。今年值海教授访华30周年,为

---

① 海门道夫:《在印度部落中生活》,何国强译,香港:国际炎黄文化出版社,2009。

② 黑格尔:《小逻辑》,贺麟译,423页,北京:商务印书馆,1980;列宁:《哲学笔记》,中央编译局译,98页,北京:人民出版社,1874。

了纪念这位人类学名宿，本文欲以《印度部落》为分析焦点，再现他在南亚次大陆的经历与研究立场、观点和方法，兼谈田野调查的困境与出路，指出印英学者的研究成果对中国的意义。

二、风格与属性

19 世纪中叶，西方人类学出现了一种操作性很强的研究方法——学者走出书斋，到海外遥远的社区与异族朝夕相处，在观察和体验当地文化的同时，收集第一手材料，再根据一般常识和当地人的体认提出问题，做主客位相交的解释，并且做跨文化比较，延伸或进一步论证观点，这整个过程就是“田野研究”。

田野研究的主产品是民族志，副产品为田野随笔。两种文本均以描述为主，分析综合为辅，但在择材、结构和文体方面，民族志较为严谨，田野随笔比较随意。民族志经过从雏型到成熟的过程：早期传教士、旅行家、探险家对异文化的长篇记录，商人对异域市场和民情的系统报导，军政人士对殖民地的族群、风习的报告，异族知识分子对本族人物、事件的编年，均可归入雏型民族志之中，惟有科学的田野研究开始时，才产生了规范的民族志。而田野随笔总是表现为日记、游记等形式。

不少人类学家写民族志，也写田野随笔，分别表述对同一场景的认识和感受，但把双重文本合为一体也是有的。列维一斯特劳斯于 1955 年出版的《忧郁的热带》就是这样一部著作，《印度部落》亦属此类，两书均以调查员的田野经历为对象，贯以志书的框架和叙事形式，也采纳了随笔的风格，亦庄亦谐，开卷便有一种清新之感。但后书是一位擅长田野工作的耄耋专家辞世前几年撰写的，无形中增添了几分庄重。

《印度部落》一书绝无智者的能言善辩，也无诗人的豪迈和鼓动家的铿锵，更没有情侣的海誓山盟，随处是朴素的话语，娓娓道出作者偕妻子贝蒂·勃纳多在南亚 53 年间的经历——有平凡的旅行，也有惊险的巧遇，还有珍贵的友情。通过展现部落文化的多样性，烘托出一幅生动的画卷，使人对南亚诸部落充满向往。

三、内容框架

英文版有 7 章，若加前言、自序与致谢、版图和索引，共 11 个部分。中文版增加了 3 个部分：讣告、作者年谱简表和主要著作目次。

“前言”从海门道夫的家庭与身世谈起，概述了作者从一个迷恋歌剧的少年成长为对异文化产生兴趣的青年的过程。在求学过程中，他先后接受了德奥传播学派的训练和英国功能学派的影响，在多位老师的启发和引导下，逐步树立了研究印度部落社会的远大志向。26 岁时首航印度，孤身一人来到那加山脉东北部(位于西藏的墨脱、察隅，缅甸的葡萄，三县国境线交叉的地带)，在康亚克人中间生活了 13 个月，从此和印度部落结下了不解之缘。

第 1～4 章讲夫妻二人在印度不同部落的调查经历。他们先是在海德拉巴王国的德干山区调查琴楚人的社会组织和生计模式，接着到戈达瓦里峡谷的野牛山区调查雷迪人的锄耕农业、原始狩猎、巨石建筑、婚姻、年节、信仰等，继而在阿迪拉巴德地区调查拉杰贡德人的文化，在定居的马拉维村兴办了教师培训学校，以改变贡德人不识字的状况。之后，夫妻俩到北拉金姆拍尔高地调查阿帕塔尼人，从那里步行到达西藏边境。阿帕塔尼人的文化尚未受到外部力量的影响，他们与邻近的尼升人常有斗争，夫妻俩在部落的冲突面前处之泰然，在当地度过一生中最惬意的时光。

田野工作者和当地人互为主客体，前者观察后者，后者也对前者感兴趣。海门道夫夫妇遇到两件令人啼笑皆非的事：在雷迪人的小山村，村民一见到白人就慌张地藏进树林，以为碰到从坟墓里爬出来的鬼魂；他们刚到马拉维村时，村民用小刀捅开澡堂的篱笆，想窥视白人的身体跟自己有何差异，这不啻为对种族优越感的嘲弄。

人类学家经常碰到尴尬的局面——只能描述与分析社会，充其量写几页报告，提醒当局注意，却无权改变社会。故马克思的名言——哲学家们只是用不同的方式解释世界，而问题在于改变世界——对人类学家同样有效。[①] 所不同的是，20 世纪前半叶的人类学家和殖民当局经常互相利用，前者利用后者完成田野研究任务，后者也利用前者了解情报、制定政策。维雷尔・埃尔温(1902～1964)和海门道夫便是这样的例子。埃尔温是赛尔瑞・利昂主教之子，有在英国接受高等教育和传教的背景，1927 年来印度，在浦那基督教服务社任职，因响应教会开展乡村人类学研究的号召，离开浦那到印度中部工作，后来被革除教门。他的人类学研究集中在印度东北特区，曾到西藏的珞瑜、门隅考察，并任尼赫鲁内阁的部落事务部主任，致力于解决东北七邦(即后来的阿萨姆邦)的问题。埃尔温对海门道夫有一定的影响。

第 5 章叙述了海门道夫的参政经历。他的身份长期是田野调查员，而非官

① 马克思：“关于费尔巴哈的提纲第 11 条”，见恩格斯编：《费尔巴哈和德国古典哲学的终结》，54 页，北京：人民出版社，1966。

员，但他和印英当局有联系，故村民认为他能够影响决策。他参政以前，只能通过写报告影响政府，敦促其关心部落民众。从政以后，他一改以往的窘境，发挥了谙熟的人类学理论，了解部落实际的优势，参与制定政策、处理部落事务——开发旅游区，给数以千计的家庭分配土地，建立部落保留地等。西方人类学家在殖民当局庇护下来到部落地区，对当地人民既有无意伤害的过失，也有主动保护与救赎的行为。海门道夫对于期待改善社会的学者树立了榜样，尽管随着时间的推移，有人对他提出的开辟保留地等政策有所非议，但当时确实是最好的选择。

也许那些坚持批评功能学派和历史学派政见的人会说作者是在自我美化，一再重申“殖民当局绝不会自动放弃统治，他们不是粗暴地对待部落民众，就是奉行不干预政策，其结果都是不顾部落人民的死活”。就算赞成批评者的观点，我们也应想到，不论什么矛盾在一定条件下都是可以转化的，这就需要有人去做工作，促进转化。人类学家所受的训练使他们擅长通盘考虑问题，把部落的发展和殖民统治的需要结合起来。殖民政府侧重于“长治”，人民则需要“久安”，双方的利益达成一致，才有真正的“长治久安”。人类学家在野外需要当地政府和人民的支持，不可偏废任何一方，因此他们势必要持一碗水端平的态度，帮助政府制定切合实际的双赢措施，训练掌握民族政策和调查技术的干部，使当局文明行政，如是就减轻了人民受难的程度。假如“哪里有压迫，哪里就有反抗”是真理，那么“哪里有尊重，哪里就有服从”也不是谬误。那些脱离实际的激进分子，只搞阶级斗争，不要统一战线，犯了列宁批评的“左派”幼稚病，把人民引入更加苦难的深渊，这样的例子在中外历史上不可胜数。懂得这些就不难理解，当海德拉巴得王国并入印度，作者不得不离开行政部门，放弃他所制定的部落发展计划时的惆怅心情。

当然我们也要看到，从政对作者和贝蒂也有好处。因为海门道夫的身份是受印英政府宽大赦免的敌国侨民，只要他进入政府供职，“敌国侨民法案”便不再适用于他，同时，他可以利用职权更加便利地从事人类学工作。从经济上说，夫妻俩长期依靠写稿和婚后积蓄的补贴为生，如果有了一个铁饭碗，情况马上就会改观。

第 6 章讲夫妻俩在尼泊尔的南奇 · 巴札（“珠穆朗玛”的方言音译）地区调查夏尔巴人的经历，他们与登山探险家查尔斯 · 伊文斯结伴而行，跨过一条条湍急的河流，走过一座座危险的吊桥，沿途了解塔芒人和尼瓦尔人的历史与风俗，来到珠峰南侧的谷地。作者悉心交待了昆炯、昆德二村的文化，夏尔巴人有多种多样的生计模式、独特的生育、丧葬、信仰制度。

第 7 章叙述了作者退休以后偕老伴重访 33 年前离开的印度阿迪拉巴德地

区，了解当地部落的文化变迁。他们对当地实行土地改革(1946年冬～1947年春)之后不到10年，部落民众重新丧失土地、遭受的辛酸与痛楚大为震惊，为新政府完全抛弃旧政府的部落政策深感焦虑。戈达瓦里峡谷的回访是夫妻俩的田野告别仪式，他们既是在追寻往日的足迹，也是在诀别印度的山川河流与善良的人民。海门道夫出版了二十来本著作，许多是与妻子合作共同完成的。两人早就相约，如果死在印度，马拉维村就是他们的葬地。贝蒂先走了，海门道夫肝肠寸断，部落民众一片悲哀。本章描述了贝蒂的猝死和丧礼，读来令人动容。

需要补提的是译者为《印度部落》做了以下工作：第一，配译了讣告，讣告为剑桥大学社会人类学系艾伦·麦克法兰和马克·都灵两位教授所撰，言简意赅，客观公正，具有盖棺定论的意义；第二，编撰了海门道夫的年谱简表和主要著作目次，构成完整的中文版框架；第三，将原版集结于末章分散的版图，按文字叙述的顺序编排，使照片对应于相关的章节，同时采用了与内容更加吻合的封面设计；第四，借书评形式写序，引出相关问题加以阐释。1954年，弗斯提到给名人作序不宜采取书评的形式，①译者反其意而用之，认为这种形式便于揭示作品的内涵、主旨和要点。《印度部落》结构松散，情节纷繁，抓住这个特征写序，有助于读者透过曲折的叙述把握深藏的伏线。

四、作者关注的问题

《印度部落》有两条伏线：一是研究部落文化，一是追寻部落福祉。前者是作者的毕生追求，为此他们不远万里，来到印度和尼泊尔诸部落长期生活。在研究部落文化的过程中，他们俩的思想感情发生转变，完全站到部落民众的立场，自觉肩负起帮助部落人民摆脱外来的剥削与压迫、改善他们的悲惨处境(土地丧失、文化离散、贫困交加、缺医少药、没有现代教育等)和保护部落传统文化的使命。

简而言之，部落的文化和人民的幸福是两条交织在一起的主线，作者由追寻前者到关注后者。两者相比较，部落的生存更加重要，下面仅谈第二个问题。

英国人打败了印度的封建统治阶级，从他们古老的文化躯体上撕去其维护傲气的外衣，使其自信沦丧，转而接受西方文化。但英国人没有触动原始部落，提前把他们拖入变化的激流，而是执行功能学派提倡的不干预政策：既不深入原

① 利奇："序"，见其《上缅甸诸政治体制：克钦社会结构之研究》，张恭啟、黄道琳译，1页，台北：唐山出版社，1999。

始部落的腹地，也不与他们建立持久的关系，反倒保留他们的社会制度，继续让其管理自己，完全不以武力相向。因此外文化移入部落的方式是平缓的，仅仅是少量的先进工具。

海门道夫在印度东部、中部、北部山区和东北部山区调查时，印英政府实行的基本上是这一政策，所以他看到部落的原始形态与文明民族的反差，久而久之便有了帮助部落发展的责任。由于深切体认到权力是承担责任的工具，也是改善自己和家人生活条件的保障，因此他担任了东北边区特派员、部落与落后阶级事务顾问和内务部干部培训学院主管等多种行政职务，还兼任奥斯马尼亚大学的客座教授。海德拉巴得王国并入印度共和国之后，海门道夫回到英国，受聘伦敦大学。执教期间，他仍然坚持到尼泊尔东部、北部山区调查。退休以后，数度重返旧地。一身二任（研究部落文化和追寻部落福祉）的压力促使他钻研人类学，熟悉部落和落后阶级事务的管理。尤其重要的是他研究了部落的发展，写过许多有价值的报告，办过乡村学校，参与制定了一揽子计划。所以作者在1949年返回伦敦时自信地说，随着阿迪拉巴德地区土地问题的解决，他帮助部落民众追求幸福的使命算是完成了。

在本文化和外文化的碰撞中，一个民族只要失去荣誉感、自尊心和往日的独立不羁，本文化便成为弱势，为外文化的入侵敞开了大门。任何一个民族主义者都不愿意看到这一点，正因为如此，1938年，甘地满怀信心地说：印度将沿着最适合自己特点的路线不断进步，但无论如何，这幅蓝图不是行将灭亡的西方文明的一流复制品，更不是末流复制品。[①] 然而事情的发展却有些不尽如人意。海门道夫工作过的东北边境特区，20世纪50年代，西化达到令人吃惊的程度：青年人喜欢骑摩托车，穿牛仔裤、T恤衫，戴太阳镜或遮阳帽，抽英美香烟，说英语，不愿意跳世俗舞蹈、吟唱传统歌曲，有人还改信了基督教，以为这样才具有较高的文化素养。应该说，服装的变化衬托出心理的变化，信仰的变化更加表明部落的规范濒临瓦解。很难想象穿戴讲究、信奉耶稣的年轻人会毕恭毕敬地服从身着布衣、土里土气的部落首领。人们有理由相信，美丽的自然风光、纯朴的部落生活、传统的手工织品对于年青人几乎一钱不值。一味在西方文化面前摇尾乞怜，势必在摧毁本文化精华的同时，引入现代文明的糟粕。

随着英国殖民统治的完结，孤立部落的政策消失了，代之而起的是直接干预的政策。某种程度而言，印度的独立和发展是以牺牲部落的独立为代价的。印度宪法规定各民族一律平等，要求大民族帮助弱小民族，同情他们的遭遇，尊重

---

① 转引沙钦·罗伊：《珞巴族阿迪人的文化·序》，李坚尚、丛晓明译，2页，拉萨：西藏人民出版社，1991。

其风俗习惯，尽可能地照顾他们的利益。在此条件下，组成小民族的各部落开始接受新观念，准备与文化移入相遇。印度政府一面在边远的部落地区建立政权、普及法律，一面发展经济和教育事业，帮助原始民族赶上先进民族。原有的政治经济文化机制改变了，建立的新机制并未扎根，先进民族过分热情地给予，把原始部落所需要的统统承担起来，输血重于造血的政策给部落带来进步，也给社会带来懒惰——既然国家什么都决定了，当地人还能选择什么？设置在部落地区的基层政府主要是上级政府的附属机构，执行上面的政策和指导工作。即使少数基层官员出自当地部落，也不能自作主张，只能照章办事。于是部落的自治权形同虚设，当人民的意志变得软弱时，无异于让经济上好起来的少数民族心理又回到襁褓中。

可见，区分文化的强势与弱势是相对的，特定时代与弱小民族接触的不仅是西方文明，也有国内的大民族。大民族帮助小民族责无旁贷，但是，如果不尊重对方的历史，也会重蹈西方文明的覆辙。印度的部落政策导致的结果便是如此。当社会上多数人盲目模仿外来的强势文化，而本文化奄奄一息时，如果说中老年人还是传统文化的守望者，那么年青人对于“何谓好，何谓不好”就说不清楚了。因为好的东西不是很快能为人们体认的，而不好的东西却能在短期内迷惑人心。有鉴于此，1959 年，尼赫鲁模仿甘地的口吻呼吁：必须帮助落后部落在适合其传统和社会特点的道路上发展，不能使其成为我们自己二流的复制品；必须了解他们的传统和特点，在帮助他们发展的同时，有选择地保留这些东西，达到文化多元。①

中国和印度是邻邦，有许多事情可以相提并论：文明古国、幅员辽阔、人口众多、民族成分复杂、殖民地半殖民地的历史、经济文化落后等——这些是相同的；两国先进的人们，为了复兴国家，不惜艰苦奋斗，寻找革命真理，尽管各有各的道路，但都于 20 世纪 40 年代末获得独立——这些是近似的。1950 年前后，两国均面临境内民族发展的问题。

20 世纪中叶，我国进行民族识别和少数民族社会历史调查，落实《共同纲领》的规定，为执政党的决策提供依据。处于不同发展阶段的民族，社会主义革命(清匪反霸、土地改革、合作化与人民公社运动)分步走，一些地方出现“拔苗助长”，一步跨越到社会主义的倾向。随着乡村基层政权的建立，民间组织的活动受到挤压。移风易俗、法律的普及等继续破坏着少数民族传统的社会机制，思想转变也有些操之过急。一份在京、沪、沈、穗、渝、陕、滇七地印刷发行的文件要求，实现社会主义改造的少数民族地区开展社会主义教育和适当的“反右”斗争；

---

① 转引沙钦·罗伊：《珞巴族阿迪人的文化·序》，2 页。

完成了民主改革而没有进行社会主义改造的少数民族地区，进行了社会主义教育暂不进行“反右”斗争；少数民族干部、知识分子和学生要树立共产主义世界观和人生观。[①]

中国境内大部分地区是农村，小部分为城镇和工矿，两种社区受国家政策法律的影响不同。就农村来说，性质上又分汉族的乡土社会和少数民族的乡土社会。二者在自然环境、生产方式、民族构成、社会组织、语言与文化背景及历史传统等方面有差异，越是边陲少数民族，这些差异越大。汉族的乡土社区和国家是政治中心和边缘社区的垂直落差关系，少数民族的乡土社会和国家除了垂直落差关系以外，还体现为横向的差距，即主体民族信奉的文化理念和少数民族信奉的有差别。如果考虑到有些文化因素是国外移入的，上述社区之间的落差和差距更大。比如法律，基本上是由西方移入的，而西方的法律根植于西方的土壤（历史传统、生产方式、阶级与人口关系等），在少数民族的乡土社会普法，可以说是法律的二次移入。因此，了解法律在少数民族的乡土社会之适用面、着眼于原有规范的自我提升、考虑民间控制机制的积极因素、不要急速地用外来的因素强制挤压原有的分成实属必要。

民族的生存与发展是重大的研究课题。改革开放以来中国经济快速发展，国家实行对口支援的政策，沿海省份、东部的大中城市分别承包一至两个少数民族区域，加快开发西部，引起民族自治地方（区、州、县）的急剧变化。随着税收的增长，民族事务部门得到的拨款逐年增多，扶贫的力度增大。伴随着“四化”干部政策的推行，公务员的法律学、行政学、经济学的知识水平在提高，但人类学、民族学等基础知识并没有紧跟上来，因此，民族事务工作中一厢情愿的事情屡屡发生。比如，某省对口援藏时，照搬沿海市政规划建设图，不顾当地民族的建筑风格，扩建的城镇与历史传统格格不入；又如，居住在东经 98°至东经 100°30′，北纬 25°30′至北纬 29°之间，俗称“三江并流”地区的民族，创造了许多独特的适应方式，丰富了人类文化的宝库，而川、滇、藏结合部的当地政府在交通便利的村落和集镇周边盖了许多新房子，组织大山里的村民搬迁，只要深入调查研究就会发现，山区民族的发展需要一整套适当的措施，而不是未经周密思考，脱离传统生计模式的移民。这种增加人均 GDP 的措施是在当地人毫无思想准备，甚至不愿意的情形下推行的。行政部门认为最现代化的村舍使当地人丧失了传统的农耕、渔猎技能，搬下山的村民由于不方便生产，有些人陆续搬回去，新房子用来关牲畜或者闲置；不愿意回到山村的年青人，由于教育和语言等原因，在竞争中遇

---

① 邓小平：“关于整风运动的报告（第五部分）”，载《中国共产党第八届中央委员会第三次扩大会议文件汇编》，北京：人民日报出版社，1957。

到挫折，成天无所事事、酗酒、赌博、骑摩托车闲逛。

通过输入劳力、技术、设备来刺激民族地区的发展也会产生一些问题。当某个民族地区发现富矿，大民族的工人、技术人员蜂拥而至，剧烈地改变了当地的民族构成，大型机械很快夷平村庄，几个星期建起工业区，传统的生存方式难以为继。这些单凭良好愿望，而不设身处地为小民族着想的政策，长远效果未必就好。民族不平等的消除，决非一朝一夕之功，更不可能用一道命令、一项工程就能解决，即使暂时成功，以后还会回潮。面对民族发展出现的问题，人类学应该研究现代化的程度和少数民族所能承受的变量之间的关系，提高民族的适应性和生活水平，而又不丢弃传统文化的优良成分。

毛泽东指出：我们的文化是民族的科学的大众的，对于外来的东西，必须经过消化和分解，然后弃其糟粕，吸收其精华，决不能生吞活剥地吸收。[①] 此话对于处理中外关系和国内各民族的关系都具有指导意义。中国的改革开放不是西方现代化的复制品，少数民族的发展也不是简单地模仿汉族或其他大民族。遗憾的是，当我们看到乡下建立新村时推广整齐划一的住房，其丑陋形式既破坏了美丽的景致，而且当地还找不到这类建筑材料，更有甚者，建好的新村没有人居住，使人的确怀疑是否真有这个必要。

本书第 7 章讲到海门道夫夫妇发现许多发展与变迁的问题，譬如，部落的精英阶层只有很少的人成功地适应了社会的变化，大多数人沦丧了，在外来群体的挤压下，部落的生存危机加重，社会每前进一步，部落的传统文化便消亡一分。人类学家能够为改善部落的生存环境，保留文化的多样性做些什么？这虽然是印度的情形，也应该引起我们深思。

五、作者的精神支柱和知识支撑

从事田野调查的人们离不了生活必需品和相关设备，也需要良好的身体素质、精神状况和知识能力。作者长期在艰苦环境里工作，身体拖垮了又恢复，恢复了又拖垮，总算挺下来了。他们的设备无非是帐篷、行军床、打字机、照相机等，好不到哪里。尽管物质条件不好，但他们志向不凡、意志坚强、理论（方法论）和方法（技术）全面，因此精神力量并不弱小。

---

① 毛泽东："新民主主义论"，见其《毛泽东选集》（第二卷），667 页，北京：人民出版社，1952。

(一)理想和意志

作者出身名门,自幼受到良好教育,少有大志,想像两位家祖一样闯荡世界,到处冒险。歌剧和音乐培养了他对异文化的憧憬,德奥传播学派、英国功能学派的各种讲座和研讨会的熏陶,师友交鉴,更激发他研究无文字社会的兴趣,他自认为在这方面有取得成就的可能。

他们在田野调查中免不了长途跋涉。毒蚊、吸血蝇、旱蚂蝗的骚扰更是家常便饭;在那加山区遭遇埋伏,侥幸逃脱,大难不死;也曾与虎豹为邻,对黑豹"惊鸿一瞥",两次与老虎差点相遇;夫妻俩差点被疟疾夺去生命;因长期缺乏动物蛋白,他们成了素食者;还经常碰到恶劣天气,意外地遇到飓风袭击;有时晓行夜宿,有时夜行晓宿;在装备不足的情况下走上高海拔地区……总之,除了没有被抢劫,什么滋味都尝到了。靠着沉着、坚定和团队的齐心协力,克服了一个个困难,换来占有材料的喜悦。几十年后,当他们重访旧地,原来的环境和文化形貌已经难以辨认,此刻他们的内心充满迷惘,无法想象当年的生存条件,但更深刻地体会到资料的宝贵。变迁的社会和文化是无法走回头路的,亲身体验是最好的解释平台。虽然他们在困难面前有过挫折,也曾产生懊丧、恼火、无奈之情,但却坚定了信念。

(二)理论(方法论)

海门道夫的浩瀚著作中有十来本民族志,窃以为是他最大的成就,假设他没有实用的理论,就做不到这一步。从《印度部落》中似乎可以看到几点:

1. 实践第一,长期生活在部落之中

列宁说:"生活、实践的观点,应该是认识论的首要的和基本的观点。"[①]对于偏爱民族志的田野调查员来说,实践和理论都重要,但二者相比,实践更重要,因为理论只具有一种品格,实践则具有两种品格。理论的品格是说任何理论无不具有某种程度的普遍性,因而能够指导现实。实践的品格是说实践不仅具有普遍性,人人都可以去做,而且具有直接现实性,即具有能够把理论在客观现实中实现出来的特性。[②] 因此,理论和预设到底怎么样,必须经过实践的检验。

---

① 列宁:"唯物主义和经验批判主义",见《列宁全集》(第 18 卷),144 页,北京:人民出版社,1988。

② 列宁:"黑格尔《逻辑学》一书摘要",见《列宁全集》(第 55 卷),183 页,北京:人民出版社,1990。

人类学家的田野工作和行政人员的调查研究在性质、形式上有所不同，但认识论根基相同。毛泽东说："'没有调查就没有发言权'，这句话，虽然被人讥为'狭隘经验论'的，我却至今不悔，不但不悔，我仍然坚持……"[①]海门道夫不是哲学家，尽管如此，也会把田野研究升华到认识论高度来看待。为了深入了解对象，收集资料写作，他们携带着帐篷以方便住宿，通常在村边扎营，便于村民私下访问，有时则进村借宿，若有条件，还会考虑盖房长期居住。白天，他们在村里走动，到朋友家串门，留意诸如劳动分工、丧礼、盖房之类的大事。夜晚，就回到住处补充笔记、撰写日记、与拜访者交谈。他们与部落民众同吃、同住、同商量，不懂就问，经验由少变多。

2. 拒斥门户之见，综合式的理论方法

海门道夫受训于德奥传播学派，并不囿于文化圈、文化层的理论，而是综合了各家之长。他认同古典进化论和历史特殊论，欣赏马林诺夫斯基的田野工作经历和民族志写作要求，承袭了功能学派学以致用的政治立场，接受了共时与历时两种分析形态的区别，但倾向于共时态的目标，即研究文化的构成和运作，视角是区域性的、比较性的，而不是普遍性的。

他发现自己判别真善美、假恶丑的标准和部落民众坚持的标准相当契合，这是巴斯蒂安"心理一致，文化殊异"的烙印。他从琴楚人的季节性迁移活动中推测奎师那峡谷可能是石器时代的狩猎一采集者的生存环境，因而在河岸高坡的石棚下寻求石器，这种将原始部落当作古代民族的"活化石"的解释，正是泰勒"残存说"的翻版，同时还贯穿了生态人类学的观点。他锲而不舍地追寻南亚部落的文化，开展多样点、多场景、回溯式的研究方式，在行动上赞成博厄斯"每一社会有其独一无二的文化与传统"的观点。[②] 他发现夏尔巴人的信仰习俗与印度热带地方的文化特点差别很大，可以对比研究，这是吸引他到尼泊尔调查的深层原因，他对自己来不及把印度部落的文化同菲律宾的山地民族相比较的缺陷抱以深深的遗憾，说到底，这些事例均属跨文化比较的渗透，而比较过程中重同轻异，这是早期进化论和传播论的主要方法。他注重社会组织和社会制度的研究，比如，关心"加纳特"村务委员会和"迈尔"村民大会，注意村寨头人、平民和家庭奴隶的地位，他对班都人的描写，对阿帕塔尼人和尼升人争端的叙述，以及对沓罗村大型长屋和"维沙维什"小家庭的调查，无可辩驳地证明功能学派对他的影响。

① 毛泽东：《毛泽东选集》(第3卷)，791页，北京：人民出版社，1957。

② 博厄斯：《原始人的心智》，项龙、王星译，76页，北京：国际文化出版公司，1989。

为什么海门道夫要采用综合式的理论方法呢？这里仅谈两点，供大家进一步讨论：

第一，实际的需要。田野场景的复杂性要求调查员打通学理壁垒，了解多种理论方法，不仅有人类学各派别的，而且要顾及相关学科的，如考古学、民俗学、历史学的，方能做比较完备的研究。那些意义晦涩的材料，因集合在同一个主题之下，为一个开放性的理论体系所贯穿，其所代表的内容方能被解读。

第二，理论的需要。采纳多种理论方法不等于东抄一点、西抄一点，折中调和，面面俱到，平列地对待它们，而是以一个理论传统为主，贯穿到底，在贯穿理论红线的过程中允许调整重点。即使如此，因理论传统既不是齐一的，也不是凝固的，好比由若干细绳结成的一股粗绳，各部分既互相维持，又彼此诘难，这个过程连续不断。概而言之，各种理论传统之间存在差异，一种理论传统内部也存在差异，这些差异有时细微难察，有时显而易见。要把握理论传统内部以及不同理论传统之间的区别，最重要的是了解支撑理论框架的那些隐性的或显性的预设。那种认为从“开山之作”（如古典进化论、播化论、结构功能论、新进化论、象征人类学的代表作）中摘录若干原话加以复述，便达到了目的的想法，首先模糊了传统的构成与复杂性，掩盖了奉行同一传统理论的田野研究者所使用的不同理论分支而产生的分野。再者，理论传统也是要发展的，因为理论与现实是辩证的关系。一方面理论代表着人们对现实的阶段性理解，另一方面，新出现的一连串证据、证据间的适应性以及那些可以升华为理论的素材，能够帮助我们阐明和精炼正在使用的理论框架。

以上表明海门道夫宽广的知识结构，说明他具有融会贯通的思维尺度，与那些画地为牢、斤斤计较学派传统、个人衣钵、学科研究范围的态度迥异。

3. 坚持中立，客观求真

中立性和科学性是同一层次的用语。不偏不倚地看问题，研究人的科学很难做到这一点，但还是要用具体的、发展的观点看问题，把握文化的主流又兼顾支流。在操作时应该记住人类学工作者的目的是做田野研究（参与生活、搜集材料、深层解读），而不是搞开发、做买卖、建学校、救济灾民等，有时候虽然也做一些这类工作，那只是达致目的的手段。中立性是人类学工作者同商人、传教士、行政人员、慈善家相区别的重要标志。

由于研究者和认识对象的关系不同，人文与社会科学领域内的中立性比自然科学难以把握。具体到人类学还有其特殊性。人类学的完整体系包括四门分支学科，其中两门分支使人类学具有较好的中立性基础：人的体质特征是人类学的研究对象之一，体质是没有阶级性的，故体质人类学是中立的；语言也是人类学的研究对象，语言是一种约定，是多数人同意、用以达到了解事实的行为，语言是共享的，没有阶级性，故语言学也是中立的。考古学基本上属于人文科学，文化人类学（民族学）在美国很大程度上属于人文科学，较小程度上属于社会科学，在英国则相反，很大程度上属于社会科学，较小程度上属于人文科学，故称社会人类学。人文科学与社会科学相比，前者的阶级性较弱，后者较强。故考古学和民族学相比，考古学的阶级性较弱，民族学稍强，但后者又比其他社会学科的阶级性弱，所以在人文与社会科学领域，考古学与民族学有较好的坚持中立性的基础。

这样我们就看到，在人类学内部，一般说来，从事体质和语言的研究者收集事实的时候较易保持观察的客观性，而从事考古和民族文化的研究者把握中立性时会受到一定的干扰，其中民族学工作者受到的干扰又要大一些。

通常，民族学家不光懂得本专业的知识，还须懂得体质人类学、语言学和考古学的一些基础知识，他们的知识结构嵌入了一些中立的成分。由于理解当地人的语言和概念是田野研究的重点，而群众不仅是报道人和观察对象，也是最好的语言老师，因此，民族学工作者和当地人亲近，学会从他们的立场、观点和感情来看待事物，是中立性的内在要求。

民族学工作者和当地人亲近会影响中立吗？答案是否定的，因为这样做的时候，科学的判断是非对错的标准没有发生变化。埃文思－普里查德语出惊人："当一位人类学家和土著分别时，双方都没有离别的忧伤，只有达到如此境地，他才算成功。"①此话是一种告诫，要求田野调查员不可过分情绪化，不可刚愎自用；此话也是一种提醒，人类学家应该注意，凡是人所具有的土著无不具有，从人性来说土著也很复杂。马林诺夫斯基在《蛮族社会的犯罪》和《野蛮人的性生活》等著作中借描述巫术对这两点谈得更多。

但人非草木，孰能无情？调查员跟村民朝夕相处，分别时双方依依不舍是很自然的。《印度部落》记录了作者与当地人推心置腹地交朋友的许多轶事。他们是部落人民的耐心倾听者，也是深切的同情者和义愤者，他们为土著争取教育机会，他们尽其所能提供药品和治疗。所以部落人民把他们当作真朋友，"倾筐倒箧"地把知道的情况全部告诉他们，翻山越岭赶来探望他们，离别时那种惺惺相惜、难舍难分的样子（如书中描写海门道夫与瓦钦村民商柯克，贝蒂与那位自带盘缠和背夫随她去印藏边境的中年妇女道别时的情景），见面时那种情不自禁的高兴劲，贝蒂死后成千民众参加哀悼的场面。这些无不说明作者夫妻是成功者，能说他们和民众的水乳交融削弱了中立性吗？

---

① Evans-Pritchard, *Social Anthropology and Other Essays*, New York: Free Press, 1962, p. 79.

一般说来，中立性要求调查员不要干预，更不要卷入当地人的事务。即帮助当地人要量力而行，同时要有原则，不能越俎代庖。但在特殊的具体场合，不能用中立性捆住自己的手脚。海门道夫的做法是：当部落民众向他抱怨地主、商人的欺压和低级官吏的腐败时，他认为这些问题是外来的压迫引起的，调查员应该毫不犹豫地站在遭受较为强大的族群的压迫和剥削的弱小部落一边，把他们的希望反映给政府，使之尽快了解人民对当前政治和现实问题的意见。民族学家把群众的委屈和要求写成报告，递交有关部门，使其调整政策，这样做没有破坏中立性。当没有外力影响，部落的世仇自起，海门道夫认为要从当地的社会结构来说明，这些争端是本土秩序的固有表现，调查员可以做一些调解工作，但不便说三道四，更不能讥笑和干预这些周而复始的冲突。

(三)方法(技术)

1. 明确的目标和完备的调查纲要

科学的调查要有科学的标准，包括明确翔实的纲要，粗细得当的规范，用以指导观察、询问、记录当地组织及其文化构成，还要有统计学的支持，因为要是缺乏对那些只能为本地人所领悟的细枝末节的敏感，就必须参考数据，它们将确认研究的有效性，为比较提供服务。《印度部落》第 7 章讲到昆炯、昆德二村的调查，《喜马拉雅山区的贸易者》也讲到关于土地、分工、时令、收入等数据的调查，说明作者很注意运用统计法。

从《印度部落》可以看到，作者每做一项调查，目标性都很强，涉及调查点、持续时间、调查内容、成果形式以及遵守什么规则等。规则有两种：一是风俗习惯，一是工作程序。就前者而言，书上提到马维拉村的一个规定——在举行丰收节仪式之前，不能吃园子里的蔬菜。厨师因不知情，触犯了禁忌，使当地人把老虎深夜潜伏在住宅外面看成是他们惹的祸。后来作者提出买一只山羊作为牺牲，事奉山神，才平息了村民的焦虑，这是入乡随俗、知错就改的表现。就后者而言，调查一个村庄，大体有三个步骤：首先应统计户口，这就要拟定房屋清单，包括房主姓名、家庭构成等，只有完成人口普查，才能得到一张社会结构图，包括总人口、年龄性别比例、劳动力、亲属关系、经济概况、教育程度等；其次要绘图，把各居民点之间的位置、调查点的村庄布局、地形、资源分布等空间关系标明；进而可展开各项内容的调查，此时要以问题格为指导，问题格不仅包括原来准备的提纲，还从人口普查获得的资料中补充了一些有针对性的问题。调查中，不仅要笔录，还要坚持制图。除了画地形图以外，对于房屋建筑、工具武器等皆可绘成草图，配合参考尺寸，既清晰，又亲切。

2. 谦虚、谨慎、诚恳、热情、持久的人际交往姿态

研究文化其实是专注人的行为，待人接物的态度十分重要。作者同当地人交往，由陌生转为熟悉，进而发展为亲密，获得当地人的信任，以上五种素质给他带来极大的好处。对当地文化，他可以站在民众的立场主位地理解，也可以从学理的角度客位地理解。

海门道夫26岁独闯印度那加山区，深入土著部落调查，除了土著和印英政府的帮助外，还靠心胸开阔、善结人缘和慷慨大方(交友是要花钱的)。他在伦敦访学时，就颇有心计地活动于社交圈子，到达印度后这些“预付资本”发生了作用。正如没有永动机一样，原有的关系要靠不断加温来维系，他和英印政府保持良好的沟通，因此而得到各部门的常年关照。

3. 良好的工作条件

首先是安全、饮食、卫生、休息等，虽然这些是后勤因素，但对调查者影响甚大。

其次是语言。要在部落中长期生活，必须克服语言障碍。语言有多种用途，主要是表达社会生活的各种事务和用于交流，因此，当某人已经弄懂某种语言中全部词汇的意义(在各种相关情景中的运用)时，他就完成了对一个社会的研究。[①] 学习语言是长期的过程，而长期与群众生活才能全面、客观地了解他们的文化。作者在伦敦大学时学过汉语和那加一阿萨姆语，那次遇险经历，使他愈加认识到语言技能对于民族学调查的重要性，因此发奋学习，甚至打算编一本小字典，他很快掌握了那加方言，不再需要口译者。

4. 照相和摄影

图像便于保存、重复、传播和普及，因而有利于观察和分析，同时图像富有直观性和感染力，有极大的认识价值，可以辅助研究，凸显效果，使逻辑更加有力，有助于形成结论。海门道夫对视觉技术的作用早有认识，拍摄了大量照片，制作了多部人类学电影，并对轻视图像档案的倾向提出了批评。海门道夫重视摄影很容易为今人所接受，由于有了电脑，可以和数码照相机连接，用软件把照片转化成线条来表现物体，效果和素描相差无几。

---

① Evans-Pritchard, *Social Anthropology and Other Essays*, pp. 79～80.

(四)贤内助的力量

在英美人类学家的群体中,到海外原始部落做调查的女性屈指可数,原因自不待言。然而,每当我们谈起她们,譬如,露丝·本尼迪克特、玛格丽特·米德、奥德丽·艾莎贝尔·理查兹、玛丽·道格拉斯等人,无不面露钦佩,她们都是大师级的人类学家。当然,贝蒂·勃纳多也是名噪一时的女人类学家。

本书追忆了作者夫妻的逝水年华。恋爱阶段,两人对印度的共同兴趣使双方得到极大的乐趣。结婚以后,妻随夫来到印度,长期住在村寨。语言不通、路程艰险、食物短缺、瘟疫流行甚至生命受到威胁,这些因素男性都难以忍受,何况女性,可是贝蒂对当初的选择始终无怨无悔。书中对夫妻俩相濡以沫、互相扶持的记述,表达了作者对贝蒂的尊敬和感激。

与团队式野外作业不同,民族志学者经常单人匹马、独往独来地在野外工作,既是自由的,也是受束缚的——身心的压力可想而知,故田野研究的夫妻模式永远令人称道,值得羡慕,也值得追求！这种模式把一夫一妻制家庭的优点延伸到野外,至少具有几点好处:

首先,人所具有的一切特征调查员无不具有,他们常年在外,生理和心理上的牺牲不是常人所能体会的。夫妻把家安在野外,共同生活、共同工作,不仅达到生物需要的满足,也可以满足精神需要,平息了孤独感和恋家情绪,增加了克服困难的勇气和毅力。

其次,田野研究中,女性的身份是微妙的,尤其年轻女性,某些场合能够起到增进信任、减少怀疑、缓和紧张、建立友谊的奇效。但女性的体力、独立性、安全系数、分析综合能力通常低于男性,如果女调查员与丈夫结伴而行,便可扬长避短。

第三,女性在内心体验等方面的敏锐度强于男性,许多特殊工作适合女性承担。调查妇女问题时,女性具有无可比拟的优势;策划旅行时,女性设想问题周到;写作时,可采取男性口授,女性记录的方式;女性还可在热情与悟性方面给男性支持。凡此不一而足。

总之,田野研究的夫妻模式就是能够提高效率。海门道夫独自在那加人中间调查时,只能通过男性报道人了解女人的事情,贝蒂来了以后,情况完全改观。贝蒂不仅专注部落妇女的调查,而且参与其他工作:打字、调查策划、掌管经济、给背夫分配任务、给村民分发粮食、医药护理等,长途行军之余,尽管她和大家一样疲惫,别人休息时,她还要照料身体不适者。几十年来贝蒂全心全意的支持是海门道夫坚持田野研究的重要力量。海门道夫著作等身,贝蒂功不可没,这些著述来自夫妻共同的田野经历和灵感，凝聚着贝蒂的创造性劳动，其实是二人共同的产品，不能用名字来区分。

六、兼谈对田野研究的诘难

近30年来国内外对田野研究的诘难，使一些学生陷入迷惘，引起业内中老年人士的担忧，这些诘难大抵可归纳为两种观点：

一是怀疑民族志和田野随笔的真实性，甚至认为是作者的臆想或编造。

二是说田野研究已成"无米之炊"，人类学快要走到"尽头"。持论不外乎：传统民族学以研究蛮荒之地为己任，受资本主义生产方式的卷入，蛮荒之地日益减少，原始民族日益萎缩，他们的文化近于消亡。

怎么看待这两种观点呢？

前一个观点无异于宣布人类学的终结，但批评者没有顾及两个事实，必须指明。第一个事实是，田野研究至少在20世纪30年代的中国就已开辟了新的研究领域，即由简单社会转向复杂社会。至今80年来，研究复杂社会已成为各国人类学界不可阻挡的潮流。早在资本主义无情地挤压原始文化时，有思想、有爱心的人便忧虑地看到事情的结局——或迟或早，原始民族将退出历史舞台——因此想尽办法寻找补救措施挽救人类学。马林诺夫斯基高瞻远瞩地指出："研究人的科学必须首先离开对所谓未开化状态的研究，而应该进入对世界上为数众多的，在经济和政治上占重要地位的民族的较先进文化的研究。"[①]费孝通的博士论文实践了马林诺夫斯基的理想，并且印证了他的预言——未来的人类学不仅保持着研究简单社会的传统兴趣，而且将产生研究复杂社会的兴趣。第二个事实是，在资本主义重压下侥幸存活的部落，摆脱殖民统治获得独立的亚非拉国家的原始民族以及严酷自然条件（高海拔地区、西伯利亚、极地等）下的民族，在多元化的世界中都有自己生存和发展的空间，人类学义不容辞地要研究他们面临的问题，所以说传统的研究对象依然存在，只不过换了面目。再者，文化史是不可割断的，只要人类的基本需要没有变化，文化的基本内容就不会变化，因此，人类学的传统范式仍然在研究过程中有用。

中国的情况很有说服力。1949年以前，中国民族学有南北两种教学研究倾向，南派主要研究国内少数民族，北派主要研究汉人社会，兼顾研究少数民族。台湾地区人类学在1949～1965年间主要研究高山族，以后逐渐转向研究汉人社

---

① 费孝通："序"，见其《江村经济：中国农民的生活》，戴可景译，15页，北京：商务印书馆，2002。

会。1981年，大陆人类学开始复兴。[①] 90年代末，南方两所高校（中山大学和厦门大学）的人类学系所的研究倾向发生变化，从以往单纯研究中国西南或东南的少数民族变为既研究汉人社会（以南方城乡为主），也研究少数民族。这个变化仅是中国人类学的一个缩影。

由此看来，宣布田野研究已成“无米之炊”，民族学“日暮途穷”似乎为时过早。

后一个观点是在反思传统民族志书写方式的过程中产生的。应该说这种反思是有积极作用的，它使我们从认识论高度看到传统方式的不足，进而提出改进措施，避免人类学沦为科学的附庸。但我们也要看到，怀疑只是达到发现问题、找到解决途径的手段，而不是用来推倒知识大厦，搞乱我们自己的阵脚。

热衷于结构人类学、解释人类学、后现代主义的人们，讨论到民族志写作时，大都质疑田野研究的传统方式。有些人没有在四种条件[②]下从事田野研究的经历，没有制定出系统的、符合实际的和可操作的调查规范，更没有写出优秀的民族志作品，他们的批评当然使人难以服膺。不是说技不如人者便不能批评人，技高者便可以拒绝批评。人类学需要批评家，好比苗圃需要园丁清除杂草、浇水施肥。任何人都要虚心地接受批评，有则改之，无则加勉，同时要保持主见，不要偏听偏信，轻易放弃被实践证明有效的规范。

以下把三组对立的观点摆到一起，便于分析比较。

“是否田野工作的时间越长，研究就会越科学呢？”批评家自问自答：“并非如此，因为研究者追求中立性时必须和被研究者保持距离，长期接触不可能没有感情！”反驳者说：“长期接触肯定会产生感情，但有感情不一定就不中立？前面理论（方法论）的第三点已经讲过，中立性不是由感情决定的，而是由事实决定的——事实＝科学的评判标准＋充分的证据。因此需要收集真实而全面的材料，学会像当地人那样理解，则这又取决于交往的深度、广度和频率。中立性不是感情问题，不能说‘感情深中立增，感情浅中立减’。如果可以这么说，那么，走马观花，蜻蜓点水便会大行其道。”

“能否以微明宏，以个别例证一般？”利奇质疑费孝通的“微型社会学”就是这么说的，而费氏“通过熟悉一个小村落的生活，我们犹如在显微镜下看到了整个中国的缩影”[③]的方法来自马林诺夫斯基。要判别利奇的质疑对不对，就要看研

---

① 陈国强：“中华人民共和国十年来的人类学（1981～1990）”，见陈国强、林加煌主编：《当代中国人类学》，14～15页，上海：三联书店，1991。

② 罗伯特·尤林：《理解文化：从人类学和社会理论视角》，何国强译，48页，北京：北京大学出版社，2005。

③ 费孝通：“序”，见其《江村经济：中国农民的生活》，16页。

究者的目的。如果是去发现文化规律和一般社会结构原理，利奇的质疑有道理。如果是去认识一个具体社区（某国、某地、某村）的情况，利奇的质疑就没有道理。其实利奇也是用这套方法来认识一个具体社区的。他研究克钦人（景颇），在缅甸北部调查，而云南的景颇人他没有研究过，既然如此，他就不能说自己的《上缅甸诸政治体制》一书反映了真实，费孝通的《江村经济》则以偏概全。

“我讨厌旅行，我恨探险家。”列维一斯特劳斯在一本书的开头就这么说，接着抱怨田野研究如何浪费时间、如何辛苦、如何无聊……足足写了几页纸。[①]《印度部落》则看不到这类牢骚话，也没有奈杰尔在《天真的人类学家》中对田野工作的冷嘲热讽。[②] 海门道夫还在大学时代就对“闭门造车”式的写论文颇有微词了，梦想实地调查。初入印度时的欣喜跃然纸上：“我才 26 岁就能全身心地投入到一个陌生的异邦去感受生活，太有福气了，我希望把自己沉浸到这个以往只是在书本上见过的世界中去。”如果说这是年青人的心态，那么 50 岁的他又怎么样呢？还是在野外奔波，一边观察记录，一边鼓励学生经常回旧地调查（见“讣告”）。他乐于享受田野场景的种种因素：村民的热情、山川河流的壮美、月夜行路的疲惫、飓风引起的愤懑、水土不服的烦恼……作者 80 岁时回忆起这些情景，还是那么愉悦。真实的生活五味杂陈，和虚无缥缈的浪漫、忍无可忍的痛苦完全不同。

尝过田野滋味的列维一斯特劳斯在反思中否定了田野研究，转而寻求超验结构的文化解释。在海门道夫看来，人各有志，不能强求，自己走到底就行了！所以，离开田野，到伦敦大学执教，起初他有些失落。他制定了帮助成千上万部落人民奔向幸福的政策——完全是从群众中来，到群众中去的——现在却在给几十个学生上课，谁知道他们当中将来有几个人会从事专业？虽然他给亚非学院创建了人类学系，他却看得很淡，一笔带过，而把眷恋和骄傲的话语留来叙述田野研究，认为那才是最真实的。

七、结　语

中印是世界六大文明的两个发祥地，半个世纪以前，国际和地区政治格局的变化，减少了两国人民的正常交往。国人心目中的印度，只是文明程度较高的城

---

① 列维一斯特劳斯：《忧郁的热带》，王志明译，3～5 页，北京：生活·读书·新知三联书店，2000。

② 奈杰尔·巴利：《天真的人类学家：小泥屋笔记》，何颖怡译，上海：上海人民出版社，2003（台北商周出版社先于 2001 年出版，译者同，作者译为“奈吉尔”）。

乡,很少人知道边远山区的6000万部落人民,对尼泊尔的部落社会同样不甚了解,反观印度人民,对中国文化也很生疏。所幸近十年来这种情形有所改观。

一个民族总是要同其他民族接触的。印度境内的部落,乃至中印尚未划界的麦克马洪线以南土地上的部落,和我国滇藏边境的若干民族在族源、语言、文化和宗教信仰上有许多相同之处,国境两侧的生态环境也是一样的,印英学者对这些部落的研究值得我们注意。随着中国开放程度的扩大和国力的增强,我国民族学工作者已开始走出国门到异邦去做田野调查,[①]因此我们应该及早重视境外民族的资料,对文化特点基本相同的部落要研究,而对于文化特点殊异的群体也不应忽视。

印英学者关于这些部落的研究成果对丰富我国的民族学是有意义的,以下仅举两例。

首先,印度学者对喜马拉雅山脉南北坡的部落是予以承认的,[②]而且长期研究其社会与文化,发表了大量论著,但他们不再探索它们是属于一个还是多个民族,这是民族概念模糊化的表现,也是国内政治的需要。我国的民族识别较为彻底,也是政治的需要。1977年6月6日,国务院发布公告,确认基诺族为第55个少数民族,虽然还有几十个待识别的群体,后来却不再识别了,逐渐将其归并到其他民族中。台湾的民族识别更加刚性,高山族被划分为9个分支。[③] 刚性的识别政策有时会使民族工作陷入困境。中国某几个少数民族的规模很小,甚至连达到部落的人口都不够,譬如,鄂伦春、独龙、鄂温克等民族,各几千人而且文化水平很低。既然确定为民族,就有民族尊严,要平等地派代表参加县、州、省和国家的人民代表大会,平等地在州县的五套班子分配名额。中印的国情不同,做法也不会完全一致,但可否采取他们那样的刚柔并济、折冲樽俎的民族识别政策呢?

我国研究珞巴族、独龙族的学者,对这两个民族所保留的奴隶制的性质和特点研究较深,甚至超过了印英学者的水平。由于指导理论各有侧重,我国学者比较强调奴隶制的对立因素,而对主人和奴隶的相互依存、和谐相处的方面则有意无意地忽略了。这方面恰好为印英学者所注意,他们有的人曾经到过中国境内调查跨境民族,而我国学者很少到印方控制地带做民族调查。海门道夫曾在《阿帕塔尼人和他们的邻族》一书中分专章阐述家庭奴隶的问题。通过批判地借鉴

---

① 前不久,高丙中教授主编了一套丛书,收入5篇博士论文改写成的著作,均为在国外做的田野研究。

② 其自称或他称有巴达姆、民荣、希蒙、达额木、义都、德根、棱波、坚波、迦龙、博嘎尔、崩尼、崩如、苏龙和阿帕塔尼等。

③ 即泰雅、阿美、雅美、鲁凯、排湾、卑南、邹、布农、赛夏九族。

他们发表的成果,我们一定程度上可以弥补自己缺乏的东西。这一做法已为珞巴族民间文学的收集和整理者所采用,他们在亲自调查、获得第一手材料的基础上,有选择性地吸收了维雷尔·埃尔温的《东北边境特区的神话》中的故事。①

科学工作者的学术水平大体是以著述来衡量的,学术著述是反映他们理论修养、专业知识、资料基础、思辨能力、写作水平、研究手段和治学态度的综合成果。但是,他们获得或达到这一综合水准所付出的努力通常是鲜为人知的,尤其是在这一过程中的心理感受、思想反复、经历事物,乃至生活琐事之类。《印度部落》勾画了一位田野工作者的研究心路,描述了印度和尼泊尔部落社会的习俗和观念,是一部科学性与可读性兼有、雅俗共赏的读本。我敢断言,这是改革开放以来南亚人类学研究领域为数不多的中文译著之一。该书实际提出怎样才能成为合格的民族学家这个问题,并且以讲故事的方式,用亲身经历给读者提供了一个答案。即使如此,也许有人还是会说,此书的问题意识不强、材料零碎、结构松散等,但在笔者看来这些都不应成为阅读的障碍,既然它本来就不是一部学术化的民族志,也不是为那些抽象思维能力强的人而写,所以不应该用这样的尺度去要求它。本书是为憧憬田野生活的普通人而作,因此特别适合青年人阅读,同样也适合于从事和爱好人类学的社会各界人士。

(何国强,中山大学人类学系教授)

① 李坚尚:"喜玛拉雅山地的珞巴、门巴族调查",见郝时远主编:《田野调查实录:民族调查回忆》,451页,北京:社会科学文献出版社,1999;李坚尚、刘芳贤:《珞巴族门巴族民间故事选》,上海:上海文艺出版社,1993。

费鹤立与中国少数民族舞蹈研究[①]

何国强

西方学者对社会主义中国的舞蹈，乃至对其他艺术形式的研究，大抵分为两种倾向：一种是妖魔化——歪曲以至于诋毁和攻击；一种是同情地理解，善意地帮助，不偏袒错误，也不抹杀成绩，寄希望于中国人自己来认识问题，革除弊端。费鹤立(Holly Fairbank)是后一种人。她的著述是中国舞蹈研究的组成部分。为便利读者了解其人其书，在译文前面写下这篇短文，仅供参考。

一、费鹤立这个人

(一)早期经历

费鹤立是女舞蹈教育家，肢体动作人类学家，现代舞的编导(基调是现代主义、极简主义和后现代主义)。她生长在美国麻省剑桥城一个知识分子家庭，父亲费正清是哈佛大学知名教授，母亲是外交官，全家对中国怀有特殊的感情。

费鹤立 7 岁时曾随父母到远东旅行，4 年后父亲获得休假，再次偕全家造访远东。当时中美断交，费正清主要在台湾和日本搞研究，费鹤立对中国文化的感知便是在这样的情形下发生的。现在她依稀记得台湾大学外国专家楼周围的田园风光：村野遮不住，十里稻花香，小桥逢流水，竹木摇婆娑。十岁半的费鹤立参加了台北一个训练班，学习中国舞。她后来以舞蹈为生，似乎可以追溯到这一段童年经历。

自从学习中国舞蹈后，父母常叫她演示，报之以掌声，仅此而已，因为他们不认识搞舞蹈的人。祖母的禀性对费鹤立影响很大，她爱好戏剧、舞蹈和诗歌，见过舞蹈界的先驱，喜欢谈论名伶的演出，介绍这些名流的传奇。

孩提时代的费鹤立酷爱体育，常任女子足球队队长。12 岁时的一天，她的思想在音乐的伴奏下遨游，肢体轻舒，做出种种诗情雅趣的动作，“起舞弄清影，何似在人间”，飘飘欲仙之感油然而起。心灵跟舞蹈的天作之合，与踢入制

---

① 本文为费鹤立《中国少数民族舞蹈的采集、保护与传播》一书的中文版译序。该书由何国强、许韶明译，云南大学出版社 2010 年出版。

胜一球、赢得冠军的感觉全然不同。父母得知她有此顿悟，遂送她到本镇的白金汉姆艺术中心学舞。以前父母从不给她压力，让她自由自在、随心所欲地发展自己的个性，直到探索到自己的兴趣所在，才鼓励她选择今后的道路。她对中国文化的兴趣也是这样生成的，虽然父母对她的影响颇大，但从不敦促她定要研究中国。

(二)求学负笈

1971 年，费鹤立进了萨拉·劳伦斯(Sarah Lawrence)学院。一次，课间交流，向政治学教授伊凡·纳吉(Ivan Nagy)谈起家世，提到由于父亲的缘故，她获得许多接触中国文化的机会，早期对舞蹈的兴趣便萌发于此。伊凡建议费鹤立继续关注中国舞蹈，提醒她这是一个充满希望的研究方向。费鹤立得此启发，经常鞭策自己，在毕业论文定题时，选择了舞蹈，指导老师是高曼·欧文(Goldman Irving)教授。

1976 年，费鹤立获得学士学位之后就去工作了，在舞蹈公司教舞和编舞，她必须养活自己。费鹤立有一位好朋友，叫做朱迪思·夏比罗，十分喜爱舞蹈，母亲是耶鲁大学教授，父亲是医生。夏比罗与费鹤立同岁，身材不高，聪明伶俐，1979 年当费鹤立还在纽约市教舞谋生时，她就获得了双硕士学位，到中国交流，在湖南师范学院任教，并找到一位夫婿，1981 年带回美国。夏比罗给费鹤立介绍了中国的舞蹈情况。

1983 年，费鹤立进入纽约大学舞蹈教育专业，在德雷得·威廉姆斯博士的指导下接受研究生训练，参加了“人体动作人类学”的研究项目。费鹤立返回大学读研究生，一个重要的原因是有男朋友安德鲁·塔克(Andrew Tuck)作为她的经济后盾，他们要结婚了。塔克毕业于某大学哲学系，曾在哥伦比亚大学任教，讲授哲学与宗教课程。塔克是一名音乐人，擅长爵士乐，后来“下海”经商，开了一家舞蹈公司。费鹤立是舞蹈人，在这里干了两年。常常是塔克伴乐，费鹤立跳舞，共同的志趣使两人相爱，婚后他们互相支持对方的事业。

费鹤立一颗芳心早已向往中国，加之夏比罗的鼓动，谈起民族民间舞并毛遂自荐给她当译员和向导，还愿意让她分享自己的社会资源，因此费鹤立决定利用这个机会。

可以说，童年的印象、家人的关爱、纳吉和欧文教授的启发、威廉姆斯博士的调教和友人夏比罗的介绍，共同树立了费鹤立的志向，构成她研究中国少数民族舞蹈的契机。

(三)来华调研

费鹤立持有中国文化部的邀请函,到北京舞蹈学院进修,先要到华盛顿特区的中国大使馆办理签证。由于费正清的名声,中国官方很重视,费鹤立的签证十分顺利。她的研究费用全部是父母给的,没有得到任何基金会的援助,费正清夫妇还支付了夏比罗的旅行开销,请求她帮助自己的女儿。

费鹤立和塔克很浪漫,趁秋高气爽,先到日本度蜜月,之后塔克回纽约,鹤立和夏比罗在东京汇合,一同飞抵北京。在北京,文化部设宴为两位美国女人洗尘,席间告知鹤立,日后只要她肯来中国做研究,无论何时,均可直接与部里联系,毋需通过中国驻美使节。

鹤立揣着一个笔记本,里面写满一些中国人的姓名和联系方式,他们是父母在北京的老朋友。鹤立一一登门拜访,这是她访华的精彩篇章。在这些尊贵而亲密的朋友当中,有戴爱莲、费孝通、陈端生、金岳霖、巫宝三、孙家秀……都是一流的学者,有舞蹈家、社会学家、政治学家、哲学家和经济学家,他们与父母分别了40年,一直保持着联系!还有几位与费鹤立同辈的人,如梁思成与林徽因的儿子梁从诫,巫宝三、孙家秀的子女巫允明和巫鸿。大家对费鹤立的来访表示诚挚的欢迎,愿意尽可能地提供便利。

费鹤立在北京舞蹈学院边进修,边访谈,以了解中国政府的舞蹈政策。夏比罗穿针引线,给费鹤立介绍首都的舞蹈专家,陪同费鹤立从北京到长沙,使她接触地方的舞蹈工作者。北京和长沙,两地构成了鹤立关于"中心"与"边缘"的认识,对于她掌握中央与省级地方的舞蹈情况十分必要。费鹤立想去湘、滇、黔调查民族舞资源,但主客观条件都不具备。倒是巫允明放映了几部少数民族舞蹈电影,缓和了她的求知欲。她参加过几场舞蹈音乐会,看了"美化"的民族舞版本,这些也是民族民间舞的研究内容。

费鹤立的调研始于1983年10月,终于11月,将近两个月。然后她返美继续研究,翌年底完成硕士论文。1985年春,答辩通过。取得学位以后,费鹤立成立了一家舞蹈公司,她讲授艺术方法、人体动作研究、美学、中国舞蹈等课程,也教现代舞,做编舞工作。

1988年2月～3月,广东舞蹈学校现代舞大专班的杨美琦女士受同事张清之托,邀请费鹤立来校授艺。费鹤立是该校聘任的第四位外籍教师,广东的舞蹈同仁送给她一个雅号——"费鹤立",取"鹤立鸡群"之义。1992年4月,广东现代舞蹈团成立。几年后,团里的几位演员前往美国学习,在纽约加入了费鹤立的舞蹈公司,金星也在其中,当时还是男身,后来变性为女身,现在已是蜚声国际的舞蹈家和舞蹈编导了。广州之行使鹤立揭开新一页,她开始关注中国的现代艺术与舞蹈。

(四)当前状态

某种意义上,鹤立很幸运,她从事自己喜爱的职业生涯没有遇到太多的阻力。这不等于说没有困难,就艺术家和舞编来说,承担浩繁的费用,维持名誉的清白,这些都是必须考虑的问题。

费鹤立兴趣广泛,身兼多职,还要兼理家政,养育子女,一定程度上分散了她的精力,使其不能一门心思放在舞蹈艺术上,这也是每一个现代女性面临的问题,女性要取得与男性同等的成就往往要付出更多的代价。因此,许多事情她都必须凭着信念来支撑。在纽约经营舞蹈公司达 10 年之久,30 岁结婚,6 年以后才要孩子,41 岁时生第二个孩子。由于有了孩子,她停止了自己的舞蹈生涯,转入林肯中心学院任艺术教师,现在两个男孩已经长大,一个 20 岁,一个 15 岁,她又能重新做舞编与表演工作了。

费鹤立经常面对的人生挑战是什么?是生活的变故!每当她的职业生涯出现转折,每当死神夺去她的亲友,每当她生病或身体衰弱而无法表演舞蹈时,她不得不自我调整,使生活维持下去。她的经验是在困难面前要尽量保持与亲友的沟通,克服情绪低落,或到旧地重游,在熟悉的景物中重拾自信。诚然,在所有克服困难的良方中,最重要的莫过于执著事业。人在黑暗中行走常会碰到蛛丝,要学会把困难像蛛丝一样轻轻抹去,在事业中升华自我。费鹤立正是这样面对人生的,她和舞蹈与视觉艺术保持联系,获得心理安定,维持职业机智,以便发现面临的多种可能性,从中看到需要解答的问题和有待发掘的意义。

她的人生哲学源于书本知识和自身实践的检验,通过个人思考,来自良师益友的启迪和传授。就后者而言,还有几位知遇之恩:教师学院的教育哲学家玛克辛·格林(Maxine Greene)是费鹤立的导师,今年 93 岁,两人在林肯中心共事 25 年,费鹤立信服格林的美学思想,欣赏她学而不厌、诲人不倦的精神;贝茜·肖恩伯格(Bessie Schoneberg)是一位天才的舞蹈编导,给了费鹤立重要的影响。

费鹤立学过多种现代舞蹈,包括葛莱姆、霍金斯、坎宁汉与即兴舞等。她有 25 年的芭蕾舞训练经历,但并不自认为是芭蕾舞蹈演员。她曾坚持数年研究北京歌剧、武术及几种传统中国舞和印度尼西亚的巴厘舞。至于中国的民族舞,她仅参加过几届短训班,零零碎碎地学了一些。她来华时间较短,主要不是学习民族舞的动作,而是关注民族民间舞与国家权力的关系。

在美国,人类学早已成为大学和中学的基础课,舞蹈人类学等分支相应地被某些院校设置为基础学科。费鹤立在舞蹈教育领域辛勤耕耘，常年为五六所大学、艺术学院（中心）和中小学所聘用。25 年来，她获得许多奖励和委任。她是 K—12[①] 专家、艺术教育家和艺术总监。她的教学能力、协调艺术组织和教育团体的能力为同行所公认，她把硕士论文分割为几篇文章，在《人体动作问题的人类学研究》期刊上发表，[②]至今仍有影响。

二、费鹤立的这本书

民族民间舞，在中国原是很丰富的，历史上不断地遭受摧残，丧失得太多了！20 世纪 50 年代中期，在文化部和中国舞蹈家协会的组织和指导下，开展了大规模的抢救工作。80 年代，又在全国范围内开展由文化部、国家民委和中国文联共同启动为期十年的《中国十大集成》的普查工作（为了便于行文，本书概称为“舞蹈普查十年规划”）。工程宏大，不容马虎，要求“不漏村寨、不漏舞种、不漏艺人”。据说全国共查出民族民间舞 17636 个（汉族有 14291 个，少数民族有 3345 个），云南省的舞蹈种类最多，计 1552 个（汉族有 190 个，少数民族有 1362 个）。中国的舞蹈资源在世界舞蹈宝库中占有怎样的地位？有多大的研究价值？上述数字似乎是一种答案。

新中国成立以来，人民政府对舞蹈的整顿和扶持有目共睹，体现了社会主义上层建筑领域政治制度对意识形态的作用。然而在特定的政治环境下，中国舞蹈研究者的反应不太热烈：有些人熟视无睹，有些人感到迷惘，清醒者至多知其然，不知其所以然，纵使知其所以然者，因禁区重重，大多不敢涉足。同时，国门未开，缺乏对话的平台，此乃费鹤立来华之前的实情。

意味深长的是费鹤立的基本立场和观点。她受西方学术氛围熏陶，在舞蹈实践与理论上有一定造诣，敢于正视问题、直陈观点。她认同社会主义的文艺路线，肯定中国的舞蹈工作所取得的成绩。虽然她不识中文，但通过英文掌握了许多信息，通过田野调查获得各方面的实证材料，从而弥补了自己的局限。因此，她不仅能够提出今天仍然值得注意的重大问题，而且把西方的研究环境和中国舞蹈的语景结合起来，对问题作了深入的探讨。

---

① K—12 是国际上对基础教育的统称，“K—12”的“K”是 Kindergarten 的缩写，代表幼儿园，“12”是从小学一年级到高中三年级的教育年限，正好 12 年，代表中小学教育。

② 见载于《人体动作问题的人类学研究》（*JASHM*）1985 年、1986 年和 2010 年的三篇文章，即“Ayers of Purpose, Multiple Meanings: Efforts to Salvage Minority Dances in China”，“Chinese Minority Dances: Processors and Preservationists, Part I” 和“Part Ⅱ”。

(一)主题和框架

一个国家在特定的政治环境中,怎么对待本国的舞蹈资源?具体说来,中国共产党人在争夺政权、取得政权、掌握政权的过程中,怎么继承中国的历史文化传统,处理好社会主义革命、社会主义建设与民族民间舞的关系?这是全书的主题。

围绕这个主题,作者从四个层次,用9章阐述了她的认识。

第一层次(即第1章)是简单的概述,说明中国民族民间舞的研究是以人体动作和行为的语义人类学为理论平台,并且勾画了全书的结构。

第二层次(即第2、3、4章)揭示了中国舞蹈文化的三条基本线索。舞蹈和其他文化相交织,必须透过现象看本质。首先,不能离开民族来讲舞蹈。因此必须考虑中国民族的历史构成,汉族的基础作用,少数民族的不可缺少,共产党的领导地位,实行社会主义制度的必要。因此,汉族和少数民族、传统文化和社会主义意识形态,农业大国和工业化的前景,它们之间的关系构成国家制定民族政策的依据,舞蹈只能在这些关系的夹缝中寻生存空间。其次,不能离开信息传播状况来讲舞蹈。中国的信息网络是由国家管理的,这是正常的生产、生活秩序的基本保证,舞蹈信息的传播也必须符合政策的调控。第三,不能离开文化底蕴来讲舞蹈。文化有个性共性之分。汉族人口多,生产力水平较高,科技较发达,谓之"强势文化"。舞蹈政策既包含舞蹈生产,亦包含舞蹈消费,只要中国人口多数是汉族,汉族和少数民族互相依赖,舞蹈生产和消费的重点就要依据这个事实。在民族舞领域,"弱势文化"并不"弱",少数民族不仅舞种多,而且特色鲜明,这是文化底蕴的反映。

以上每一条主线用一章来讲解。在第一条主线中,特别指出汉文化和社会主义意识形态,以及二者与少数民族文化的关系。在第二条主线中,介绍了中国历史悠久,传统文化难以割舍;中国必须实现现代化才能摆脱落后的局面,因此改良与利用传统文化,吸收西方先进文化,具有同等重要的意义。信息的传播应该是健康的,有利于社会进步的,所以必须对信息网络进行分级管理,尽管这样做产生了一些问题,最大的问题是,汉族与少数民族的发展不平衡,少数民族内部的发展也不平衡,那么在舞蹈信息的传播方面,能否自觉地运用民族平等的政策?在第三条主线中,借谈汉族民俗舞所表现的伦理和审美观念深受儒释道的影响,在采集、保护与传播民族舞时的忠实性原则下,特别借用太极拳和京剧的例子,提出在人体动作方面如何掌握政治标准的问题,并借回顾舞蹈(包括戏剧中的舞蹈)在中国文化运动中的境遇,导出社会主义国家对少数民族舞蹈的政治诸求。

第三层次(即第5、6、7、8章)宣讲中国的舞蹈,包括以城市为阵地的现代舞蹈,以及流行于乡村(汉族和少数民族地区)的民族民间舞。前者用1章的篇幅来完成,后者用3章来承担。

第5章分两部分介绍中国的现代舞蹈,各有一串坐标点。白区片的舞蹈可追溯到民国初年,北京的戏院出现一些新气象(西式舞台、男女同座看戏、女性登台表演),俄国"十月革命"给中国送来现代舞蹈,一批俄罗斯人滞留上海、北平教授芭蕾。20世纪30年代,上海有一批演员,40年代,吴晓邦、戴爱莲等人回国,积极介绍现代舞。红区片的舞蹈始于30年代中期的陕甘宁边区,红军宣传队改编出大秧歌,毛泽东发表《新民主主义论》和《在延安文艺座谈会上的讲话》,用文艺作为斗争手段,打击敌人,争取民心;50年代秧歌舞横扫全国,到70年代逐渐冷却;随着学习苏联芭蕾,创作了《鱼美人》、《红色娘子军》和《白毛女》。秧歌和芭蕾是中国现代舞蹈的象征。以上介绍是为少数民族舞蹈铺垫,旨在厘清民族舞和民俗舞、现代舞之间的关系。

第6、7、8章专门讲民族舞。第6章首先指出,研究者对待民族舞有两种态度:一是倾向于加工,一是倾向于保护。接着分析了两种态度指导下的资料采集、加工和保护工作。它们貌似目标统一,实则分道扬镳,都没有科学的预设和理论方法,基本上是摸索或蛮干,结果主观的革命热情难以转变为客观公认的研究成果,反而扭曲了民族舞的原型。寥寥数语,道出中国舞蹈研究的不足。

第7章从制度框架分析采集舞蹈资料的方法。以1982年文化部开始启动的大型研究项目"舞蹈普查十年规划"为例,介绍了中国舞蹈的研究之路。这条路线的总原则是指标自上而下,各地分片包干,并逐级向上汇报,上面督导检查完成的情况。这套目标管理看起来是很科学的,也很有效率,由于上面预定了基调,只许调查有代表性(健康、活泼)的舞蹈因素,不许调查没有代表性(萎靡、封建)的因素,至于何谓健康、活泼,何谓萎靡、封建,则见仁见智,加上行政命令作祟,害怕上级批评,往往乱贴政治标签,而把一些好的、中性的东西当作糟粕之物给抛弃掉了。这种戴着有色眼镜搞调查的方式,与社会文化人类学所主张的整体论毫不相容。某些省份(湖南、江苏等)创造了八环节的资料采集程序,但不可避免地会漏掉甚至歪曲资料。

第8章讨论中国舞蹈的传播与创新。通过分析舞蹈传播的6个途径,梳理出两个普遍性的问题——舞蹈资料的代际传递和舞蹈场景的误读,它们都源于违背了人体语言学的基本定律——舞蹈不能离开产生于它的具体场景来理解。通过档案工作的四点不足,分析了造成这种现象的主要原因,即未能处理好既向观众提供丰富多样的流行舞又不背离民族政策的矛盾。

第四层次是结论。现代化必须处理好传统文化的保护问题，民间舞蹈便是题中之意，应以慎重的态度对待民族舞和民俗舞；舞蹈保护者缺乏必要的理论方法指导，良好的动机未必会产生相应的效果。由于加工的任务只是美化民间舞蹈，使之跟上现代化的步伐，对理论方法的要求也不会太高。这样，两种倾向的人虽然顺应了时代的政治潮流，但都没有从根本上理解民间舞蹈赖以为生的文化。因此，二者同样需要运用人体动作符号的系统知识，需要提高专业理论修养，包括舞谱记录与分析的科学方法，特别是舞蹈人类学。

改革开放带动了一批老中青舞蹈工作者走向世界，与资本主义国家的同行接触，政府正在缓解张力，支持中外舞蹈的民间合作，一个民族民间舞的春天已经降临于中国。

(二)研究范式

“范式”指与特定的研究对象相连的一套理论和方法(行动纲领)。研究舞蹈所用的范式不同，效果也不一样，舞蹈科学史其实就是范式的新旧交替。本书主要运用了两种范式，即舞蹈人类学和人体动作语言学。它们不是排斥的，而是互补的，彼此可以过渡，例如从“信仰系统”和“行动系统”入手来研究民间舞蹈，或者从后者回溯前者，使民间舞蹈的研究不失时代精神，透过肢体行为看文化本质。

用人类学研究20世纪80年代前后的民间舞蹈，焦点是舞蹈的社会文化属性，本书讲到民族民间舞蹈素材的采集、加工时，强调被研究对象所处的生态环境的重要性便是表现。它们是一个民族的历史和舞蹈背后所具有的文化底蕴的关键因素，是调查者绝对不能忽视的。用人体动作语言学研究民族民间舞，一是将其看作各民族的原初语言或汉族的方言，是当地人民独享的、不可通约的；一是将其看作各民族交流的语言，是各地人民共享的，可通约的。说舞蹈是生活的语言，不是说它简单地再现或复写人民的基本活动，而是通过动作语言来诉求权利，建构社会秩序，表达民族情感、心理素质和美学理念。

舞蹈语言是结构性的，体现了刚与柔、内与外、时与空、过去与现在的对立统一。不难看出作者的良苦用心。全书9章，去掉首尾，只剩7章，却用3章(第2、3、4章)来铺陈历史、信息与汉文化底蕴，好像离题万里，实则是还原语境，把民族舞置入民族融合的大背景下，认识到民族不同，舞蹈的土壤不同，所以任何舞蹈都是特殊的，也是敏感的。要是将民族舞从本文化移植到异文化中去，或者相反，从异文化移植到本文化中来，它们便会出现“水土不服”；舞蹈的表层结构与深层结构不同，“水土不服”的程度也不一样。

于是，20世纪五十、八十年代抢救原生态舞蹈运动中的两种取向（见第6章）的方法论偏差跃然纸上——二者偏离了舞蹈人类学和人体动作语言学的基本要求。

用舞蹈人类学和人体动作语言学的范式研究中国舞蹈，宏观上要把握中华文化的主音（后现代主义谓之“霸权”），微观上要注意次音（弱势民族或下层民众），着重于二者的互动。从这个视角出发，读者自然会问，舞蹈复兴工程的目的是保护与加工，其深层动力是什么？这就必须从国家的长治久安来寻求回答。

中国幅员辽阔，民族众多，政府为了有效地管理，要把某种意识形态贯彻到全社会，因此，中国实行单一制的政治结构决非偶然。① 民间舞蹈是人民的精神食粮。“水可载舟，亦可覆舟”，如果人民安居乐业，就心情舒畅，从而就拥护党和政府，社会就进步，因此要使人民增强向心力。舞蹈是超越语言障碍的一种大众视觉艺术，它可以确立、亦可调和族群界限，在化消极为积极的斗争中发挥作用。所以“党和政府重视表演艺术，尤其是音乐、舞蹈”（见第3章），为此制定了许多方针政策。

政治是内容与形式的统一。每个舞蹈家都有自己的政治底线，爱什么、恨什么、同情谁、反对谁……这些是内容，将其有效地表现出来，引起共鸣，就要讲形式，不然就是纯粹的宣传。宣传就要说教，舞蹈是一种艺术，而不是说教。在1978年以后全国开展的真理标准讨论中，有人呼吁给舞蹈松绑，意即不要用政治限制它。舞蹈是有政治意义的，虽然它不等于政治，二者的关系是文化与权力关系的一部分。② 反过来说，中华民族多元一体，汉族的基础作用，国家政权的指导作用，这是一个生态格局，民族民间舞必须遵循文化生态学的原理，政治不能不放在首位，尽管政治不等于舞蹈。

笔者读完此书恰逢春节，便选择晚会的舞蹈节目为观察点。笔者被歌舞升平、动作和谐、高潮迭起的场面弄得眼花缭乱，若非从欣赏的角度，而从挑剔的心理分析，不难发现中国舞蹈的生境及其走向：舞蹈表达国家权力话语的急切性胜过衬托真实生活。好在近两年有所改观，优秀舞蹈（《千手观音》、《飞天》、《蝶恋》、《城市变奏曲》……）陆续登台，传统和现代兼备，给中国舞蹈注入了活力。但与《大河之舞》等外国舞蹈相比，中国舞讲究人数、队形，依赖声光，是集体主义精神的表现，外国舞强调演员的天赋，突出个人能力，体现了文化模式的殊异。无论如何，国家通过晚会，借用艺术感染力拉近了与民众的距离，把社会秩序、审

---

① 全国由若干行政区域构成单一的主权，单一的宪法，统一的立法、行政和司法系统，公民的单一国籍，见何国强：《当代中国地方政府》，277页，广州：广东高等教育出版社，1994。

② 阿伯勒·科恩：“伦敦诺丁山狂欢节发展中的戏剧政治”，何国强译，载《青海民族研究》，2008(2)。

美标准等规范渗透下去。

通过这番感受，笔者对本书的研究范式有所信服，掩卷沉思，进一步悟出几点：

第一，设定舞蹈环境，立体展现问题。研究者要放弃单一的因果模式，不要只注意社会结构中舞蹈变化的底层因素（物质生产、技术进步、利益冲突等），还要注意中层或者表层的因素（距离舞蹈较近的意识形态，尤其是政治），把推动一种具体舞蹈的力源由特定的文化承载者（民族或其分支）本身转移到族群互动上来，特别是转移到由这种互动合力所形成的调控者（国家）的作用上来，这才是舞蹈环境中的直接力源。明眼人不难发现，此乃费整体论的视角——把舞蹈看作文化整体的一部分，而这个部分又是一个小的整体，因此要注意不同整体中的全局与局部的互动，盯紧重大而持久的因素。

第二，大胆假设，小心求证。“国家通过舞蹈表演来重构历史”的命题便属此类。在中国历史叙事中，“大一统”是个霸权性的话语，尽管历史上出现过几次北方少数民族入主中原、汉夷文化互相吸收的局面，但无论谁做皇帝，都要利用这个话语，用儒家思想为主流的汉文化同化异族文化。舞蹈是历史的重构，无论社会主义，还是封建主义，国家的影子总是挥之不去，而且在市场经济的洪流中日益明显：通过设定宏大的主题，对众多民族舞进行加工，使其成为整体的组成部分，演绎成“兄弟民族和谐发展”的图景。

第三，纵横两面法，此乃费鹤立从民族学中采借的方法。纵向是把舞蹈放在具体的时间（历史）轴上考虑进化关系（尽管谈得不多）；横向是在空间（地域）上考虑传播关系。费鹤立在叙述民族舞的时候，喜欢将其与汉文化传统、汉族和少数民族的互动、历史上不同政权对待舞蹈的态度等因素并置起来，努力寻求时空交叉的深层关系。

三、多余的话

费鹤立写作本书时，中国舞蹈界对民族民间舞已经有了三层次（原生态、次生态、舞台）的区分。三个层次本书都谈到了，依本源关系，论述重心在三层次上有所不同。

从书中可以看到一个四结合的研究过程，即理论素养、文献阅读、实地感悟（来华学习、访谈、观摩）和文本建构，缺一不可。这是我们要学习的。

从事舞蹈的人要有专业训练、生活经历和文学艺术修养，更加重要的是要懂得一些基本理论方法。因此，针对中国舞蹈研究者的实际情况，作者建议学习舞蹈人类学。

国外有人把舞蹈人类学概括为几个步骤:(1)在田野调查中描述、观察和记录;(2)在练功房或实验室里辨认结构和风格;(3)学会当地人的主位解释;(4)用科学的舞谱作记录;(5)分析基本动作、主题和舞步;(6)综合舞蹈形态、结构、步伐、音乐和歌词;(7)通过比较,进行理论概括,归纳结论。[①]

费鹤立在描述中国少数民族的舞蹈状况时,尤为肯定新中国对舞蹈艺术的重视,赞赏中国政府所颁布实施的文化政策,说明她对中国舞蹈事业从复苏到发展的了解,这是她通过诸多渠道深入中国内地进行调查、学习,而非道听途说的结果。她所提及的对民族民间舞蹈的采集与保护工作的建议,均是基于20世纪80年代对我国编辑出版《中国民族民间舞蹈集成》所进行的调查相结合的产物。她的研究也有一些缺陷,例如,因实地调查的条件所限,没有丰富的案例借以论证,有些地方显得比较粗糙和单薄,但作为引玉之砖,是可以批判地吸收的。这也就是我们不辞劳苦,把它翻译出来以飨读者的原因。

① Gertrude Kurath, "Panorama of Dance Ethnology", *Current Anthropology* , Vol. 1, No. 3, 1960, pp. 233~256; Nicholas N. Smith, "Saint Francis Indian dances—1960", *Ethnomusicology*, Vol. 6, No. 1, 1962; Gertrude Kurath, "Dance and Song Rituals of the Six Nations Reserve", *National Museum of Canada Bulletin* 220, Ottawa, 1968.

书　评

《费孝通与乡土社会研究》

赵旭东编　马洁文评

清末龚自珍《己亥杂诗》中的一句“但开风气不为师”一直以来为中国社会学大家费孝通先生钟意，费老还亲笔将其写下并置于北京大学社会学人类学研究所畅春园旧址的二层小楼上。费孝通先生的学生赵旭东博士曾数次提出：“费先生当初写这句话的目的是鼓励后学以创造为主，不要轻易言师言派，真正意义上的老师是一种水到渠成，或者说是一种顺其自然的显露，并不是装样子能够装出来的。”我想，先生偏爱这句诗的另一层含义恰恰在于，他希望后学们能够在一种轻松自由的氛围中交流彼此的学术思想，不要因过分顾及“老师”和“学生”的既定身份标签而对自己的思想有所保留，这正与古人所言的“教学相长”之间产生了意识契合。不难看出，这位以“野马”自居的社会学大家身上无不疑淋漓尽致地彰显出了野马性格中那种开风气之先的创造力，他不断为后学树立路标，此道路无时无刻不在延伸和扩展，这更是激励着后学之辈开启一段新的学问之思的旅途。

2010年正值费孝通先生诞辰100周年，从一定意义上来说，费孝通先生的100年也是中国学术的100年，更是中国社会变迁的100年。在这个对中国社会学界来说无比特殊的年份中，全国乃至全世界各地都以各种方式举办相关纪念活动，缅怀这位蜚声海内外的中国社会学家。赵旭东博士也用其独有的方式带领着社会学的后辈们深切纪念这位社会学领域的巨擘。这一年前后，他带领着中国农业大学“公正读书小组”[①]的成员一道重新阅读了费孝通先生的16卷文集，并将其本人对费孝通先生的专题研究论文——“不为师而自成师——围绕费孝通教授的一些作品的阅读与联想”，[②]同部分小组成员钻研费孝通先生学术思想的研究论文，汇编成了今日摆在书桌上这本85万言的、沉甸而厚实的《费孝通与乡土社会研究》[③]。这种沉甸与厚实绝非仅仅轻浮于书本厚度的丈量，而是来自一位深受费孝通先生影响与濡教、肩负着师承延续、并进一步担当着中国社会学未来发展之命运的当代社会学学者，引领着一群后生们在这条从实求知的道路上扎实前行。

本书的主题论文“不为师而自成师”出自赵旭东博士之手。他以一位追随费孝通

---

① “公正读书小组”一名取自赵旭东所著《权力与公正》一书，这一书名出自费孝通先生之手，以作为对费先生的纪念，并激发每一位参与读书会的人能够在潜移默化之下培养起一种对于社会公正的追求。

② 以下简称为“不为师而自成师”。

③ 赵旭东主编：《费孝通与乡土社会研究》，北京：社会科学文献出版社，2010。

先生而行数十载的后学者身份，试图通过阅读费孝通先生的作品，饱含深情地将费老的一生勾连起来。从中我们不仅能够了解费孝通先生同鲁迅先生相似的“弃医从文”经历的缘起、费先生中西合璧的深厚学识功底，更能体会到他对于中国社会尤其是农村社会长达60年的关注与体认及他在此基础上提出的为国内外学界所服膺的“乡土社会”、“差序格局”、“文化自觉”和“中华民族多元一体格局”的理论与判断等。从赵旭东博士的笔端流露出的那份后学对前辈情深意切的感怀之情更是令人为之动容。

费孝通先生一生著述斐然，洋洋洒洒的千万言中，对于中国农村社会及经济生活的观照无疑是贯穿始终的重中之重。赵旭东博士敏锐地观察到，在中国过去一百年踟蹰前行的路途中，乡村的转变在时代大转型中扮演着主力角色，而这种转变在费先生求学的那个时代中已经开启，因此，费先生学术之路的选择与当时的时代背景无疑是紧密相连的。在众多“乡村题材”的作品中，《江村经济》与《乡土中国》是其对于中国农民生活理解的代表作，而本书更是着重选取了“方法论之辩”与“超越性”判断的角度试图带领读者跳出“内容复述——泛谈感想”的苑囿而带来一种异于千篇一律解读模式的新鲜认识。最令人称道的地方在于，赵旭东博士通过这2本书的阅读对费先生的思想提出了精辟认识，“我认为费先生最具魅力的乃是他对中国乡村的那种超越性的理解，特别是在发表了《乡土中国》文集中的系列文章之后，他对中国乡村社会的认识基本成型。所有试图从《乡土中国》一书中汲取营养的后学们实际上都忽略了一个非常重要的事实：费孝通写下那些文字的超越性”。[①] 这种超越性在赵旭东博士看来甚至就此成就了费先生一生锋芒最甚的时刻。不难看出，赵旭东博士在这里准确地点到了费先生整体社会学体系中的核心穴位，即在费先生的思想架构中具备一种高度抽象精炼事实的涵盖能力，而这种能力正是基于费老所接受的深厚中国传统文化教育功底与其接受扎实而前沿的西学的有机融合。其中，我们能够清晰地看到，不论是“差序格局”，还是“文字下乡”，甚至“绅权”等概念都并非在乡村社会中能直接观察得到的社会事实，而是超越于一般事实之上的对于乡土社会理想类型的概括。更进一步地深入下去，赵旭东博士在书中指出了这种超越性是基于费孝通对中国社会的敏锐观察和思考之上的，离开了这种观察和思考，真正有启发性的概括是不可能达成的。

更加重要的地方在于，费孝通先生通过这两部著作完成了其从“异域”到“本土”并逐步“迈向人民的人类学”的学术关怀转向。他在囿于时代背景的局限之下将马氏的功能论方法论糅于中国本土社会，进而成功地实现了一种西方方法论的中国化。这种被费孝通先生成功运用化解“西方人文学者在科学主义支配下深陷科学理性与人文意识囹圄”的方法事实上便是赵旭东博士所谈到的一个“用”字。这里的用不仅是“学以致用”的“用”，也是经世致用的“用”、洋为中用的“用”，更是被赵旭东博士理解为“中国人追求的是在愉悦的情趣中显露出机智，因而不同于马氏生怕玷污了科学

---

① 赵旭东主编：《费孝通与乡土社会研究》，2～3页。

家盛名的惶恐不安，费老显出的自然是安然自如、游刃有余，其图的就是服务于人民”。[①] 费老自己在谈到“迈向人民的人类学”这一主张时认为，无论是格尔兹的“文化的解释”、“当地的知识”等概念，还是马尔库斯和费舍尔倡导的“人类学作为一种文化批判”等西学观点都未跳出“主客二元论”的圈套而规避从“为谁服务”的角度予以解读人类学的“异域旨趣”，而当面对“社会学作为意识形态层次上的东西要问一个为谁服务的问题”时，赵旭东博士看到了费先生怀揣的朴素的救国救民思想，并直接选择了实用的道路。他犀利地指出：“费孝通先生在不谈空泛的阶级理论之时，恰恰直逼社会学理论最根本的要害。”[②]在赵旭东博士的视野中，费先生以前后两次对马氏学术传统的转向实现了自己在社会人类学思考上的成熟。他以具有社会关怀和社会批判精神的知识分子形象出现在中国知识界，更加难能可贵的是，他并非那种只知埋首于象牙塔的单纯学者，而是怀抱着服务社会、改良社会并使之进步的赤诚之心立足于学界之中。而这样的一种“为人民服务”的学术旨趣更在费老晚年的应用社会学研究中尽显无遗。

在历经了建国之后社会学被当作“资产阶级学科”而惨遭取缔以及“文革”十年浩劫的双重打击之后，费孝通先生反而迅速开启了其第二次学术生命，而这“第二春”并非回归书斋的潜心研究，而是走上了以“行行重行行”为主题的身体力行的实践之路。赵旭东博士在此文中对费老的第二次学术生命给予了提纲挈领的介绍，其主要谈论的问题包括费老晚年延续的“对中国农民的认识”、早年同顾颉刚“论战”之后经过反复思考并提炼出的以“中华民族多元一体格局”为核心概念的民族问题认识以及在反思其老师马林诺夫斯基以功能论为要旨的“文化论”基础上提出的“文化自觉”概念，并且还将这一概念进行延展补充写下 16 字箴言：各美其美，美人之美，美美与共，天下大同。赵旭东博士通过其与费孝通先生晚年时期长达十载时光的密切接触，认为费老透过反思式的冥想参悟到“和而不同”的“文化自觉”理念，并进一步提醒社会学家跨越事实层面，到更加超越的层面做“神游冥想”，使人的存在之差异性在一个“和”字之下得到有机的弥合，从而引导后学逐步从由笛卡尔“我思故我在”的二元论哲学为根基的西方社会科学两分路径中循序渐进地抽离出一种反思的精神。[③] 更加令人动容之处在于，费老在晚年用其自身的实际行动为后学们树立了“怎样做迈向人民的社会学、人类学”的典范，同时还时时不忘告诫后学要通过长期的专业训练真正地“懂社会”，并且要积极地“补课”才能跟上时代的巨大变化；更重要的是要力争做一个可以“飞起来的人”，这样才能看东西看到里面去，然后抓住背后的东西，最后通过自己的体会达到“开悟”的境界。不难看出，费老晚年所经历的这些林林总总——他“游历”几乎整个中国而进行的“类型研究”、他在每一个公开场合所发表的带有“神游冥

---

① 赵旭东主编：《费孝通与乡土社会研究》，46 页。

② 同上，56 页。

③ 同上，3 页。

想"意味的演讲以及他常常进行反思的问题意识等都能够在赵旭东博士的这本书中找到答案。

本书的第2、3部分完整收录了3位学生以"费孝通思想研究"为主题的研究论文以及"公正读书小组"阅读《费孝通文集》(16卷)的读书会文字材料。这样的架构安排无疑可以被视为是对赵旭东博士主题论文回应之下的细致解读。通过年轻的后学们与老师之间的交流、沟通甚至辩论的过程,我们看到的是"思想越辩越明"的蜕变与升华,费先生的学术思想在这里更是被给予多角度、多层次地解读与探析。"亲迎的'三区论'——费孝通有关亲迎婚俗研究的再分析"这篇文章借用文献研究法对费先生在燕京大学学士论文进行了解读,作者认为前人对于费先生的研究忽略了其本科阶段在燕大学习时所接触到的多样性学术思想和方法,而对它的研究将会丰富我们对费孝通学术思想的认识;"一个无鬼的世界与悲剧的诞生——费孝通眼中的中美文化差异"则是透过费先生"鬼的消灭"这篇杂感延伸开来,作者旨在通过中美文化对"鬼"的认识从中探寻费先生笔下"鬼"所包含的社会学意义究竟为何以及关于鬼之消灭的社会学解释对于现代社会的意义何在。凭此看来,我们对于费先生学术思想的研究只仅仅迈出了一小步,在抓住了费先生整体学术脉络的要旨之下还有许多我们未曾涉足的"盲点",而这些历来被忽略的区域恰恰是费先生思想灵感火花迸发之处,值得后学们放慢脚步细细地发掘与采撷。

由赵旭东博士主持的"公正读书小组"历时半年,以《费孝通文集》(16卷)为主要内容重温了费先生一生跌宕起伏却光芒闪耀的学术之途。每一次读书会都分为主题发言、主题评议以及自由讨论三个环节,这样的安排积极调动了每位参与者都能针对费先生的学术思想发表自身感言的高涨热情,其间穿插着赵旭东博士"画龙点睛"式的随感与点评,因而切实地形成了费老所言"但开风气不为师"的教学相长且宽松自由的学术氛围。赵旭东博士在此指出,作为后学的我们更重要的应该是学会积累,因为在积累之后才有可能出现一种思想积淀的厚重,这需要有一种真正意义上的对前人研究的尊重与阅读。书中所记录的每一次读书会的丰富与精彩都令人手不释卷,费老一直所强调的"神游冥思"、"灵"、"顿悟"等元素都能在本书的字里行间寻找到它们的踪迹。更加难能可贵的是,在这16次思想火花碰撞的过程中,我们所读到的并不是学究气浓重的书斋辩论,而是实实在在地传承了费老强调实用性的应用学术之风气,这种"心怀天下"的情怀正是费孝通先生一生为之追寻且奋斗的要旨所在。正如赵旭东博士所言:"这里开辟的学术空间不是一个封闭的苑囿,而是一个真正开放的旷野,它的理想应该是把自己装扮成一个鼓励新人出现的舞台,开放给那些真正注重在费孝通先生先期所开展的乡土社会研究道路上薪火相传的人。"[①]这样一种开放博大的胸襟不仅源于一份学者的学术责任,在赵旭东博士看来,在这责任之外还需要有一种坚韧不拔的努力,才能够将这份事业不断地持续下去。

---

① 赵旭东主编:《费孝通与乡土社会研究》,6页。

通过本书的“序言:责任与努力”、“主题论文”、“费孝通思想研究”、“重温费孝通——阅读与讨论”以及“后记:问学·自觉·担纲”五部分的书写,费孝通先生的学术思想脉络跃然纸上。费先生将其一生献给了中国的社会学事业,他的生命已然与这门学科水乳交融。《费孝通文集》的编辑吴志实先生曾经这样评价费先生:“在本世纪的人文学者中,几乎无人能像他那样把学问做到浅近而平易;就无人能像他那样将‘学人话语’化为‘经世致用’的行动;而且几乎无人能以一生的心力,像他那样孜孜不懈地追求并且实现着‘富民’理想。”在费孝通先生诞辰100年以及中国社会学重建31年之时出版《费孝通与乡土社会研究》,我们在缅怀先生的为学为人、重温先生学术思想与方法的同时,更希望通过这样的书写明晰中国社会学发展历程、领略费孝通先生在历程中的风华与光彩、品味先生丰富多样的思想内涵,进而追问中国社会学何以能够真正建立并日益壮大,并深思作为后学应该如何努力以及向何处努力。我们不仅要追寻费孝通先生所开创的中国社会学的足迹,更是要谨记先生的教诲,努力从“补课”做起,立言将先生用坚韧不拔的毅力与贯通中西的学识所搭建起来的中国社会学发展之路拓宽拓平,并一直延伸下去。

记得赵旭东博士曾赠与后学一首原创诗作:

悠悠岁月存鸿儒,我辈燃灯传后人。
你一言来我一语,参悟社会大道理。

这难道不正是费孝通先生亲笔书写的那句“但开风气不为师”的最佳诠释吗?而回到《费孝通与乡土社会研究》这本书来,我们相信,作为研究费孝通学术思想的专著它只是沧海一粟,然而这也应是我们后学们研究费老做人、行事和为学的一个开端,因此也应该是作为一名后学之人应尽的责任与担当。

《四川的羌族——汶川大地震前后(1950—2009)》

李绍明　松冈正子编　胡鸿保　伍婷婷评

灾难,在“二战”之后成为人类学研究的新领域。用人类学的独特视角揭示灾难的文化内涵,理解不同人群应对灾难的文化机制,这些命题直接关系到灾后人们对恢复或重建生活逻辑的认识和实践。灾难的人类学研究由此具有了学理讨论和实践探索的双重意义。在“5·12”汶川大地震中,当地羌族无疑是最沉重的受害者。当余震频发的时候，有关地震和羌族生存前景的讨论就已经在人类学界热烈地展开了。在众多同一研究主题的论著中，由李绍明和松冈正子两位教授主编的《四川的羌族——汶川大地震前后（1950－2009）》[①]无疑是独具匠心的一部。

这是一部图文并茂、时间跨度长达半个多世纪之久的图像民族志，共收录纪实图片 593 帧。通过图像的叙述，羌族各个时期日常生活中的衣食住行、婚丧嫁娶、宗教信仰等被细致地展现出来。

该书并非当下时髦的应难而生的急就"成果"，而是一部凝结了几代学人超过半个世纪羌区田野调查的心血之作。该书主编李绍明（1933～2009）是新中国培养的第一代民族学家，早在 1951 年就读华西大学社会学系时便展开了调查羌区、研究羌族的学术历程，此后李先生学术人生的每个阶段无一不与四川的羌族研究紧密联系在一起。甚至在逝世的几个月前，他仍以 76 岁高龄亲自探访灾后的羌区，为羌族社会文化的重建奔走忙碌。参与此书编撰的松冈正子、袁晓文、李锦、李星星、耿静、余耀明等羌族研究的后起之秀，作为李先生的晚辈，多年来一直与他并肩从事四川羌族的研究。

拜读此书，我们能感受到长期扎根田野的这群人类学民族学家们怀有的强烈社会责任感和历史使命感，正如书中所言："力图以历史的视角尽可能地反映出羌族作为一个民族而言的方方面面及其变化，以为当前与今后研究羌族的一个参考。"而在李绍明看来，这乃是人类学、民族学界诸学者"自身份内之事"。不同的人类学民族学家对这项"份内之事"的理解各异。在李绍明为首的该书编撰者的语境下，"份内之事"是希望借助人类学深刻的文化理解能力，在大地震迫使羌族社会发生变迁后，站在当地羌族的立场上为羌区社会文化的重建提供恰当的学理支持。

羌族灾区的重建工作自大地震发生后就已着手进行，有关如何重建的议题也在社会和学界不断引发热议。与如此热烈的局面相比，该书的编撰者却保持了更为冷静的态度，察觉到行动和议论背后可能存在着令人担忧的隐患。松冈正子在"后记"里这样写道："在民族文化资源遭受重创再行重建的过程中，笔者注意到这里在制造着一种新的'传统文化'，因之，在感受到复兴重建的确很快的同时，也产生了某种陌生感。"在她看来，这种陌生感是由羌族文化重建中的过度修饰造成的，修饰使得重建的羌族文化不再具有本真性，就像一张经过图像处理过的照片一般。不仅如此，在一次访谈中她还直接批评了重建工作中的一个误区："现在的灾区重建中，中间的阶层——村长及下层的村民意见通常不被听取，而村民对政府的依赖也很强。"由此也不难看出，她认为恰当的重建模式应该基于这样的理念：当地人参与整项文化重建的工作，甚至成为重建中的主导者。这些看法在书中同样得到了她的中国同行的认可，被隐约地表达了出来："羌族文化是具有自我修复机制的文化体系。……正如在漫长的历史岁月中一样，羌族文化通过强烈的认同意识、口口相传的传承体系、服饰建筑等各种物质载体，形成了有机的自我修复机制，在与外界接触的过程中，经由有选择

① 李绍明、松冈正子主编：《四川的羌族——汶川大地震前后（1950－2009）》，东京：风音社，2010。

的融合和变革，保持着羌族传统优秀文化的特色。虽然地震给羌族文化造成了巨大的影响，却没有摧毁这种自我修复机制，羌族文化仍将保持其独特的魅力。”

这就是我们所理解的编撰者们的内心追求。当我们再回头翻看这本书时，就不得不叹服编撰者们用图像和历史叙述的手法委婉表达重建灾区看法的良苦用心了。因为图像无疑是记录和传承羌族“记忆”最好的载体，而历史的铺陈则能让读者理解“文化是由什么原因而变化的，从而我们可以知道在将来的变化中，最重要的是什么”。

《人生史与人类学》

王铭铭著　刘 琪评

《人生史与人类学》[①]可以被视为一本“学术自选集”，它包括一篇“绪论”与三篇相关论文，总结了近年来王铭铭对于这个主题的思索。在卷首的“致谢”中，王铭铭提到，早在初涉人类学领域之时，他就已经注意到了“人物”的问题，此后十余年的阅读、思索与行走，让他逐渐形成了更加清晰而系统的认识。

王铭铭开宗明义地写道：

> 我推崇“人生史”这个概念。
>
> “人生史”指的是一种不怎么像社会科学的方法，它不同于“量化研究”，虽则相比更接近“质性研究”，却与之差异也大。
>
> 我的主张是，“人生史”研究有一个明了的前提，即被选择的个别人物的整体一生。
>
> 什么是“整体一生”？那也就是被选择的人物生死之间的生活。
>
> 这个意义上的“人生史”，与古代中国的“人物志”是有相通之处的。我的追求是历史方面的，以为，要做好“人生史”的研究，最好是选择一位重要、却并非路人皆知的“非常人”为对象，围绕这个人物，穷尽相关文献，进行相关口述史或口承传统（如传说、传闻、谣言、访谈）研究，将零碎的信息当作“补丁”，恢复该人物一生经历的所有事，一生所想象的物，制作某一“history of a life”。[②]

---

① 王铭铭：《人生史与人类学》，北京：生活・读书・新知三联书店，2010。

② 同上，4～5页。

“人生史”是一种与传统社会科学方法不同的研究方法，王铭铭并非凭空提出这样的概念，而是基于他对人类学学科史，以及中国近代以来“社会科学”的深刻反思。

王铭铭对于学科史的反思，从两条脉络加以展开。首先，是对民族志知识及人类学“认识制度”的梳理。王铭铭认为，现代人类学经历了三个阶段：第一，是马林诺夫斯基(Bronislaw Malinowski)阶段，人类学以“文化科学”的客观性为荣；第二，是以格尔兹(Clifford Geertz)为代表的阶段，格尔兹敢于承认自己的学问与被研究者的观念世界之间的差异，并且，在此基础上将被研究者的观念世界视作和平相处的众多观念世界的一个世界；第三，是以利益或权力理论为基础的“后诠释时代”。王铭铭认为，格尔兹的“修正版”现代人类学是我们应该回归的研究基础。然而，王铭铭又进一步指出，格尔兹总是试图清除“乱相”，建立干净的类型，这就使他丧失了对人文世界中混融内涵的关注。以溪村的故事为例，从巴斯(Frederik Barth)和利奇(Edmund Leach)对于“当地思考者”的论述出发，王铭铭阐述了自己的观点：

> 我以为，人类学研究，不简单是去追寻不同于自己、且相互不同的文化模式，而是寻找不同的模式的当地综合方式。进行现实的人类学研究，基于差异与区分而确立的理想型概念，显然是不充分的；人类学研究者尚需对这“三位一体”的文化基础加以宇宙观的结构分析及社会观的道德分析，并在方法论上形成一种基于“当地的广泛综合”。[①]

王铭铭对于学科史的另一反思，集中于历史与结构的关系。延续《经验与心态》[②]中的思考，王铭铭试图寻找“过程”与“结构”的合一，寻找历史学关注的时间线条与人类学关注的“深层结构”的汇合。王铭铭认为，历史的线条本与人类学的“结构关怀”不相矛盾，“如果说，‘历史有结构’，那么，这个结构不仅可以表现为宇宙观的空间秩序，而且也可以表现为历史观的时间形态”[③]。传统中国的“治乱”与“兴衰”，正是这种时间形态的表现。此外，克虏伯(A. L. Kroeber)关于“天才”的论述，也引发了王铭铭的兴趣。王铭铭同意杰尔(Alfred Gell)的论述，即人类学之不同于社会学，在于其对“传记的深度”的追求。受冯友兰的启发，王铭铭进一步指出，这种“传记的深度”，应当被深化为“境界的深度”。在不同社会的不同时空场景中，解析不同人物的“人生境界”，以及这些“境界”背后的社会观与文化观，由此达致对“历史的生命感受”的认识，这是人类学应当具有的使命。

最后，在对于《史记·司马相如列传》的解读中，王铭铭对社会科学的“集体中心主义”展开了批判。王铭铭指出，社会科学“集体表象”的理论倾向于排斥所谓无关宏旨的“个人小事”，偏重国族政治、文化、战争、经济等所谓的“全局描述”。“集体表象”

---

① 王铭铭：《人生史与人类学》，153页。

② 王铭铭：《经验与心态——历史、世界想象与社会》，桂林：广西师范大学出版社，2007。

③ 王铭铭：《人生史与人类学》，221～222页。

中的"集体",实则指的是"国族",这一概念,使社会科学研究者既丧失了对人的生命实质的关怀,又使其视野局限于"国家",而无以涵盖小于这一"整体",或大于这个"整体"的"社会事实"。王铭铭认为,从表面上看,司马相如固然是微不足道的,然而,这个人物却在人生的不同时间段中,穿越"社会"一词所无法涵盖的另一种"整体"的范围。王铭铭写道:

> 一方面,如果说他确实是一个个体,那么,也可以说,这个个体,自身就是整体性的,他不是作为等待的整体的社会加以涵盖的碎片存在的。相反,作为一个活生生的整体,司马相如集家国天下的所有成分于一身……他的人生,与这一人生之外的世界之间,不是二元分立的关系,而是相互交错和包容的关系。作为一个个体,他所包容的,也不是一个近代社会学意义上的"社会",而是一个正在构成某种相互关系的、超越社会的大一统体系。①

关注作为"整体"的"个体",为个体"著书立传",是王铭铭倡导"人生史"研究的旨趣。事实上,在王铭铭看来,他并非第一个摇旗呐喊之人。在中国传统史学中,传记本是底蕴深厚的体例,然而,随着 20 世纪"国族主义"的兴起,"人的专史"逐渐被"国家的神话"与"人民的传说"取代。20 世纪前叶,梁启超与钱穆都曾提出过"回归史传"的倡导,却很快被淹没在历史的浪潮之中。到了 21 世纪的今天,王铭铭再度发起了"回归"的努力。

赞誉之词自不多言,在我看来,这本《人生史与人类学》,应该放在两个脉络中加以认识。第一,是"后殖民时代"对人类学造成的挑战。当世界在现代化浪潮中被塑造为一个"整体"的时候,以"寻找他者"为使命的人类学家开始面临越来越多的困惑:传统民族志是否应当被抛弃?人类学是否还有用武之地?新的"民族志"应当怎样书写?传记式的写作方式,更加接近哲学的思考,为人类学"突破自身"指明了一个可能的方向。第二,是"西方社会科学"在我国的遭遇。自 19 世纪中叶国门被西方的坚船利炮洞开以来,国人对于"西方"总有一种矛盾的双重心态:一方面,小心翼翼亦步亦趋地跟上西方科技与文化的进步,生怕自己成为"落后分子";另一方面,又总是带着些不甘心,试图从"传统文化"中寻找可以与西方抗衡的蛛丝马迹。在学术界中,第一种心态导致了自愿的"西方中心主义",以及为西方理论寻找"中国脚注"的"不懈努力";第二种心态看似"爱国",却往往掉入将西方思想作为坐标,将某些"中国概念"生搬硬套的窠臼。这本书,是突破这两种心态,真正回归中国历史与传统,并以此为基点重建"社会科学"的可贵尝试。

---

① 王铭铭:《人生史与人类学》,335~336 页。

稿　约

一、《中国人类学评论》(以下简称《评论》)为文集，于2007年初创办，原计划每半年出一辑，在过去的三年内，实为季刊。《评论》在条件允许的情况下，将尽力保持出版的有序性。

二、《评论》是兼有评论性、记述性及思想性的学术评论集刊。

三、学术编辑委员会由来自国内不同科研机构、高等院校的部分中青年专业工作者组成；其中，青年学者及研究生扮演重要角色。

四、《评论》内容以社会及文化人类学(民族学)为主，不排斥相关学科(如社会学、历史学、民俗学、文学等学科)之作品。主办者视培养年轻一代学人为己任，故将开辟相当篇幅供新生代学者发表其作品(特别是述评、书评及研究札记)。作为学术探讨平台，《评论》将视具体情况，亦开辟相当篇幅选刊相关主题的已发表论文。

五、《评论》每期字数在25万字左右，可包括以下方面内容：

1. 学术论文；

2. 对话、辩论或学者访谈；

3. 田野札记或学术随笔；

4. 研讨会纪要；

5. 讲座纪要；

6. 述评；

7. 书评等。

六、《评论》现无专门资金支持，无专职编辑人员，无力支付稿酬，亦无力给主题论文之外作品的作者邮寄样书。敬请来稿者支持与原谅。

七、《评论》只收电子版稿件，投稿电子邮箱为：wangmingming2006@gmail.com。

《中国人类学评论》学术编辑委员会

2011年7月(修订)

图书在版编目(CIP)数据

中国人类学评论.第21辑 / 王铭铭主编. ——北京:世界图书出版公司北京公司, 2011.10

ISBN 978-7-5100-4045-0

Ⅰ.①中… Ⅱ.①王… Ⅲ.①人类学-文集 Ⅳ.①Q98-53

中国版本图书馆CIP数据核字(2011)第216479号

中国人类学评论(第21辑)

主　　编: 王铭铭　　**筹划出版:** 银杏树下　　**出版统筹:** 吴兴元

责任编辑: 马春华　　**营销推广:** ONEBOOK　　**装帧制造:** 墨白空间

出　　版: 世界图书出版公司北京公司

出 版 人: 张跃明

发　　行: 世界图书出版公司北京公司

(北京朝内大街137号　邮编100010　电话010-6401-3086)

销　　售: 各地新华书店

印　　刷: 北京盛兰兄弟印刷装订有限公司(北京市大兴区黄村镇西芦城　邮编102612)

开　　本: 787×1092毫米 1/16

印　　张: 20　插页3

字　　数: 300千

版　　次: 2012年1月第1版

印　　次: 2012年1月第1次印刷

教师服务: teacher@hinabook.com　139-1140-1220

读者咨询: onebook@263.net

编辑咨询: 133-6631-2326

营销咨询: 133-6657-3072

ISBN 978-7-5100-4045-0 / C·192　　**定价:** 36.00元